Principles and Applications of ARM Cortex-M0+
Embedded Microprocessor

Based on LPC84X, IAR EWARM and μC/OS-III Operating System

ARM Cortex-M0+嵌入式
微控制器原理与应用

基于LPC84X、IAR EWARM与
μC/OS-III操作系统

张 勇 陈爱国 唐颖军◎编著
Zhang Yong   Chen Aiguo   Tang Yingjun

清华大学出版社
北京

内 容 简 介

ARM Cortex-M0＋内核微控制器以其高性能、极低功耗和易用性等特点成为替代传统 8051 架构单片机的首选微控制器，其中 NXP 公司 LPC84X 系列微控制器因其处理速度快、存储空间大和片内外设资源丰富而最有代表性。Micrium 公司 μC/OS-Ⅲ 系统软件是在全球范围内被广泛加载到微控制器上的嵌入式实时操作系统。本书结合 LPC84X 微控制器与嵌入式实时操作系统 μC/OS-Ⅲ 详细讲述 ARM 微控制器原理与应用技术，主要内容包括 Cortex-M0＋微控制器、LPC84X 硬件电路系统、IAR EWARM 集成开发环境、Cortex-M0＋异常与中断、片内外设驱动技术、μC/OS-Ⅲ 移植、μC/OS-Ⅲ 任务、信号量与互斥信号量以及消息邮箱与消息队列等。本书的特色在于理论与应用结合紧密且实例丰富，对学习基于 Cortex-M0＋微控制器和实时操作系统 μC/OS-Ⅲ 等领域的嵌入式设计与应用开发技术，都具有颇强的指导和参考价值。

本书可作为普通高等院校电子信息、通信工程、物联网工程、计算机工程、软件工程、自动控制和智能仪器等相关专业的高年级本科生或研究生教材，也可作为嵌入式系统设计爱好者和工程开发人员的参考用书。

图书在版编目（CIP）数据

ARM Cortex-M0＋嵌入式微控制器原理与应用：基于 LPC84X、IAR EWARM 与 μC/OS-Ⅲ 操作系统/张勇，陈爱国，唐颖军编著.—北京：清华大学出版社，2020.1
（清华开发者书库）
ISBN 978-7-302-53002-2

Ⅰ．①A…　Ⅱ．①张…　②陈…　③唐…　Ⅲ．①微控制器－研究　Ⅳ．①TP332.3

中国版本图书馆 CIP 数据核字（2019）第 094016 号

责任编辑：赵　凯
封面设计：李召霞
责任校对：时翠兰
责任印制：宋　林

出版发行：清华大学出版社
　　　　网　　　址：http://www.tup.com.cn，http://www.wqbook.com
　　　　地　　　址：北京清华大学学研大厦 A 座　　　　　邮　　编：100084
　　　　社 总 机：010-62770175　　　　　　　　　　　邮　　购：010-62786544
　　　　投稿与读者服务：010-62776969，c-service@tup.tsinghua.edu.cn
　　　　质量反馈：010-62772015，zhiliang@tup.tsinghua.edu.cn
　　　　课件下载：http://www.tup.com.cn，010-83470236
印 装 者：三河市君旺印务有限公司
经　　销：全国新华书店
开　　本：185mm×260mm　　印　张：22.25　　　　　字　　数：540 千字
版　　次：2020 年 2 月第 1 版　　　　　　　　　　印　　次：2020 年 2 月第 1 次印刷
定　　价：79.00 元

产品编号：081944-01

前 言
PREFACE

当前，ARM 微控制器正在逐步替代传统 8051 架构单片机而成为嵌入式系统的核心控制器。2010 年以后，ARM 公司主推 Cortex 系列内核。Cortex 系列分为 A 系列、R 系列和 M 系列。其中，A 系列是高性能内核，用于基于 Android 操作系统的智能手机和平板电脑，支持 ARM、Thumb 和 Thumb-2 指令集；R 系列为微处理器内核，支持 ARM、Thumb 和 Thumb-2 指令集；M 系列为低功耗微控制器内核，仅支持 Thumb-2 指令集，其诞生于 2004 年，最早推出的内核为 Cortex-M3，目前有 Cortex-M0、M0＋、M1、M3、M4 和 M7 等，用于支持快速中断的嵌入式实时应用系统。在 Cortex 系列中，M 系列芯片的应用量最大，每年的应用量为几十亿枚。

在 Cortex-M 系列中，M0 和 M0＋内核都是极低功耗内核，M0＋内核的功耗比 M0 内核更低（ARM 公司公布的功耗数据为 $11.2\mu W/MHz$），被誉为全球功耗最低的微控制器内核，主要应用在控制和检测领域，涵盖了传统 8051 单片机的应用领域，比传统 8051 单片机在处理速度、功耗、片上外设灵活多样性、中断数量与中断反应能力、编程与调试等诸多方面都有更大优势，M0＋内核的代表芯片如 NXP 公司的 LPC845 微控制器。

基于 ARM Cortex-M0＋微控制器的软件开发有两种方式，即传统的芯片级别的应用软件开发和加载嵌入式实时操作系统的应用软件开发。芯片级软件开发方式直接使用 C 语言函数管理硬件外设驱动和实现用户功能，称为面向函数的程序设计方式；加载嵌入式操作系统的应用软件开发使用嵌入式操作系统管理硬件外设和存储资源，借助于用户任务实现用户功能，称为面向任务的程序设计方式。由于 Cortex-M0＋微控制器片内 RAM 空间丰富，一般在 8KB 以上，适宜加载嵌入式实时操作系统（RTOS）$\mu C/OS$-Ⅲ。在 Cortex-M0＋微控制器上加载了 RTOS 后，将显著加速项目的开发进度。

本书是《ARM 嵌入式微控制器原理与应用——基于 Cortex-M0＋内核 LPC84X 与 $\mu C/OS$-Ⅲ操作系统》（清华大学出版社，2018）的姊妹篇，两者的理论部分相同，但本书的实例部分使用了 IAR Embedded Workbench IDE for ARM（EWARM）集成开发环境，而不再是 Keil MDK 集成开发环境（当然，Keil MDK 和 IAR EWARM 都是最优秀的集成开发环境，MDK 使用了 ARM 编译链接器，EWARM 具有独立知识产权的编译链接器）。由于相当一部分高校的 ARM 嵌入式教学使用了 EWARM 集成开发环境，同时也为满足广大嵌入式爱好者与读者朋友的需要，在基于《ARM 嵌入式微控制器原理与应用》的基础上，借助于 EWARM 集成开发环境编排全部工程实例，形成本书。

本书主要以 Cortex-M0＋内核 LPC845 微控制器为例，在介绍了 Cortex-M0＋内核组成原理和 LPC84X 微控制器芯片结构后，详细介绍了 LPC845 典型硬件系统及其片上外设的驱动方法，基于面向函数的程序设计方法介绍了 LED 灯、蜂鸣器、按键、数码管、温度显示

（DS18B20）、串口通信、模/数转换器（ADC）、存储器访问、LCD 屏显示和触摸屏输入等外设驱动程序设计技术；然后，详细介绍了嵌入式实时操作系统 μC/OS-Ⅲ 在 LPC845 微控制器上的移植与应用技术，包括用户任务、信号量与互斥信号量和消息队列等组件应用程序设计方法，重点在于阐述面向任务的程序设计方法及其优越性。

本书讲义经过多名教师应用，理论学时宜为 32 学时，实验学时为 32 学时。建议讲述内容为第 1～8 章（第一篇内容由张勇编写），选学内容为第 9～12 章（第二篇内容由陈爱国和唐颖军编写）。作者巧妙地组织了书中的全部实例，使得全部实例代码均是完整的。因此，要求读者必须在掌握了前面章节实例的基础上，才能学习后面章节的实例。对于自学本书的嵌入式爱好者，要求至少具有数字电路、模拟电路、C 语言程序设计等课程的基础知识，并建议使用 LPC845 学习板辅助学习，以增加学习乐趣。本书的全部源代码可从百度网盘上下载（https://pan.baidu.com/s/1tWiy8yt8ospJRvesxa8DGA，密码：lqpf），请购买本书同步阅读。

本书具有以下三个方面的特色：

（1）公布了基于 LPC845 微控制器为核心的开源硬件平台，对嵌入式硬件开发具有颇强的指导作用。

（2）全书工程实例丰富，基于 EWARM 平台通过完整的工程实例详细讲述了函数级别与任务级别的程序设计方法，对于嵌入式系统应用软件开发具有颇强的指导意义。

（3）结合 LPC845 硬件平台，详细讲述了嵌入式实时操作系统 μC/OS-Ⅲ 的任务管理和系统组件应用方法，对学习和应用 μC/OS-Ⅲ 具有良好的可借鉴性。

本书由江西省学位与研究生教育教学改革项目（编号：JXY JG-2018-074）、教育部产学合作协同育人项目——创新创业教育改革项目（编号：201801113038）以及江西财经大学教育教学改革项目资助出版，特此鸣谢。同时，感谢 NXP 中国公司辛华峰经理、北京博创智联科技有限公司陆海军总经理、广州天嵌计算机科技有限公司梁传智总经理对本书编写的关心与支持；感谢清华大学出版社赵凯编辑的辛勤工作；感谢我的爱人贾晓天老师在资料检索和 LPC845 学习板焊装调试方面所做的大量工作；感谢阅读了作者已出版的教材并反馈了宝贵意见的读者。

由于作者水平有限，书中难免会有纰漏之处，敬请同行专家和读者朋友批评指正。

免责声明：知识的发展和科技的进步是多元的。本书内容上广泛引用的知识点均罗列于参考文献中，主要为 LPC845 用户手册、LPC845 芯片手册、Cortex-M0＋技术手册、嵌入式实时操作系统 μC/OS-Ⅲ、IAR EWARM 集成开发环境、J-Link 仿真资料和 Altium Designer 软件等内容，所有这些引用内容的知识产权归相关公司所有。本书内容仅用于教学目的，旨在推广 ARM Cortex-M0＋内核 LPC845 微控制器、嵌入式实时操作系统 μC/OS-Ⅲ 和 IAR EWARM 集成开发环境等，禁止任何单位和个人摘抄或扩充本书内容用于出版发行，严禁将本书内容用于商业场合。

张勇　陈爱国　唐颖军
2019 年 11 月于江西财经大学枫林园

目 录

CONTENTS

第二篇　嵌入式实时操作系统 μC/OS-Ⅲ

第一篇 LPC84X典型硬件系统与芯片级软件设计

本篇包括第 1～8 章,为全书的硬件系统与芯片级软件设计部分,将依次介绍 ARM Cortex-M0＋内核、LPC84X 微控制器、LPC845 典型硬件系统电路和面向函数的程序设计方法。本篇借助于实例和 IAR EWARM 集成开发环境,先后详细阐述了以下板级外设的芯片级工程程序设计方法:

(1) LED 灯与蜂鸣器控制;

(2) 按键与数码管显示(包含 DS18B20 温度传感器访问技术);

(3) 串口通信(包含 SYN6288 声码器访问技术);

(4) 模/数转换器(ADC)和存储器访问技术;

(5) 240×320 像素分辨率彩色 LCD 屏与触摸屏控制。

需要说明的是,全书使用了 IAR EWARM 8.22 版本,建议读者使用最新的 IAR EWARM 版本(由于版本升级而导致的工程兼容性问题,请和作者联系)。

第1章

ARM Cortex-M0＋内核

ARM 是 Advanced RISC Machine（高级精简指令集机器）的缩写，现为 ARM 公司的注册商标。ARM Cortex-M0＋内核属于 ARM 公司推出的 Cortex-M 系列内核之一，相对于高性能的 Cortex-M3 内核而言，它具有体积小、功耗低和控制灵活等特点，主要针对传统单片机的控制与显示等嵌入式系统应用。本章将介绍 Cortex-M0＋内核的特点、架构、存储器配置和内核寄存器等内容。

1.1 ARM Cortex-M0＋内核特点

Cortex-M0＋内核基于 ARMv6-M 体系架构，使用 ARMv6-M 汇编语言指令集，它具有以下特点：

（1）Cortex-M0＋内核包含极低数量的门电路，是目前全球功耗最低的内核，特别适用于对功耗要求苛刻的嵌入式系统应用场合。

（2）支持 32 位长的 Thumb-2 扩展指令集和 16 位长的 Thumb 指令集，代码的执行效率远远高于 8 位长的单片机汇编指令。

（3）支持单周期的 I/O（输入/输出）口访问，对外设的控制速度快。

（4）具有低功耗工作模式，在内核空闲时可以使其进入低功耗模式，从而极大地节约电能；当需要内核工作时，通过与内核紧耦合的快速中断唤醒单元使其进入正常工作模式。

（5）内核中的各个组件采用模块化结构，通过精简的高性能总线（AHB-Lite）连接在一起，内核中的功耗管理单元可以动态配置各个组件的工作状态，可根据需要使某些空闲的组件处于掉电模式，以尽可能地减少功耗。

（6）可执行代码保存在 Flash 存储区中，Cortex-M0＋内核支持从 Flash 中以极低的功耗快速读取指令，并以极低的功耗（工作在一个相对较低的 CPU 时钟下）在内核中高速执行代码。

（7）Cortex-M0＋内核支持硬件乘法器。硬件乘法器最早出现在 DSP（数字信号处理器）芯片中，与加法器协同工作，并称为乘加器，是指在一个 CPU 时钟周期内，用硬件电路直接实现 A×B＋C 的三操作数运算。其中 Cortex-M0＋支持的硬件乘法器可以在一个 CPU 时钟周期内实现 A×B 的二操作数运算。

（8）Cortex-M0＋内核的每条汇编指令的执行周期是确定的；中断处理的时间是确定的、高效的，且具有快速中断处理能力，特别适用于对实时性要求苛刻的智能控制场合。

（9）支持二线的串行调试接口（SWD），只需要使用芯片的两根引脚就可以实现对Cortex-M0＋内核芯片的在线仿真与调试，通过 SWD 可以向芯片的 Flash 存储器固化程序代码，且具有指令跟踪执行功能。而绝大多数的传统单片机是不能在线仿真调试的，因此，基于单片机的工程测试复杂且周期漫长。

（10）Cortex-M0＋内核不是物理形态的微控制器芯片，而是属于知识产权（IP），所以常被称为 IP 软核。目前全球有 200 多家大型半导体公司购买了 ARM 公司的 IP 核，生产集成了 IP 核的微控制器芯片（称为流片，流片测试成功后进入芯片量产阶段）。所有集成了 Cortex-M0＋内核的微控制器芯片，均可使用相同的集成开发环境（如 IAR 公司的 EWARM 和 Keil 公司的 MDK 等）和相同的仿真器（如 J-Link V 8 和 ULink2 等）进行软件开发。事实上，几乎全部的 ARM 芯片都使用相同的开发环境和仿真器，但是，对于传统的单片机而言，不同半导体厂商生产的单片机所用的开发环境和编程下载器往往并不相同。

1.2 ARM Cortex-M0＋内核架构

相对于 8 位字长的传统 8051 单片机而言，Cortex-M0＋内核是 32 位字长的微控制器内核，其内部总线宽度为 32 位，指令和数据传输速率及能力大大提升。Cortex-M0＋内核架构如图 1-1 所示。

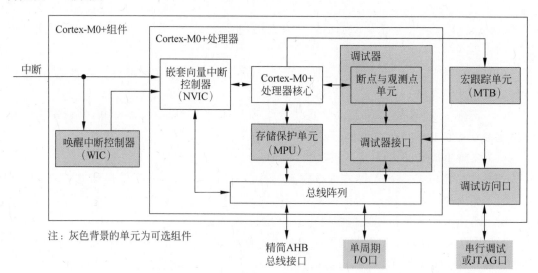

图 1-1　Cortex-M0＋内核架构

由图 1-1 可知，Cortex-M0＋内核由 Cortex-M0＋处理器和三个可选的组件，即唤醒中断控制器（WIC）、宏跟踪单元（MTB）和调试访问口组成。Cortex-M0＋处理器包括 Cortex-M0＋处理器核心、嵌套向量中断控制器（NVIC）和两个可选的组件，即存储保护单元（MPU）和调试组成，其中，调试器又包括断点与观测点单元和调试器接口。Cortex-M0＋内核与外部通过总线阵列和中断进行通信，其中，中断为单向输入口，与总线阵列相连接的精简高性能总线（AHB）接口以及可选的单周期输入/输出（I/O）口和串行调试或 JTAG 口均为双向口。

　　32 位的 Cortex-M0＋处理器核心是计算和控制中心,采用了两级流水的冯·诺依曼结构,执行 ARMv6-M 指令集(即 16 位长的 Thumb-2 指令集,含 32 位长的扩展指令),集成了一个单周期的乘法器(用于高性能芯片中)或一个 32 周期的乘法器(用于低功耗芯片中)。

　　Cortex-M0＋内核具有很强的中断处理能力,一个优先级可配置的嵌套向量中断控制器直接与 Cortex-M0＋处理器核心相连接,通过这种紧耦合的嵌套向量中断控制器,可以实现不可屏蔽中断、中断尾链、快速中断响应、睡眠态唤醒中断和四级中断优先级。其中,"中断尾链"是指当有多个中断被同时触发时,优先级高的中断响应完成后,不需要进行运行环境的恢复,而是直接运行优先级次高的中断,全部中断响应完后,再恢复运行环境。如果没有中断尾链功能,则处理器在响应一个中断前,先进行入栈操作,保存当前中断触发时的运行环境,然后,处理器暂停当前程序的执行去响应中断,响应完中断后,进行出栈操作,恢复响应中断前的环境(即使程序计数器指针(PC)指向被中断的程序位置处)继续执行原来的程序,接着,重复上述操作响应下一个中断。因此,没有中断尾链功能时,两个连续响应的中断中需要插入一次出栈和一次入栈操作(即恢复前一个运行环境和保存后一个运行环境),而具有中断尾链功能时,这两次堆栈操作均被省略掉了。

　　Cortex-M0＋内核具有很强的调试能力,通过调试访问口,外部的串行调式或 JTAG 调试口与 Cortex-M0＋处理器的调试器相连接,调试器直接与 Cortex-M0＋处理器核心连接,还通过它与宏跟踪单元相连接。因此,通过串行调试或 JTAG 调试口可以访问 Cortex-M0＋内核的全部资源,包括调试或跟踪程序代码的执行,还可以检查代码的执行结果。

　　存储保护单元(MPU)可以对存储器的某些空间设定访问权限,使得特定的程序代码才能访问这些空间,普通的程序代码则无权访问,这样可以有效地保护关键的程序代码存储区或数据区不受意外访问(例如病毒)的侵害。

　　图 1-1 中,相对于 Cortex-M0＋处理器核心而言,其余的组件均称为 Cortex-M0＋内核的外设,所有这些组件均为知识产权(IP)核。半导体厂商在这个 IP 核的基础上添加中断发生器、存储器、与精简 AHB 总线(通过高级外设总线 APB)相连接的多功能芯片外设和输入/输出(I/O)口等,即可以得到特定功能的微控制器芯片。

1.3　ARM Cortex-M0＋存储器配置

　　Cortex-M0＋存储空间的最大访问能力为 2^{32} 字节,即 4GB。对于 Cortex-M0＋而言,8 位(8 bits)为 1 字节,16 位称为半字,32 位称为字。以字为单位,Cortex-M0＋的存储空间的最大访问能力为 2^{30} 字,即 $0\sim2^{30}-1$ 字。一般地,访问地址习惯采用字节地址,此时,Cortex-M0＋的存储空间配置如图 1-2 所示。

　　由图 1-2 可知,4GB 的 Cortex-M0＋映射存储空间被分成 8 个相同大小的空间,每个空间为 0.5GB。这 8 个空间中,位于地址范围为 0x0000 0000～0x1FFF FFFF 的 Code 空间对应着集成在芯片上的 ROM 或 Flash 存储器,主要用于保存可执行的程序代码,也可用于保存数据,其中,中断向量表位于地址 0x0 起始的地址空间中,一般占有几十至几百字节。位于地址范围为 0x2000 0000～0x3FFF FFFF 的 SRAM 区域,对应着集成在芯片中的 RAM 存储器,主要用于保存数据,保存的数据在芯片掉电后丢失。位于地址范围为 0x4000 0000～0x5FFF FFFF 的片上外设区域,存储着片上外设的访问寄存器,通过读或写这些寄存器,可

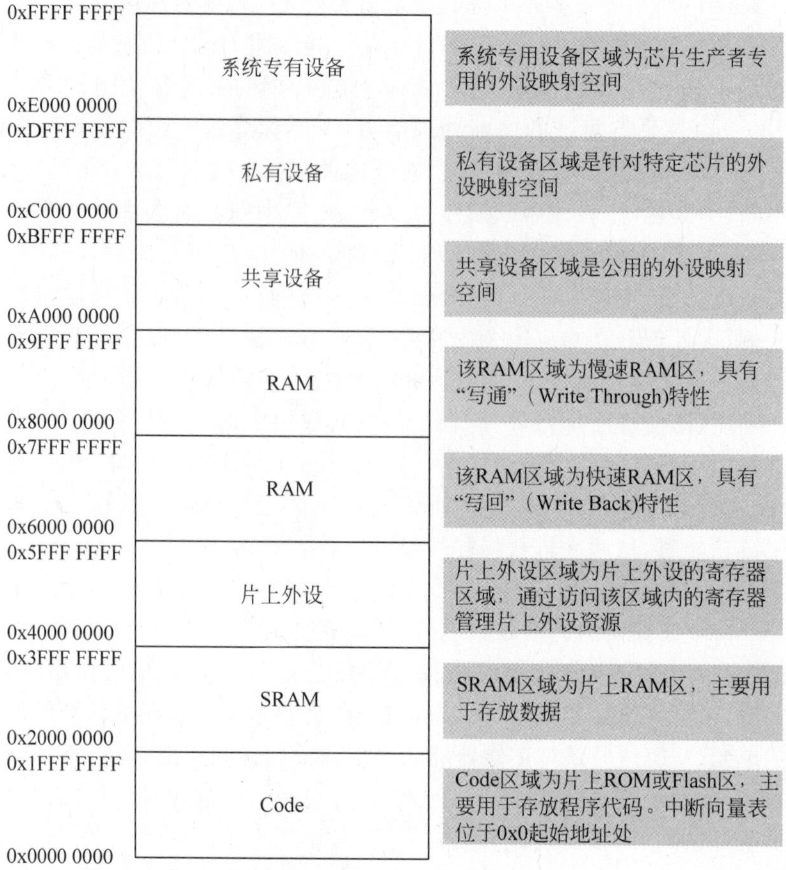

图 1-2　Cortex-M0＋存储空间配置

实现对片上外设的访问和控制。

位于地址范围为 0x6000 0000～0x7FFF FFFF 的 RAM 区域属于快速 RAM 区,具有"写回"特性的缓存区;而位于地址范围为 0x8000 0000～0x9FFF FFFF 的 RAM 区域属于慢速 RAM 区,具有"写通"特性的缓存区。这两个 RAM 区都有对应的缓存(Cache)。所谓"写回"是指当 Cortex-M0＋内核向 RAM 区写入数据时,不是直接将数据写入 RAM,而是写入更快速的缓存中,当缓存满了或者总线空闲时,缓存自动将数据写入 RAM 区中。所谓"写通"是指当 Cortex-M0＋内核向 RAM 区写入数据时,通过缓存直接将数据写入 RAM 区中。因此,"写回"特性的 RAM 中的数据有可能与其缓存中的数据不同,当数据较少时,数据将保存在缓存中,而不用写入 RAM 中;而"写通"特性的 RAM 中的数据与缓存中相应的数据是相同的。其实,Cortex-M0＋的 Code 区和 SRAM 区也有缓存,前者是"写通"特性的缓存,后者是"写回"特性的缓存机制。

Cortex-M0＋支持两种存储模式,即小端模式和字节保序的大端模式。不妨设 Addr 为一个字地址,所谓字地址是指地址的最低两位为 0,即地址能被 4 整除,例如,0x0000 0000、0x0000 0004、0x0000 0008 等都是字地址。同样,把地址的最低一位为 0 的地址称为半字地址,如 0x0000 0002、0x0000 0004 等。显然,字地址都是半字地址。设 DataA 为一个字,包括 4 字节,从高字节到低字节依次记为 DataA[31：24]、DataA[23：16]、DataA[15：8]和

DataA[7：0]；设 DataB 为一个半字，包括 2 字节，依次记为 DataB[15：8]和 DataB[7：0]。则在两种存储模式下，将 DataA 或 DataB 保存在 Addr 地址的情况如图 1-3 所示。

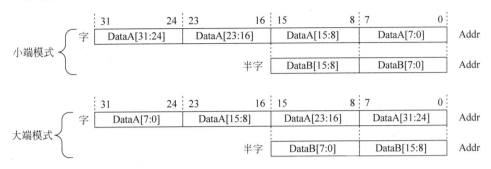

图 1-3　小端与字节保序的大端存储模式示例

由图 1-3 可知，小端模式下，数据字的高字节存储在字地址的高端，数据字的低字节存储在字地址的低端；而大端模式下刚好相反，数据字的高字节存储在字地址的低端，数据字的低字节存储在字地址的高端。所谓字节保序是指在大端模式下，每字节内位的顺序保持从高到低不变。

1.4　ARM Cortex-M0＋内核寄存器

在 Cortex-M0 微控制器中，全部的寄存器都是 32 位的。本节将重点介绍 Cortex-M0＋的内核寄存器，这些寄存器直接服务于处理器内核，用于保存计算和控制的操作数和操作码。此外，本节还将介绍 Cortex-M0＋内核的系统控制寄存器。需要指出的是，内核寄存器只能用汇编语言访问，C 语言（即使其指针功能）无法访问。

1.4.1　内核寄存器

Cortex-M0＋微控制器共有 16 个内核寄存器，分别记为 R0～R15，其中 R0～R12 为 32 位的通用目的内核寄存器，供程序员保存计算和控制数据；R13 又称作堆栈指针（SP）寄存器，指向堆栈的栈顶；R14 又称为连接寄存器（LR），用于保存从调用的子程序返回时的程序地址；R15 又称为程序计数器（PC），微控制器复位时，PC 指向中断向量表中的复位向量，一般是地址 0x0，程序正常运行过程中，PC 始终指向下一条待运行指令的地址，对于顺序执行的程序段而言，PC 始终指向当前指令地址＋4。Cortex-M0＋内核寄存器如图 1-4 所示。

图 1-4 中，R13 即 SP 寄存器对应着两个物理寄存器，分别称为主堆栈指针 MSP 和进程堆栈指针 PSP，SP 使用哪个指针由 Cortex-M0＋内核工作模式决定。Cortex-M0＋微控制器有两种工作模式，即线程模式或称为进程模式（Thread mode）和手柄模式（Handler mode），上电复位时，微控制器工作在手柄模式下。当工作在手柄模式时，只能使用主堆栈指针 MSP；当工作在进程模式时，两个堆栈指针均可使用，具体使用哪个指针，由 CONTROL 寄存器的第 1 位决定（见 1.4.2 节）。手柄模式是一种特权模式，此时程序员可以访问微控制器的全部资源；而线程模式是一种保护模式，此时，微控制器的某些资源是访问受限的。

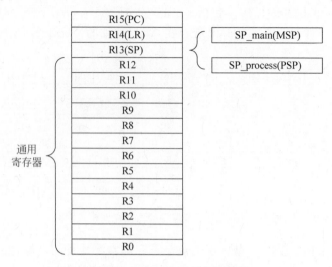

图 1-4　Cortex-M0＋内核寄存器

1.4.2　系统控制寄存器

　　本书将程序状态寄存器 xPSR、中断屏蔽寄存器 PRIMASK 和控制寄存器 CONTROL 作为系统控制寄存器,有些专家把这些寄存器也视作内核寄存器,因为这些寄存器只能借助于汇编语言访问。此外,系统控制寄存器还包括表 1-1 所示的寄存器。

表 1-1　寄存器

序号	地址	名称	类型	复位值	描述
1	0xE000 E008	ACTLR	RW	-	辅助控制寄存器
2	0xE000 ED00	CPUID	RO	-	处理器身份号寄存器
3	0xE000 ED04	ICSR	RW	0x0000 0000	中断控制状态寄存器
4	0xE000 ED08	VTOR	RW	0x0000 0000	向量表偏移寄存器
5	0xE000 ED0C	AIRCR	RW	位[10：8]＝000b	程序中断和复位控制寄存器
6	0xE000 ED10	SCR	RW	位[4,2,1]＝000b	系统控制寄存器
7	0xE000 ED14	CCR	RO	位[9：3]＝1111111b	配置与控制寄存器
8	0xE000 ED1C	SHPR2	RW	-	系统异常优先级 2 寄存器
9	0xE000 ED20	SHPR3	RW	-	系统异常优先级 3 寄存器
10	0xE000 ED24	SHCSR	RW	0x0000 0000	系统异常控制与状态寄存器
11	0xE000 ED30	DFSR	RW	0x0000 0000	调试状态寄存器

　　注:RW 表示可读可写;RO 表示只读;WO 表示只写(表中未出现)。

　　表 1-1 中的系统控制寄存器可以用 C 语言指针类型的变量访问。

　　下面依次介绍这些系统控制寄存器的含义,其中,ACTLR 寄存器可视为用户定义功能的 32 位通用寄存器,DFSR 寄存器为调试单元服务,这两个寄存器不做介绍。

1. 程序状态寄存器 xPSR

　　程序状态寄存器 xPSR 包括 3 个子寄存器,即应用程序状态寄存器 APSR、中断程序状态寄存器 IPSR 和执行程序状态寄存器 EPSR,如图 1-5 所示。

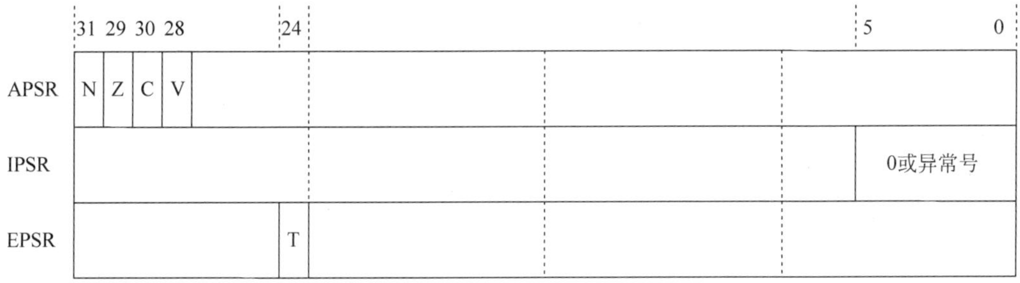

图 1-5　程序状态寄存器 xPSR

由图 1-5 可知,APSR 寄存器只有第[31:28]位域有效,分别记为 N、Z、C 和 V;IPSR 寄存器只有第[5:0]位域有效;EPSR 寄存器只有第 24 位有效,用 T 表示。这里,APSR 寄存器的 N、Z、C 和 V 为条件码标志符,N 为负条件码标志符,当计算结果(以二进制补码表示)为负时,N 置 1,否则清 0;Z 为零条件码标志符,当计算结果为 0 时,Z 置 1,否则清 0;C 为进位条件码标志符,当计算结果有进位时,C 置 1,否则清 0;V 为溢出条件码标志符,当计算结果溢出时,V 置 1,否则清 0。EPSR 寄存器的 T 为 0 表示 ARM 处理器工作在 ARM 指令集下,T 为 1 表示 ARM 处理器工作在 Thumb 指令集下,由于 Cortex-M0+仅支持 Thumb-2 指令集,因此,T 必须始终为 1,芯片上电复位时,T 将自动置 1。需要注意的是,读 T 的值时,始终读出 0,可以认为 T 是只写的位。

当 Cortex-M0+工作在手柄模式时,IPSR 的第[5:0]位域用于记录当前执行的异常号;如果 Cortex-M0+工作在线程模式,则该位域为 0。

2. 中断屏蔽寄存器 PRIMASK

中断屏蔽寄存器 PRIMASK 只有第 0 位有效,记为 PM,如果该位被置为 1,则将屏蔽掉所有优先级号大于或等于 0 的异常和中断;如果该位为 0,表示优先级号大于或等于 0 的异常和中断正常工作。实际上,PM 位被置成 1,是将当前执行的进程的优先级设为 0,而优先级号越小,优先级别越高,因此,使得优先级号大于或等于 0 的异常和中断无法被响应。

3. 控制寄存器 CONTROL

控制寄存器 CONTROL 只有第[1:0]位有效,第 0 位记为 nPRIV,第 1 位记为 SPSEL。当 Cortex-M0+微控制器工作在进程模式时,SP 可以使用主堆栈指针 MSP 或进程堆栈指针 PSP,此时使用哪一个栈指针由 SPSEL 位决定,当 SPSEL 为 0 时,使用 MSP 作为 SP;当 SPSEL 为 1 时,使用 PSP。在手柄模式下,SP 只能使用 MSP,此时 SPSEL 位无效。如果芯片实现了非特权/特权访问扩展功能,则 nPRIV 位清为 0 时,进程模式将享有特权访问能力;如果 nPRIV 位置为 1,进程模式没有特权访问能力。如果芯片没有集成非特权/特权访问扩展功能,则 nPRIV 位无效,此时读 nPRIV 位读出 0,写该位被忽略。

4. 处理器身份号寄存器 CPUID

32 位的处理器身份号寄存器 CPUID 提供芯片的标识信息,如表 1-2 所示。

表 1-2　处理器身份号寄存器 CPUID

位　号	名　　称	含　　义
[31：24]	IMPLEMENTER	开发商,固定为 0x41,即 ASCII 码字符"A",表示 ARM
[23：20]	VARIANT	处理器变种号
[19：16]	ARCHITECTURE	处理器架构,对于 ARMv6-M 而言为 0xC
[15：4]	PARTNO	版本号
[3：0]	REVISION	修订号

对于集成 Cortex-M0＋微控制器内核的 LPC845 芯片,读出 CPUID 的值为 0x410CC601。

5．中断控制状态寄存器 ICSR

中断控制状态寄存器 ICSR 用于控制中断或获取中断的状态,如表 1-3 所示。

表 1-3　中断控制状态寄存器 ICSR

位号	名　　称	类型	含　　义
31	NMIPENDSET	RW	置 1 时软件触发不可屏蔽中断 NMI,清 0 时无作用
30：29	-	-	保留
28	PENDSVSET	RW	置 1 时软件触发 PendSV 异常,清 0 时无作用
27	PENDSVCLR	WO	置 1 时软件清除 PendSV 中断标志,清 0 时无作用
26	PENDSTSET	RW	置 1 时软件触发 SysTick 异常,清 0 时无作用
25	PENDSTCLR	WO	置 1 时软件清除 SysTick 异常,清 0 时无作用
24	-	-	保留
23	ISRPREEMPT	RO	为 1 表示存在某个异常或中断将被响应；为 0 无意义
22	ISRPENDING	RO	为 1 表示存在某个异常或中断正在请求；为 0 无意义
21	-	-	保留
20：12	VECTPENDING	RO	记录了请求响应的最高优先级中断或异常号
11：9	-	-	保留
8：0	VECTACTIVE	RO	记录了当前响应的中断或异常的中断号或异常号

注：NMI、PendSV 和 SysTick 异常以及中断号和异常号的概念请参考 1.6 节。

ICSR 寄存器的重要意义在于可以通过它用软件方式触发 NMI、PendSV 和 SysTick 异常,或清除这些异常的请求状态,尤其是 PendSV 异常,常被用于嵌入式实时操作系统中作为任务切换的触发机制。

6．向量表偏移寄存器 VTOR

向量表偏移寄存器 VTOR 只有第[31：7]位有效,用符号 TBLOFF 表示,记录了中断向量表的起始地址,上电复位后,TBLOFF 为 0,表示中断向量表位于地址 0x0000 0000 处。由于中断向量表的首地址只能位于末尾 7 位全为 0 的地址处,所以,VTOR 寄存器的第[6：0]位始终为 0。如果设置 TBLOFF 为 0x02,则中断向量表的首地址为 0x0000 0100。

7．程序中断和复位控制寄存器 AIRCR

程序中断和复位控制寄存器 AIRCR 用于设置或读取中断控制数据,其各位的含义如表 1-4 所示。

表 1-4 程序中断和复位控制寄存器 AIRCR

位号	名 称	类型	含 义
31：16	VECTKEY	WO	固定写入 0x05FA
15	ENDIANNESS	RO	读出 0 表示小端模式,1 表示大端模式
14：3	-	-	保留
2	SYSRESETREQ	WO	写入 1 软件方式请求复位；写入 0 无作用
1	VECTCLRACTIVE	WO	写入 1 清除全部异常和中断的标志位,写入 0 无作用
0	-	-	保留

8. 系统控制寄存器 SCR

系统控制寄存器 SCR 用于设置或返回系统控制数据,其各位的含义如表 1-5 所示。

表 1-5 系统控制寄存器 SCR

位 号	名 称	含 义
31：5	-	保留
4	SEVONPEND	读出 1,表示中断请求事件是唤醒事件；读出 0 中断不用作唤醒
3	-	保留
2	SLEEPDEEP	读出 1 表示从深睡眠中唤醒；读出 0 表示不从深睡眠中唤醒
1	SLEEPONEXIT	为 1 表示中断响应后进入睡眠状态；为 0 表示不进入睡眠状态
0	-	保留

9. 配置与控制寄存器 CCR

只读的配置与控制寄存器 CCR 用于返回配置和控制数据,只有第 3 位和第 9 位有效,分别记为 UNALIGN_TRP 和 STKALIGN。UNALIGN_TRP 始终为 1,表示地址没有对齐的半字或字访问将产生 HardFault 异常(见 1.6 节),这里的"对齐"是指字数据的首地址的末 2 位必须为 0,半字数据的首地址的末位必须为 0。STKALIGN 也始终为 1,表示进入异常服务程序后,堆栈指针 SP 调整到 8 字节对齐的地址,并将异常返回地址保存在 SP 指向的空间。这里的"8 字节对齐的地址",是指该地址的末 3 位为 0。

10. 系统异常优先级寄存器 SHPR2 和 SHPR3

系统异常优先级寄存器 SHPR2 只有第[31：30]位域有效,记为 PRI_11,用于设定 SVCall 异常的优先级号；系统异常优先级寄存器 SHPR3 中,第[23：22]位域和第[31：30]位域有效,分别记为 PRI_14 和 PRI_15,PRI_14 用于设置 PendSV 异常的优先级号,PRI_15 用于设置 SysTick 异常的优先级号。SVCall、PendSV 和 SysTick 异常的优先级号配置符号 PRI_11、PRI_14 和 PRI_15 均位于其所在字节的最高 2 位,如图 1-6 所示,因此,优先级号的值可以配置为 0、64、128 或 192。

11. 系统异常控制与状态寄存器 SHCSR

系统异常控制与状态寄存器 SHCSR 只有第 15 位有效,记作 SVCALLPENDED,读出 1 表示 SVCALL 异常(见 1.6 节)处于请求状态,读出 0 表示 SVCALL 异常没有处于请求状态。注意,如果 SVCALL 异常处于活动状态(即正在执行其中断服务程序),则 SVCALLPENDED 读出 0。

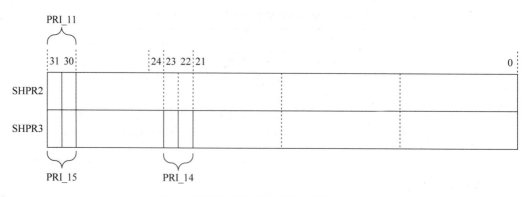

图 1-6 系统异常优先级寄存器 SHPR2 和 SHPR3

1.5 SysTick 定时器

SysTick 定时器又称为系统节拍定时器,是一个 24 位的减计数器,常用来产生 100 Hz 的 SysTick 异常信号作为嵌入式实时操作系统的时钟节拍。SysTick 定时器有 4 个相关的寄存器,即 SYST_CSR、SYST_RVR、SYST_CVR 和 SYST_CALIB,如表 1-6 所示。

表 1-6 SysTick 定时器相关的寄存器

序号	地 址	名 称	类型	复 位 值	含 义
1	0xE000 E010	SYST_CSR	RW	0x0 或 0x4	SysTick 控制与状态寄存器
2	0xE000 E014	SYST_RVR	RW	-	SysTick 重装值寄存器
3	0xE000 E018	SYST_CVR	RW	-	SysTick 当前计数值寄存器
4	0xE000 E01C	SYST_CALIB	RO	-	10ms 定时校正寄存器

SysTick 定时器的工作原理框图如图 1-7 所示。

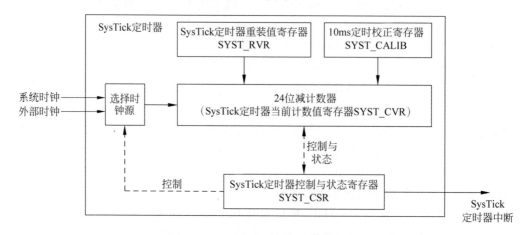

图 1-7 SysTick 定时器工作原理框图

根据图 1-7,SysTick 定时器可以选择系统时钟或外部输入时钟信号作为时钟源,由控制和状态寄存器 SYST_CSR 决定;启动 SysTick 定时器时,需要向当前计数值寄存器进行一次写入操作(可写入任意值),清零 SYST_CVR 寄存器,同时将 SYST_RVR 的值装入 SYST_CVR 中,SysTick 定时器开始工作。每当 SYST_CVR 减计数到 0 时,在下一个时钟到来时自动将 SYST_RVR 的值装入 SYST_CVR 中,同时产生 SysTick 定时器中断。如果重装值计数器的值设为 0,则下一个时钟到来时关闭 SysTick 定时器。10ms 定时校正寄存器 SYST_CALIB 用于系统时钟不准确时校正 SysTick 定时器,一般由半导体厂商进行校正。

下面详细介绍表 1-6 中各个寄存器的详细情况。

1. SysTick 控制与状态寄存器 SYST_CSR

SysTick 控制与状态寄存器 SYST_CSR 如表 1-7 所示。

表 1-7　SysTick 控制与状态寄存器 SYST_CSR

位号	名　　称	类型	含　　义
31:17	-		保留
16	COUNTFLAG	RO	读出 1 表示在上次读 SYST_CSR 寄存器后 SysTick 定时器曾经减计数到 0,读出 0 表示未曾减计数到 0。读 SYST_CSR 寄存器时将清零该位
15:3	-		保留
2	CKLSOURCE	RW	为 1 表示使用系统时钟作为参考时钟源;为 0 表示使用外部输入时钟信号作为参考时钟源
1	TICKINT	RW	为 0 表示 SysTick 定时器寄存器 SYST_CVR 减计数到 0 后不产生 SysTick 异常请求;为 1 表示产生 SysTick 异常请求。注意:向 SYST_CVR 直接写入 0 不产生 SysTick 异常
0	ENABLE	RW	SysTick 定时器启动状态位。写入 1 启动 SysTick 定时器,写入 0 则关闭它。读出 1 表示 SysTick 定时器处于工作状态,读出 0 表示 SysTick 定时器已关闭

2. SysTick 重装值寄存器 SYST_RVR

SysTick 重装值寄存器 SYST_RVR 如表 1-8 所示。使用 SysTick 定时器前必须给该寄存器赋值,每当 SysTick 定时器减计数到 0 后,在下一个时钟到来时,SYST_RVR 寄存器的值被装入 SYST_CVR 寄存器中。

表 1-8　SysTick 重装值寄存器 SYST_RVR

位号	名　　称	含　　义
31:24	-	保留
23:0	RELOAD	当 SysTick 定时器减计数到 0 后,在下一个时钟到来时该位域的值自动装入 SYST_CVR 寄存器中

3. SysTick 当前计数值寄存器 SYST_CVR

SysTick 当前计数值寄存器 SYST_CVR 如表 1-9 所示,该寄存器的值即为 SysTick 定时器的当前计数值。在使用 SysTick 定时器时,需要向 SYST_CVR 寄存器进行一次写入操作,可写入任何值,该写操作将清零 SYST_CVR 寄存器,同时清零 SYST_CSR 寄存器的 COUNTFLAG 标志位。

表 1-9　SysTick 当前计数值寄存器 SYST_CVR

位　号	名　称	含　义
31：24	-	保留
23：0	CURRENT	SysTick 定时器当前计数值

4. 定时校正寄存器 SYST_CALIB

定时校正寄存器 SYST_CALIB 如表 1-10 所示。当系统时钟不准确时,该寄存器用于校正 SysTick 定时器定时频率,一般由半导体厂商进行定时校正,因此该寄存器是只读属性。

表 1-10　定时校正寄存器 SYST_CALIB

位　号	名　称	含　义
31	NOREF	为 0 表示使用外部时钟作为时钟源;为 1 表示使用系统时钟作为时钟源
30	SKEW	为 0 表示 10ms 校正值准确;为 1 表示 10ms 校正值不准确
29：24	-	保留
23：0	TENMS	10ms 校正值

1.6　Cortex-M0＋异常

Cortex-M0＋微控制器支持 5 种类型的异常,即复位异常 Reset、不可屏蔽中断 NMI、硬件访问出错异常 HardFault、特权调用异常 SVCall 和中断。其中,中断包括 2 个系统级别的中断,即 PendSV 异常和 SysTick 中断,还包括 32 个外部中断。对于 ARM 而言,ARM 内核产生的中断称为异常(Exception),外设产生的中断称为中断(Interrupt)。对于学习过单片机的读者来说,可以把异常和中断视为相同的概念,并不会造成学习的障碍。Cortex-M0＋微控制器的异常如表 1-11 所示。

表 1-11　Cortex-M0＋微控制器的异常

异　常　号	名　称	优　先　级	含　义
1	Reset	−3	复位异常。复位后,PC 指针指向该异常
2	NMI	−2	不可屏蔽中断
3	HardFault	−1	硬件系统访问出错异常
4～10	-	-	保留
11	SVCall	可配置	特权调用异常。由 SVC 汇编指令触发
12,13	-	-	保留
14	PendSV	可配置	系统请求特权访问异常
15	SysTick	可配置	系统节拍定时器中断
16＋n	外部中断 n	可配置	中断号为 n 的外部中断,n＝0,1,2,…,31

Cortex-M0＋中,由于异常和中断的排列有序,所以把异常和中断占据的空间称为异常或中断向量表,如图 1-8 所示。

当 Cortex-M0＋微控制器上电复位后,异常与中断向量表位于起始地址 0x0 处的空间内,如图 1-8 所示。由图 1-8 可知,堆栈栈顶占据了地址 0x00 处的字空间,这里的堆栈栈顶

异常或中断向量	地址
外部中断31	0x40+4×31
⋮	
外部中断n	0x40+4×n
⋮	
外部中断1	0x40+4×1
外部中断0	0x40+4×0
系统节拍定时器中断SysTick	0x3C
系统请求特权访问异常PendSV	0x38
保留	0x34
保留	0x30
特权调用异常SVCall	0x2C
保留	0x28
保留	0x24
保留	0x20
保留	0x1C
保留	0x18
保留	0x14
保留	0x10
硬件系统访问出错异常HardFault	0x0C
不可屏蔽中断NMI	0x08
复位异常Reset	0x04
堆栈栈顶	0x00

图 1-8　Cortex-M0＋异常与中断向量表

是指主堆栈指针 MSP 的值,而复位异常 Reset 位于地址 0x04 处的字空间,因此,Cortex-M0＋微控制器上电复位后,PC 指针指向 0x04 地址处开始执行,一般地,该字空间中保存了一条跳转指令。这里的"字空间"是指大小为 4 字节的存储空间。

表 1-11 和图 1-8 列出了 Cortex-M0＋微控制器的全部异常与中断,其中,复位异常 Reset 的优先级号为－3,即优先级最高,因为异常或中断的优先级号越小,其优先级越高。不可屏蔽中断 NMI 和硬件系统访问出错异常 HardFault 的优先级号分别为－2 和－1。其余的异常和中断的优先级均可配置。Cortex-M0＋微控制器支持 4 级优先级配置,这些异常和中断的优先级号必须大于或等于 0,其中,SVCall、PendSV 和 SysTick 三个异常的优先级由系统异常优先级寄存器 SHPR2 和 SHPR3 进行配置,详情见 1.4.2 节。中断号为 0～31 的中断的优先级配置方法见 1.7 节。

由表 1-11 可知,每个异常和中断都对应一个异常号,例如,Reset 异常的异常号为 1,外部中断 n 的异常号为 16＋n。可以由异常号推断该异常的地址,异常号乘以 4 的值刚好为该异常在异常与中断向量表中的偏移地址。偏移地址是指相对于异常与中断向量表的首地址而言偏离的地址大小,可以借助于寄存器 VTOR(见 1.4.2 节)重定位异常与中断向量表在存储空间的位置。

异常与中断向量表的作用在于:当某个异常或中断被触发后,PC 指针将跳转到该异常或中断在向量表中的地址处。一般地,该地址处存放着一条跳转指针,进一步跳转到该异常或中断的中断服务程序入口处执行,实现对该异常与中断的响应处理。

1.7 嵌套向量中断控制器

表 1-11 中异常号为 16+n 的外部中断 n(n=0,1,2,…,31)由嵌套向量中断控制器 NVIC 管理。每个外部中断 n 都对应一个中断号 n,记为 IRQn。嵌套向量中断控制器 NVIC 通过 12 个寄存器管理 IRQ31～IRQ0,这些寄存器如表 1-12 所示,它们的复位值均为 0x0。

表 1-12　NVIC 相关的寄存器

地　　址	名　　称	类　　型	含　　义
0xE000 E100	NVIC_ISER	RW	中断开放寄存器
0xE000 E180	NVIC_ICER	RW	中断关闭寄存器
0xE000 E200	NVIC_ISPR	RW	中断请求寄存器
0xE000 E280	NVIC_ICPR	RW	中断清除请求寄存器
0xE000 E400～ 0xE000 E41C	NVIC_IPRn	RW	中断优先级寄存器,n=0～7,共 8 个,每个 32 位

下面依次介绍各个 NVIC 相关的寄存器的含义。

1. 中断开放寄存器 NVIC_ISER

中断开放寄存器 NVIC_ISER 是一个 32 位的寄存器,第 n 位的值对应 IRQn 的状态,n=0～31,即向 NVIC_ISER 寄存器的第 n 位写入 1,打开相对应的 IRQn 中断;向第 n 位写入 0 无效。例如,第 0 位的值设为 1,则打开 IRQ0 中断;第 5 位的值设为 1,则打开 IRQ5 中断。读出 NVIC_ISER 寄存器第 n 位的值为 1,表示 IRQn 处于开放状态;若第 n 位读出值为 0,则表示 IRQn 处于关闭状态。

2. 中断关闭寄存器 NVIC_ICER

中断关闭寄存器 NVIC_ICER 的作用与 NVIC_ISER 的作用相反。NVIC_ICER 寄存值的第 n 位对应 IRQn 的状态,n=0～31,向 NVIC_ICER 寄存器的第 n 位写入 1,关闭相对应的 IRQn 中断;向第 n 位写入 0 无效。读出 NVIC_ICER 寄存器第 n 位的值为 1,表示 IRQn 处于开放状态;若第 n 位读出值为 0,表示 IRQn 处于关闭状态。一般情况下,可把该寄存器视为只写寄存器。

3. 中断请求寄存器 NVIC_ISPR

中断请求寄存器 NVIC_ISPR 是一个 32 位的寄存器,第 n 位的值对应 IRQn 的请求状态,n=0～31。向 NVIC_ISPR 寄存器的第 n 位写入 1,将配置 IRQn 中断为请求状态;写入 0 无效。读出 NVIC_ISPR 寄存器的第 n 位为 1,表示 IRQn 正处于请求状态;读出第 n 位的值为 0,表示 IRQn 没有处于请求状态。

4. 中断清除请求寄存器 NVIC_ICPR

中断清除请求寄存器 NVIC_ICPR 的作用与 NVIC_ISPR 寄存器的作用相反。NVIC_ICPR 寄存器第 n 位的值对应 IRQn 的请求状态,n=0～31。向 NVIC_ICPR 寄存器的第 n 位写入 1,将清除 IRQn 中断的请求状态;写入 0 无效。读出 NVIC_ICPR 寄存器的第 n 位为 1,表示 IRQn 正处于请求状态;读出第 n 位的值为 0,表示 IRQn 没有处于请求状态。一般情况下,可将该寄存器视为只读寄存器。

5. 中断优先级寄存器 NVIC_IPRn(n=0～7)

嵌套向量中断控制器 NVIC 共管理了 32 个中断,即 IRQ31～IRQ0,每个中断有 4 个优先级,每个中断的优先级值占用 1 字节,32 个中断共需要 32 字节,即 8 个字。因此,需要 8 个 32 位的寄存器 NVIC_IPRn(n=0～7)才能管理这些中断的优先级。尽管每个中断的优先级值占用 1 字节,由于优先级只有 4 级,所以,优先级值仅需要 2 位。Cortex-M0＋微控制器中,使用每字节的最高 2 位作为优先级配置位,如图 1-9 所示。

寄存器位域	31:30	29:24	23:22	21:16	15:14	13:8	7:6	5:0
中断号	3		2		1		0	
NVIC_IPR0	PRI_3	保留	PRI_2	保留	PRI_1	保留	PRI_0	保留
中断号	7		6		5		4	
NVIC_IPR1	PRI_7	保留	PRI_6	保留	PRI_5	保留	PRI_4	保留
中断号	11		10		9		8	
NVIC_IPR2	PRI_11	保留	PRI_10	保留	PRI_9	保留	PRI_8	保留
中断号	15		14		13		12	
NVIC_IPR3	PRI_15	保留	PRI_14	保留	PRI_13	保留	PRI_12	保留
中断号	19		18		17		16	
NVIC_IPR4	PRI_19	保留	PRI_18	保留	PRI_17	保留	PRI_16	保留
中断号	23		22		21		20	
NVIC_IPR5	PRI_23	保留	PRI_22	保留	PRI_21	保留	PRI_20	保留
中断号	27		26		25		24	
NVIC_IPR6	PRI_27	保留	PRI_26	保留	PRI_25	保留	PRI_24	保留
中断号	31		30		29		28	
NVIC_IPR7	PRI_31	保留	PRI_30	保留	PRI_29	保留	PRI_28	保留

图 1-9　中断优先级寄存器 NVIC_IPRn(n=0～7)

图 1-9 中,PRI_n(n=0,1,2,…,31)对应 IRQn 的中断优先级号,PRI_n 为所在字节的最高 2 位,因此,IRQn 优先级号的值可以取为 0、64、128 或 192。IRQn 中断对应的配置位域 PRI_n 位于 NVIC_IPRm 中的第 k 字节中,其中 m 等于 n 除以 4 的整数部分,k 等于 n 除以 4 的余数部分。图 1-9 中保留的位域全部为 0。

本章小结

本章首先介绍了 Cortex-M0＋微控制器内核的特点,然后介绍了 Cortex-M0＋微控制器内核的架构与存储器配置,接着介绍了 Cortex-M0＋微控制器的内核寄存器,之后介绍了 SysTick 定时器组件,最后详细介绍了 Cortex-M0＋微控制器内核的异常与中断。本章内容是下一章中讲述 LPC845 工作原理的基础知识。Cortex-M0＋内核知识丰富,需要进一步学习这些内容的读者可阅读文献[7-9]。下一章将开始学习基于 Cortex-M0＋内核的 LPC845 微控制器芯片的内部结构等硬件知识。

第 2 章

LPC84X 微控制器

　　LPC84X 是集成了 Cortex-M0＋内核的 32 位微控制器系列芯片,CPU 时钟频率最高可达 30MHz。目前 LPC84X 家族包括 LPC844 和 LPC845 两类芯片,不同型号的芯片只有芯片封装和片上外设略有不同。本书以 LPC845M301JBD64(以下简称 LPC845)作为 LPC84X 家族的代表芯片展开讨论。本章将介绍 LPC845 微控制器芯片的特点、引脚配置、内部结构、存储器配置、NVIC 中断和通用目的 I/O 口(GPIO)等内容。

2.1　LPC845 微控制器特点与引脚配置

　　LPC845 微控制器芯片具有以下特点:

　　(1) 内核方面:基于 Cortex-M0＋内核(版本 r0p1),工作时钟频率可达 30MHz,带有单周期乘法器、单周期快速 I/O 口、嵌套向量中断控制器 NVIC、系统节拍定时器 SysTick 和宏跟踪缓冲器,支持 JTAG 调试以及带有 4 个断点和 2 个观测点的串口调试,支持高性能总线(AHB)多层总线阵列。因此,LPC845 集成了图 1-1 中所示的 Cortex-M0＋内核的全部组件。

　　(2) 存储器方面:片上集成了 64KB 的 Flash 存储器,该 Flash 每页大小为 64 字节,支持按页编程和擦除,并且具有代码读保护功能;带有快速初始化存储器(FAIM),允许用户在芯片上电后初始化芯片;片上集成了 16KB 的 SRAM 存储器,分成两个地址连续的 8KB SRAM 区块,其中一块可用于宏跟踪单元(MTB);支持位带区地址访问技术,可以对位带区的存储空间执行按位写入或按位读出操作。

　　(3) ROM 应用程序接口(API)方面:ROM 中固化了启动代码(Bootloader);支持在应用编程(IAP);支持通过 USART、SPI 和 I²C 的在系统编程(ISP);支持 FAIM 和自由振荡器(Free Running Oscillator,FRO);集成了整数除法 API。其中,API 是指应用程序接口,即可供调用的函数;SPI 是指串行外设接口;I²C(Inter-Integrated Circuit)是一种两线式串行总线;USART(Universal Synchronous/Asynchronous Receiver/Transmitter)是指通用同步/异步串行收发器。

　　(4) 数字外设方面:具有 32 个快速 GPIO 口,每个 I/O 口均带有可配置的上拉/下拉电阻以及可编程的开路工作模式、输入反向和毛刺数字滤波器等,并且每个 I/O 口具有方向控制寄存器,可单独对其进行置位、清零和翻转等操作;具有 4 个能输出高电流(20mA)的引脚;具有 4 个可吸入高电流(20mA)的开路结构引脚;8 个 GPIO 中断支持复杂的布尔运算(8 个 GPIO 中断组合起来的模式匹配功能);开关矩阵单元可灵活地配置每个 I/O 口与芯片引脚的连接方式;集成了 CRC 引擎,具有带有 25 个通道和 13 个触发器输入的 DMA 控制器;支持电容触摸屏接口。其中,CRC(Cyclic Redundancy Check)是指循环冗余校验码,DMA(Direct Memory Access)是指无须 CPU 支持的直接内存访问。

(5) 定时器方面:集成了一个带有 5 个输入和 7 个输出端口的状态可配置定时器(SCT),这是一种极其灵活和复杂的定时器,可以产生任何形式的 PWM 波形;集成了一个四通道的多速率定时器(MRT),相当于单片机的定时器功能,但其实现更加灵活;带有一个 32 位的通用目的定时计数器,带有 4 个匹配输出和 3 个捕获输入,支持 PWM 和计算功能;还集成了一个自唤醒定时器(WKT)和一个加窗的看门狗定时器(WWDT),WKT 时钟源可选择 FRO、低功耗低频的内部振荡器或外部时钟输入。

(6) 模拟外设方面:带有一个 12 位的 12 输入通道的 ADC,最高采样频率为 1.2MHz,支持 2 个独立的转换序列;具有 5 输入的比较器,可使用内部或外部参考电压;还具有 2 个 10 位的数/模转换器(DAC)。

(7) 串行外设方面:具有 5 个 USART、2 个 SPI 控制器和 4 个 I²C 总线接口,其中,1 个高速 I²C 支持 1Mbps 数据传输速率,3 个标准 I²C 可支持数据传输速率 400kbps。

(8) 时钟方面:内置了一个精度为 1% 的 FRO,提供了 18MHz、24MHz 或 30MHz 的时钟输出作为系统时钟;可外接 1~25MHz 的时钟源;具有片上专用的看门狗振荡器,频率为 9.4kHz~2.3MHz;可将各个时钟信号通过芯片引脚输出。

(9) 功耗管理方面:通过集成的 PMU(功耗管理单元)可以配置各个组件的工作状态,支持睡眠、深度睡眠、掉电、深度掉电 4 种低功耗模式,可通过 USART、SPI 或 I²C 外设将芯片唤醒,支持定时器从深掉电模式唤醒,还具有上电复位(POR)和掉电检测(BOD)功能。

(10) 每个芯片具有唯一的身份号,工作电压范围为 1.8~3.6V,工作温度为 -40~105℃。

下面将介绍 LPC845 的引脚配置情况。

LPC845M301JBD64 芯片具有 64 个引脚,采用 LQFP64 封装,其中,54 个引脚可用作 GPIO 口,其引脚分布图如图 2-1 所示。

图 2-1 显示 LPC845 具有 PIO0_0~PIO0_31 和 PIO1_0~PIO1_21 等 54 个 GPIO 口,大多数 GPIO 口复用了其他功能。上电复位后,除了 PIO0_2、PIO0_3 和 PIO0_5 之外,其他引脚默认为 GPIO 功能。PIO0_10 和 PIO0_11 为开路结构(Open-drain),最高可以吸入 20mA 的电流,这两个引脚上电复位时,处于关闭状态(本质上是输入状态),其他的引脚上电复位时,均为输入状态且上拉电阻有效。PIO0_2、PIO0_3、PIO0_12 和 PIO0_16 为高驱动输出引脚,可输出 20mA 的电流。PIO0_4 可用于唤醒处于深度睡眠状态的 LPC845。

图 2-1 中各个引脚的具体含义如表 2-1 所示。

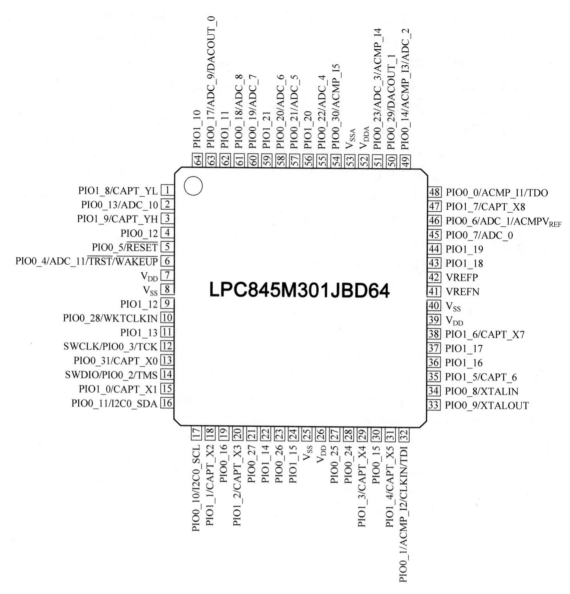

图 2-1 LPC845M301JBD64 芯片引脚分布

表 2-1 LPC845 各个引脚的含义

序号	引脚号	引脚名称	含 义
1	48	PIO0_0	通用目的输入/输出口 0(GPIO0)的第 0 号口
		ACMP_I1	模拟比较器第 1 号输入端
		TDO	在 JTAG 仿真时,用作 TDO(测试数据输出)口
2	32	PIO0_1	GPIO0 的第 1 号口
		ACMP_I2	模拟比较器第 2 号输入端
		CLKIN	外部时钟输入端
		TDI	在 JTAG 仿真时,用作 TDI(测试数据输入)口

续表

序号	引脚号	引脚名称	含　义
3	14	SWDIO	在串行调试模式(SWD)下,为串行调试数据输入/输出口
		PIO0_2	GPIO0 的第 2 号口
		TMS	在 JTAG 仿真时,用作 TMS(测试模式选择)口
4	12	SWCLK	在 SWD 下,为串行调试时钟
		PIO0_3	GPIO0 的第 3 号口
		TCK	在 JTAG 仿真时,用作 TCK(测试时钟)口
5	6	PIO0_4	GPIO0 的第 4 号口
		ADC_11	模/数转换器第 11 号输入通道
		TRSTN	在 JTAG 仿真时,用作 TRSTN(测试复位)口
		WAKEUP	深掉电唤醒引脚,在进入深掉电模式前应外部将该引脚置高电平,如果芯片处于深掉电模式时,该引脚上加一个长度为 50ns 的低脉冲可实现唤醒
6	5	RESET	外部复位输入端,该引脚加一个长度为 20~50ns 的低脉冲可实现芯片复位
		PIO0_5	GPIO0 的第 5 号口
7	46	PIO0_6	GPIO0 的第 6 号口
		ADC_1	模/数转换器第 1 号输入通道
		ACMPV$_{REF}$	模拟比较器的可选参考电压
8	45	PIO0_7	GPIO0 的第 7 号口
		ADC_0	模/数转换器第 0 号输入通道
9	34	PIO0_8	GPIO0 的第 8 号口
		XTALIN	外部晶体输入端或外部时钟源输入端,输入电压必须低于 1.95V
10	33	PIO0_9	GPIO0 的第 9 号口
		XTALOUT	内部振荡器信号输出端
11	17	PIO0_10	GPIO0 的第 10 号口
		I2C0_SCL	I²C 总线的时钟输入/输出端
12	16	PIO0_11	GPIO0 的第 11 号口
		I2C0_SDA	I²C 总线的数据输入/输出端
13	4	PIO0_12	GPIO0 的第 12 号口,当上电复位时,如果该引脚外加低电压,则使 LPC845 进入 ISP 模式
14	2	PIO0_13	GPIO0 的第 13 号口
		ADC_10	模/数转换器第 10 号输入通道
15	49	PIO0_14	GPIO0 的第 14 号口
		ACMP_I3	模拟比较器第 3 号输入端
		ADC_2	模/数转换器第 2 号输入通道
16	30	PIO0_15	GPIO0 的第 15 号口
17	19	PIO0_16	GPIO0 的第 16 号口
18	63	PIO0_17	GPIO0 的第 17 号口
		ADC_9	模/数转换器第 9 号输入通道
		DACOUT_0	数/模转换器第 0 号输出通道
19	61	PIO0_18	GPIO0 的第 18 号口
		ADC_8	模/数转换器第 8 号输入通道
20	60	PIO0_19	GPIO0 的第 19 号口
		ADC_7	模/数转换器第 7 号输入通道

续表

序号	引脚号	引脚名称	含　义
21	58	PIO0_20	GPIO0 的第 20 号口
		ADC_6	模/数转换器第 6 号输入通道
22	57	PIO0_21	GPIO0 的第 21 号口
		ADC_5	模/数转换器第 5 号输入通道
23	55	PIO0_22	GPIO0 的第 22 号口
		ADC_4	模/数转换器第 4 号输入通道
24	51	PIO0_23	GPIO0 的第 23 号口
		ADC_3	模/数转换器第 3 号输入通道
		ACMP_I4	模拟比较器第 4 号输入端
25	28	PIO0_24	GPIO0 的第 24 号口。在 ISP 模式下,用作 U0_RXD
26	27	PIO0_25	GPIO0 的第 25 号口。在 ISP 模式下,用作 U0_TXD
27	23	PIO0_26	GPIO0 的第 26 号口
28	21	PIO0_27	GPIO0 的第 27 号口
29	10	PIO0_28	GPIO0 的第 28 号口
		WKTCLKIN	外部唤醒时钟信号输入端
30	50	PIO0_29	GPIO0 的第 29 号口
		DACOUT_1	数/模转换器第 1 号输出通道
31	54	PIO0_30	GPIO0 的第 30 号口
		ACMP_I5	模拟比较器第 5 号输入端
32	13	PIO0_31	GPIO0 的第 31 号口
		CAPT_X0	电容触摸屏 X 传感器 0 端口
33	15	PIO1_0	GPIO1 的第 0 号口
		CAPT_X1	电容触摸屏 X 传感器 1 端口
34	18	PIO1_1	GPIO1 的第 1 号口
		CAPT_X2	电容触摸屏 X 传感器 2 端口
35	20	PIO1_2	GPIO1 的第 2 号口
		CAPT_X3	电容触摸屏 X 传感器 3 端口
36	29	PIO1_3	GPIO1 的第 3 号口
		CAPT_X4	电容触摸屏 X 传感器 4 端口
37	31	PIO1_4	GPIO1 的第 4 号口
		CAPT_X5	电容触摸屏 X 传感器 5 端口
38	35	PIO1_5	GPIO1 的第 5 号口
		CAPT_X6	电容触摸屏 X 传感器 6 端口
39	38	PIO1_6	GPIO1 的第 6 号口
		CAPT_X7	电容触摸屏 X 传感器 7 端口
40	47	PIO1_7	GPIO1 的第 7 号口
		CAPT_X8	电容触摸屏 X 传感器 8 端口
41	1	PIO1_8	GPIO1 的第 8 号口
		CAPT_YL	电容触摸屏 Y 传感器低端口
42	3	PIO1_9	GPIO1 的第 9 号口
		CAPT_YH	电容触摸屏 Y 传感器高端口
43	64	PIO1_10	GPIO1 的第 10 号口

序号	引脚号	引脚名称	含　义
44	62	PIO1_11	GPIO1 的第 11 号口
45	9	PIO1_12	GPIO1 的第 12 号口
46	11	PIO1_13	GPIO1 的第 13 号口
47	22	PIO1_14	GPIO1 的第 14 号口
48	24	PIO1_15	GPIO1 的第 15 号口
49	36	PIO1_16	GPIO1 的第 16 号口
50	37	PIO1_17	GPIO1 的第 17 号口
51	43	PIO1_18	GPIO1 的第 18 号口
52	44	PIO1_19	GPIO1 的第 19 号口
53	56	PIO1_20	GPIO1 的第 20 号口
54	59	PIO1_21	GPIO1 的第 21 号口
55	7	V_{DD}	数字电源,供电能给 IO 口和内核
56	26	V_{DD}	数字电源,供电能给 IO 口和内核
57	39	V_{DD}	数字电源,供电能给 IO 口和内核
58	52	V_{DDA}	模拟电源
59	8	V_{SS}	数字地
60	25	V_{SS}	数字地
61	40	V_{SS}	数字地
62	53	V_{SSA}	模拟地
63	41	VREFN	ADC 负参考电源
64	42	VREFP	ADC 正参考电源,必须小于或等于 V_{DDA}

由表 2-1 可知,大部分引脚都具有多个功能,当有多个功能复用同一个引脚,上电复位时,每个引脚号对应的第一个功能是默认功能。2.5 节和 2.6 节将具体介绍这些引脚的配置及其作为 GPIO 口的操作方法。

除了表 2-1 所列出的功能外,LPC845 各引脚还有表 2-2 所示的功能,这些功能可被开关矩阵单元配置到任一 GPIO 口上,称这些功能为可移动的功能。这些可移动的功能简化了 LPC845 的硬件电路设计,使得升级微控制器芯片时,不必重新设计硬件平台,而只需借助软件方式配置可移动的功能接口。表 2-2 中,I 表示输入类型,O 表示输出类型,I/O 表示输入/输出类型。

表 2-2　可移动的功能列表

序号	功能名称	类型	含　义
1	Ux_TXD	O	USARTx 发送数据通道,x=0,1,…,4
2	Ux_RXD	I	USARTx 接收数据通道,x=0,1,…,4
3	$\overline{Ux\_RTS}$	O	USARTx 请求发送,x=0,1,…,4
4	$\overline{Ux\_CTS}$	I	USARTx 清除发送请求,x=0,1,…,4
5	Ux_SCLK	I/O	USARTx 工作在同步模式下的串行时钟输入/输出通道,x=0,1,…,4
6	SPIx_SCK	I/O	SPIx 串行时钟,x=0,1
7	SPIx_MOSI	I/O	SPIx 主输出或从输入,x=0,1
8	SPIx_MISO	I/O	SPIx 主输入或从输出,x=0,1

续表

序号	功能名称	类型	含义
9	SPIx_SSEL0	I/O	SPIx 从模式选择通道 0,x＝0,1
10	SPIx_SSEL1	I/O	SPIx 从模式选择通道 1,x＝0,1
11	SPIx_SSEL2	I/O	SPIx 从模式选择通道 2,x＝0,1
12	SPIx_SSEL3	I/O	SPIx 从模式选择通道 3,x＝0,1
13	SCT_PIN0	I	状态可配置定时器 SCT 多路选择器输入通道 0
14	SCT_PIN1	I	SCT 多路选择器输入通道 1
15	SCT_PIN2	I	SCT 多路选择器输入通道 2
16	SCT_PIN3	I	SCT 多路选择器输入通道 3
17	SCT_OUT0	O	SCT 输出通道 0
18	SCT_OUT1	O	SCT 输出通道 1
19	SCT_OUT2	O	SCT 输出通道 2
20	SCT_OUT3	O	SCT 输出通道 3
21	SCT_OUT4	O	SCT 输出通道 4
22	SCT_OUT5	O	SCT 输出通道 5
23	I2Cx_SDA	I/O	I^2C 模块 x 的数据输入/输出,x＝1,2,3
24	I2Cx_SCL	I/O	I^2C 模块 x 的时钟输入/输出,x＝1,2,3
25	ACMP_O	O	模拟比较器输出
26	CLKOUT	O	时钟输出
27	GPIO_INT_BMAT	O	模式匹配引擎输出
28	T0_MAT0	O	定时器匹配输出通道 0
29	T0_MAT1	O	定时器匹配输出通道 1
30	T0_MAT2	O	定时器匹配输出通道 2
31	T0_MAT3	O	定时器匹配输出通道 3
32	T0_CAP0	I	定时器捕获输入通道 0
33	T0_CAP1	I	定时器捕获输入通道 1
34	T0_CAP2	I	定时器捕获输入通道 2

从表 2-2 可以看出,LPC845 微控制器支持 5 个 USART,即 USART0～USART4;支持 2 个 SPI,即 SPI0 和 SPI1;SCT 有 4 个外部输入和 6 个输出;支持 3 个 I^2C;具有 1 个模拟比较器输出功能;具有 CLKOUT 输出功能,可输出 LPC845 微控制器内部的所有时钟信号;还有 1 个模式匹配引擎输出功能。表 2-2 中的全部功能均可以借助开关矩阵单元分配给任何一个 GPIO 口,常把这些功能称为内部信号,借助于表 2-3 所示的寄存器可实现内部信号与具体引脚的连接,从而才能使用这些内部信号。

表 2-3　开关矩阵寄存器(基地址: 0x4000 C000)

序号	名称	偏移地址	含义
1	PINASSIGN0	0x000	引脚分配寄存器 0,分配内部信号 U0_TXD、U0_RXD、U0_RTS 和 U0_CTS
2	PINASSIGN1	0x004	引脚分配寄存器 1,分配内部信号 U0_SCLK、U1_TXD、U1_RXD 和 U1_RTS
3	PINASSIGN2	0x008	引脚分配寄存器 2,分配内部信号 U1_CTS、U1_SCLK、U2_TXD 和 U2_RXD

续表

序号	名　　称	偏移地址	含　　义
4	PINASSIGN3	0x00C	引脚分配寄存器3,分配内部信号U2_RTS、U2_CTS、U2_SCLK和SPI0_SCK
5	PINASSIGN4	0x010	引脚分配寄存器4,分配内部信号SPI0_MOSI、SPI0_MISO、SPI0_SSEL0和SPI0_SSEL1
6	PINASSIGN5	0x014	引脚分配寄存器5,分配内部信号SPI0_SSEL2、SPI0_SSEL3、SPI1_SCK和SPI1_MOSI
7	PINASSIGN6	0x018	引脚分配寄存器6,分配内部信号SPI1_MISO、SPI1_SSEL0、SPI1_SSEL1和SCT_IN0
8	PINASSIGN7	0x01C	引脚分配寄存器7,分配内部信号SCT_IN1、SCT_IN2、SCT_IN3和SCT_OUT0
9	PINASSIGN8	0x020	引脚分配寄存器8,分配内部信号SCT_OUT1、SCT_OUT2、SCT_OUT3和SCT_OUT4
10	PINASSIGN9	0x024	引脚分配寄存器9,分配内部信号SCT_OUT5、SCT_OUT6、I2C1_SDA和I2C1_SCL
11	PINASSIGN10	0x028	引脚分配寄存器10,分配内部信号I2C2_SDA、I2C2_SCL、I2C3_SDA和I2C3_SCL
12	PINASSIGN11	0x02C	引脚分配寄存器11,分配内部信号COMP0_OUT、CLKOUT、GPIO_INT_BMAT和UART3_TXD
13	PINASSIGN12	0x030	引脚分配寄存器12,分配内部信号UART3_RXD、UART3_SCLK、UART4_TXD和UART4_RXD
14	PINASSIGN13	0x034	引脚分配寄存器11,分配内部信号UART4_SCLK、T0_MAT0、T0_MAT1和T0_MAT2
15	PINASSIGN14	0x038	引脚分配寄存器11,分配内部信号T0_MAT3、T0_CAP0、T0_CAP1和T0_CAP2
16	PINENABLE0	0x1C0	引脚有效寄存器0,管理一些引脚上的复用功能:ACMP_In、SWCLK、SWDIO、XTALIN、XTALOUT、RESET、CLKIN、VDDCMP、I2C0_SDA、I2C0_SCL、ADC_n、DACOUTn、CAPT_X0、CAPT_X1、CAPT_X2和CAPT_X3
17	PINENABLE1	0x1C4	引脚有效寄存器1,管理一些引脚上的复用功能:CAPT_X4、CAPT_X5、CAPT_X6、CAPT_X7、CAPT_X8、CAPT_YL和CAPT_YH

表2-3中的全部寄存器均为可读可写属性。上电复位时,引脚分配寄存器PINASSIGN0~PINASSIGN14均被初始化为0xFFFF FFFF,而引脚有效寄存器PINENABLE0和PINENABLE1的初始值分别为0xFFFF FDXF和0xFFFF FECF,其中X的第4、7位为1,第5、6位由FAIM决定。每个32位的引脚分配寄存器分成4字节,每字节的值就是内部信号分配到的引脚号。对于LPC845而言,字节的有效取值为k=0x0~0x35,其中,k=0x0~0x1F表示分配到GPIO0_k;k=0x20~0x35时表示分配到GPIO1_(k-32);当取为其他值时无意义。如果引脚分配寄存器的不同字节设置了相同的有效值,表示不同的内部信号被同时分配到了同一个引脚,应尽可能避免这种分配方式(特别是多个具有输出特性的内部信号不能被分配到同一个引脚)。引脚分配寄存器PINASSIGN0~PINASSIGN14与各个内部信号的关系如表2-4所示。

表 2-4　PINASSIGN0～PINASSIGN11 与内部信号的关系(复位值均为 0xFFFF FFFF)

位　域	[31:24]	[23:16]	[15:8]	[7:0]
PINASSIGN0	U0_CTS_I	U0_RTS_O	U0_RXD_I	U0_TXD_O
PINASSIGN1	U1_RTS_O	U1_RXD_I	U1_TXD_O	U0_SCLK_IO
PINASSIGN2	U2_RXD_I	U2_TXD_O	U1_SCLK_IO	U1_CTS_I
PINASSIGN3	SPI0_SCK_IO	U2_SCLK_IO	U2_CTS_I	U2_RTS_O
PINASSIGN4	SPI0_SSEL1_IO	SPI0_SSEL0_IO	SPI0_MISO_IO	SPI0_MOSI_IO
PINASSIGN5	SPI1_MOSI_IO	SPI1_SCK_IO	SPI0_SSEL3_IO	SPI0_SSEL2_IO
PINASSIGN6	SCT0_IN_A_I	SPI1_SSEL1_IO	SPI1_SSEL0_IO	SPI1_MISO_IO
PINASSIGN7	SCT_OUT0_O	SCT0_IN_D_I	SCT0_IN_C_I	SCT0_IN_B_I
PINASSIGN8	SCT_OUT4_O	SCT_OUT3_O	SCT_OUT2_O	SCT_OUT1_O
PINASSIGN9	I2C1_SCL_IO	I2C1_SDA_IO	SCT_OUT6_O	SCT_OUT5_O
PINASSIGN10	I2C3_SCL_IO	I2C3_SDA_IO	I2C2_SCL_IO	I2C2_SDA_IO
PINASSIGN11	UART3_TXD	GPIO_INT_BMAT_O	CLKOUT_O	CMP0_OUT_O
PINASSIGN12	UART4_RXD	UART4_TXD	UART3_SCLK	UART3_RXD
PINASSIGN13	T0_MAT2	T0_MAT1	T0_MAT0	UART4_SCLK
PINASSIGN14	T0_CAP2	T0_CAP1	T0_CAP0	T0_MAT3

　　表 2-4 中,后缀"_I""_O"和"_IO"分别表示该内部信号为输入、输出和输入/输出类型,其余的部分与表 2-2 相同。例如,U0_TXD_O 表示该内部信号名为 U0_TXD,根据表 2-2 可知,该内部信号为"USART0 发送数据通道",_O 表示该内部信号为输出类型。由表 2-4 可知,PINASSIGN0～PINASSIGN14 中的每个寄存器都被分为 4 个 8 位的字节:[31:24]、[23:16]、[15:8]和[7:0],共 60 个 8 位的字节,对应着表 2-2 中 60 个内部信号的分配。例如,PINASSIGN0 的低 8 位[7:0]对应于 U0_TXD_O,PINASSIGN5 的第[31:24]位域对应着 SPI1_MOSI_IO,等等。每个 8 位的字节取值为 n=0～31 时,表示该字节对应的内部信号分配到 GPIO0_n 所在的引脚上;如果 n=32～53,表示该字节对应的内部信号分配到 GPIO1_(n-32)所在的引脚上。例如,当 PINASSIGN0 的第[7:0]位设为 26(即 0x18)时,则将内部信号 U0_TXD 分配到 PIO0_26 所在的引脚上,即第 23 号引脚(见图 2-1)。

　　表 2-3 中的引脚有效寄存器 PINENABLE0 和 PINENABLE1 用于配置图 2-1 中有多个功能复用的那些引脚的功能,只有工作在 GPIO 状态下的引脚才能使用引脚分配寄存器为其分配内部信号。引脚有效寄存器 PINENABLE0 和 PINENABLE1 可以配置多功能复用引脚用作 GPIO 口或其他复用的功能,如表 2-5 所示。

表 2-5　引脚有效寄存器 PINENABLE0 和 PINENABLE1

PINENABLE0			
位号	位名称	复位值	含义(结合图 2-1 和表 2-1)
0	ACMP_I1	1	0:表示第 48 号引脚用作 ACMP_I1 功能; 1:表示第 48 号引脚用作 PIO0_0 功能
1	ACMP_I2	1	0:表示第 32 号引脚用作 ACMP_I2 功能; 1:表示第 32 号引脚用作 PIO0_1 功能
2	ACMP_I3	1	0:表示第 49 号引脚用作 ACMP_I3 功能; 1:表示第 49 号引脚用作 PIO0_14 功能

PINENABLE0

位号	位名称	复位值	含义（结合图 2-1 和表 2-1）
3	ACMP_I4	1	0：表示第 51 号引脚用作 ACMP_I4 功能； 1：表示第 51 号引脚用作 PIO0_23 功能
4	ACMP_I5	1	0：表示第 54 号引脚用作 ACMP_I5 功能； 1：表示第 54 号引脚用作 PIO0_30 功能
5	SWCLK	0	0：表示第 12 号引脚用作 SWCLK 功能； 1：表示第 12 号引脚用作 PIO0_3 功能
6	SWDIO	0	0：表示第 14 号引脚用作 SWDIO 功能； 1：表示第 14 号引脚用作 PIO0_2 功能
7	XTALIN	1	0：表示第 34 号引脚用作 XTALIN 功能； 1：表示第 34 号引脚用作 PIO0_8 功能
8	XTALOUT	1	0：表示第 33 号引脚用作 XTALOUT 功能； 1：表示第 33 号引脚用作 PIO0_9 功能
9	RESETN	0	0：表示第 5 号引脚用作 RESET 功能； 1：表示第 5 号引脚用作 PIO0_5 功能
10	CLKIN	1	0：表示第 32 号引脚用作 CLKIN 功能； 1：表示第 32 号引脚用作 PIO0_1 功能
11	VDDCMP	1	0：表示第 46 号引脚用作 VDDCMP 功能； 1：表示第 46 号引脚用作 PIO0_6 功能
12	I2C0_SDA	1	0：表示第 16 号引脚用作 I2C0_SDA 功能； 1：表示第 16 号引脚用作 PIO0_11 功能
13	I2C0_SCL	1	0：表示第 17 号引脚用作 I2C0_SCL 功能； 1：表示第 17 号引脚用作 PIO0_10 功能
14	ADC_0	1	0：表示第 45 号引脚用作 ADC_0 功能； 1：表示第 45 号引脚用作 PIO0_7 功能
15	ADC_1	1	0：表示第 46 号引脚用作 ADC_1 功能； 1：表示第 46 号引脚用作 PIO0_6 功能
16	ADC_2	1	0：表示第 49 号引脚用作 ADC_2 功能； 1：表示第 49 号引脚用作 PIO0_14 功能
17	ADC_3	1	0：表示第 51 号引脚用作 ADC_3 功能； 1：表示第 51 号引脚用作 PIO0_23 功能
18	ADC_4	1	0：表示第 55 号引脚用作 ADC_4 功能； 1：表示第 55 号引脚用作 PIO0_22 功能
19	ADC_5	1	0：表示第 57 号引脚用作 ADC_5 功能； 1：表示第 57 号引脚用作 PIO0_21 功能
20	ADC_6	1	0：表示第 58 号引脚用作 ADC_6 功能； 1：表示第 58 号引脚用作 PIO0_20 功能
21	ADC_7	1	0：表示第 60 号引脚用作 ADC_7 功能； 1：表示第 60 号引脚用作 PIO0_19 功能
22	ADC_8	1	0：表示第 61 号引脚用作 ADC_8 功能； 1：表示第 61 号引脚用作 PIO0_18 功能
23	ADC_9	1	0：表示第 63 号引脚用作 ADC_9 功能； 1：表示第 63 号引脚用作 PIO0_17 功能

续表

位号	位名称	复位值	含义(结合图 2-1 和表 2-1)
		PINENABLE0	
24	ADC_10	1	0：表示第 2 号引脚用作 ADC_10 功能； 1：表示第 2 号引脚用作 PIO0_13 功能
25	ADC_11	1	0：表示第 6 号引脚用作 ADC_11 功能； 1：表示第 6 号引脚用作 PIO0_4 功能
26	DACOUT0	1	0：表示第 63 号引脚用作 DACOUT0 功能； 1：表示第 63 号引脚用作 PIO0_17 功能
27	DACOUT1	1	0：表示第 50 号引脚用作 DACOUT1 功能； 1：表示第 50 号引脚用作 PIO0_29 功能
28	CAPT_X0	1	0：表示第 13 号引脚用作 CAPT_X0 功能； 1：表示第 13 号引脚用作 PIO0_31 功能
29	CAPT_X1	1	0：表示第 15 号引脚用作 CAPT_X1 功能； 1：表示第 15 号引脚用作 PIO1_0 功能
30	CAPT_X2	1	0：表示第 18 号引脚用作 CAPT_X2 功能； 1：表示第 18 号引脚用作 PIO1_1 功能
31	CAPT_X3	1	0：表示第 20 号引脚用作 CAPT_X3 功能； 1：表示第 20 号引脚用作 PIO1_2 功能
		PINENABLE1	
位号	位名称	复位值	含义(结合图 2-1 和表 2-1)
0	CAPT_X4	1	0：表示第 29 号引脚用作 CAPT_X4 功能； 1：表示第 29 号引脚用作 PIO1_3 功能
1	CAPT_X5	1	0：表示第 31 号引脚用作 CAPT_X5 功能； 1：表示第 31 号引脚用作 PIO1_4 功能
2	CAPT_X6	1	0：表示第 35 号引脚用作 CAPT_X6 功能； 1：表示第 35 号引脚用作 PIO1_5 功能
3	CAPT_X7	1	0：表示第 38 号引脚用作 CAPT_X7 功能； 1：表示第 38 号引脚用作 PIO1_6 功能
4	CAPT_X8	1	0：表示第 47 号引脚用作 CAPT_X8 功能； 1：表示第 47 号引脚用作 PIO1_7 功能
5	CAPT_YL	1	0：表示第 1 号引脚用作 CAPT_YL 功能； 1：表示第 1 号引脚用作 PIO1_8 功能
6	CAPT_YH	1	0：表示第 3 号引脚用作 CAPT_YH 功能； 1：表示第 3 号引脚用作 PIO1_9 功能
31：7	保留	—	—

2.2 LPC845 微控制器内部结构

LPC845 微控制器使用 ARM Cortex-M0＋内核,并集成了 64KB Flash、16KB SRAM、5 个 USART、4 个 I²C、2 个 SPI、1 个 12 通道的 12 位 ADC、2 个 10 位的 DAC 和 1 个模拟比较器等片上外设,具有 54 个 GPIO 口,其内部结构如图 2-2 所示。

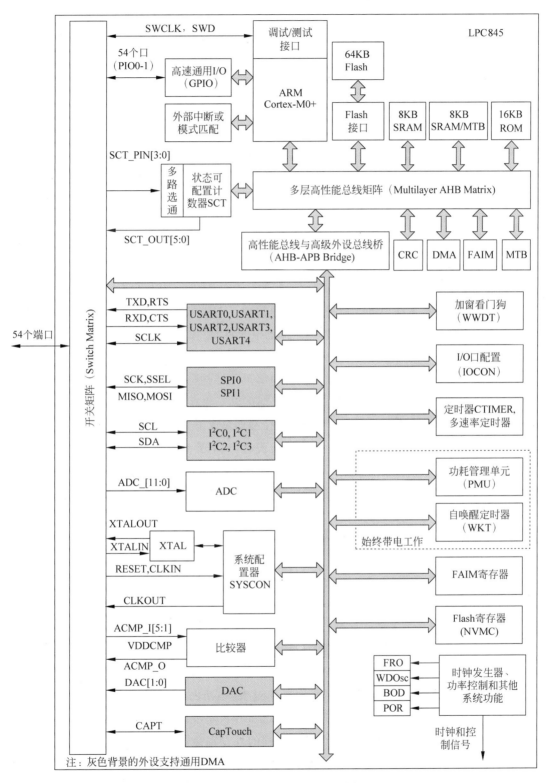

图 2-2 LPC845 微控制器内部结构

图 2-2 清楚地展示了 LPC845 微控制器的内部结构。由图 2-2 可知,LPC845 微控制器内核为 ARM Cortex-M0＋核心,"高速通用 I/O"和"外部中断或模式匹配"直接受 Cortex-M0＋内核控制,Cortex-M0＋内核通过高性能总线矩阵与 64KB Flash、8KB＋8KB SRAM、ROM、CRC 计算引擎、DMA 控制器和状态可配置定时/计数器相连接,通过"高性能总线与高级外设总线桥"借助于高级外设总线(APB)管理 5 个 USART、2 个 SPI、4 个 I^2C、1 个 ADC、2 个 DAC、系统配置器、比较器、看门狗定时器、I/O 口配置单元、多速率定时器、功耗管理单元和自唤醒定时器等。

由图 2-2 可知,通过开关矩阵,可将外部的 54 个引脚灵活地配置成与下列选出的 54 个功能信号相连接:"调试/测试接口"的 SWCLK、SWDIO 信号、PIO0 口的 54 个通用 I/O 口、SCT 计数器的 4 个输入和 6 个输出信号、5 个 USART 模块的 25 个信号(每个 USART 有 5 个)、2 个 SPI 的 12 个信号(SPI0 有 7 个,SPI1 有 5 个)、4 个 I^2C 的 8 个信号、ADC 的 12 个输入信号、DAC 的 2 个输出信号、电容触摸屏的 11 个信号、时钟单元的 XTALIN 和 XTALOUT、RESET、CLKIN 以及模拟比较器的 5 个输入和 1 个输出信号。

从图 2-2 还可看到,LPC845 微控制器片内集成了时钟发生器,用于管理 FRO(内部自由振荡器)、WDOsc(看门狗振荡器)、BOD(掉电检测单元)和 POR(上电复位单元)等,为系统各个单元提供工作时钟信号和控制信号。

根据图 2-2,可以看出 LPC845 微控制器内部单元结构模块化强,除了"功耗管理单元"和"自唤醒定时器"始终带电工作外,其余单元都可以工作在低功耗或掉电模式下,这使得 LPC845 微控制器功耗极低。由于 LPC845 微控制器集成了开关矩阵,使得 LPC845 微控制器在硬件电路设计上特别灵活,在产品升级换代时,只需要通过软件编程方式修改开关矩阵,而不需要重新设计核心电路板。鉴于 LPC845 微控制器编程灵活方便、处理速度快和控制能力强,有些专家称 LPC845 是具有划时代标志特征的微控制器芯片。

2.3 LPC845 存储器配置

LPC845 微控制器集成了 64KB 的 Flash 存储器和 16KB 的 SRAM 存储器,其存储器配置建立在图 1-2 的基础上,针对 LPC845 微控制器芯片的全部片上资源进行配置,如图 2-3 所示。

由图 2-3 可知,LPC845 微控制器的最大寻址能力为 4GB,这是因为 LPC845 微控制器的地址总线宽度为 32 位。64KB 的 Flash 空间位于 0x0～0xFFFF 处,用于存放程序代码和常量数据,其中 0x0～0xC0 处为异常与中断向量表,中断向量表的结构将在 2.4 节介绍。16KB 的 SRAM 空间位于 0x1000 0000～0x1000 3FFF 处,用于存放用户数据。

图 2-3 表明,APB 外设即高级外设总线管理的外设寄存器,均位于地址 0x4000 0000～4007 FFFF 处,共分为 32 个块,每块大小为 16KB,存储一个 APB 外设的寄存器。例如,地址空间 0x4000 0000～0x4000 4000 处存储着加窗的看门狗定时器相关的寄存器。

由图 2-3 可知,LPC845 微控制器存储空间中有一个 16KB 大小的只读空间(Boot

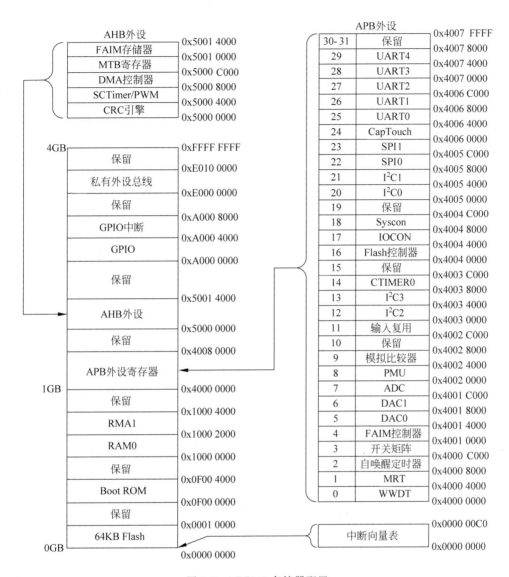

图 2-3 LPC845 存储器配置

ROM),在系统编程(ISP)和自启动代码在芯片出厂时就被固化在该 ROM 中。图 2-3 中的 MTB 表示宏跟踪缓冲区,用于调试和仿真 LPC845 微控制器;MRT 表示多速率定时器; CRC 表示循环冗余校验码。

2.4 LPC845 NVIC 中断

LPC845 微控制器内核为 ARM Cortex-M0＋,LPC845 的中断控制器隶属于 Cortex-M0＋ 内核,称为紧耦合的嵌套向量中断控制器 NVIC,是将图 1-8 中中断号为 n(n＝0,1,2,…, 31)的 32 个外部中断与 LPC845 的片上外设中断触发器相结合。LPC845 的 NVIC 中断如 表 2-6 所示。

表 2-6　LPC845 NVIC 中断

中断号	中断名称	含义	中断号	中断名称	含义
0	SPI0_IRQ	SPI0 中断	17	ADC_SEQB_IRQ	ADC 序列 B 中断
1	SPI1_IRQ	SPI1 中断	18	ADC_THCMP_IRQ	ADC 门限比较中断
2	DAC0_IRQ	DAC0 中断	19	ADC_OVR_IRQ	ADC 溢出中断
3	UART0_IRQ	USART0 中断	20	DMA_IRQ	DMA 中断
4	UART1_IRQ	USART1 中断	21	I2C2_IRQ	I²C2 中断
5	UART2_IRQ	USART2 中断	22	I2C3_IRQ	I²C3 中断
6	-	保留	23	CT32B0_IRQ	定时器中断
7	I2C1_IRQ	I²C1 中断	24	PININT0_IRQ	引脚输入中断 0
8	I2C0_IRQ	I²C0 中断	25	PININT1_IRQ	引脚输入中断 1
9	SCT_IRQ	SCT 中断	26	PININT2_IRQ	引脚输入中断 2
10	MRT_IRQ	MRT 中断	27	PININT3_IRQ	引脚输入中断 3
11	CMP_IRQ 或 CAPT_IRQ	模拟比较器中断或电容触屏中断	28	PININT4_IRQ	引脚输入中断 4
12	WDT_IRQ	看门狗中断	29	PININT5 _ IRQ 或 DAC1_IRQ	引脚输入中断 5 或 DAC1 中断
13	BOD_IRQ	BOD 中断	30	PININT6 _ IRQ 或 USART3_IRQ	引脚输入中断 6 或 USART3 中断
14	FLASH_IRQ	Flash 中断	31	PININT7 _ IRQ 或 USART4_IRQ	引脚输入中断 7 或 USART4 中断
15	WKT_IRQ	自唤醒定时器中断			
16	ADC_SEQA_IRQ	ADC 序列 A 中断			

　　LPC845 通过 NVIC 中断管理寄存器管理表 2-6 所示的中断的开放、关闭、请求、清除请求状态和优先级配置,这些寄存器如表 2-7 所示,它们与表 1-12 中地址相同的寄存器是同一个寄存器,对应的含义也完全相同,此处不再赘述。

表 2-7　LPC845 中断管理寄存器(基地址:0xE000 E000)

序号	地址	寄存器名	对应表 1-12 中的寄存器	含义
1	0xE000 E100	ISER0	NVIC_ISER	中断开放寄存器 0
2	0xE000 E180	ICER0	NVIC_ICER	中断关闭寄存器 0
3	0xE000 E200	ISPR0	NVIC_ISPR	中断请求寄存器 0
4	0xE000 E280	ICPR0	NVIC_ICPR	中断清除请求寄存器 0
5	0xE000 E300	IABR0	-	中断活跃寄存器 0(只读)
6	0xE000 E400 ~ 0xE000 E41C	IPR0~IPR7	NVIC_IPR0 ~NVIC_IPR7	中断优先级寄存器 0~7

　　表 2-7 中的寄存器 IABR0 在表 1-12 中没有对应的寄存器。IABR0 为 32 位只读的中断活跃寄存器 0,其第 n 位对应着中断号为 n 的 IRQn 中断的状态,如果读出该位为 1,则表示其对应的中断处于活跃状态;读出为 0,表示该位对应的中断处于非活跃状态。

　　LPC845 上电复位时,异常与中断向量表占据的地址空间为 0x0~0xC0,如图 2-4 所示。

　　由图 2-4 可知,异常与中断向量表的起始地址为 0x0,结合图 2-3 可知,该部分空间位于 LPC845 的 64KB Flash 存储器中。可以通过设置 VTOR 寄存器(见 1.4.2 节),使得中断向量表的位置重定位到 SRAM 中。VTOR 寄存器为 ARM Cortex-M0+系统控制寄存器,其地址为 0xE000 ED08,复位值为 0x0000 0000,VTOR 寄存器保存了中断向量表的偏移地

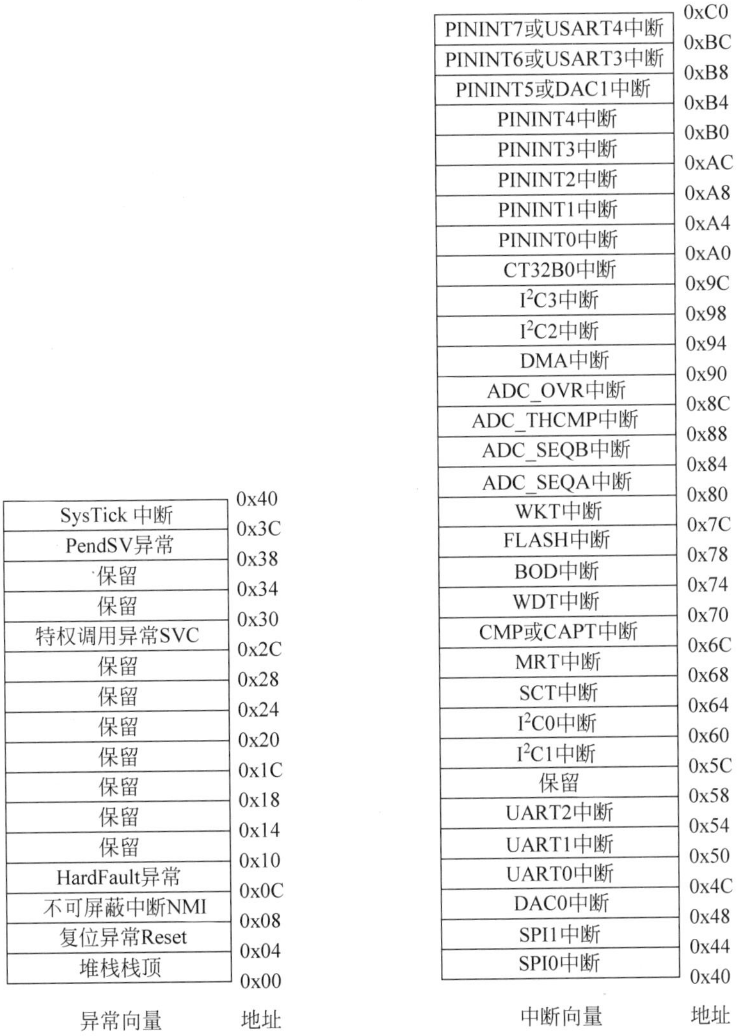

PININT7或USART4中断	0xC0
PININT6或USART3中断	0xBC
PININT5或DAC1中断	0xB8
PININT4中断	0xB4
PININT3中断	0xB0
PININT2中断	0xAC
PININT1中断	0xA8
PININT0中断	0xA4
CT32B0中断	0xA0
I²C3中断	0x9C
I²C2中断	0x98
DMA中断	0x94
ADC_OVR中断	0x90
ADC_THCMP中断	0x8C
ADC_SEQB中断	0x88
ADC_SEQA中断	0x84
WKT中断	0x80
FLASH中断	0x7C
BOD中断	0x78
WDT中断	0x74
CMP或CAPT中断	0x70
MRT中断	0x6C
SCT中断	0x68
I²C0中断	0x64
I²C1中断	0x60
保留	0x5C
UART2中断	0x58
UART1中断	0x54
UART0中断	0x50
DAC0中断	0x4C
SPI1中断	0x48
SPI0中断	0x44
	0x40

中断向量　　地址

SysTick 中断	0x40
PendSV异常	0x3C
保留	0x38
保留	0x34
特权调用异常SVC	0x30
保留	0x2C
保留	0x28
保留	0x24
保留	0x20
保留	0x1C
保留	0x18
保留	0x14
保留	0x10
HardFault异常	0x0C
不可屏蔽中断NMI	0x08
复位异常Reset	0x04
堆栈栈顶	0x00

异常向量　　地址

图 2-4　LPC845 异常与中断向量表

址,其第[31:7]位表示为 TBLOFF,第[6:0]位为保留位。TBLOFF 的值补上 7 个 0 后形成异常与中断向量表重定位后的地址,如果配置 VTOR 寄存器的值为 0x1000 0200,则 LPC845 微控制器的中断向量表将重定位到 SRAM 空间的 0x1000 0200 地址处(结合图 2-3)。异常与中断向量表重定位后,中断响应入口位于 SRAM 中,因此,中断响应速度更快。

图 2-4 反映了 LPC845 上电复位后,PC(程序计数器指针)将自动指向 0x04 地址处,从该地址开始执行程序。一般地,0x04 地址处存放一条跳转指令,跳过中断向量表的 0xC0 大小的空间去程序代码区执行。

2.5　I/O 口配置 IOCON

LPC845 具有 54 个 I/O 口(PIO0_0~PIO0_31 和 PIO1_0~PIO1_21,如图 2-1 所示),每个 I/O 口均可作为数字输出口或数字输入口,上电复位后全部 GPIO 口处于输入模式(且外部输入中断关闭)。GPIO 口的内部结构如图 2-5 所示。

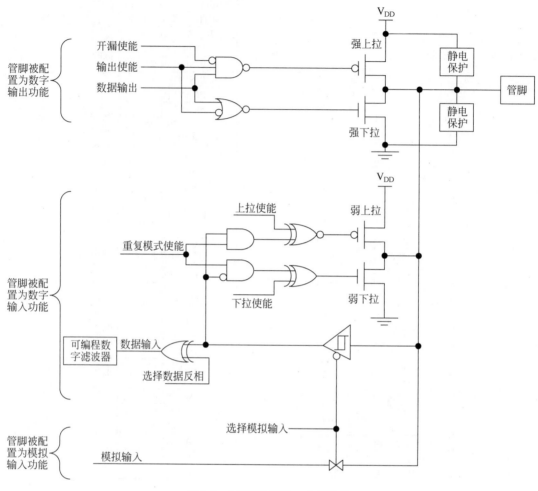

图 2-5   LPC845 I/O 口内部结构

LPC845 每个 I/O 口都对应一个同名的 I/O 口配置寄存器,用于设定该 I/O 口的功能,如表 2-8 所示。

表 2-8   IOCON 寄存器(基地址为 0x4004 4000,按偏移地址大小排序)

序 号	寄存器名	偏移地址	类 型	含 义
1	PIO0_17	0x00	R/W	PIO0_17 引脚功能配置寄存器
2	PIO0_13	0x04	R/W	PIO0_13 引脚功能配置寄存器
3	PIO0_12	0x08	R/W	PIO0_12 引脚功能配置寄存器
4	PIO0_5	0x0C	R/W	PIO0_5 引脚功能配置寄存器
5	PIO0_4	0x10	R/W	PIO0_4 引脚功能配置寄存器
6	PIO0_3	0x14	R/W	PIO0_3 引脚功能配置寄存器
7	PIO0_2	0x18	R/W	PIO0_2 引脚功能配置寄存器
8	PIO0_11	0x1C	R/W	PIO0_11 引脚功能配置寄存器
9	PIO0_10	0x20	R/W	PIO0_10 引脚功能配置寄存器
10	PIO0_16	0x24	R/W	PIO0_16 引脚功能配置寄存器

续表

序 号	寄存器名	偏移地址	类 型	含 义
11	PIO0_15	0x28	R/W	PIO0_15 引脚功能配置寄存器
12	PIO0_1	0x2C	R/W	PIO0_1 引脚功能配置寄存器
13	PIO0_9	0x34	R/W	PIO0_9 引脚功能配置寄存器
14	PIO0_8	0x38	R/W	PIO0_8 引脚功能配置寄存器
15	PIO0_7	0x3C	R/W	PIO0_7 引脚功能配置寄存器
16	PIO0_6	0x40	R/W	PIO0_6 引脚功能配置寄存器
17	PIO0_0	0x44	R/W	PIO0_0 引脚功能配置寄存器
18	PIO0_14	0x48	R/W	PIO0_14 引脚功能配置寄存器
19	PIO0_28	0x50	R/W	PIO0_28 引脚功能配置寄存器
20	PIO0_27	0x54	R/W	PIO0_27 引脚功能配置寄存器
21	PIO0_26	0x58	R/W	PIO0_26 引脚功能配置寄存器
22	PIO0_25	0x5C	R/W	PIO0_25 引脚功能配置寄存器
23	PIO0_24	0x60	R/W	PIO0_24 引脚功能配置寄存器
24	PIO0_23	0x64	R/W	PIO0_23 引脚功能配置寄存器
25	PIO0_22	0x68	R/W	PIO0_22 引脚功能配置寄存器
26	PIO0_21	0x6C	R/W	PIO0_21 引脚功能配置寄存器
27	PIO0_20	0x70	R/W	PIO0_20 引脚功能配置寄存器
28	PIO0_19	0x74	R/W	PIO0_19 引脚功能配置寄存器
29	PIO0_18	0x78	R/W	PIO0_18 引脚功能配置寄存器
30	PIO1_8	0x7C	R/W	PIO1_8 引脚功能配置寄存器
31	PIO1_9	0x80	R/W	PIO1_9 引脚功能配置寄存器
32	PIO1_12	0x84	R/W	PIO1_12 引脚功能配置寄存器
33	PIO1_13	0x88	R/W	PIO1_13 引脚功能配置寄存器
34	PIO0_31	0x8C	R/W	PIO0_31 引脚功能配置寄存器
35	PIO1_0	0x90	R/W	PIO1_0 引脚功能配置寄存器
36	PIO1_1	0x94	R/W	PIO1_1 引脚功能配置寄存器
37	PIO1_2	0x98	R/W	PIO1_2 引脚功能配置寄存器
38	PIO1_14	0x9C	R/W	PIO1_14 引脚功能配置寄存器
39	PIO1_15	0xA0	R/W	PIO1_15 引脚功能配置寄存器
40	PIO1_3	0xA4	R/W	PIO1_3 引脚功能配置寄存器
41	PIO1_4	0xA8	R/W	PIO1_4 引脚功能配置寄存器
42	PIO1_5	0xAC	R/W	PIO1_5 引脚功能配置寄存器
43	PIO1_16	0xB0	R/W	PIO1_16 引脚功能配置寄存器
44	PIO1_17	0xB4	R/W	PIO1_17 引脚功能配置寄存器
45	PIO1_6	0xB8	R/W	PIO1_6 引脚功能配置寄存器
46	PIO1_18	0xBC	R/W	PIO1_18 引脚功能配置寄存器
47	PIO1_19	0xC0	R/W	PIO1_19 引脚功能配置寄存器
48	PIO1_7	0xC4	R/W	PIO1_7 引脚功能配置寄存器
49	PIO0_29	0xC8	R/W	PIO0_29 引脚功能配置寄存器
50	PIO0_30	0xCC	R/W	PIO0_30 引脚功能配置寄存器
51	PIO1_20	0xD0	R/W	PIO1_20 引脚功能配置寄存器
52	PIO1_21	0xD4	R/W	PIO1_21 引脚功能配置寄存器

续表

序　　号	寄存器名	偏移地址	类　　型	含　　义
53	PIO1_11	0xD8	R/W	PIO1_11 引脚功能配置寄存器
54	PIO1_10	0xDC	R/W	PIO1_10 引脚功能配置寄存器

表 2-8 中各个寄存器的结构基本相同(PIO0_10 和 PIO0_11 寄存器例外),其含义如表 2-9 所示。

表 2-9　IOCON 配置寄存器各位的含义(PIO0_10 和 PIO0_11 寄存器例外)

位号	符　号	复位值	含　　义
31：17	-	0	保留
16	DACMODE	0	0x0：DAC 工作模式关闭；0x1：DAC 工作模式开启。该位只有 PIO0_17 和 PIO0_29 才有,其余 PIO 寄存器中该位均保留为 0
15：13	CLK_DIV	0	取值为 n=0~6 时,毛刺滤波时钟源为 IOCONCLKDIVn(见表 2-12),为 0x7 时保留
12：11	S_MODE	0	0x0：旁路毛刺滤波；0x1：滤掉小于 1 个毛刺滤波时钟的毛刺；0x2：滤掉小于 2 个毛刺滤波时钟的毛刺；0x3：滤掉小于 3 个毛刺滤波时钟的毛刺
10	OD	0	0：关闭开漏模式；1：工作在开漏模式
9：7	-	001b	保留
6	INV	0	0：输入不反向；1：输入反向
5	HYS	1	0：无滞留模式；1：有滞留模式
4：3	MODE	FAIM 决定	0x0：无上拉和下拉；0x1：下拉使能；0x2：上拉使能；0x3：重复模式
2：0	-	0	保留

表 2-9 中 MODE 位域中的"重复模式"是指输入为低电平时弱下拉使能,输入为高电平时弱上拉使能(结合图 2-5)。

PIO0_10 和 PIO0_11 寄存器第[9：8]位域为 I2CMODE 位域,其含义如表 2-10 所示。

表 2-10　PIO0_10 和 PIO0_11 寄存器各位的含义

位号	符号	复位值	含　　义
31：16	-	0	保留
15：13	CLK_DIV	0	取值为 n=0~6 时,毛刺滤波时钟源为 IOCONCLKDIVn(见表 2-12),为 0x7 时保留
12：11	S_MODE	0	0x0：旁路毛刺滤波；0x1：滤掉小于 1 个毛刺滤波时钟的毛刺；0x2：滤掉小于 2 个毛刺滤波时钟的毛刺；0x3：滤掉小于 3 个毛刺滤波时钟的毛刺
10	-	0	保留
9：8	I2CMODE	0	0x0：标准模式/快速 I^2C 模式；0x1：标准 I/O 功能,即为 0x01 时,PIO0_10 和 PIO0_11 用作通用输入/输出口,输出时需外部上拉；0x2：快速+I^2C 模式；0x3：保留
7	-	1	保留
6	INV	0	0：输入不反向；1：输入反向器工作
5：0	-	0	保留

2.6　GPIO 口

通过 IOCON 寄存器可以把任意 I/O 口配置为 GPIO 口,由表 2-9 的 MODE 位域可知,在上电复位默认情况下,由 FAIM 决定端口的属性。FAIM 中第 4 个字的第[21:20]位域决定了 MODE 的值(见文献[2]的第 4 章),默认情况下为 0x02,即上拉电阻有效。GPIO 口的操作有 3 种,即:①设置 GPIO 口工作在输入或输出模式下;②在输入模式下,读 GPIO 口的值;③在输出模式下,输出低电平(即写 0)或高电平(即写 1)。这些操作通过表 2-11 所示的 GPIO 口寄存器实现。

表 2-11　GPIO 口寄存器(基地址为 0xA000 0000)

寄存器名	偏移地址	类型	复位值	含义
B0~B31	0x0000~0x001F	R/W	取决于引脚	PIO0 口字节引脚寄存器,各字节依次对应 PIO0_0 ~ PIO0_31
B32~B53	0x0020~0x0035	R/W	取决于引脚	PIO1 口字节引脚寄存器,各字节依次对应 PIO1_0 ~ PIO1_21
W0~W31	0x1000~0x107C	R/W	取决于引脚	PIO0 口字节引脚寄存器,各字节依次对应 PIO0_0 ~ PIO0_31
W32~W53	0x1080~0x10D4	R/W	取决于引脚	PIO1 口字节引脚寄存器,各字节依次对应 PIO1_0 ~ PIO1_21
DIR0	0x2000	R/W	0	PIO0 口方向寄存器
DIR1	0x2004	R/W	0	PIO1 口方向寄存器
MASK0	0x2080	R/W	0	PIO0 口屏蔽寄存器
MASK1	0x2084	R/W	0	PIO1 口屏蔽寄存器
PIN0	0x2100	R/W	取决于引脚	PIO0 口引脚端口寄存器
PIN1	0x2104	R/W	取决于引脚	PIO1 口引脚端口寄存器
MPIN0	0x2180	R/W	取决于引脚	PIO0 口屏蔽引脚端口寄存器
MPIN1	0x2184	R/W	取决于引脚	PIO1 口屏蔽引脚端口寄存器
SET0	0x2200	R/W	0	PIO0 口置位寄存器
SET1	0x2204	R/W	0	PIO1 口置位寄存器
CLR0	0x2280	WO	-	PIO0 口清位寄存器
CLR1	0x2284	WO	-	PIO1 口清位寄存器
NOT0	0x2300	WO	-	PIO0 口取反输出寄存器
NOT1	0x2304	WO	-	PIO1 口取反输出寄存器
DIRSET0	0x2380	WO	0	PIO0 口方向置位寄存器
DIRSET1	0x2384	WO	0	PIO1 口方向置位寄存器
DIRCLR0	0x2400	WO	-	PIO0 口方向清位寄存器
DIRCLR1	0x2404	WO	-	PIO1 口方向清位寄存器
DIRNOT0	0x2480	WO	-	PIO0 口方向变换寄存器
DIRNOT1	0x2484	WO	-	PIO1 口方向变换寄存器

表 2-11 中各个寄存器的含义如下：

（1）B0～B53 为字节寄存器，每个字节寄存器对应一个 GPIO 引脚，即 B0 对应 PIO0_0、B1 对应 PIO0_1，以此类推，B53 对应 PIO1_21。注意，LPC845 有 32 个 PIO0 口和 21 个 PIO1 口，因此，Bn(n＝32～53)依次对应 PIO1_0～PIO1_21。每个字节寄存器只有第 0 位有效，第[7：1]位域保留(这些保留位域读出为 0，写入无效)。借助字节寄存器 B0～B53，每个 GPIO 引脚可以单独访问。例如，当 PIO0_17 工作在输出模式时，向 B17 写入 0，则 PIO0_17 输出低电平；向 B17 写入 1，则 PIO0_17 输出高电平。如果 PIO0_17 工作在输入模式下，则读出 B17 寄存器的值即为 PIO0_17 引脚的电平值，即读出 0 表示外部输入低电平，读出 1 表示外部输入高电平。

（2）W0～W53 为字寄存器，每个字寄存器对应一个 GPIO 口，W0 对应 PIO0_0，W1 对应 PIO0_1，以此类推，W53 对应 PIO1_21。注意，LPC845 有 32 个 PIO0 口和 21 个 PIO1 口，因此，Wn(n＝32～53)依次对应 PIO1_0 和 PIO1_21。借助字寄存器 W0～W53，每个 GPIO 引脚可以单独访问。例如，当 PIO0_17 工作在输出模式时，向 W17 写入 0，则 PIO0_17 输出低电平；向 W17 写入任一非 0 值，则 PIO0_17 输出高电平。当 PIO0_17 工作在输入模式时，如果 PIO0_17 外接低电平输入信号，则读出 W17 寄存器的值为 0；如果 PIO0_17 外接高电平输入信号，则读出 PIO0_17 引脚的值为 0xFFFF FFFF。

（3）DIR0 和 DIR1 寄存器用于设置端口方向，其中 DIR1 寄存器只有第[21：0]位有效，第[31：22]位保留。DIR0 寄存器的第 n 位对应 PIO0_n，n＝0,1,2,…,31。DIR1 寄存器的第 n 位对应 PIO1_n，n＝0,1,…,21。如果 DIR 寄存器的某一位设为 0，则表示相对应的引脚为输入脚，即工作在输入模式；如果某一位设为 1，则表示相对应的引脚为输出脚，即工作在输出模式。

（4）MASK0 和 MASK1 寄存器分别为 32 位的 PIO0、PIO1 口屏蔽寄存器，与寄存器 MPIN0 和 MPIN1 联合使用。MPIN0 和 MPIN1 为屏蔽的端口寄存器，MPIN1 只有第[21：0]位有效。MASK0 和 MPIN0 寄存器的第 n 位对应 PIO0_n，n＝0,1,2,…,31；MASK1 和 MPIN1 寄存器的第 n 位对应 PIO1_n，n＝0,1,2,…,21。当 MASK0 的第 n 位为 0 时，MPIN0 的第 n 位正常工作，即向 MPIN0 的第 n 位写入值将反映在 PIO0_n 端口上，也可通过读 MPIN0_n 读出 PIO0_n 端口的值；如果 MASK0 的第 n 位为 1，则 MPIN0 的第 n 位被屏蔽掉，读这一位时，读出 0；写入无效。同样，当 MASK1 的第 n 位为 0 时，MPIN1 的第 n 位正常工作，即向 MPIN1 的第 n 位写入值将反映在 PIO1_n 端口上，也可通过读 MPIN1_n 读出 PIO1_n 端口的值；如果 MASK1 的第 n 位为 1，则 MPIN1 的第 n 位被屏蔽掉，读这一位时，读出 0；写入无效。

（5）PIN0 和 PIN1 寄存器均为 32 位的寄存器，其中，PIN1 只有第[21：0]位有效。PIN0 的第 n 位对应引脚 PIO0_n，n＝0,1,2,…,31；PIO1 的第 n 位对应 PIO1_n，n＝0,1,2,…,21。PIN0 寄存器的各位直接反映了 PIO0 端口的值，向 PIN0 的第 n 位写入 0，则 PIO0_n 端口输出低电平；向其第 n 位写入 1，则 PIO0_n 端口输出高电平。读 PIN0 的第 n 位，相当于直接读 PIO0_n 引脚的电平值。同样，PIN1 寄存器的各位直接反映了 PIO1 端口的值，向 PIN1 的第 n 位写入 0，则 PIO1_n 端口输出低电平；向其第 n 位写入 1，则 PIO1_n 端口输出高电平。读 PIN1 的第 n 位，相当于直接读 PIO1_n 引脚的电平值。

（6）SET0 寄存器的第 n 位对应 PIO0_n 端口，SET1 寄存器的第 n 位对应 PIO1_n。SETx 寄存器的第 n 位具有"写入 0 无效，写入 1 置位"的功能。向 SETx 寄存器的第 n 位写入 1，将设置对应的 PIOx_n 引脚工作在输出模式，其中，x＝0 或 1。

（7）CLR0 和 CLR1 寄存器均为只写寄存器，其第 n 位分别对应 PIO0_n 端口和 PIO1_n 端口。CLRx 寄存器的第 n 位具有"写入 0 无效，写入 1 清位"的功能，向 CLRx 寄存器的第 n 位写入 1，将设置 PIOx_n 引脚工作在输入模式，实际上是将 SETx 寄存器的第 n 位清零了，其中，x＝0 或 1。

（8）NOT0 和 NOT1 寄存器均为只写寄存器，其第 n 位分别对应 PIO0_n 引脚和 PIO1_n 引脚。当 PIOx_n 引脚工作在输出模式时，向 NOTx 寄存器第 n 位写入 0 无效，写入 1 使相应的 PIOx_n 引脚原有状态取反后输出，其中，x＝0 或 1。

（9）DIRSETx 和 DIRCLRx 寄存器均为只写寄存器（写入 0 无效），它们的第 n 位对应 PIOx_n 引脚。当 PIOx_n 用作 GPIO 口时，向 DIRSETx 的第 n 位写入 1，使 PIOx_n 工作在输出模式；向 DIRCLRx 的第 n 位写入 1，使 PIOx_n 工作在输入模式。其中，x＝0 或 1。

（10）DIRNOTx 寄存器为只写的 32 位寄存器（各位写入 0 无效），第 n 位对应 PIOx_n 引脚。向 DIRNOTx 的第 n 位写入 1，如果 PIOx_n 原来处于输入模式，则转变为输出模式；如果 PIOx_n 原来工作在输出模式，则转变为输入模式。其中，x＝0 或 1。

通过上面的介绍，可以看出 LPC845 的 54 个 GPIO 口可以单独访问，也可以一起访问，还可以带屏蔽特性的部分端口访问；可以一条语句置位，一条语句清零；甚至还可以取反输出，操作灵活方便。

2.7 系统配置模块 SYSCON

LPC845 微控制器的系统配置模块的作用主要有：
（1）时钟管理；
（2）Reset 引脚管理；
（3）外部中断或模式匹配管理；
（4）配置低功耗工作模式与唤醒；
（5）掉电检测 BOD；
（6）宏跟踪缓冲器管理；
（7）中断延时控制；
（8）为不可屏蔽中断 NMI 选择中断源；
（9）校准系统节拍定时器。

由图 2-3 可知，LPC845 系统配置模块 SYSCON 相关的寄存器位于 0x4004 8000～0x4004 BFFF 区间内，通过设置这些寄存器，来实现 LPC845 系统配置模块的功能。本节重点介绍时钟管理模块的功能。LPC845 内部集成了一个 24MHz 的自由振荡器，准确度为 1%，默认情况下自由振荡器的 2 分频值（即 12MHz）作为系统时钟。如果需要更精确的时钟源，则需要外接晶振（1～25MHz）。LPC845 上电复位后，系统自动使用 12MHz 内部自由振荡器的分频信号作为时钟源，然后，通过配置 SYSCON 模块的寄存器，将时钟频率倍频到

LPC845 的最高工作时钟频率,即 30MHz(可超频到工作频率 60MHz)。LPC845 的时钟管理单元如图 2-6 所示。

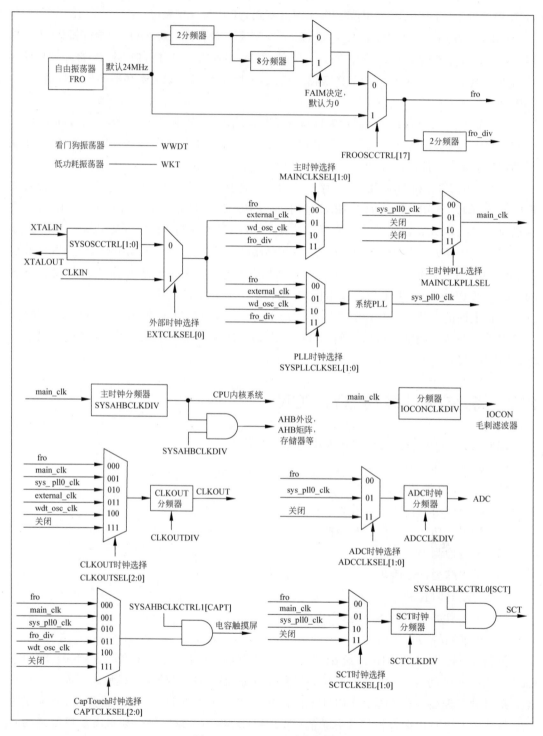

图 2-6 LPC845 时钟管理单元

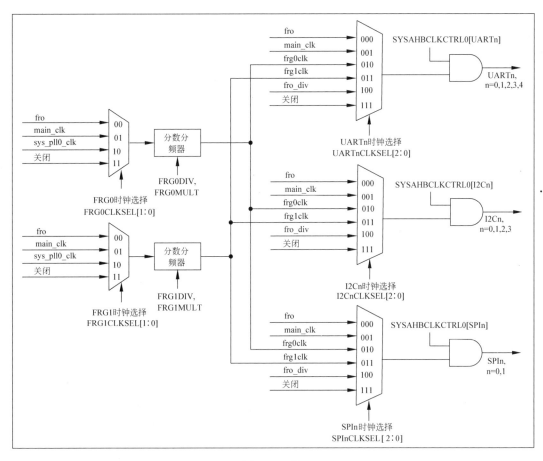

图 2-6　(续)

从图 2-6 可以看出，LPC845 的时钟管理单元有 5 个时钟源，即内部自由振荡器、系统振荡器(需外接晶振)、外部时钟信号输入 CLKIN、看门狗振荡器、低功耗振荡器，其中低功耗振荡器专用于功耗管理单元(PMU)中为自唤醒定时器 WKT 服务。系统 PLL 能接收内部自由振荡器时钟信号或其分频信号、外部时钟输入或看门狗时钟输入；主时钟可以选择系统 PLL 输出时钟信号或主时钟选择器选择的时钟信号(从自由振荡器或其分频信号、外部时钟、看门狗振荡器中选择，其中外部时钟信号为系统振荡器输出或外部输入的时钟信号 clk_in)。看门狗振荡器可为加窗的看门狗定时器 WWDT 提供时钟源。

在图 2-6 中，主时钟经 SYSAHBCLKDIV 分频后得到内核时钟，内核时钟就是所谓的 LPC845 工作时钟，内核时钟送到 ARM Cortex-M0＋内核 CPU，在得到 SYSAHBCLKCTRL 的允许后，可送到 AHB 外设、AHB 总线矩阵和存储器等。主时钟经过 IOCONCLKDIV 分频后送给 IOCON 毛刺滤波器。

图 2-6 中可通过 CLKOUT 引脚根据需要(由 CLKOUTSEL 决定)向 LPC845 外部输出主时钟、自由振荡器时钟、系统 PLL 时钟、看门狗振荡器时钟或外部输入时钟，或者它们的分频值(由 CLKOUTDIV 决定)。此外，SCT 时钟源可选择 FRO 时钟、主时钟和系统 PLL 时钟；电容触摸屏时钟源可选择 FRO 时钟、主时钟、系统 PLL 时钟、FRO 分频时钟或看门狗时钟；ADC 可选择 FRO 时钟或系统 PLL 时钟。

由图 2-6 可知,LPC845 具有 FRG0 和 FRG1 两个分数分频器,它们的时钟源可选择 FRO 时钟、主时钟或系统 PLL 时钟,它们输出的时钟信号 frg0clk 和 frg1clk 以及 FRO 时钟、主时钟、FRO 分频时钟可作为 UART、I²C 和 SPI 外设的时钟源。

需要指出的是,在图 2-6 中,SYSPLLCLKSEL、MAINCLKSEL、SYSAHBCLKDIV、SYSAHBCLKCTRL、CLKOUTSEL、CLKOUTDIV、IOCONCLKDIV、UARTCLKSEL 等均为 SYSCON 寄存器的名称,只需要设置这些寄存器的值,就可以得到所需的时钟。

例如,不使用外部晶振,使 LPC845 芯片工作在 30MHz 时钟下的方法为:根据图 2-6,配置 SYSPLLCLKSEL 寄存器选中 FRO 时钟信号(默认为 12MHz);然后配置系统 PLL 输出 60MHz 的时钟信号,即 5 倍频;通过配置寄存器 MAINCLKPLLSEL 使主时钟为系统 PLL 输出的 60MHz 时钟信号;最后配置 SYSAHBCLKDIV 对主时钟 2 分频,得到 30MHz 的内核时钟,即 LPC845 的工作时钟。这些寄存器的具体配置情况,可参考表 2-12 及其后续解释。

SYSCON 模块的寄存器列于表 2-12 中。

表 2-12　SYSCON 模块的存储器映射寄存器(基地址为 0x4004 8000)

序号	寄存器名	类型	偏移地址	复位值	描　述
1	SYSMEMREMAP	R/W	0x000	0x2	系统存储器再映射寄存器
2	SYSPLLCTRL	R/W	0x008	0x0	系统 PLL 控制寄存器
3	SYSPLLSTAT	RO	0x00C	0x0	系统 PLL 状态寄存器
4	SYSOSCCTRL	R/W	0x020	0x0	系统振荡器控制寄存器
5	WDTOSCCTRL	R/W	0x024	0xA0	看门狗振荡器控制寄存器
6	FROOSCCTRL	R/W	0x028	0x8801	FRO 振荡器控制寄存器
7	FRODIRECTCLKUEN	R/W	0x030	0x0	FRO 直接时钟源更新有效寄存器
8	SYSRSTSTAT	R/W	0x38	0x0	系统复位状态寄存器
9	SYSPLLCLKSEL	R/W	0x040	0x0	系统 PLL 时钟源选择寄存器
10	SYSPLLCLKUEN	R/W	0x044	0x0	系统 PLL 时钟源更新有效寄存器
11	MAINCLKPLLSEL	R/W	0x048	0x0	主时钟 PLL 源选择寄存器
12	MAINCLKPLLUEN	R/W	0x04C	0x0	主时钟 PLL 源更新有效寄存器
13	MAINCLKSEL	R/W	0x050	0x0	主时钟源选择寄存器
14	MAINCLKUEN	R/W	0x054	0x0	主时钟源更新有效寄存器
15	SYSAHBCLKDIV	R/W	0x058	0x01	系统时钟分频器寄存器
16	CAPTCLKSEL	R/W	0x060	0x07	CAPT 时钟源选择寄存器
17	ADCCLKSEL	R/W	0x064	0x0	ADC 时钟源选择寄存器
18	ADCCLKDIV	R/W	0x068	0x0	ADC 时钟分频器寄存器
19	SCTCLKSEL	R/W	0x06C	0x0	SCT 时钟源选择寄存器
20	SCTCLKDIV	R/W	0x070	0x0	SCT 时钟分频器寄存器
21	EXTCLKSEL	R/W	0x074	0x0	外部时钟源选择寄存器
22	SYSAHBCLKCTRL0	R/W	0x080	0x17	系统时钟控制 0 寄存器
23	SYSAHBCLKCTRL1	R/W	0x084	0x01	系统时钟控制 1 寄存器
24	PRESETCTRL0	R/W	0x088	0xFFFFFFFF	外设复位控制 0 寄存器
25	PRESETCTRL1	R/W	0x08C	0x1F	外设复位控制 1 寄存器
26	UART0CLKSEL	R/W	0x090	0x7	UART0 时钟源选择寄存器

续表

序号	寄存器名	类型	偏移地址	复位值	描述
27	UART1CLKSEL	R/W	0x094	0x7	UART1 时钟源选择寄存器
28	UART2CLKSEL	R/W	0x096	0x7	UART2 时钟源选择寄存器
29	UART3CLKSEL	R/W	0x09C	0x7	UART3 时钟源选择寄存器
30	UART4CLKSEL	R/W	0x0A0	0x7	UART4 时钟源选择寄存器
31	I2C0CLKSEL	R/W	0x0A4	0x7	I^2C0 时钟源选择寄存器
32	I2C1CLKSEL	R/W	0x0A8	0x7	I^2C1 时钟源选择寄存器
33	I2C2CLKSEL	R/W	0x0AC	0x7	I^2C2 时钟源选择寄存器
34	I2C3CLKSEL	R/W	0x0B0	0x7	I^2C3 时钟源选择寄存器
35	SPI0CLKSEL	R/W	0x0B4	0x7	SPI0 时钟源选择寄存器
36	SPI1CLKSEL	R/W	0x0B8	0x7	SPI1 时钟源选择寄存器
37	FRG0DIV	R/W	0x0D0	0x0	FRG0 分数时钟分频寄存器
38	FRG0MULT	R/W	0x0D4	0x0	FRG0 分数时钟倍频寄存器
39	FRG0CLKSEL	R/W	0x0D8	0x0	FRG0 时钟源选择寄存器
40	FRG1DIV	R/W	0x0E0	0x0	FRG1 分数时钟分频寄存器
41	FRG1MULT	R/W	0x0E4	0x0	FRG1 分数时钟倍频寄存器
42	FRG1CLKSEL	R/W	0x0E8	0x0	FRG1 时钟源选择寄存器
43	CLKOUTSEL	R/W	0x0F0	0x0	CLKOUT 时钟源选择寄存器
44	CLKOUTDIV	R/W	0x0F4	0x0	CLKOUT 时钟分频寄存器
45	EXTTRACECMD	R/W	0x0FC	0x0	外部跟踪缓冲命令寄存器
46	PIOPORCAP0	RO	0x100	–	POR 捕获 PIO 状态 0 寄存器
47	PIOPORCAP1	RO	0x104	–	POR 捕获 PIO 状态 1 寄存器
48	IOCONCLKDIV6	R/W	0x134	0x0	IOCON 毛刺滤波器外设时钟 6 寄存器
49	IOCONCLKDIV5	R/W	0x138	0x0	IOCON 毛刺滤波器外设时钟 5 寄存器
50	IOCONCLKDIV4	R/W	0x13C	0x0	IOCON 毛刺滤波器外设时钟 4 寄存器
51	IOCONCLKDIV3	R/W	0x140	0x0	IOCON 毛刺滤波器外设时钟 3 寄存器
52	IOCONCLKDIV2	R/W	0x144	0x0	IOCON 毛刺滤波器外设时钟 2 寄存器
53	IOCONCLKDIV1	R/W	0x148	0x0	IOCON 毛刺滤波器外设时钟 1 寄存器
54	IOCONCLKDIV0	R/W	0x14C	0x0	IOCON 毛刺滤波器外设时钟 0 寄存器
55	BODCTRL	R/W	0x150	0x0	低压检测(BOD)寄存器
56	SYSTCKCAL	R/W	0x154	0x0	系统节拍定时器校正寄存器
57	IRQLATENCY	R/W	0x170	0x10	中断延迟寄存器
58	NMISRC	R/W	0x174	0x0	不可屏蔽中断(NMI)中断源寄存器
59	PINTSEL0	R/W	0x178	0x0	GPIO 引脚中断选择寄存器 0
60	PINTSEL1	R/W	0x17C	0x0	GPIO 引脚中断选择寄存器 1
61	PINTSEL2	R/W	0x180	0x0	GPIO 引脚中断选择寄存器 2
62	PINTSEL3	R/W	0x184	0x0	GPIO 引脚中断选择寄存器 3
63	PINTSEL4	R/W	0x188	0x0	GPIO 引脚中断选择寄存器 4
64	PINTSEL5	R/W	0x18C	0x0	GPIO 引脚中断选择寄存器 5
65	PINTSEL6	R/W	0x190	0x0	GPIO 引脚中断选择寄存器 6
66	PINTSEL7	R/W	0x194	0x0	GPIO 引脚中断选择寄存器 7
67	STARTERP0	R/W	0x204	0x0	引脚唤醒有效启动逻辑 0 寄存器
68	STARTERP1	R/W	0x214	0x0	引脚唤醒有效启动逻辑 1 寄存器

序号	寄存器名	类型	偏移地址	复位值	描述
69	PDSLEEPCFG	R/W	0x230	0xFFFF	深度睡眠模式下掉电状态寄存器
70	PDAWAKECFG	R/W	0x234	0xEDF0	从深度睡眠唤醒下掉电状态寄存器
71	PDRUNCFG	R/W	0x238	0xEDF0	功耗配置寄存器
72	DEVICE_ID	RO	0x3F8	0x8122	器件ID号寄存器

下面详细介绍表2-12中本书程序用到的大部分寄存器的含义(不按表中顺序,少数没有介绍的寄存器请参阅文献[2]第8章)。

1. DEVICE_ID(表2-12中第72号)

DEVICE_ID寄存器为只读的32位寄存器,可通过如下代码读出其中的值:

程序段2-1 读芯片ID号

```
1    unsigned int id;
2    id = * ((unsigned int * )0x400483F8);
```

程序段2-1执行后,读出值为0x0000 8451,表示所用的芯片为LPC845M301JBD64。

2. PDRUNCFG(表2-12中第71号)

PDRUNCFG寄存器控制着LPC845片内模拟模块的功耗,其各位的含义如表2-13所示。

表2-13 PDRUNCFG寄存器各位含义

位号	符号	含义	复位值
0	FROOUT_PD	FRO振荡器输出功率:0输出;1关闭	0
1	FRO_PD	FRO振荡器:0工作;1关闭	0
2	FLASH_PD	Flash存储器:0工作;1关闭	0
3	BOD_PD	低电压检测:0工作;1关闭	1
4	ADC_PD	ADC模块:0工作;1关闭	1
5	SYSOSC_PD	系统振荡器:0工作(启动时需500μs延时);1关闭	1
6	WDTOSC_PD	看门狗振荡器:0工作;1关闭	1
7	SYSPLL_PD	系统PLL:0工作,1关闭	1
9:8	-	保留	01b
12:10	-	保留	011b
13	DAC0	DAC0:0工作,1关闭	1
14	DAC1	DAC1:0工作,1关闭	1
15	ACMP	模拟比较器:0工作;1关闭	1
31:16	-	保留	0

从表2-13可知,LPC845上电后,内部FRO振荡器和Flash存储器都处于正常工作状态;而低电压检测器(BOD)、系统振荡器、看门狗振荡器、系统PLL、DAC0、DAC1和模拟比较器都处于掉电低功耗状态。如果程序员要使用处于掉电状态的单元,例如要使用看门狗定时器,由于看门狗定时器需要看门狗振荡器的时钟驱动,所以,需要将PDRUNCFG寄存器的第6位清为0,才能使得看门狗定时器正常工作。

3. SYSMEMREMAP(表 2-12 中第 1 号)

SYSMEMREMAP 只有第[1：0]位域有效,第[31：2]位域保留。上电复位时,SYSMEMREMAP 的第[1：0]位域的值为 0x2,表示中断向量表位于 Flash 存储器中,且从 0x0 地址开始。建议程序员使用默认值。

4. PRESETCTRL0 和 PRESETCTRL1(表 2-12 中第 24、25 号)

PRESETCTRL 寄存器用于复位 LPC845 片内特定的数字模块,其各位的含义如表 2-14 所示。

表 2-14　PRESETCTRL 寄存器各位的含义

PRESETCTRL0			
位号	符号	含义	复位值
3：0	-	保留	01111b
4	FLASH_RST_N	Flash 复位控制:写入 0 复位,写入 1 工作	1
5	I2C0_RST_N	I^2C0 复位控制:0 复位,1 工作	1
6	GPIO0_RST_N	GPIO0 复位控制:0 复位,1 工作	1
7	SWM_RST_N	SWM 复位控制:0 复位,1 工作	1
8	SCT_RST_N	SCT 复位控制:0 复位,1 工作	1
9	WKT_RST_N	WKT 复位控制:0 复位,1 工作	1
10	MRT_RST_N	MRT 复位控制:0 复位,1 工作	1
11	SPI0_RST_N	SPI0 复位控制:0 复位;1 工作	1
12	SPI1_RST_N	SPI1 复位控制:0 复位;1 工作	1
13	CRC_RST_N	CRC 复位控制:0 复位;1 工作	1
14	USART0_RST_N	USART0 复位控制:0 复位,1 工作	1
15	USART1_RST_N	USART1 复位控制:0 复位,1 工作	1
16	USART2_RST_N	USART2 复位控制:0 复位,1 工作	1
17	-	保留	01b
18	IOCON_RST_N	IOCON 复位控制:0 复位,1 工作	1
19	ACMP_RST_N	ACMP 复位控制:0 复位,1 工作	1
20	GPIO1_RST_N	GPIO1 复位控制:0 复位,1 工作	1
21	I2C1_RST_N	I^2C1 复位控制:0 复位,1 工作	1
22	I2C2_RST_N	I^2C2 复位控制:0 复位,1 工作	1
23	I2C3_RST_N	I^2C3 复位控制:0 复位,1 工作	1
24	ADC_RST_N	ADC 复位控制:0 复位,1 工作	1
25	CTIMER0_RST_N	CTIMER0 复位控制:0 复位,1 工作	1
26	-	保留	01b
27	DAC0_RST_N	DAC0 复位控制:0 复位,1 工作	1
28	GPIOINT_RST_N	GPIOINT 复位控制:0 复位,1 工作	1
29	DMA_RST_N	DMA 复位控制:0 复位,1 工作	1
30	UART3_RST_N	UART3 复位控制:0 复位,1 工作	1
31	UART4_RST_N	UART4 复位控制:0 复位,1 工作	1

续表

位号	符号	含义	复位值
		PRESETCTRL1	
0	CAPT_RST_N	CAPT 复位控制: 0 复位, 1 工作	1
1	DAC1_RST_N	DAC1 复位控制: 0 复位, 1 工作	1
2	-	保留	1
3	FRG0_RST_N	FRG0 复位控制: 0 复位, 1 工作	1
4	FRG1_RST_N	FRG1 复位控制: 0 复位, 1 工作	1
31:5	-	保留	-

从表 2-14 中可以看出,各个数字模块在上电复位后,均处于工作状态。一般地,使处于复位状态的模块工作,需要先向其在 PRESETCTRL 中对应的位写入 0 再写入 1,而不是只写入 1。例如,使自唤醒定时器 WKT 处于工作状态,由表 2-14 可知,WKT 对应于 PRESELCTRL0 寄存器的第 9 位,先向该位写入 0,再写入 1,则 WKT 进入工作状态。

5. SYSPLLCTRL(表 2-12 中第 2 号)

LPC845 片内 PLL 可以接收外部输入的 10~25MHz 的频率,输出频率不应超过 100MHz,假设用 Fclkin 表示输入系统 PLL 的频率,Fclkout 表示系统 PLL 输出的频率,Fcco 表示系统 PLL 内部电流控制振荡器的频率(156~320MHz),则有以下公式:

$$\text{Fclkout} = M \times \text{Fclkin} = \text{Fcco}/(2 \times P) \tag{2-1}$$

式中,M 和 P 分别为反馈分频值和后分频值,位于 SYSPLLCTRL 寄存器中。SYSPLLCTRL 寄存器各位的含义如表 2-15 所示。

表 2-15 SYSPLLCTRL 寄存器各位的含义

位号	符号	含义	复位值
4:0	MSEL	反馈分频值,取值为 00000b~11111b,M=MSEL+1	0
6:5	PSEL	后分频值,PSEL 取值为 0x0~0x3,P=2^{PSEL},P 取值为 1、2、4 或 8	0
31:7	-	保留	

根据表 2-15 可知,如果想使得系统 PLL 输出的 Fclkout 的频率为 60MHz,则根据式(2-1)可令 MSEL 为 4,即 M=MSEL+1=5;PSEL=1,即 P=2^{PSEL}=2;Fclkin=12MHz(默认 FRO 振荡器频率),那么 Fclkout = 60MHz(小于 100MHz,满足要求),Fcco = 240MHz(为 156~320MHz,满足要求)。

6. SYSPLLSTAT(表 2-12 中第 3 号)

SYSPLLSTAT 为 32 位的只读寄存器,只有第 0 位有效(其余各位保留),第 0 位为 LOCK 位,读出该位的值为 0 表示系统 PLL 没有锁定;读出 1 表示系统 PLL 已锁定,时钟工作已稳定。

7. SYSOSCCTRL(表 2-12 中第 4 号)

SYSOSCCTRL 寄存器是一个 32 位的寄存器,只有第 0 位和第 1 位有效(其余位保留),复位值为 0x0。第 0 位为 0 表示系统振荡器有效(参见图 2-6);第 0 位为 1 表示系统振荡器无效,这时图 2-6 中的 CLKIN(即外部时钟信号)或者 FRO 振荡器信号有效。当 SYSOSCCTRL 的第 0 位为 0 时,第 1 位才有意义,这时,第 1 位为 0 表示外接晶体频率为

$1\sim20\text{MHz}$；第1位为1表示外接晶体频率为$15\sim25\text{MHz}$。

8. WDTOSCCTRL(表 2-12 中第 5 号)

看门狗振荡器包括模拟部分和数字部分,模拟部分产生的模拟时钟记为 Fclkana,该值在 $600\text{kHz}\sim4.6\text{MHz}$,具体的值受 FREQSEL 控制;它分频后得到数字部分的时钟 $\text{wdt\_osc\_clk}=\text{Fclkana}/[2\times(1+\text{DIVSEL})]$,其值为 $9.3\text{kHz}\sim2.3\text{MHz}$。这里的 DIVSEL 和 FREQSEL 位于 WDTOSCCTRL 寄存器中,该寄存器的内容如表 2-16 所示。

表 2-16　WDTOSCCTRL 寄存器各位的含义

位号	符号	含义	复位值
4:0	DIVSEL	Fclkana 的分频值,取值为 0x0~0x1F	0
8:5	FREQSEL	Fclkana 输出频率选择(格式为:取值:输出频率 MHz)	0
		0x0:0;0x1:0.6;0x2:1.05;0x3:1.4;0x4:1.75;0x5:2.1;0x6:	
		2.4;0x7:2.7;0x8:3.0;0x9:3.25;0xA:3.5;0xB:3.75;0xC:	
		4.0;0xD:4.2;0xE:4.4;0xF:4.6	
31:9	-	保留	0

例如,使得看门狗振荡器输出 10kHz 时钟信号的方法为:将表 2-16 中的 FREQSEL 置为 0x1,则 Fclkana=0.6MHz;将 DIVSEL 置为 29(即 0x13),则看门狗振荡器的输出频率为 $\text{wdt\_osc\_clk}=\text{Fclkana}/[2\times(1+\text{DIVSEL})]=0.6\text{MHz}/[2\times(1+29)]=10\text{kHz}$。

9. SYSRSTSTAT(表 2-12 中第 8 号)

上电复位信号或其他的复位信号复位 LPC845 微控制器时,LPC845 芯片的复位状态记录在 SYSRSTSTAT 寄存器中,该寄存器的内容如表 2-17 所示。

表 2-17　SYSRSTSTAT 寄存器各位的含义

位号	符号	含义	复位值
0	POR	POR 复位状态,0 表示无 POR 复位,1 表示有 POR 复位;写入 1 清除该复位状态	0
1	EXTRST	外部 RESET 引脚复位,0 表示无外部引脚复位,1 表示有外部引脚复位;写入 1 清除该复位状态	0
2	WDT	看门狗复位,0 表示无看门狗复位,1 表示有看门狗复位;写入 1 清除该复位状态	0
3	BOD	低电压检测复位,0 表示无低电压检测复位,1 表示有低电压检测复位;写入 1 清除该复位状态	0
4	SYSRST	软件方式系统复位,0 表示无软件方式系统复位,1 表示有软件方式系统复位;写入 1 清除该复位状态	0
31:5	-	保留	-

10. SYSPLLCLKSEL(表 2-12 中第 9 号)

结合图 2-6,可知系统 PLL 可以选择 4 个时钟源,即内部 FRO 振荡器、外部时钟、看门狗时钟或 FRO 分频时钟,具体选择哪个时钟源由 SYSPLLCLKSEL 寄存器决定,该 32 位的寄存器只有第[1:0]位域有效(其余位域保留)。SYSPLLCLKSEL 的第[1:0]位域为 SEL 位域,为 0 表示选择 FRO 时钟源;为 1 表示选择外部时钟;为 2 表示选择看门狗振荡器时钟;为 3 表示选择 FRO 分频时钟信号。例如,SEL 的复位值为 0,表示 LPC845 上电复位后使用内部 FRO 时钟源。

11. SYSPLLCLKUEN(表 2-12 中第 10 号)

在 SYSPLLCLKSEL 设定了新的值后,为了使设定的新值有效,需要向 SYSPLLCLKUEN 寄存器先写入 0,再写入 1。32 位的 SYSPLLCLKUEN 寄存器只有第 0 位有效(其余位保留),第 0 位用 ENA 符号表示,为 0 表示系统 PLL 时钟源没有更新;为 1 表示系统 PLL 时钟源有更新。向 SYSPLLCLKUEN 的第 0 位写入 1 后,需要再读出该位的值,直到读出 1,才能说明系统 PLL 时钟源已更新,即向其第 0 位写入 1 后不是立即生效的。

12. MAINCLKSEL(表 2-12 中第 13 号)

由图 2-6 可知,主时钟有 4 个来源,即内部 FRO 振荡器、外部时钟、看门狗振荡器和 FRO 分频时钟信号(见图 2-6),具体选用哪个时钟源,由 MAINCLKSEL 寄存器决定,该 32 位的寄存器只有第[1:0]位域有效(其余位保留),为 0 表示选用 FRO 振荡器;为 1 表示选用外部输入时钟信号;为 2 表示选用看门狗振荡器;为 3 表示选用 FRO 分频时钟信号。上电复位时,MAINCLKSEL 第[1:0]位域的值为 0,表示选用内部 FRO 振荡器时钟源。LPC845 出厂默认情况下,其内部 FRO 振荡器时钟频率为 12MHz。

13. MAINCLKUEN(表 2-12 中第 14 号)

在配置 MAINCLKSEL 寄存器后,主时钟的时钟源发生变化(见图 2-6),为了使变化的值起作用,需要先向 MAINCLKUEN 寄存器写入 0,再向其写入 1。MAINCLKUEN 寄存器只有第 0 位有效(其余位保留),为 0 表示主时钟的时钟源没有发生变化;为 1 表示主时钟的时钟源发生了改变。向 MAINCLKUEN 的第 0 位写入 1 后,还需要读出该位的值,直到其为 1 时,主时钟的时钟源才更新完成,即向 MAINCLKUEN 的第 0 位写入 1 不是立即生效的。

14. SYSAHBCLKDIV(表 2-12 中第 15 号)

LPC845 的工作时钟最高频率为 30MHz,当主时钟的频率为 60MHz 时,由图 2-6 可知,配置 SYSAHBCLKDIV 寄存器,可得到所需要的内核时钟。其中,SYSAHBCLKDIV 寄存器只有第[7:0]位域有效(其余位保留),SYSAHBCLKDIV 寄存器的第[7:0]位域为 DIV 位域,当为 0 时,内核时钟关闭;当为 1~255 中的某个值时,内核时钟=主时钟/ DIV。如果主时钟=60MHz,配置 SYSAHBCLKDIV 的 DIV 位域为 0x2,则内核时钟=60MHz/2=30MHz。

15. SYSAHBCLKCTRL0 和 SYSAHBCLKCTRL1(表 2-12 中第 22、23 号)

根据图 2-6 可知,寄存器 SYSAHBCLKCTRLx(x=0,1)控制着 LPC845 片上存储器和外设的时钟,其各位的含义如表 2-18 所示。这是两个非常重要的寄存器。

表 2-18   SYSAHBCLKCTRL 寄存器各位的含义

SYSAHBCLKCTRL0			
位号	符号	含义	复位值
0	SYS	使 AHB、APB 桥、Cortex-M0+内核时钟、SYSCON 和 PMU 的时钟有效。该位为只读位,只能为 1	1
1	ROM	给 ROM 提供时钟。0 表示不提供;1 表示提供	1
2	RAM0_1	给 RAM 提供时钟。0 表示不提供;1 表示提供	1
3	-	保留	0

续表

SYSAHBCLKCTRL0

位号	符号	含义	复位值
4	FLASH	给 Flash 存储器提供时钟。0 表示不提供；1 表示提供	1
5	I2C0	给 I²C0 提供时钟。0 表示不提供；1 表示提供	0
6	GPIO0	给 GPIO0 寄存器和引脚中断寄存器提供时钟。0 表示不提供；1 表示提供	0
7	SWM	给开关矩阵提供时钟。0 表示不提供；1 表示提供	1
8	SCT	给 SCT 提供时钟。0 表示不提供；1 表示提供	0
9	WKT	给 WKT 提供时钟。0 表示不提供；1 表示提供	0
10	MRT	给 MRT 提供时钟。0 表示不提供；1 表示提供	0
11	SPI0	给 SPI0 提供时钟。0 表示不提供；1 表示提供	0
12	SPI1	给 SPI1 提供时钟。0 表示不提供；1 表示提供	0
13	CRC	给 CRC 提供时钟。0 表示不提供；1 表示提供	0
14	UART0	给 UART0 提供时钟。0 表示不提供；1 表示提供	0
15	UART1	给 UART1 提供时钟。0 表示不提供；1 表示提供	0
16	UART2	给 UART2 提供时钟。0 表示不提供；1 表示提供	0
17	WWDT	给 WWDT 提供时钟。0 表示不提供；1 表示提供	0
18	IOCON	给 IOCON 模块提供时钟。0 表示不提供；1 表示提供	0
19	ACMP	给模拟比较器提供时钟。0 表示不提供；1 表示提供	0
20	GPIO1	给 GPIO1 寄存器和引脚中断寄存器提供时钟。0 表示不提供；1 表示提供	0
21	I2C1	给 I²C1 提供时钟。0 表示不提供；1 表示提供	0
22	I2C2	给 I²C2 提供时钟。0 表示不提供；1 表示提供	0
23	I2C3	给 I²C3 提供时钟。0 表示不提供；1 表示提供	0
24	ADC	给 ADC 提供时钟。0 表示不提供；1 表示提供	0
25	CTIMER0	给 CTIMER0 提供时钟。0 表示不提供；1 表示提供	0
26	MTB	给 MTB 提供时钟。0 表示不提供；1 表示提供	0
27	DAC0	给 DAC0 提供时钟。0 表示不提供；1 表示提供	0
28	GPIO_INT	给 GPIO 中断寄存器组提供时钟。0 表示不提供；1 表示提供	0
29	DMA	给 DMA 提供时钟。0 表示不提供；1 表示提供	0
30	UART3	给 UART3 提供时钟。0 表示不提供；1 表示提供	0
31	UART4	给 UART4 提供时钟。0 表示不提供；1 表示提供	0

SYSAHBCLKCTRL1

位号	符号	含义	复位值
0	CAPT	给 CAPT 提供时钟。0 表示不提供；1 表示提供	0
1	DAC1	给 DAC1 提供时钟。0 表示不提供；1 表示提供	0
31：2	-	保留	-

表 2-18 中，需要特别注意的是 SYSAHBCLKCTRL0 的第 7 位，当使用开关矩阵将某个功能配置到某个引脚前，需要给开关矩阵提供时钟信号，当配置完成后，可以关闭开关矩阵的时钟信号，以节省功率。从表 2-18 中还可以看出，在上电复位后，只有系统内核、ROM、RAM 和 Flash 处于工作正常态(因为给它们提供了工作时钟)，其他的模块都处于低功耗模

式,如果要使用某个模块,例如,使用 GPIO0 和 GPIO1 口,则需要将 SYSAHBCLKCTRL 寄存器的第 6 位和第 20 位置为 1。

16. UARTnCLKSEL、I²CmCLKSEL 和 SPIkCLKSEL(表 2-12 中第 26~36 号)

这里,n=0,1,2,3,4;m=0,1,2,3;k=0,1。LPC845 微控制器集成了 5 个 USART 外设、4 个 I²C 外设和 2 个 SPI 外设。这些外设寄存器的结构相同,只有第[2:0]位有效,记为 SEL,默认值为 7;其余位保留。SEL 位域取值为 0~7 时,依次对应着选择时钟源 FRO 振荡器、主时钟、FRG0 时钟信号、FRG1 时钟信号、FRO 分频时钟、保留、保留、关闭。

17. CLKOUTSEL(表 2-12 中第 43 号)

由图 2-6 可知,通过 CLKOUTSEL 寄存器可以为 CLKOUT 选择 5 个时钟源,即主时钟、看门狗振荡器、FRO 振荡器、系统 PLL 时钟或外部时钟中的任一个。CLKOUTSEL 寄存器只有第[2:0]位域有效,用符号 SEL 表示(其余位保留),当 SEL 取 0 时,选择 FRO 振荡器;取 1 时,选择主时钟;取 2 时,选择系统 PLL 时钟;取 3 时,选择外部时钟;取 4 时,选择看门狗振荡器;取 5、6 或 7 时,关闭。

18. CLKOUTDIV(表 2-12 中第 44 号)

由图 2-6 可知,当通过 CLKOUTSEL 寄存器选择好 CLKOUT 的时钟源后,可通过 CLKOUTDIV 分频寄存器设置输出的 CLKOUT 时钟的频率。32 位的 CLKOUTDIV 寄存器只有第[7:0]位域有效,用 DIV 表示(其余位保留),当 DIV 为 0 时,关闭 CLKOUT 时钟分频器;当 DIV 为 1~255 时,CLKOUT 输出的时钟频率为 CLKOUTSEL 选择的时钟源频率除以 DIV 后的值。

通过 CLKOUT 可以为其他数字芯片提供时钟信号。

19. FRGxCLKSEL(表 2-12 中第 39 和 42 号)

这里,x=0 或 1。FRGxCLKSEL 寄存器只有第[1:0]位域有效,用 SEL 符号表示。SEL 取值 0 表示为分数分频器 FRGx 的时钟源选择 FRO 振荡器;取值 1 表示选择主时钟;取值 2 表示选择系统 PLL 时钟;取值 3 表示关闭。

20. FRGxDIV 和 FRGxMULT(表 2-12 中第 37-38、40-41 号)

这里,x=0 或 1。由图 2-6 可知,FRGxCLKSEL 选择的时钟信号可通过 FRGxDIV 和 FRGxMULT 进行分数分频,分频公式如下:

$$frgxclk = FRGxCLKSEL 选取的时钟信号 /[1 + MULT/DIV], \quad x = 0 或 1 \quad (2-2)$$

式(2-2)中的 DIV 和 MULT 分别表示 FRGxDIV 和 FRGxMULT 寄存器的第[7:0]位域,这 4 个寄存器的其他位保留。DIV 和 MULT 的取值均为 0~255,通过设置这两个值可以得到所需要的频率(例如,作为串口波特率等)。

21. PIOPORCAP0 和 PIOPORCAP1(表 2-12 中第 46、47 号)

PIOPORCAPx(x=0 或 1)为只读的 32 位寄存器,当上电复位后,通用 GPIO0 和 GPIO1 口的各个端口的状态对应保存在 PIOPORCAP0 和 PIOPORCAP1 的第 0~31 位(PIOPORCAP1 寄存器的第[31:23]位域保留)。

22. IOCONCLKDIV6~IOCONCLKDIV0(表 2-12 中第 48~54 号)

IOCONCLKDIV6~IOCONCLKDIV0 共 7 个 32 位的寄存器,每个寄存器都是只有第[7:0]位域有效,都被称为 DIV。根据图 2-6,当 DIV 为 0 时,关闭相应 IOCON 的毛刺滤波器;当 DIV 取为 1~255 时,相应 IOCON 的毛刺滤波器的时钟频率为主时钟被 DIV 分频后的值。

23. SYSTCKCAL（表 2-12 中第 56 号）

SYSTCKCAL 寄存器只有第[25：0]位域有效（其余位保留），称为 CAL，复位值为 0，CAL 的值用于决定 SYST_CALIB 寄存器第[23：0]位域 TENMS 的值。

24. IRQLATENCY（表 2-12 中第 57 号）

IRQLATENCY 寄存器只有第[7：0]位域有效（其他位保留），称为 LATENCY，复位值为 0x10。LATENCY 用于指定系统响应中断请求的最小延迟时钟周期数，一般地，ARM Cortex-M0＋在 15 个时钟周期内总能响应任意中断。

25. NMISRC（表 2-12 中第 58 号）

NMISRC 寄存器各位的含义如表 2-19 所示。

表 2-19   NMISRC 寄存器各位的含义

位　　号	符　　号	含　　义	复　位　值
4：0	IRQN	取值为 0～31，表示中断号为 IRQN 的中断作为 NMI 中断	0
30：5	-	保留	
31	NMIEN	写 1 启用 NMI 中断；写 0 关闭 NMI 中断	0

由表 2-19 可知，可将中断号为 0～31 的任一中断设为不可屏蔽中断（NMI）。例如，如果要求 PININT0_IRQ 中断设为不可屏蔽中断，参考表 2-6，可知 PININT0_IRQ 中断号为 24，则设置表 2-19 中的 IRQN 为 24，然后，向 NMIEN 位写入 0，关闭 NMI 中断；接着，向 NMIEN 位写入 1，打开 NMI 中断。

26. PINTSEL0～7（表 2-12 中第 59～66 号）

LPC845 可以将通用 GPIO 口（PIO0_0～PIO0_31、PIO1_0～PIO1_21）中的任意 8 个 I/O 口作为外部中断（或模式匹配引擎）输入口，通过 PINTSEL0～7 共 8 个寄存器决定，这 8 个寄存器的结构相同，都是只有第[5：0]位域有效（其余位保留），称为 INTPIN，INTPIN 的取值为 0～31 时，对应着 PIO0_0～PIO0_31；INTPIN 的取值为 32～53 时，对应着 PIO1_0～PIO1_21。例如，要使得 PIO0_10 作为外部中断 4（即 PININT4_IRQ，见表 2-6）的输入端，则将 PINTSEL4 的 INTPIN 设为 10；要使得 PIO1_2 作为外部中断 6（即 PININT6_IRQ，见表 2-6）的输入端，则将 PINTSEL6 的 INTPIN 设为 34。

本章小结

本章首先介绍了 LPC845 微控制器的特点与引脚配置，然后介绍了 LPC845 微控制器内部结构，接着详细介绍了 LPC845 微控制器的存储配置和 NVIC 中断，之后介绍了 LPC845 微控制器芯片的 GPIO 配置模块 IOCON 和 GPIO 寄存器及其操作方法，最后，详细介绍了 LPC845 微控制器系统配置模块 SYSCON 和系统时钟配置方法。本章内容主要参考了文献[2,3]，需要进一步学习 LPC84X 微控制器的读者，可以在本章学习的基础上，深入阅读文献[2,3]。第 3 章将介绍基于 LPC845 微控制器的典型硬件电路系统，即 LPC845 学习板的电路原理，后续章节的工程程序均基于该电路板。

第3章

LPC845 典型硬件平台

本章将介绍 LPC845 硬件开发平台及其电路原理。LPC845 开发平台包括 1 套 LPC845 学习板、1 台计算机、1 台 J-Link V8 仿真器、1 根 USB 转串口线和 1 个＋5V 电源适配器。LPC845 学习板是硬件开源的电路板，如图 3-1 所示。

图 3-1　LPC845 学习板

本章将首先介绍图 3-1 所示 LPC845 学习板的电路设计原理，本书后续章节的程序设计均基于该学习板。LPC845 学习板实现了以下功能：

（1）集成电源指示 LED 灯；

（2）支持在系统编程（ISP）功能；

（3）具有外部复位按键；

（4）具有 1 个串口，可与计算机串口相连；

（5）支持 SWD 串行仿真调试；

（6）具有 2 个与 GPIO 口直接相连的用户按键输入；

（7）具有 3 个 GPIO 口驱动的 LED 灯和 1 个蜂鸣器；

（8）具有 ZLG7289B 芯片驱动的 8 个 LED 灯、16 个按键和 1 个四合一七段数码管（带时间显示）；

（9）具有 1 个 DS18B20 温度传感器；

（10）具有 1 个 240×320 点阵彩色 TFT 型 LCD 屏，带有电阻式触摸屏；

（11）支持 1 个 ADC 输入口；

（12）具有 1 个 128KB 的 EEPROM 存储器 AT24C128；

（13）具有 1 个 64MB 的 Flash 存储器 W25Q64；

（14）具有 SYN6288 声码器；

（15）扩展了 4 个用户 IO 口；

（16）＋5V 单电源供电。

3.1　LPC845 核心电路

LPC845 学习板上与 LPC845 芯片直接相连的电路部分称为核心电路，如图 3-2 所示。

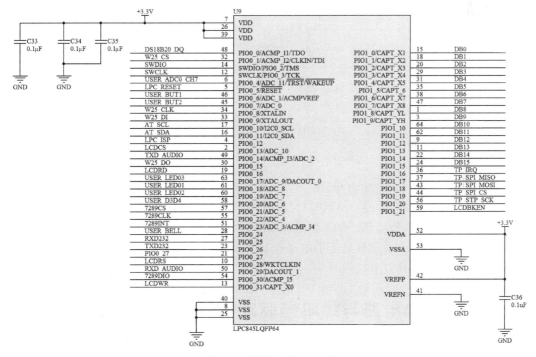

图 3-2　LPC845 核心电路

在设计 LPC845 核心电路时，主要有以下考虑：

（1）LPC845 芯片工作在 3.3V 电源下，第 7、26、39 脚接 3.3V 电源，第 8、25、43 脚接地。

（2）LPC845 芯片片上 ADC 模块的参考电压采用 3.3V，第 42、52 脚接 3.3V 参考电压源，第 41、53 脚接地。

（3）使用 SWD 串行调试模式，第 14、12 脚通过网标 SWDIO 和 SWCLK 与 SWD 仿真接口相连接，见 3.8 节。

（4）使用了第 5 脚作为外部复位信号输入端。

（5）PC845 芯片没有使用外部晶振，而是使用片上 12MHz FRO 振荡器。

（6）支持在系统编程（ISP）且具有相应的串口，这要求 LPC845 芯片的 PIO0_24 和 PIO0_25 分别接串口的 RXD 和 TXD（由 FAIM 决定），PIO0_12 通过跳线端子接地。由图 3-2 可知，串口的 RXD 和 TXD 分别与 PIO0_25 和 PIO0_26 相连接，故需要重新配置 FAIM 的第 1 个字的第[4：0]位为 0x19，第[12：8]位为 0x1A（见文献[2]的第 4 章）。然后，才能实现 ISP 功能。

在图 3-2 中，LPC845 的每个引脚上都有网络标号（简称网标），通过这些网标与 3.2～3.11 节的电路模块相连接，共同组合为完整的 LPC845 学习板。

3.2　电源电路

LPC845 学习板的电源电路如图 3-3 所示。

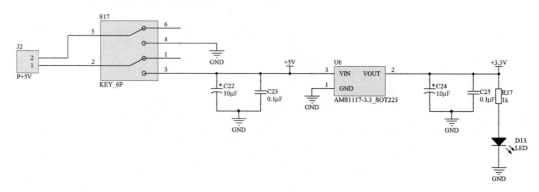

图 3-3　LPC845 学习板电源电路

由图 3-3 可知，LPC845 学习板外接+5V 直流电源，由 J2 接入。板上装有带锁扣的开关 S17，+5V 电源经过电源芯片 AMS1117 转换为+3.3V 直流电源，供给 LPC845 学习板上的 LPC845 芯片和其他电路。D13 为电源工作指示灯，当按下开关 S17 接通电源后，D13 将被点亮，表示 LPC845 学习板处于带电工作状态。一般地，电源和地在 PCB 板上应布设较粗的连线（例如 20mil 以上）。

3.3　LED 驱动电路与蜂鸣器驱动电路

LPC845 学习板上 LED 驱动电路与蜂鸣器驱动电路如图 3-4 所示。

结合图 3-2 和图 3-4，通过网标 USER_LED01、USER_LED02 和 USER_LED03 将 PIO0_18、PIO0_19 和 PIO0_17 与 Q2、Q3 和 Q4 的基极相连接，从而控制 LED 灯 D9、D10 和 D11 的亮灭。通过网标 USER_BELL 将 PIO0_24 与 Q6 的基极相连接，从而控制蜂鸣器 B2 的鸣叫与静音。LED 驱动电路的工作原理（以 D9 为例）为：当 USER_LED01 网标为高电平时，PNP 型场效应管 Q2 截止，LED 灯 D9 熄灭；当 USER_LED01 网标为低电平时，

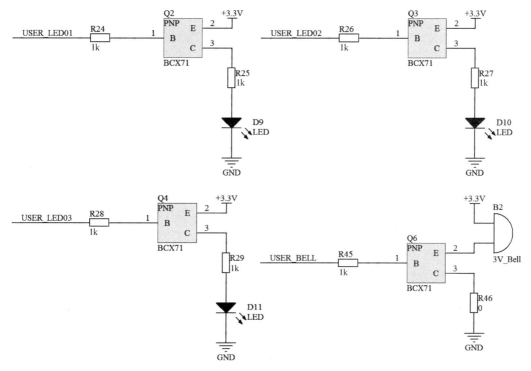

图 3-4　LED 驱动电路与蜂鸣器驱动电路

PNP 型场效应管 Q2 导通，LED 灯 D9 点亮。同理，蜂鸣器驱动电路的工作原理为：当 USER_BELL 网标为高电平时，PNP 型场效应管 Q6 截止，蜂鸣器 B2 不鸣叫；当 USER_BELL 网标为低电平时，PNP 型场效应管 Q6 导通，蜂鸣器 B2 鸣叫。

3.4　串口通信电路

LPC845 学习板上的串口通信电路如图 3-5 所示。

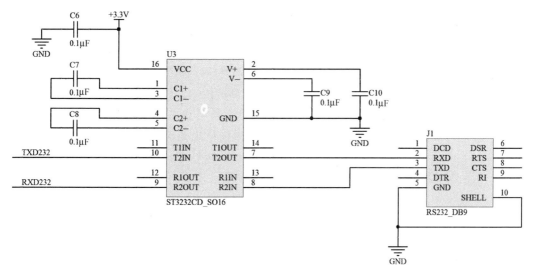

图 3-5　串口通信电路

结合图 3-5 和图 3-2 可知,LPC845 芯片的 PIO0_26 和 PIO0_25 通过网标 TXD232 和 RXD232 与芯片 ST3232 的 T2IN 和 R2OUT 相连接。ST3232 电平转换芯片支持 2 路串口,图 3-5 中仅使用了一路,J1 为 DB9 接头,通过串口线与计算机的串口相连。

3.5　用户按键与用户接口和 ADC 电路

LPC845 学习板上的用户按键电路、用户接口扩展电路以及 ADC 电路如图 3-6 所示。

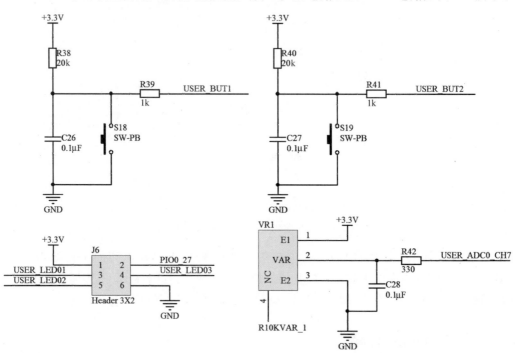

图 3-6　用户按键电路、用户接口扩展电路和 ADC 电路

结合图 3-6 和图 3-2,可知 PIO0_6 和 PIO0_7 引脚通过网标 USER_BUT1 和 USER_BUT2 控制用户按键 S18 和 S19。当按键 S18 被按下时,USER_BUT1 将由高电平转变为低电平;同理,当按键 S19 按下时,USER_BUT2 将由高电平转变为低电平,从而可触发电平下降沿中断。J6 为 6 针的接口,将 PIO0_27 和 USER_LED01、USER_LED02、USER_LED03 以及 3.3V 电源和地作为用户接口,供用户测试使用。PIO0_4 引脚通过网标 USER_ADC0_CH7 与滑动变阻器 VR1 相连接,滑动变阻器提供 0~3.3V 变化的电压输出,借助 LPC845 芯片内部的 ADC 对该模拟电压信号进行采样量化处理。

3.6　温度传感器电路

LPC845 学习板上的温度传感器电路如图 3-7 所示。

结合图 3-7 和图 3-2 可知,LPC845 芯片的 PIO0_0 引脚通过 DS18B20_DQ 网标与 DS18B20 的 DQ 脚相连接,从而借助于温度传感器 DS18B20 获取数字温度数据。

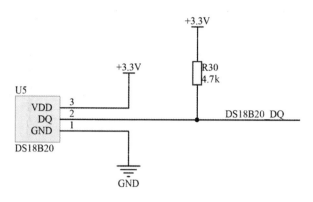

图 3-7　温度传感器电路

3.7　ZLG7289B 电路

　　LPC845 学习板上集成了 1 片 ZLG7289B 芯片,通过 ZLG7289B 可以驱动多个用户按键和 LED 灯。1 片 ZLG7289B 最多可同时驱动 64 个按键和 64 个 LED 灯。在 LPC845 学习板上,使用 ZLG7289B 驱动了 16 个按键、8 个 LED 灯和 1 个四合一七段数码管,如图 3-8～图 3-12 所示。

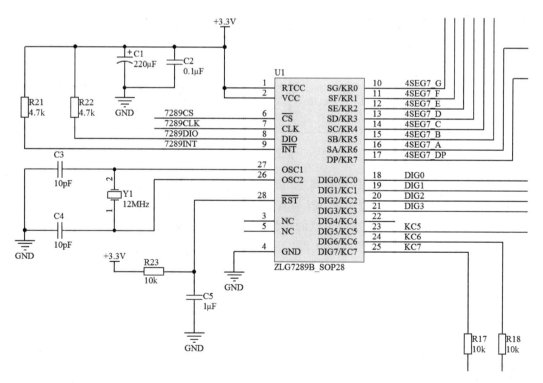

图 3-8　ZLG7289B 电路 I

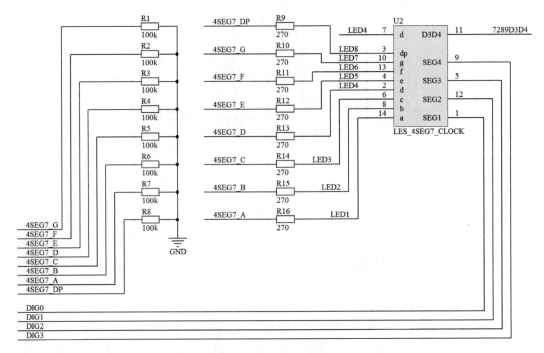

图 3-9   ZLG7289B 电路Ⅱ

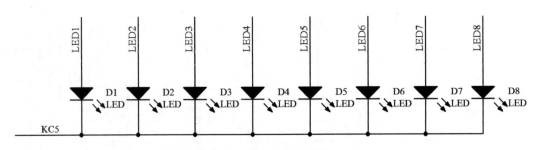

图 3-10   ZLG7289B 电路Ⅲ

ZLG7289B 芯片的电路连接比较规范,它需要外接 4～16MHz 晶振,在图 3-8 中使用了 12MHz 晶振。ZLG7289B 通过四线 SPI 口与 LPC845 相连接,即图 3-8 中 ZLG7289B 的第 6～9 脚,这 4 个脚模拟了 SPI 通信协议的操作。结合图 3-2 可知,ZLG7289B 的第 6～9 脚借助网标 7289CS、7289CLK、7289DIO 和 7289INT 依次与 LPC845 芯片的第 57、55、54 和 51 脚相连接。由图 3-8 可知,ZLG7289B 工作在 3.3V 电源下,具有外部 RC 复位电路,通过 8 个段信号引脚(或行信号引脚)KR0～KR7 和 8 个位信号引脚(或列信号引脚)KC0～ KC7,驱动外部的 LED 灯、按键和数码管。

图 3-9 为 ZLG7289B 与四合一七段数码管的连接电路;图 3-10 为 ZLG7289B 与 8 个 LED 灯的连接电路;图 3-11 为 ZLG7289B 与 16 个按键的连接电路。由于图 3-9 中使用了带时间显示功能的数码管。

结合图 3-2 和图 3-8 以及图 3-12 可知,ZLG7289B 模块与 LPC845 间有 5 个连接,即图 3-2 中的网标 7289INT、7289CLK、7289CS、7289DIO 和 USER_D3D4,占用了 LPC845 的 5 个 GPIO 口,这里依次使用了 PIO0_23、PIO0_22、PIO0_21、PIO0_30 和 PIO0_20。

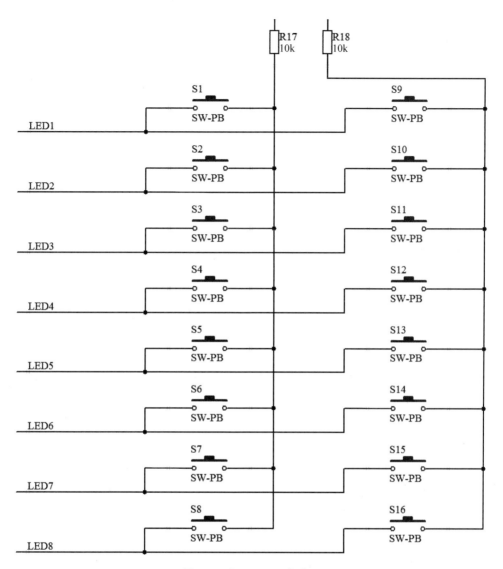

图 3-11　ZLG7289B 电路 Ⅳ

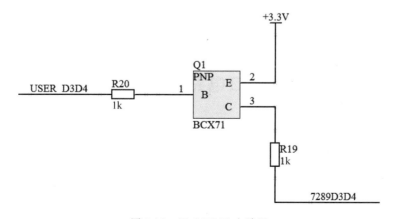

图 3-12　ZLG7289B 电路 Ⅴ

3.8 SWD、ISP 和复位电路

LPC845 学习板上的 SWD 串行调试电路、在系统编程（ISP）电路和复位电路如图 3-13 所示。

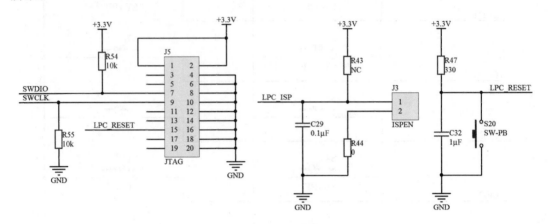

图 3-13 SWD、ISP 和复位电路

SWD 串行调试只需要占用数据和时钟两个端口。结合图 3-2 和图 3-13 可知，JTAG 接口 J5 通过网标 SWDIO 和 SWCLK 与 LPC845 芯片的 SWDIO(PIO0_2)和 SWCLK(PIO0_3)引脚相连接。

图 3-13 中，使用了带手动按键复位功能的复位电路，通过网标 LPC_RESET 与图 3-2 中 LPC845 的 RESET(PIO0_5)引脚相连。当 LPC845 学习板上电时，通过 RC 电路复位 LPC845 芯片，称为"启动"或"冷启动"；当 LPC845 学习板处于带电工作状态时，按下 S20 将复位 LPC845 芯片，称为"热复位"。

当图 3-13 中 J3 的第 1、2 脚短接，LPC845 学习板上电时，将进入 ISP 模式，此时可通过串口向 LPC845 的 Flash 空间下载程序代码（默认情况下，使用 USART0 的 RX 和 TX，即 PIO0_24 和 PIO0_25 脚。对于 LPC845 学习板而言，需要编程 FAIM 第 1 个字的第[4：0] 位和第[12：8]位，使它们分别为 0x19 和 0x1A，即使用 PIO0_25 和 PIO0_26 分别作为串口的 RX 和 TX）。

3.9 LCD 屏与触摸屏接口电路

LPC845 学习板上集成了一块 240×320 像素分辨率 TFT 型 LCD 屏和一块电阻式触摸屏，其与 LPC845 的电路连接如图 3-14 所示。

结合图 3-2 和图 3-14 可知，LPC845 学习板选用了基于并口通信的 TFT 型 LCD 屏，分辨率为 240×320 个像素，通过网标 DB[15：0]与 LPC845 的 PIO1_15～PIO1_0 连接。LCD 屏的背光由 LPC845 的 PIO1_21 通过网标 LCDBKEN 控制。LCD 屏的读写与片选控

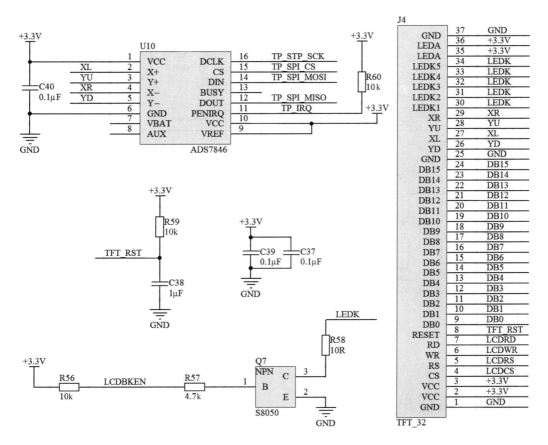

图 3-14　240×320 像素分辨率 TFT 型 LCD 屏与电阻式触摸屏接口电路

制通过网标 LCDRD、LCDWR、LCDRS 和 LCDCS 与 LPC845 的 PIO0_16、PIO0_31、PIO0_28 和 PIO0_13 相连接。

LPC845 学习板上集成了一块电阻式触摸屏,使用 ADS7846 芯片驱动,其通过网标 TP_SPI_MISO、TP_SPI_MOSI、TP_SPI_CS、TP_STP_SCK 和 TP_IRQ 与 LPC845 的 PIO1_17、PIO1_18、PIO1_19、PIO1_20 和 PIO1_16 相连接。

3.10　存储器电路

LPC845 学习板上集成了一块 128Kb 的 EEPROM 芯片 AT24C128 和一块 64Mb 的 Flash 芯片 W25Q64,其电路原理图如图 3-15 所示。

结合图 3-15 和图 3-2 可知,AT24C128 芯片通过 I^2C 总线与 LPC845 相连接,网标为 AT_SCL 和 AT_SDA。而 W25Q64 通过 SPI 接口与 LPC845 相连接,网标为 W25_CS、W25_DO、W25_CLK 和 W25_DI。一般地,AT24C128 用于存储密码信息,而 W25Q64 可用于存放汉字库或数字图像信息。

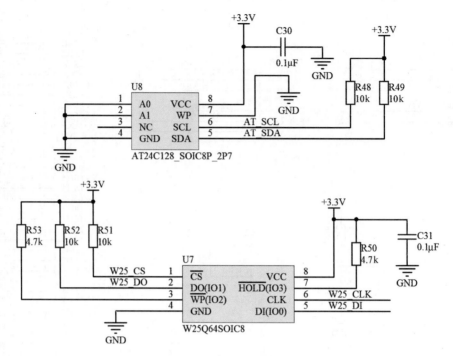

图 3-15　存储器电路

3.11　声码器电路

LPC845 学习板集成了一块 SYN6288 声码器,通过串口向其发送文本信息,声码器实现 TTS(Text To Speech,文本转换为语音)变换,其电路原理如图 3-16 所示。

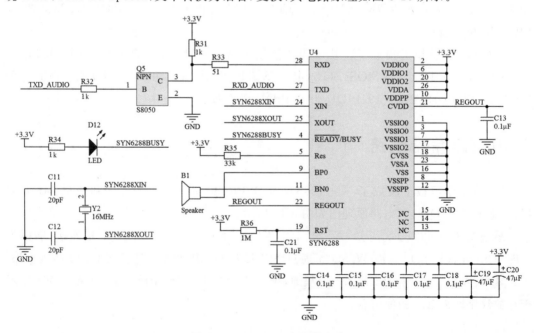

图 3-16　SYN6288 声码器电路

结合图 3-16 和图 3-2 可知,LPC845 通过网标 RXD_AUDIO 和 TXD_AUDIO 与声码器 SYN6288 相连接,即 LPC845 通过串口向 SYN6288 发送文本信息,然后,SYN6288 实现 TTS 变换。SYN6288 可直接驱动 8Ω、0.25W 的扬声器。

本章小结

本章详细地介绍了 LPC845 学习板的电路原理。LPC845 学习板主要包括 LPC845 芯片核心电路、电源电路、LED 驱动电路、蜂鸣器驱动电路、串口通信电路、用户按键电路、ADC 电路、温度传感器电路、数码管驱动电路、串口调试 SWD 电路、在系统编程 ISP 电路、复位电路、LCD 屏显示驱动电路、电阻触摸屏电路、存储器电路和声码器电路等模块,是基于 LPC845 芯片典型的硬件开源电路。值得强调的是,本章给出的 LPC845 学习板电路原理图基于 Altium Designer 环境且是完整的,可以制作成实际电路板。本书后续章节将通过具体的工程实例详细介绍 LPC845 学习板各个硬件模块的驱动程序和应用程序设计方法。

第 4 章

LED 灯与蜂鸣器控制

本章将介绍 LED 灯和蜂鸣器的控制方法,并将介绍与 LPC845 的 GPIO 口直接相连的用户按键的响应方法。本章将使用的电路模块有 LPC845 核心电路、LED 驱动电路、蜂鸣器驱动电路和用户按键电路,可分别参考 3.1 节、3.3 节和 3.5 节内容。通过本章内容,重点学习以下知识点:

(1) GPIO 口初始化方法与访问方法;

(2) LED 灯工作原理与驱动程序;

(3) 蜂鸣器工作原理与驱动程序;

(4) LPC845 异常与 NVIC 中断响应方法;

(5) 外部按键中断工作原理与响应方法。

4.1 LED 灯控制

结合第 3 章图 3-2 和图 3-4 可知,LPC845 学习板上集成了 3 个由 GPIO 口直接驱动的 LED 灯,分别记为 D9、D10 和 D11,通过网标 USER_LED01、USER_LED02 和 USER_LED03 与 LPC845 的 PIO0_18、PIO0_19 和 PIO0_17 相连。

根据图 3-4 可知,当 USER_LED01 为低电平时,PNP 型三极管 Q2 导通,从而 LED 灯 D9 点亮;当 USER_LED01 为高电平时,PNP 型三极管 Q2 截止,从而 LED 灯 D9 熄灭。同理,D10 和 D11 受 USER_LED02 和 USER_LED03 的控制方法亦是如此,如表 4-1 所示。

表 4-1 LED 灯 D9、D10 和 D11 的控制方法

USER_LED01~03	USER_LED01		USER_LED02		USER_LED03	
GPIO 口	PIO0_18		PIO0_19		PIO0_17	
电平	高	低	高	低	高	低
LED 灯	D9 灭	D9 亮	D10 灭	D10 亮	D11 灭	D11 亮

由于使用 GPIO 口直接驱动 LED 灯,因此,必须给 LPC845 芯片的 GPIO 口提供时钟信号,即在表 2-18 中,设置 SYSAHBCLKCTRL0 寄存器的第 6 位(即 GPIO0 位)为 1,即给 GPIO0 口提供工作时钟。

然后,设置表 2-11 中 DIRSET0 的第 17、18 和 19 位为 1(注:一般地,置位表示将该位设置为 1,清零表示将该位清为 0),使 PIO0_17、PIO0_18 和 PIO0_19 工作在输出模式。接

着,使用表 2-11 中 SET0 寄存器的第 17、18 和 19 位可以置位引脚,使用表 2-11 中 CLR0 寄存器的第 17、18 和 19 位可以清零引脚,从而实现相应引脚上 LED 的熄灭和点亮操作。

LPC845 的引脚操作特别灵活,下面将详细介绍其 GPIO 口的各种读写访问方法。

4.1.1　LPC845 GPIO 口读写访问

这里以 PIO0_17 为例,详细介绍 GPIO 口的读写访问方法,其他 I/O 口具有类似的工作原理。

LPC845 芯片的 GPIO 口均复用了多种功能,因此,需要设置 PIO0_17 所在的第 63 号引脚工作在 GPIO 模式,即配置表 2-5 中 PINENABLE0 的第 23 位使其工作在 GPIO 模式,然后,配置表 2-8 中 PIO0_17 对应的 IOCON 寄存器,该寄存器也记为 PIO0_17,其各位的含义如表 2-9 所示,通过表 2-9 配置 PIO0_17 寄存器使 PIO0_17 工作在需要的模式下。由表 2-1 序号 18 可知,默认情况下,PIO0_17 所在的第 63 号引脚工作在 GPIO 模式,因此,当 PIO0_17 用作 GPIO 口时,上述操作可以省略。如果需要配置 PIO0_17 寄存器,还需要先置位寄存器 SYSAHBCLKCTRL0 的第 18 位(见表 2-18),为 IOCON 模块提供工作时钟,如果用到开关矩阵,还要置位寄存器 SYSAHBCLKCTRL0 的第 7 位(见表 2-18,默认为 1),为 SWM 模块提供工作时钟;开关矩阵配置好后,可以清零寄存器 SYSAHBCLKCTRL0 的第 7 位,关闭 SWM 模块的工作时钟。

在上述确认了 PIO0_17 引脚(即第 63 号引脚)工作在 GPIO 模式后,置位寄存器 SYSAHBCLKCTRL0 的第 6 位(见表 2-18),为 GPIO0 模块提供工作时钟。

PIO0_17 作为 GPIO 口可以工作在输入模式或输出模式。配置 PIO0_17 工作在输入模式,可以使用如下方法:

(1) 清零 DIR0 的第 17 位;

(2) 置位 DIRCLR0 的第 17 位,等价于清零 DIR0 的第 17 位;

(3) 如果 PIO0_17 原来处于输出模式,则置位 DIRNOT0 的第 17 位,等价于清零 DIR0 的第 17 位。

配置 PIO0_17 工作在输出模式,可以使用以下方法:

(1) 置位 DIR0 的第 17 位;

(2) 置位 DIRSET0 的第 17 位,等价于置位 DIR0 的第 17 位;

(3) 如果 PIO0_17 原来处于输入模式,则置位 DIRNOT0 的第 17 位,等价于置位 DIR0 的第 17 位。

上述配置 PIO0_17 的输入模式或输出模式方法中,使用 DIR0 寄存器的方法最烦琐。这是因为 DIR0 是一个 32 位的寄存器,单独对 DIR0 寄存器的第 17 位置位或清零而保持其他位不变时,需要借助于读出和写入两种操作过程。例如,置位 DIR0 的第 17 位使用: DIR0 |= (1uL << 17);清零 DIR0 的第 17 位使用: DIR0 &= ~(1uL << 17)。这两个复位赋值运算符包含了先读出 DIR0 的值,然后再进行逻辑运算,最后写回到 DIR0 寄存器中。而借助于 DIRCLR0、DIRSET0 或 DIRNOT0 时,只需要一次写入操作。这是因为这些寄存器具有"写入 0 无效,写入 1 有效"的特性。例如,使用 DIRCLR0 配置 PIO0_17 工作在输入模式,有: DIRCLR0 = (1uL << 17)。

在上述配置好了 PIO0_17 的输入模式或输出模式后,可以对其进行读写操作。一般地,配置 PIO0_17 工作在输入模式后,对其进行读操作;而配置 PIO0_17 工作在输出模式后,对其进行写操作。

结合 2.6 节,读 PIO0_17 的方法有如下几种:

(1) 读字节寄存器 B17 的第 0 位,读出的值(0 或 1)表示 PIO0_17 引脚上外接的输入电平(低或高电平)。

(2) 读字寄存器 W17,读出的值(0 或 0xFFFFFFFF)表示 PIO0_17 引脚上外接的输入电平(低或高电平)。

(3) 读 PIN0 的第 17 位,读出的值(0 或 1)表示 PIO0_17 引脚上外接的输入电平(低或高电平),读 PIN0 将读出 PIO0 口全部 32 位引脚的值,此时需要借助于"与"位操作再进一步读出其第 17 位的值。

(4) 将 MASK0 寄存器除第 17 位外的全部位都置位,然后读 MPIN0,其第 17 位的值(0 或 1)表示 PIO0_17 引脚上外接的输入电平(低或高电平),此时 MPIN0 的其余各位均被屏蔽掉了,读出值全为 0。

写 PIO0_17 的方法有以下几种:

(1) 写字节寄存器 B17 的第 0 位,写入的值(0 或 1)表示 PIO0_17 引脚上输出的电平值(低或高电平)。

(2) 写字寄存器 W17,写入的值(0 或非 0 值)表示 PIO0_17 引脚上输出的电平值(低或高电平)。

(3) 写 PIN0 的第 17 位,写入的值(0 或 1)表示 PIO0_17 引脚上输出的电平值(低或高电平)。注意:写 PIN0 将写入 PIO0 口全部 32 位引脚的值,此时需要借助于"读出—位操作—写回"的方式,例如,使 PIO0_17 输出高电平,有:PIN0 | = (1uL << 17);使 PIO0_17 输出低电平,有:PIN0 & = ~(1uL << 17)。

(4) 将 MASK0 寄存器除第 17 位外的全部位都置位,然后写 MPIN0,其第 17 位写入的值(0 或 1)表示 PIO0_17 引脚上输出的电平值(低或高电平),此时 MPIN0 的其余各位均被屏蔽掉了,写入值无效。

(5) 最简单的方式是借助于 SET0 和 CLR0 寄存器输出高、低电平值,这两个寄存器均具有"写 0 无效,写 1 有效"的特性。例如,PIO0_17 输出高电平,即 SET0 = (1uL << 17);PIO0_17 输出低电平,即 CLR0 = (1uL << 17)。

(6) 如果想使得 GPIO 引脚的输出值取反,可以借助于 NOT 寄存器,该寄存器也具有"写 0 无效,写 1 有效"的特性。例如,使 PIO0_17 输出取反,有:NOT0 = (1uL << 17)。

上述以 PIO0_17 为例介绍了 GPIO 口的操作方法。LPC845 有两个 GPIO 口,即 PIO0 口和 PIO1 口,由表 2-11 可知,这两个 GPIO 对应的寄存器不同,且 PIO1 口只有 22 个端口有效(PIO1_0~PIO1_21)。在使用 PIO1 口时,需要对照表 2-11 选用其相应端口的寄存器进行访问。

现在,结合图 3-2 和图 3-4 可以写出 LED 灯 D9、D10 和 D11 的操作方法,具体代码在下面工程 PRJ01 中介绍。

4.1.2 IAR EWARM 工程框架

本节中的 IAR EWARM 工程是本书中的第一个工程,称为 EWARM 工程框架,其主要实现了借助于延时函数执行 LED 灯闪烁的功能。本书中全部工程均保存在"D:\\MYLPC845IEW"目录下,每个工程的保存子目录名由"PRJ"加上序号组成,例如本节中的工程对应的子目录名为"PRJ01"(在不引起歧义的情况下,也称为工程 PRJ01)。后续的工程均以工程 PRJ01 作为基础,而且后面出现的工程往往是在前面讲述的工程基础上,添加新的文件或函数实现的。通过这种方式,本书以有限的篇幅,使得全部工程代码均是自成体系的、完整的和可再现的,可使读者快速掌握编程技巧。

除了第 3 章介绍的 LPC845 开发板之外,还需要一根 USB 转串口线、J-LINK 仿真器、5V 直流电源适配器以及一台笔记本计算机。在断电情况下,将 J-LINK 的 20 脚接头连接 LPC845 学习板的 J5(见图 3-13),另一端的 USB 接头连接计算机的 USB 口;然后,将 5V 直流电源的＋5V 输出与 LPC845 学习板的 J2(见图 3-3)相连接;USB 转串口线的 DB9 公头与 LPC845 学习板的 J1(见图 3-5)相连接,另一端的 USB 接头与计算机的 USB 口相连接。启动计算机并打开 LPC845 学习板的开关 S17(见图 3-3),此时,LPC845 学习板上的 LED 灯 D13 将点亮(见图 3-3),这样,整个硬件开发平台就搭建起来了。

计算机上除了 Windows 10 操作系统和必要的编辑与阅读软件外,还需要安装串口调试助手软件和 IAR 公司的 EWARM 软件等。瑞典的 IAR 公司(www.iar.com)是全球最著名的嵌入式平台集成开发环境供应商,自 1983 年发展至今,已拥有超过 15 万个用户,其嵌入式开发平台支持超过 1.2 万种微控制器和微处理器,并具有独立知识产权的极其稳健的编译器和链接器。其中,IAR Embedded Workbench for ARM(EWARM)是基于 ARM 内核的微处理器和微控制器的集成开发环境,几乎支持全部的 ARM 芯片,提供了高效的 C/C++语言编译器,可生成高效率、高稳定性的目标代码。

EWARM 集成开发环境对计算机的配置要求不高,能流畅运行 Windows 7 或 Windows 10 操作系统的计算机均可安装运行 EWARM。EWARM 是专业的 ARM 芯片集成开发环境,具有优秀的用户工作界面,在国内高校和工程界得到了普遍应用。截至 2018 年 5 月,IAR EWARM 的最新版本为 V8.22,本书使用了该版本,建议读者使用最新版的 EWARM。

本书使用的笔记本计算机配置为:Intel i7-4720 四核处理器,工作频率为 2.60GHz;内存 8GB;硬盘 1000GB;15.6 寸液晶显示屏;Windows 10 家庭版 64 位操作系统。安装好 EWARM 软件后,在 Windows"开始菜单｜ IAR Systems"下找到软件启动快捷方式"IAR Embedded Workbench",单击它启动 EWARM 集成开发环境,如图 4-1 所示。

在图 4-1 中,显示了 EWARM 信息中心(通过菜单"Help｜Information Center"可打开信息中心),其中,"User guides"和"Example projects"可帮助初学者快速入门,并提供了大量的应用实例。一般在 EWARM 中,每个项目对应着一个工作区,每个 EWARM 界面只能打开一个工作区;一个工作区可以包含多个工程,其中,粗体显示的工程为当前活跃的工程(通过在工程名的右键弹出菜单中选择"Set as Active",可将被选中的工程设为当前活跃的工程)。一个工作区可以只包含一个工程,则该工程即为活跃的工程;如果一个工作区中包含了多个工程,则只能有一个活跃的工程(即当用户设置其中一个工程为活跃工程后,其余工程自动进入非活跃状态)。活跃的工程即为当前编译、链接和运行的工程(无论是活跃的还是不活跃的工程,其中的文件内容均可以编辑)。

在计算机 D 盘上,新建目录"D:\MYLPC845IEW\PRJ01",在该目录下创建 3 个子目录 bsp、chip 和 user,如图 4-2 所示。其中,chip 子目录用于存放与 LPC845 相关的硬件配置

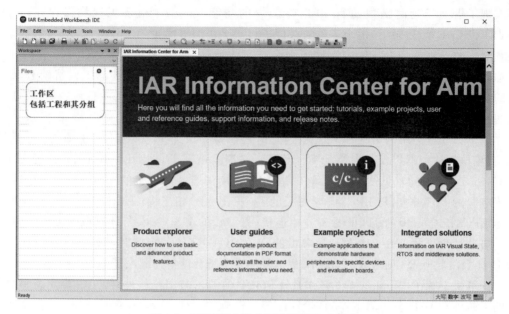

图 4-1　EWARM 集成开发环境启动界面

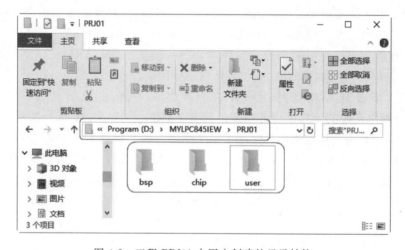

图 4-2　工程 PRJ01 中用户创建的目录结构

文件,包括中断向量表文件等;bsp 子目录存放板级支持包文件,即 LPC845 芯片的外设驱动文件等;user 子目录存放实现用户功能的程序文件等。

回到图 4-1,单击菜单"Project|Create New Project...",其中 Project 为一级菜单,在其下拉菜单中单击"Create New Project..."子菜单,进入图 4-3 所示界面。

在图 4-3 中,选择"Arm"和"Empty project"(空工程),然后单击 OK 按钮,进入图 4-4 所示界面。

在图 4-4 中,选择路径"D:\MYLPC845IEW\PRJ01",然后输入工程文件名"MyPrj01",单击"保存"按钮,进入图 4-5 所示界面。

在图 4-5 中,"MyPrj01-Debug＊"中的星号表示该工程没有保存。此时,单击"Save All"快捷按钮(图 4-5 中被圈住的快捷钮),弹出保存工作区界面,如图 4-6 所示。

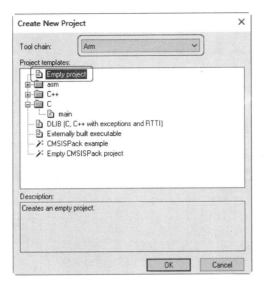

图 4-3 创建新工程窗口

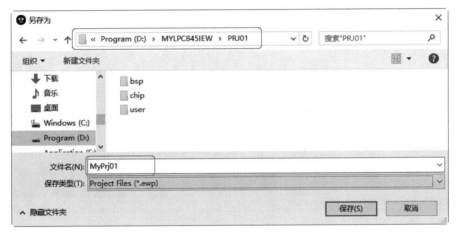

图 4-4 设置工程名对话框

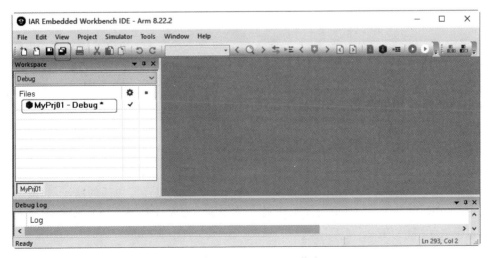

图 4-5 新工程 MyPrj01 工作窗口

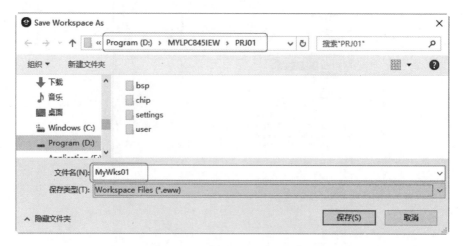

图 4-6　设置工作区名对话框

在图 4-6 中,输入工作区名"MyWks01",然后单击"保存"按钮,进入图 4-7 所示界面。

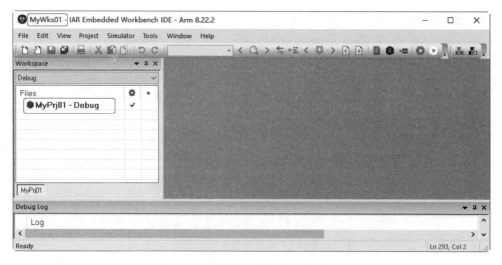

图 4-7　工作区 MyWks01 工作界面

本书中,为了介绍工程方便,每个工作区中只包含一个工程,其命名规则为:工程名为"MyPrj"+序号,对应的工作区名为"MyWks"+序号,例如,这里的工程名为 MyPrj01,对应的工作区为 MyWks01。

在图 4-7 中,在"MyPrj01 - Debug"的右键弹出菜单中,选择"Options…"菜单,进入图 4-8所示界面。首先,在"General Options"分类中的 Target 选项卡中,如图 4-8 所示,选中"NXP LPC845M301"芯片。然后,如图 4-9 所示,在其 Output 选项卡中,设置目标文件所在的目录。

在"C/C++ Compiler"分类的"Preprocessor"选项卡中设置编译器包括的路径,如图 4-10 所示,其中"＄PROJ_DIR＄"表示当前工程所在路径,"＄EW_DIR＄"表示 EWARM 的安装路径,这里表示"D:\Program Files (x86)\IAR Systems\Embedded Workbench 8.0"(这是本书 EWARM 的安装路径)。

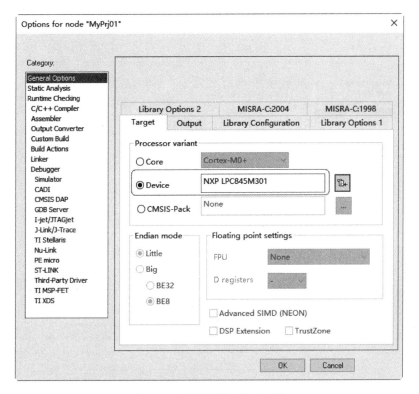

图 4-8　通用选项的目标选项卡

图 4-9　通用选项的输出选项卡

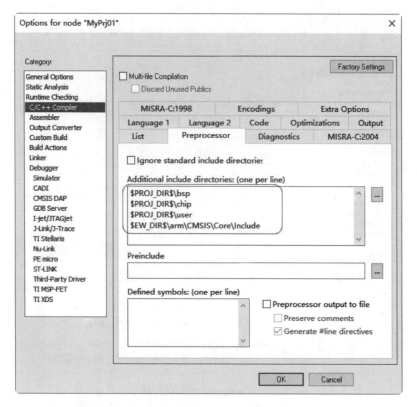

图 4-10　C/C++编译分类中的预处理选项卡

在"Debugger"分类中的 Setup 选项卡,如图 4-11 所示,选择"J-Link/J-Trace"作为仿真调试工具。在 Plugins 选项卡中,如图 4-12 所示,当选中"μC/OS-Ⅱ"或"μC/OS-Ⅲ"复选框时,可以在线调试基于 μC/OS-Ⅱ 或 μC/OS-Ⅲ 操作系统的应用程序。

在图 4-12 中,单击 OK 按钮回到图 4-7。图 4-7 中,在"MyPrj01 - Debug"的右键弹出菜单中选择"Add|Group…",向工作区的工程管理器中添加 3 个分组,分组名依次为"BSP""Chip"和"User"。然后,依次向"BSP"分组中添加文件"mybsp. c"和"myled. c"(这两个文件位于目录 D:\MYLPC845IEW\PRJ01\bsp 中,其代码分别如程序段 4-6 和程序段 4-4 所示);向"Chip"分组中添加文件"IAR_cstartup_M. s"和"system. c"(这两个文件位于目录 D:\MYLPC845IEW\PRJ01\chip 中,该目录中的文件均由 IAR 或 NXP 公司提供);向"User"分组中添加文件"main. c"(该文件位于目录 D:\MYLPC845IEW\PRJ01\user 中,其代码如程序段 4-1 所示)。完成后的工程 MyPrj01 如图 4-13 所示。

在图 4-13 中,按下 F7 键或选择菜单 Project|Make F7,将编译链接工程 MyPrj01。图 4-13 中显示编译链接正确,可按下 Ctrl+D 快捷键或选择菜单 Project|Download and Debug,进入在线调试工作模式,如图 4-14 所示。

在图 4-14 中,程序计数器指针指向 main 函数开头,红色的实心圆点表示断点。此时,按"F5"键或菜单 Debug|Go 可在线执行工程。下面介绍工程 MyPrj01 中各个文件的来源。

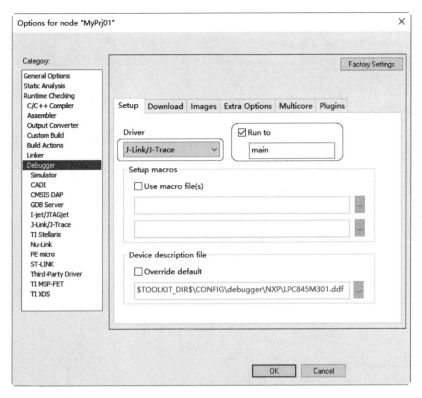

图 4-11 调试分类中的 Setup 选项卡

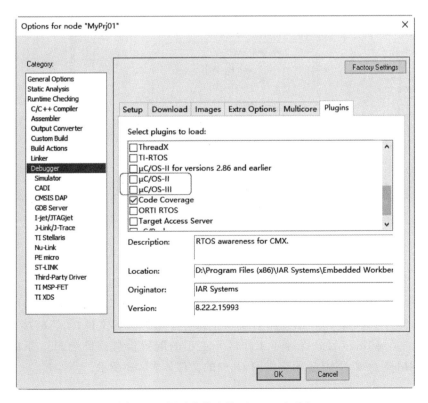

图 4-12 调试分类中的 Plugins 选项卡

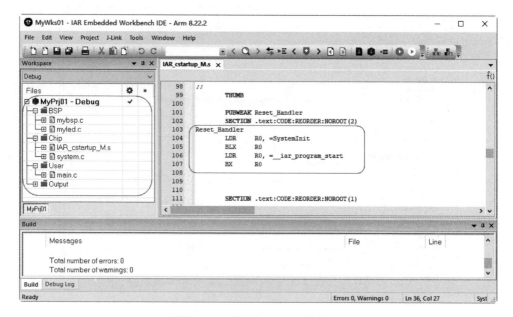

图 4-13　工程 MyPrj01 工作界面

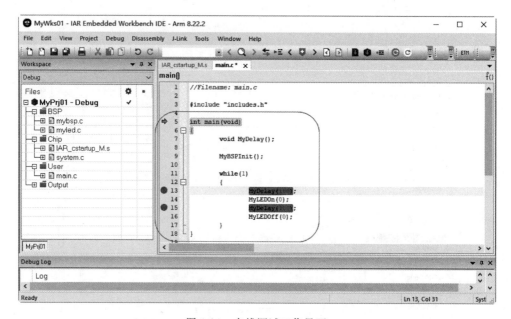

图 4-14　在线调试工作界面

现在的目录 D:\MYLPC845IEW\PRJ01 下的文件结构如图 4-15 所示。

在图 4-15 中,圈住的目录和文件是创建工程时 EWARM 自动生成的,其中,Debug 目录下具有 3 个子目录,即 Exe、List 和 Obj,分别保存了最终目标文件、编辑链接列表文件和中间目标文件; settings 目录保存了工作区和工程的配置信息。目录 chip 下的文件是由 IAR EWARM 平台或 NXP 公司提供的,其中的文件如表 4-2 所示。

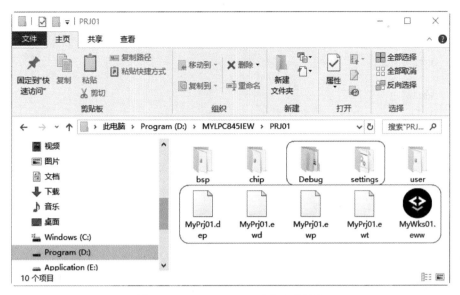

图 4-15 工程 MyPrj01 目录文件结构

表 4-2 目录 chip 下的文件

文 件 名	作 用
IAR_cstartup_M.s	上电复位芯片启动文件,由 IAR 提供。上电复位后,将首先调用 SystemInit 函数(该函数位于 system.c 中,用于初始化系统时钟);然后,跳转到 __iar_program_start 去初始化 C 函数堆栈;最后,跳转到 C 语言程序的 main 函数去执行
chip_setup.h、system.h 和 system.c	系统初始化文件,由 NXP 提供,主要是初始化芯片工作时钟。这里将 LPC845 的系统工作时钟配置为 30MHz
LPC8xx.h	LPC845 芯片寄存器定义文件
acomp.h、adc.c、ctimer.h、dac.h、dma.h、faim.h、fro.h、gpio.h、i2c.h、inmux_trigmux.h、iocon.h、lpc_types.h、mrt.h、pmu.h、sct.h、spi.h、swm.h、syscon.h、uart.h、wkt.h 和 wwdt.h	LPC845 芯片外设寄存器的位配置文件

在图 4-15 中,目录 user 下有 3 个用户编写的文件,即 main.c、includes.h 和 mytype.h,其代码分别如程序段 4-1~4-3 所示。创建这些用户文件的方法为:在图 4-7 中,单击菜单"File | New File",在弹出的文本编辑窗口中输入程序代码,然后保存为适当的文件名,并保存在相应的目录下。例如,输入程序段 4-1 所示的代码,保存为 main.c 文件,保存在目录 D:\MYLPC845IEW\PRJ01\user 下。

程序段 4-1 main.c 文件

```
1    //Filename: main.c
2
3    # include "includes.h"
4
5    int main(void)
```

```
 6   {
 7       void MyDelay();
 8
 9       MyBSPInit();
10
11       while(1)
12       {
13           MyDelay(100);
14           MyLEDOn(0);
15           MyDelay(100);
16           MyLEDOff(0);
17       }
18   }
19
20   void MyDelay(int m) //大约 100Hz
21   {
22       int i,j,k;
23       for(i = 0;i < m;i++)
24       {
25           for(j = 0;j < 350;j++)
26           {
27               for(k = 0;k < 100;k++)
28               {
29               }
30           }
31       }
32   }
```

在程序段 4-1 中,第 3 行包括头文件"includes. h",该头文件为工程中的总的头文件,它包括了工程中其他的头文件。第 5 行为 main 函数头,在 IAR EWARM 中,建议返回值为 int 型,且有一个 void 类型的空参数。第 7 行声明 main 函数后面定义的函数 MyDelay。第 9 行调用 MyBSPInit 函数初始化 LPC845 学习板的外设,该工程中仅初始化了 LED 灯 D9、D10 和 D11 的驱动 GPIO 口。第 11～17 行为 while 型的无限循环体,第 13 行调用 MyDelay 函数延时约 1s,第 14 行调用 MyLEDOn 函数点亮 LED 灯 D9、D10 和 D11(见程序段 3-4),第 16 行调用 MyLEDOff 函数熄灭 LED 灯 D9、D10 和 D11。这里的函数 MyBSPInit 定义在 mybsp. c 文件中,函数 MyLEDOn 和 MyLEDOff 定义在 myled. c 文件中。第 20～32 行为延时函数 MyDelay,当参数 m 取值 100 时,约延时 1s。

按照上述 main. c 文件创建的方法,依次创建 includes. h 和 mytype. h 文件,如程序段 4-2 和程序段 4-3 所示。

程序段 4-2　includes. h 文件

```
1   //Filename: includes. h
2
3   # include "LPC8xx. h"
4
5   # include "mytype. h"
6   # include "mybsp. h"
7   # include "myled. h"
```

头文件 includes.h 是工程中总的头文件,它包括了工程中其他的头文件。LPC8xx.h 头文件为 CMSIS 库头文件,其中宏定义了 LPC8xx 芯片的外设寄存器;mytype.h 是自定义的头文件,其中包含常用的自定义变量类型;mybsp.h 为自定义的头文件,其中包括了 mybsp.c 文件中的函数声明;myled.h 为自定义的头文件,其中包含了 myled.c 文件中的函数声明。

程序段 4-3　mytype.h 文件

```
1    //Filename: mytype.h
2
3    # ifndef _MYTYPE_H
4    # define _MYTYPE_H
5
6    typedef unsigned char     Int08U;
7    typedef unsigned short    Int16U;
8    typedef unsigned int      Int32U;
9
10   # endif
```

头文件 mytype.h 包含了自定义变量类型,第 6～8 行依次为无符号 8 位整型 Int08U、无符号 16 位整型 Int16U 和无符号 32 位整型 Int32U。需要说明的是,第 3、4 行和第 10 行为预编译指令,当 mytype.h 文件被多个文件包括时,可以有效地防止其内容(指预编译指令括起来的部分,即这里的第 5～9 行)被重复编译。

在图 4-15 中,目录 bsp 下有 4 个文件,即 myled.c、myled.h、mybsp.c 和 mybsp.h 文件,这些文件的代码如程序段 4-4～4-7 所示。

程序段 4-4　myled.c 文件

```
1    //Filename: myled.c
2
3    # include "includes.h"
4
5    void MyLEDInit(void)   //初始化 LED D9,D10,D11
6    {
7        //开启 GPIO0 和 GPIO1 时钟
8        LPC_SYSCON -> SYSAHBCLKCTRL0 |= (1uL << 6) | (1uL << 20);
9        //PIO0_17,PIO0_18, PIO0_19 作为输出口,置位 1
10       LPC_GPIO_PORT -> SET0 = (1uL << 17) | (1uL << 18) | (1uL << 19);
11       LPC_GPIO_PORT -> DIRSET0 = (1uL << 17) | (1uL << 18) | (1uL << 19);
12   }
```

第 5～12 行的 MyLEDInit 函数用于初始化 LED 灯 D9、D10 和 D11(见图 3-4)的控制。第 8 行为 GPIO0 和 GPIO1 提供工作时钟,在 LPC8xx.h 文件中为 LPC845 芯片的每个寄存器宏定义了结构体指针常量,所以访问 LPC845 芯片的寄存器只需要使用这些指针(实际上是地址)即可,而且 IAR EWARM 具有智能跟踪输入提示功能(即输入标识符的部分名称后,将自动显示标识符的全称供程序员选择)。这里的“LPC_SYSCON-> SYSAHBCLKCTRL0”即为表 2-12 中的第 22 号 SYSAHBCLKCTRL0 寄存器,根据表 2-18 可知,将其第 6 位和第 20 位置 1,表示给 GPIO0 和 GPIO1 口提供工作时钟(注:这里没有使用 GPIO1 口,可以只置位第 6 位)。

第 10 行将 PIO0_17、PIO0_18 和 PIO0_19 均置为高电平,第 11 行将 PIO0_17、PIO0_18 和 PIO0_19 均设为输出口。SET0 和 DIRSET0 寄存器可以参考表 2-11。对于初学者,建议浏览一下 LPC8xx.h 文件,了解 LPC845 各个模块的寄存器宏定义结构体及其指针常量。

```
13
14   void MyLEDOn(Int08U i) //1 - D9,2 - D10,3 - D11,为 0 全部点亮
15   {
16     switch(i)
17     {
18         case 1:  //LED D9 点亮
19             LPC_GPIO_PORT - > CLR0 = (1uL << 18);
20             break;
21         case 2:  //LED D10 点亮
22             LPC_GPIO_PORT - > CLR0 = (1uL << 19);
23             break;
24         case 3:  //LED D11 点亮
25             LPC_GPIO_PORT - > CLR0 = (1uL << 17);
26             break;
27         default: //默认 LED D9,D10,D11 全部点亮
28             LPC_GPIO_PORT - > CLR0 = (1uL << 17) | (1uL << 18) | (1uL << 19);
29             break;
30     }
31   }
```

第 14~31 行为点亮 LED 灯的 MyLEDOn 函数,参数 i 取值为 0、1、2 或 3 时,分别对应着 D9~D11 全部点亮、D9 点亮、D10 点亮或 D11 点亮。结合图 3-2 和图 3-4 可知,点亮某个 LED 灯,只需要使该 LED 灯对应的网标为低电平即可。以 D9 为例,其对应的网标为 USER_LED01,连接到 PIO0_18,借助于 CLR0 寄存器(见表 2-11),置位 CLR0 的第 18 位,将使得 PIO0_18 输出低电平,从而点亮 LED 灯 D9,如第 19 行所示。

```
32
33   void MyLEDOff(Int08U i) //1 - D9,2 - D10,3 - D11,为 0 全部熄灭
34   {
35     switch(i)
36     {
37         case 1:  //LED D9 熄灭
38             LPC_GPIO_PORT - > SET0 = (1uL << 18);
39             break;
40         case 2:  //LED D10 熄灭
41             LPC_GPIO_PORT - > SET0 = (1uL << 19);
42             break;
43         case 3:  //LED D11 熄灭
44             LPC_GPIO_PORT - > SET0 = (1uL << 17);
45             break;
46         default: //默认 LED D9,D10,D11 全部熄灭
```

```
47            LPC_GPIO_PORT -> SET0 = (1uL << 17) | (1uL << 18) | (1uL << 19);
48            break;
49      }
50   }
```

第 32～50 行为熄灭 LED 灯的 MyLEDOff 函数,参数 i 取值为 0、1、2 或 3 时,分别对应着 D9～D11 全部熄灭、D9 熄灭、D10 熄灭或 D11 熄灭。结合图 3-2 和图 3-4 可知,熄灭某个 LED 灯,只需要使该 LED 灯对应的网标为高电平即可。以 D9 为例,其对应的网标为 USER_LED01,连接到 PIO0_18,借助于 SET0 寄存器(见表 2-11),置位 SET0 的第 18 位,将使得 PIO0_18 输出高电平,从而熄灭 LED 灯 D9,如第 38 行所示。

上述程序段 4-4 中,文件 myled.c 定义了 3 个函数,即 MyLEDInit、MyLEDOn 和 MyLEDOff,分别表示 LED 灯 D9～D11 的控制初始化、点亮和熄灭函数。这些函数的声明放在 myled.h 头文件中。

程序段 4-5　myled.h 文件

```
1    //Filename: myled.h
2
3    # include "mytype.h"
4
5    # ifndef _MYLED_H
6    # define _MYLED_H
7
8    void MyLEDInit(void);
9    void MyLEDOn(Int08U i);
10   void MyLEDOff(Int08U i);
11
12   # endif
```

文件 myled.h 中给出了在 myled.c 文件中定义的函数的声明语句,使得包括了 myled.h 头文件的文件都可以调用第 8～10 行声明的函数。本书中使用这种类似于"myled.c 定义函数而 myled.h 声明函数"的方法,用扩展名为 .c 的文件定义函数体,用扩展名为 .h 的同名头文件声明函数,而 includes.h 头文件将包括全部的这些头文件,从而使得包括了 includes.h 头文件的 .c 文件可以使用工程中全部的函数。

程序段 4-6　mybsp.c 文件

```
1    //Filename: mybsp.c
2
3    # include "includes.h"
4
5    void MyBSPInit(void)
6    {
7       MyLEDInit();
8    }
```

文件 mybsp.c 中定义了函数 MyBSPInit,用于初始化 LPC845 学习板上的全部外设资源。由于工程 MyPrj01 中仅使用 LED 灯,所以,这里仅调用了 MyLEDInit 函数(第 7 行),初始化 LPC845 学习板上与 LED 灯驱动相关的 GPIO 端口(见程序段 4-4)。

程序段 4-7　mybsp.h 文件

```
1    //Filename: mybsp.h
2
3    #ifndef _MYBSP_H
4    #define _MYBSP_H
5
6    void MyBSPInit(void);
7
8    #endif
```

头文件 mybsp.h 中给出了在文件 mybsp.c 中定义的函数 MyBSPInit 的声明语句,使得包括了头文件 mybsp.h 的文件都可以调用 MyBSPInit 函数。

回到图 4-14,运行工程 MyPrj01(去掉断点),工程 MyPrj01 将借助于 J-Link 仿真器在 LPC845 芯片内部执行,此时,可以看到 LED 灯 D9～D11 大约以 1s 间隔闪烁。工程 MyPrj01 的执行过程如图 4-16 所示。

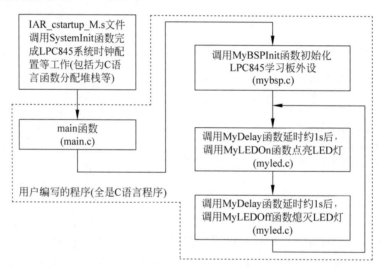

图 4-16　工程 MyPrj01 执行过程

4.2　LPC845 异常管理

本节将介绍 LPC845 微控制器的异常处理方法,重点介绍 SysTick 定时器中断的响应方法。在 4.3 节和 4.5 节将详细介绍 LPC845 微控制器的 NVIC 中断(主要是多速率定时器中断和外部中断)的响应方法,其他异常与中断的管理方法与之类似。

4.2.1　LPC845 异常

在启动文件 IAR_cstartup_M.s 中定义了中断向量表,以汇编语言的格式为各个异常和中断分配了地址标号,如表 4-3 所示。

表 4-3　异常与中断向量的地址标号

中　断　号	异常或中断名	地　址　标　号
−15	Reset	Reset_Handler
−14	NMI	NMI_Handler
−13	HardFault	HardFault_Handler
−5	SVCall	SVC_Handler
−2	PendSV	PendSV_Handler
−1	SysTick	SysTick_Handler
0	SPI0_IRQ	SPI0_IRQHandler
1	SPI1_IRQ	SPI1_IRQHandler
2	DAC0_IRQ	DAC0_IRQHandler
3	UART0_IRQ	UART0_IRQHandler
4	UART1_IRQ	UART1_IRQHandler
5	UART2_IRQ	UART2_IRQHandler
6	FAIM_IRQ	FAIM_IRQHandler（注：保留）
7	I2C1_IRQ	I2C1_IRQHandler
8	I2C0_IRQ	I2C0_IRQHandler
9	SCT_IRQ	SCT_IRQHandler
10	MRT_IRQ	MRT_IRQHandler
11	CMP_IRQ	CMP_IRQHandler
12	WDT_IRQ	WDT_IRQHandler
13	BOD_IRQ	BOD_IRQHandler
14	FLASH_IRQ	FLASH_IRQHandler
15	WKT_IRQ	WKT_IRQHandler
16	ADC_SEQA_IRQ	ADC_SEQA_IRQHandler
17	ADC_SEQB_IRQ	ADC_SEQB_IRQHandler
18	ADC_THCMP_IRQ	ADC_THCMP_IRQHandler
19	ADC_OVR_IRQ	ADC_OVR_IRQHandler
20	DMA_IRQ	DMA_IRQHandler
21	I2C2_IRQ	I2C2_IRQHandler
22	I2C3_IRQ	I2C3_IRQHandler
23	CTIMER0_IRQ	CTIMER0_IRQHandler
24	PININT0_IRQ	PIN_INT0_IRQHandler
25	PININT1_IRQ	PIN_INT1_IRQHandler
26	PININT2_IRQ	PIN_INT2_IRQHandler
27	PININT3_IRQ	PIN_INT3_IRQHandler
28	PININT4_IRQ	PIN_INT4_IRQHandler
29	PININT5_IRQ	PIN_INT5_IRQHandler
30	PININT6_IRQ	PIN_INT6_IRQHandler
31	PININT7_IRQ	PIN_INT7_IRQHandler

　　表 4-3 中用汇编语言表示的各个异常与中断的地址标号,也用作 C 语言的异常与中断服务函数名,例如,SysTick 定时中断的中断服务函数为"void　SysTick_Handler(void)"。

　　由表 4-3 和 1.6 节可知,LPC845 上电后将首先执行复位异常 Reset 的服务函数 Reset_

Handler,它使用汇编语言编写,位于启动文件 IAR_cstartup_M. s 中,其部分代码如程序段 4-8 所示。

程序段 4-8 Reset_Handler 异常服务函数

```
1                       THUMB
2                       PUBWEAK Reset_Handler
3                       SECTION .text:CODE:REORDER:NOROOT(2)
4    Reset_Handler
5                       LDR     R0, = SystemInit
6                       BLX     R0
7                       LDR     R0, = __ iar_program_start
8                       BX      R0
```

这部分代码为选学内容。第 1 行的 THUMB 表示使用 THUMB 指令集;第 2 行的 PUBWEAK 指定标号 Reset_Handler 可被外部定义的同名函数取代,即将该标号设为外部可以引用的标号,可以在 C 语言文件中使用"void Reset_Handler(void)"引用,PUBWEAK 表示如果外部定义了 Reset_Handler 函数,则此处的标号是"弱"的,即将被屏蔽掉;第 3 行定义代码段;第 4 行的 Reset_Handler 是汇编语言的标号(或称入口地址),需要顶格写,相当于 C 语言的函数名;第 5 行将标号 SystemInit 装入 R0 中,SystemInit 是定义在 system. c 文件中,用初始化 LPC845 工作时钟;第 6 行跳转到 SystemInit 函数执行,其中 BLX 为带返回的跳转。第 7、8 行跳转到 __ iar_program_start 标号处执行(进行 C 语言函数的堆栈分配处理),然后自动跳转到 main 函数执行,其中 BX 是不带返回的跳转。

由程序段 4-8 可知,在程序进入 main 函数之前,还将完成两件工作:①调用 SystemInit 进行工作时钟初始化;②为 C 语言函数分配堆栈。

结合表 1-11 和表 4-3 可知,LPC845 微控制器的异常就是 Cortex-M0+的 6 个异常,即 Reset、NMI、HardFault、SVCall、PendSV 和 SysTick。其中,Reset、NMI 和 HardFault 异常的优先级号依次为−3、−2 和−1。SVCall、PendSV 和 SysTick 异常的优先级号可以配置为 0、64、128 或 192,由系统异常优先级寄存器 SHPR2 和 SHPR3 设定(见表 1-1)。

LPC845 异常的管理方法为:①配置异常,或称为初始化异常,异常是不能关闭的,所以,初始化异常是指设定异常产生的方式;②编写异常服务函数,在异常服务函数中添加对异常的响应处理。4.2.2 节将以 SysTick 异常(习惯上称 SysTick 定时器中断)为例,介绍异常的程序设计方法。

当需要使用 LPC845 的某个中断时,除了开放该中断外,只需要查阅表 4-3,在 C 语言程序中编写相应的中断服务程序。中断服务程序返回值必须为空,参数必须为空,中断服务函数名与表 4-3 中相应中断的地址标号相同。

4.2.2 LED 灯闪烁工程

在工程 MyPrj01 中,main 函数实现 LED 灯闪烁的方式为:在无限循环体中,重复执行"延时约 1s——点亮 LED 灯——延时约 1s——熄灭 LED 灯"的操作。这种方式的缺点在于用户需要的 LED 灯闪烁功能只占用极少的 CPU 时间,而绝大部分 CPU 工作时间被延时函数占用,无法执行其他的操作。为了消除延时函数的影响,可用 SysTick 定时器中断服务实现 LED 灯闪烁功能,使得 main 函数的无限循环体中不再需要延时函数。

在工程 MyPrj01 的基础上,新建工程 MyPrj02(同时,也新建工作区 MyWks02),保存在目录"D:\MYLPC845IEW\PRJ02"中,此时的工程 MyPrj02 与 MyPrj01 完全相同。新建文件 mysystick.c 和 mysystick.h(这两个文件均保存到 D:\MYLPC845IEW\PRJ02\bsp 目录下),并修改原来的 main.c、includes.h 和 mybsp.c 文件,这些文件的代码和说明如程序段 4-9～程序段 4-13 所示,工程 MyPrj02 实现的功能如图 4-17 所示。

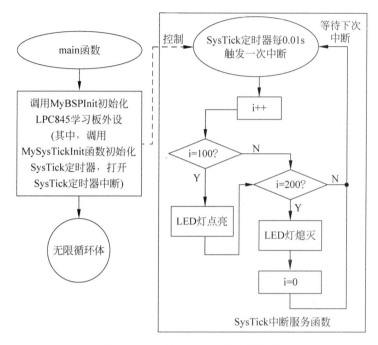

图 4-17　工程 MyPrj02 的功能框图

程序段 4-9　mysystick.c 文件

```
1    //Filename: mysystick.c
2
3    # include "includes.h"
4
5    void MySysTickInit(void)
6    {
7      SysTick -> CTRL = (1uL << 0) | (1uL << 1);
8      SysTick -> LOAD = 150000 - 1;
9      SysTick -> VAL = 0;
10   }
```

第 5～10 行的 MySysTickInit 函数用于初始化 SysTick 定时器。第 7～9 行的 SysTick 结构体指针宏定义在 LPC8xx.h 中,其中 SysTick-> LOAD、SysTick-> VAL 和 SysTick-> CTRL 分别对应着表 1-6 中的 SysTick 重装值寄存器 SYST_RVR、SysTick 当前计数值寄存器 SYST_CVR 和 SysTick 控制与状态寄存器 SYST_CSR。根据 1.5 节可知,当 LPC845 工作在 30MHz 时钟下时,第 8 行将 SYST_RVR 设置为 150000－1,SysTick 定时器减计数到 0 的定时周期为 10ms,即 SysTick 定时器中断频率为 100Hz。第 9 行清零 SysTick 定时器的当前计数值,当 SysTick 定时器启动后,SYST_RVR 的值自动装入 SYST_CSR 中。第

7 行打开 SysTick 定时器中断,并启动 SysTick 定时器。对于 LPC845 而言,SYS_CSR(即
SysTick-> CTRL)寄存器的第 2 位为 0 表示使用内核时钟的 2 分频值(即 15MHz)作为
SysTick 定时器的时钟源。

```
11
12   void SysTick_Handler(void)
13   {
14       static int i = 0;
15       i++;
16       if(i == 100)
17           MyLEDOn(0);
18       if(i == 200)
19       {
20           MyLEDOff(0);
21           i = 0;
22       }
23   }
```

第 12~23 行的 SysTick_Handler 函数为 SysTick 定时器中断服务函数,函数名必须为
SysTick_Handler(由表 4-2 查得)。第 14 行定义静态变量 i,每次 SysTick 中断到来后,i 的
值自增 1(第 15 行),当 i 的值等于 100 时(第 16 行为真),第 17 行调用 MyLEDOn 函数点亮
LED 灯 D9~D11;然后,当 i 的值等于 200 时(第 18 行为真),第 20 行调用 MyLEDOff 函数
熄灭 LED 灯 D9~D11,第 21 行清零 i。因此,每 100 次 SysTick 定时器中断,LED 灯将变
换一次状态,由于 SysTick 定时器中断的频率为 100Hz,所以,LED 灯 D9~D11 每秒点亮一
次,而且是严格准确地每隔 1s 点亮一次。

程序段 4-10 mysystick. h 文件

```
1   //Filename: mysystick.h
2
3   # ifndef _MYSYSTICK_H
4   # define _MYSYSTICK_H
5
6   void MySysTickInit(void);
7
8   # endif
```

文件 mysystick. h 中给出了文件 mysystick. c 中定义的函数 MySysTickInit 的声明,这
样包括了 mysystick. h 文件的程序文件可以使用 MySysTickInit 函数。需要说明的是,
mysystick. c 文件中的异常服务函数 SysTick_Handler 函数无须在 mysystick. h 文件中声
明。本书中,除了 main. c、includes. h 和 mytype. h 文件外,其余的任一个.c 文件都有同名
的.h 文件存在,在.c 文件中定义实现特定功能的函数或任务,在与其同名的.h 文件中包
含.c 文件中定义的函数的声明。

程序段 4-11 main. c 文件

```
1   //Filename: main.c
2
3   # include "includes.h"
```

```
4
5    int main(void)
6    {
7      MyBSPInit();
8
9      while(1){}
10   }
```

与程序段 4-1 相比,这里的 while 无限循环体为空,main 函数的主要作用在于第 7 行,即调用 MyBSPInit 函数初始化 LPC845 学习板外设,这里实现了控制 LED 灯 D9~D11 的 GPIO 口和 SysTick 定时器的初始化。

程序段 4-12 includes.h 文件

```
1    //Filename: includes.h
2
3    # include "mytype.h"
4
5    # include "LPC8xx.h"
6
7    # include "mybsp.h"
8    # include "myled.h"
9    # include "mysystick.h"
```

与程序段 4-2 相比,这里添加了第 9 行,即包括了头文件 mysystick.h。

程序段 4-13 mybsp.c 文件

```
1    //Filename: mybsp.c
2
3    # include "includes.h"
4
5    void MyBSPInit(void)
6    {
7      MyLEDInit();
8      MySysTickInit();
9    }
```

与程序段 4-6 相比,这里添加了第 8 行,即调用 MySysTickInit 函数初始化 SysTick 定时器。第 5~9 行的 MyBSPInit 函数为 LPC845 学习板的外设初始化函数,后续项目中新添加的外设初始化函数将被添加到该函数中。

将 mysystick.c 文件添加到工程 MyPrj02 管理器的 BSP 分组下,完成后的工程 MyPrj02 如图 4-18 所示。

在图 4-18 中,编译链接工程 MyPrj02,完成后,单击菜单"Project|Download|Download active application"快捷按钮,将位于目录 D:\MYLPC845IEW\PRJ02\Debug\Exe 下的可执行代码文件 MyPrj02.out 下载到 LPC845 片上 Flash 中,然后,按一下 LPC845 学习板上的复位按键(图 3-13 中的 S20),将观察到 LPC845 学习板上的 LED 灯 D9~D11 每隔 1s 点亮一次。

工程 MyPrj02 实现的功能与 MyPrj01 相同。但是,在 MyPrj01 中,延时函数无法做到

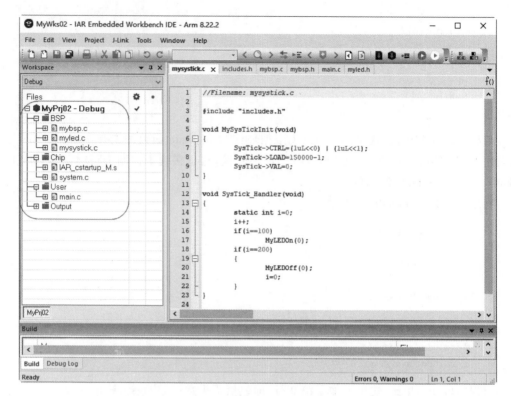

图 4-18 工程 MyPrj02 工作界面

准确地延时 1s,并且延时函数占用了大量 CPU 时间,应该避免使用;而 MyPrj02 中,使用 SysTick 定时器中断服务函数处理 LED 灯闪烁问题,能够保证 LED 灯的闪烁周期是准确的 1s,并且不占用 CPU 时间。

4.3 NVIC 中断管理

LPC845 微控制器的 NVIC 中断如表 2-6 所示,中断号为 0~31,共有 32 个,其中有效的中断为 31 个。每个 NVIC 中断对应着 6 个中断管理寄存器,如表 2-7 所示。NVIC 中断的管理方法为: ①初始化 NVIC 中断对应的片上外设,有时一个片上外设有多个中断源,但这些中断源都通过该外设使用同一个 NVIC 中断; ②开放片上外设对应的 NVIC 中断,清除该 NVIC 中断的中断请求标志,可以为 NVIC 中断设定优先级; ③编写 NVIC 中断的中断响应函数。一般地,中断响应函数包括两部分,即清除 NVIC 中断请求标志(有时还需要清除片上外设寄存器中的中断请求标志)和用户功能。

本节以多速率定时器 MRT 中断为例介绍 NVIC 中断的管理方法。由表 2-6 和表 4-3 可知,MRT 中断的中断号为 10,中断服务函数名为 MRT_IRQHandler。下面首先在 4.3.1 节介绍 MRT 定时器的工作原理,然后在 4.3.2 节介绍 MRT 定时器中断管理方法与实例。

4.3.1 多速率定时器 MRT

使用多速率定时器(MRT)前,需要首先置位 SYSAHBCLKCTRL 寄存器的第 10 位,为 MRT 提供工作时钟,MRT 使用内核时钟信号;还要向 PRESETCTRL 寄存器的第 10 位写入 1,使 MRT 退出复位状态,即进入工作状态。

LPC845 的多速率定时器是一个 31 位的减计数定时器,具有 4 个独立的减计数通道,相当于 4 个单独的定时器,支持重复定时、单拍定时和单拍延时 3 种工作模式。所谓的重复定时工作模式是指定时器从给定的初值减计数到 0 后,产生定时中断,然后再自动装入初值,再次减计数到 0 产生定时中断,一直循环下去,类似于 SysTick 定时器的情况;单拍定时工作模式是指定时器从给定的初值减计数到 0 后,产生定时中断,然后定时器进入空闲态,不再循环工作,即这种情况下仅产生一次定时中断。单拍延时工作模式是指定时器从给定的初值减计数到 0 的过程中,LPC845 停止全部 CPU 活动和所有中断,定时器减计数到 0 后,不产生定时器中断,而是恢复 CPU 活动。

多速率定时器的 4 个定时器通道的结构相同,下面以通道 0(MRT0)为例介绍其工作原理,如图 4-19 所示。

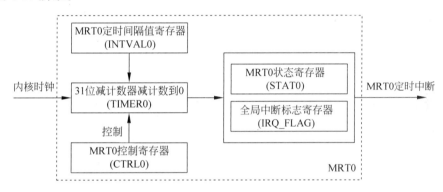

图 4-19　MRT 定时器通道 0(MRT0)工作原理

由图 4-19 可知,MRT0 的参考时钟为系统时钟,31 位减计数器的当前计数值保存在 TIMER0 寄存器中,计数的初值保存在 INTVAL0 寄存器中,当 TIMER0 减计数到 0 后,将产生定时中断,定时中断的标志同时保存在 STAT0 和 IRQ_FLAG 寄存器中。

MRT 定时器共有 18 个寄存器,如表 4-4 所示。

表 4-4　MRT 寄存器(基地址:0x4000 4000)

寄存器名	偏移地址	类　型	复位值	含　义
INTVAL0	0x00	R/W	0	MRT0 定时间隔值寄存器
TIMER0	0x04	RO	0x7FFF FFFF	MRT0 当前计数值寄存器
CTRL0	0x08	R/W	0	MRT0 控制寄存器
STAT0	0x0C	R/W	0	MRT0 状态寄存器
INTVAL1	0x10	R/W	0	MRT1 定时间隔值寄存器
TIMER1	0x14	RO	0x7FFF FFFF	MRT1 当前计数值寄存器
CTRL1	0x18	R/W	0	MRT1 控制寄存器
STAT1	0x1C	R/W	0	MRT1 状态寄存器
INTVAL2	0x20	R/W	0	MRT2 定时间隔值寄存器
TIMER2	0x24	RO	0x7FFF FFFF	MRT2 当前计数值寄存器
CTRL2	0x28	R/W	0	MRT2 控制寄存器

寄存器名	偏移地址	类型	复位值	含义
STAT2	0x2C	R/W	0	MRT2 状态寄存器
INTVAL3	0x30	R/W	0	MRT3 定时间隔值寄存器
TIMER3	0x34	RO	0x7FFF FFFF	MRT3 当前计数值寄存器
CTRL3	0x38	R/W	0	MRT3 控制寄存器
STAT3	0x3C	R/W	0	MRT3 状态寄存器
IDLE_CH	0xF4	RO	0	MRT 空闲通道寄存器
IRQ_FLAG	0xF8	R/W	0	MRT 全局中断标志寄存器

由于 MRT 定时器的 4 个通道结构相同,因此,各个通道的寄存器的结构与含义也相同,所以这里仅介绍 MRT0 通道的寄存器含义。

1. INTVAL0 寄存器

INTVAL0 寄存器各位含义如表 4-5 所示,其中,向 IVALUE 位域写入正整数,将启动 MRT0 定时器,如果系统时钟为 30MHz,当定时间隔为 1s 时,IVALUE 需写入值 30000000 = 0x01C9 C380;同时将 LOAD 位的值置为 1,即 IVALUE−1 的值立即赋给 MRT0 的 TIMER0 寄存器。

表 4-5　INTVAL0 寄存器各位的含义

位号	符号	复位值	含义
30:0	IVALUE	0	IVALUE−1 的值将装入 TIMER0 寄存器中。如果 MRT0 处于空闲状态,向 IVALUE 写入正整数立即启动 MRT0。如果 MRT0 处于工作状态,向 IVALUE 写入正整数,当 LOAD=1,IVALUE−1 立即赋给 TIMER0;当 LOAD=0,则 MRT0 减计数到 0 后,再将 IVALUE−1 赋给 TIMER0。当 MRT0 处于工作状态时,向 IVALUE 写入 0,当 LOAD=1,则 MRT0 立即停止工作;当 LOAD=0,则 MRT0 减计数到 0 后停止工作
31	LOAD	0	该位是只写位。当 LOAD=1,强制将 IVALUE−1 的值赋给 TIMER0;当 LOAD=0,MRT0 减计数到 0 后再自动将 IVALUE−1 的值赋给 TIMER0

2. TIMER0 寄存器

TIMER0 寄存器各位含义如表 4-6 所示,其中,VALUE 位域保存了 MRT0 定时器的当前计数值,当 MRT0 空闲时,读该寄存器返回 0x00FF FFFF。

表 4-6　TIMER0 寄存器各位的含义

位号	符号	复位值	含义
30:0	VALUE	0x00FF FFFF	MRT0 定时器的当前计数值寄存器,该寄存器按内核时钟频率进行减计数操作
31	-	0	保留

3. CTRL0 寄存器

CTRL0 寄存器各位含义如表 4-7 所示,其中,INTEN 位为 1 开放 MRT0 定时器中断,为 0 关闭 MRT0 定时器中断。MODE 位域为 0 表示 MRT0 工作在重复定时工作模式,在这种模式下,MRT0 减计数到 0 后,产生定时中断,然后再自动从 INTVAL0 寄存器装入定时间隔初值,进入下一次定时中断,一直循环下去;MODE 位域为 1 表示工作在单拍定时工作模式,这时,MRT0 从 IVALUE－1 减计数到 0 后,产生定时中断,然后进入空闲态,即这种工作模式下仅触发一次 MRT0 定时器中断。MODE 位域为 2 表示工作在单拍延时工作模式,使 CPU 空闲等待一个定时节拍。

表 4-7　CTRL0 寄存器各位的含义

位号	符号	复位值	含　义
0	INTEN	0	为 1 开放 MRT0 定时器中断;为 0 关闭 MRT0 定时器中断
2：1	MODE	0	选择工作模式:为 0 表示重复定时工作模式;为 1 表示单拍定时工作模式;为 2 表示单拍延时模式;为 3 保留
31：3	-		保留

4. STAT0 寄存器

STAT0 寄存器各位含义如表 4-8 所示,其中 INTFLAG 为 MRT0 中断标志位,当 MRT0 减计数到 0 后,将产生定时中断,并将 INTFLAG 位置 1,通过向该位写入 1 将其清零。

表 4-8　STAT0 寄存器各位的含义

位号	符号	复位值	含　义
0	INTFLAG	0	为 1 表示 MRT0 产生了定时中断;为 0 表示 MRT0 无定时中断。通过写入 1 清零该位
1	RUN	0	为 0 表示 MRT0 空闲;为 1 表示 MRT0 处于工作状态
31：2	-	0	保留

5. IDLE_CH 寄存器

IDLE_CH 寄存器各位含义如表 4-9 所示,其中只有 CHAN 位域有效,该位域保存了空闲的定时器中通道号最小的定时器的通道号,例如,如果 MRT0 空闲,不管 MRT1～MRT3 是否空闲,则 CHAN＝0;如果 MRT0 工作,MRT1 空闲,不管 MRT2、MRT3 是否空闲,则 CHAN＝1;以此类推,如果 MRT0～MRT3 均工作,则 CHAN＝4,表示无空闲的定时器。

表 4-9　IDLE_CH 寄存器各位的含义

位号	符号	复位值	含　义
3：0	-	0	保留
7：4	CHAN	0	空闲通道号,只读。该位域保存了空闲的定时器中通道号最小的定时器的通道号
31：8	-	0	保留

6. IRQ_FLAG 寄存器

IRQ_FLAG 寄存器各位含义如表 4-10 所示,该寄存器将 MRT0～MRT3 的中断标志位组合在一起。

表 4-10　IRQ_FLAG 寄存器各位的含义

位号	符号	复位值	含　　义
0	GFLAG0	0	为 1 表示 MRT0 产生了定时中断,写入 1 清零该中断标志
1	GFLAG1	0	为 1 表示 MRT1 产生了定时中断,写入 1 清零该中断标志
2	GFLAG2	0	为 1 表示 MRT2 产生了定时中断,写入 1 清零该中断标志
3	GFLAG3	0	为 1 表示 MRT3 产生了定时中断,写入 1 清零该中断标志
31:4	-		保留

根据上述对 MRT 工作原理和寄存器的解释,下面 4.3.2 节使用 MRT0 定时器,使其工作在重复定时工作模式,定时中断的间隔为 1s,实现 LED 灯 D10 每隔 1s 点亮的功能。

4.3.2　MRT 定时器中断实例

在工程 MyPrj02 的基础上,新建工程 MyPrj03(保存目录 D:\MYLPC845IEW\PRJ03),此时的工程 MyPrj03 与 MyPrj02 完全相同,然后,修改程序段 4-9 中的 mysystick.c 文件,在 MySysTickInit 函数中(即程序段 4-9 中的第 9 行和第 10 行间)插入

```
NVIC_SetPriority(SysTick_IRQn,0);
```

该行调用系统函数 NVIC_SetPriority 为 SysTick 定时中断设定优先级号为 0。NVIC_SetPriority 函数有两个参数,第一个参数为中断号,LPC8xx.h 中宏定义了异常和中断号常量,可直接使用,这里的 SysTick_IRQn 为异常,查表 4-3 可知,其中断号为-1;第二个参数为设置的中断优先级号,LPC845 只支持四级优先级,如图 1-9 所示,分别为 0、64、128 和 192,这个参数中只能输入 0、1、2 或 3,分别对应着优先级号 0、64、128 或 192。如果两个中断的优先级号相同,则中断号较小的中断的优先级别更高。

接着,在中断服务函数 SysTick_Handler 中(即程序段 4-9 中的第 17 行和第 20 行),将原来的第 17 行语句修改为

```
MyLEDOn(1);        //即将原来的"MyLEDOn(0);"中的参数改为 1
```

将原来的第 20 行语句修改为

```
MyLEDOff(1);       //即将原来的"MyLEDOff(0);"中的参数改为 1
```

这样改动后,SysTick 定时器由原来控制 D9~D11 变为只控制 D9 灯的闪烁。

现在,添加 mymrt.c 和 mymrt.h 文件(这两个文件均保存到 D:\MYLPC845IEW\PRJ03\bsp 目录下,mymrt.c 要添加到工程 MyPrj03 的 BSP 分组下),并修改 includes.h 和 mybsp.c 文件,其中,includes.h 文件中添加如下一行代码:

```
#include "mrt.h"
```

即在 includes.h 文件中添加对 mrt.h 头文件的包括。在 mybsp.c 文件中的函数 MyBSPInit 中添加如下一行代码:

```
MyMRTInit();
```

即在 MyBSPInit 函数中调用函数 MyMRTInit 初始化多速率定时器(这里仅初始化了其通

道0)。

新添加的文件 mymrt.c 和 mymrt.h 的代码如程序段 4-14 和程序段 4-15 所示。

工程 MyPrj03 实现的功能为：借助于多速率定时器使得 LED 灯 D10 每隔 1s 点亮一次。从工程 MyPrj02 中继承的功能为借助于 SysTick 定时器使 LED 灯 D9 每隔 1s 点亮一次。工程 MyPrj03 实现的功能框图如图 4-20 所示，这里仅给出了 mymrt.c 实现的功能。

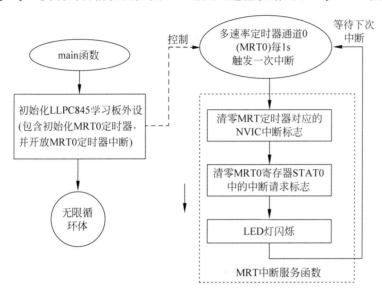

图 4-20   工程 MyPrj03 实现的功能框图

程序段 4-14   mymrt.c 文件

```
1    //Filename: mymrt.c
2
3    # include "includes.h"
4
5    void MyMRTInit(void)
6    {
7      LPC_SYSCON -> SYSAHBCLKCTRL0 | = (1uL << 10);
8      LPC_SYSCON -> PRESETCTRL0 | = (1uL << 10);
9
10     NVIC_EnableIRQ(MRT_IRQn);
11     NVIC_SetPriority(MRT_IRQn,0);
12
13     LPC_MRT -> Channel[0].CTRL | = (1uL << 0);
14     LPC_MRT -> Channel[0].INTVAL = (1uL << 31) | (30000000uL);
15   }
```

第 5～15 行为多速率定时器初始化函数 MyMRTInit。结合表 2-18 可知，第 7 行为 MRT 提供工作时钟；结合表 2-14 可知，第 8 行使 MRT 处于工作状态。第 10、11 行调用了两个 CMSIS 库函数，即第 10 行调用 NVIC_EnableIRQ 函数打开 MRT 中断，第 11 行调用 NVIC_SetPriority 设置 MRT 中断的优先级号为 0(此工程中，SysTick 中断的优先级号也是 0，由于 SysTick 中断的中断号比 MRT 小，所以，SysTick 中断的优先级别高于 MRT)。

这里的 MRT_IRQn 为 LPC8xx. h 中宏定义的 MRT 中断号常量。

结合表 4-4、表 4-5 和表 4-7 可知,第 13 行设置 CTRL0 寄存器的第 0 位为 1,即开放 MRT0 中断;第 14 行设置 INTVAL0 寄存器的第 31 位为 1、第[30:0]位为 30000000,表示 MRT0 的定时计数间隔为 1s(其工作时钟频率为 30MHz),同时,启动 MRT0 定时器。这里的 LPC_MRT 也是 LPC8xx. h 文件中宏定义的外设结构体指针常量。

```
16
17    void MRT_IRQHandler(void)
18    {
19        static int s = 1;
20        NVIC_ClearPendingIRQ(MRT_IRQn);
21        if((LPC_MRT -> IRQ_FLAG & (1uL << 0)) == (1uL << 0))
22        {
23            LPC_MRT -> Channel[0].STAT = (1uL << 0);
24            if(s)
25                MyLEDOn(2);
26            else
27                MyLEDOff(2);
28            s = (s + 1) % 2;
29        }
30    }
```

第 17~27 行的 MRT_IRQHandler 为 MRT 定时器对应的 NVIC 中断服务函数,函数名必须为 MRT_IRQHandler(见表 4-3)。第 20 行调用 CMSIS 库函数 NVIC_ClearPendingIRQ 清零 MRT 定时器对应的 NVIC 中断请求标志位。第 21 行判断 MRT 定时器中断是否由 MRT0 定时器产生,即 IRQ_FLAG 寄存器的第 0 位是否为 1,如果为 1,表示 MRT0 定时器产生了中断,则第 23 行清除 MRT0 定时中断在寄存器 STAT0 中的标志位。第 24~28 行根据需要执行 LED 点亮或熄灭功能。

程序段 4-15　mymrt. h 文件

```
1    //Filename: mymrt.h
2
3    # ifndef _MYMRT_H
4    # define _MYMRT_H
5
6    void MyMRTInit(void);
7
8    # endif
```

文件 mymrt. h 中包含了 mymrt. c 文件中定义的函数 MyMRTInit 的声明。文件 mymrt. c 中的中断服务函数 MRT_IRQHandler 不会被其他文件使用,所以,不需要在 mymrt. h 中声明它。

将 mymrt. c 添加到工程 MyPrj03 管理器的 BSP 分组下,完成后的工程 MyPrj03 如图 4-21 所示。

图 4-21 中,编译连接并运行工程 MyPrj03,可观察到 LPC845 学习板上的 LED 灯 D10 每隔 1s 点亮一次,而且,LED 灯的点亮周期是准确的 1s。

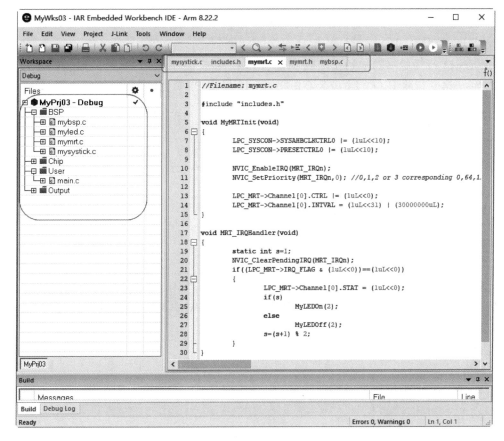

图 4-21　工程 MyPrj03 工作界面

4.4　蜂鸣器工作原理

结合图 3-2 和图 3-4 可知，LPC845 芯片的 PIO0_24 端口通过网标 USER_BELL 控制蜂鸣器 B2 的鸣叫。这里选用的蜂鸣器为电平驱动型，当 PIO0_24 为低电平时，PNP 型三极管 Q6 导通，蜂鸣器 B2 鸣叫；当 PIO0_24 为高电平时，PNP 型三极管 Q6 截止，蜂鸣器 B2 静默。

蜂鸣器的驱动与控制文件 mybell.c 和头文件 mybell.h 如程序段 4-16 和程序段 4-17 所示。

程序段 4-16　文件 mybell.c

```
1    //Filename: mybell.c
2
3    # include "includes.h"
4
5    void MyBellInit(void)
6    {
7        LPC_SYSCON -> SYSAHBCLKCTRL0 |= (1uL << 6);
8
```

```
9       LPC_GPIO_PORT - > SET0 = (1uL ≪ 24);
10      LPC_GPIO_PORT - > DIRSET0 = (1uL ≪ 24);
11    }
```

第 5~11 行为蜂鸣器初始化函数 MyBellInit。结合表 2-18 可知,第 7 行给 GPIO0 提供工作时钟;第 9 行将 PIO0_24 设为高电平,第 10 行将 PIO0_24 口设为输出口。

```
12
13    void MyBellRingOn(void)
14    {
15      LPC_GPIO_PORT - > CLR0 = (1uL ≪ 24);
16    }
17
18    void MyBellRingOff(void)
19    {
20      LPC_GPIO_PORT - > SET0 = (1uL ≪ 24);
21    }
```

第 13~16 行为启动蜂鸣器的函数 MyBellRingOn。第 15 行将 PIO0_24 引脚设置为低电平,使蜂鸣器鸣叫。第 18~21 行为关闭蜂鸣器的函数 MyBellRingOff。第 20 行将 PIO0_24 引脚设为高电平,使蜂鸣器静默。

程序段 4-17 文件 mybell. h

```
1     //Filename: mybell. h
2
3     # ifndef _MYBELL_H
4     # define _MYBELL_H
5
6     void MyBellInit(void);
7     void MyBellRingOn(void);
8     void MyBellRingOff(void);
9
10    # endif
```

文件 mybell. h 中包含 mybell. c 文件中定义的 3 个函数 MyBellInit、MyBellRingOn 和 MyBellRingOff 的声明,如第 6~8 行所示。

上述两个文件将用于后面的工程 MyPrj04 中。

4.5 LPC845 外部中断

MRT 定时器是 LPC845 芯片内部的片上外设,没有外部引脚与它连接。LPC845 芯片除支持这类 NVIC 中断外,还支持与引脚相连接的外部输入中断。本节将以图 3-6 所示的 S18 和 S19 用户按键为例,介绍 LPC845 芯片的外部中断管理方法。结合图 3-2 和图 3-6 可知,通过网标 USER_BUT1 和 USER_BUT2 芯片 LPC845 的 PIO0_6 和 PIO0_7 分别受按键 S18 和 S19 的控制。当 S18 按键悬空时,PIO0_6 输入为高电平;当 S18 按键按下时,PIO0_6 输入低电平。同理,当 S19 按键悬空时,PIO0_7 输入为高电平;当 S19 按键按下时,PIO0_7 输入低电平。

4.5.1　外部中断与模式匹配工作原理

LPC845 最多支持 8 个外部中断,可以从 PIO0 口的 32 个 I/O 口和 PIO1 的 22 个 I/O 口中任选其中的 8 个引脚作为外部中断输入口,外部中断的触发有电平触发和边沿触发等方式,通过模式匹配引擎,还可组合这些输入信号的状态匹配复杂的布尔表达式。但是,选出的 8 个引脚,如果用作外部中断,则不能用于模式匹配;同样,如果用于模式匹配,则不能用作外部中断输入脚。

借助于寄存器 PINTSEL0~PINTSEL7(见表 2-12 第 59~66 号),从 PIO0 或 PIO1 中任意选择 8 个 I/O 口用作外部中断或模式匹配输入端口。PINTSEL0~PINTSEL7 寄存器均只有第[5:0]位有效,用符号 INTPIN 表示,INTPIN 的取值为 0~31,对应着 PIO0_0~PIO0_31;当 INTPIN 的取值为 32~53 时,对应着 PIO1_0~PIO1_21(对于 LPC845,PIO1 口只有 22 个引脚)。例如,将 PIO0_7 作为外部中断 4 号输入,即 PINTSEL4 的寄存器 INTPIN=7,只需借助语句"PINTSEL4=(7uL<<0);"即可。LPC845 最多支持 8 个外部中断输入,程序员可以仅使用其中的一个或几个中断。如果用 PINTSEL0~PINTSEL7 寄存器选出的某个 I/O 口用作外部中断,则全部选出的 I/O 口都只能工作在外部中断模式;同理,如果选出的某个 I/O 口用于模式匹配输入口,则全部选出的 I/O 口都只能工作在模式匹配,不能再作为外部中断输入口。如果选出的外部输入用于唤醒 LPC845,则仅能工作在外部中断工作模式。

外部中断的工作原理如图 4-22 所示。

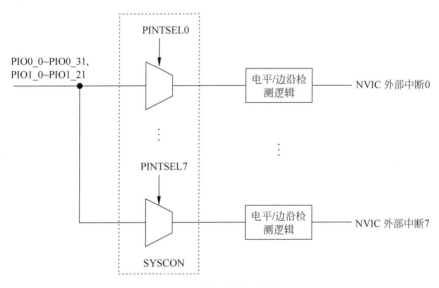

图 4-22　外部中断工作原理

由图 4-22 可知,PINTSELn 为 NVIC 外部中断 n 选择输入引脚,其中 n=0~7。例如,用 PINTSEL4 为 NVIC 外部中断 4 选择输入引脚,参考表 2-6,可知外部中断 4(即 PININT4_IRQ)中断号为 28,根据表 4-3 可知,PININT4_IRQ 中断的中断服务函数名为 PIN_INT4_IRQHandler。

外部输入触发中断的条件有两种方式,即电平触发和边沿触发。其中,电平触发又包括高电平触发和低电平触发,如果采用电平触发方式,在中断服务函数中必须有使外部输入反相的操作(语句),如果设置为低电平触发中断,那么,在中断服务函数中必须有使外部输入变为高电平的语句,否则该中断将一直(连续)被触发。所以,电平触发方式一般只用于闭环控制系统中。(注:LPC845 可以改变触发电平,即当低电平触发后,配置为高电平触发;高电平触发后,再配置为低电平触发。)而边沿触发又包括上升沿触发、下降沿触发和双边沿触发等方式。例如,设置为下降沿触发方式时,当外部输入由高电平转变为低电平时,将触发中断。边沿触发是外部按键常用的中断触发方式,但这种方式易受按键抖动的影响(通用I/O 口毛刺滤波器主要用于滤掉电平信号的干扰,一般不能用于去抖),需要在按键上添加滤波电容硬件去抖,如图 3-6 中的电容 C26 和 C27。

LPC845 模式匹配的工作原理如图 4-23 所示。

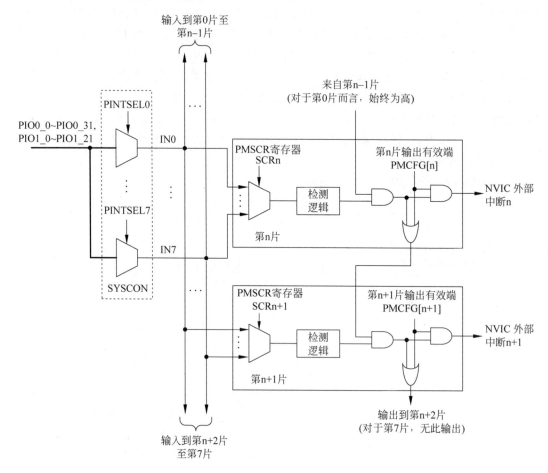

图 4-23　LPC845 模式匹配工作原理

由图 4-23 可知,LPC845 模式匹配引擎由 8 个片(或称"位片")组成,即第 0～第 7 片,由 PINTSEL0～PINTSEL7 寄存器选出的外部输入引脚分别记为 IN0～IN7,IN0～IN7 被送往所有的片,每片内部都有一个"多选一"选择器,由寄存器 PMSCR 控制,每片只能从 IN0～IN7 中选出一个输入,多个片可以选择相同的输入,例如,第 0 片和第 1 片都可以选IN5。然后,每个片选出的输入被送到"检测逻辑"单元,可以设置无记忆的边沿或电平匹配方式或带记忆功能的边沿匹配方式,匹配成功后,输出高电平。每个片都有一个"输出有效端",用于控制该片是否送出中断控制信号,由寄存器PMCFG管理,第n片由PMCFG寄存器的第n位管理,当该位为1时,则送出中断信号;否则,不送出中断信号。这里的"输出有效端"在文献[2]中用"endpoint"表示。

从图4-23还可以看出,LPC845的模式匹配引擎的各个片是级联在一起的,每个片可以影响它的下一片,或受其上一片的影响。如果第n片"输出有效端"关闭了,并且该片没有达到匹配条件,那么第n+1片被关闭。如果第n片"输出有效端"有效,那么第n+1片可以单独使用。通过这种方式,每个片扮演着数字逻辑中的"乘积项"的角色。

前文提到的图4-23中的"检测逻辑"可检测"无记忆的边沿或电平匹配"或"有记忆的边沿匹配",这里的"无记忆"是指当匹配了某个边沿后(例如上升沿后),在一个工作时钟周期后,该匹配自动清除;"有记忆"是指当匹配了某个边沿后,匹配输出一直保持直到手动清除。电平匹配始终是无记忆的。在文献[2]中称这种"有记忆"的匹配为"sticky","无记忆"的匹配为"non-sticky",直译为"带黏性的"和"不带黏性的"。通过LPC845模式匹配引擎,可以创建复杂的匹配逻辑事件,例如,组合一个有记忆的匹配和一个无记忆的匹配可以用双边沿逻辑产生一个事件,即一个上升沿和一个下降沿、两个上升沿或两个下降沿触发一次匹配事件;又如,可以设定一个时间窗口,在这个时间窗口中的边沿可以触发匹配事件等。

LPC845在模式匹配情况下,如果某个模式匹配成功,可以向LPC845内核发送一个RXEV通知,该信号可以通过开关矩阵寄存器连接到一个外部引脚上(GPIO_INT_BMAT)(参考表2-3的PINASSIGN11寄存器)。

下面将首先介绍LPC845外部中断和模式匹配相关的寄存器,然后,再回到图4-23进一步阐述模式匹配的工作原理。LPC845外部中断与模式匹配相关的寄存器有13个,如表4-11所示。

表4-11　LPC845外部中断与模式匹配引擎寄存器(基地址为0xA000 4000)

寄存器名	偏移地址	类　型	复 位 值	含　　义
ISEL	0x00	R/W	0	引脚中断模式寄存器
IENR	0x04	R/W	0	引脚电平或上升沿中断有效寄存器
SIENR	0x08	WO	-	引脚电平或上升沿中断设置寄存器
CIENR	0x0C	WO	-	引脚电平或上升沿中断清除寄存器
IENF	0x10	R/W	0	引脚活跃电平或下降沿中断有效寄存器
SIENF	0x14	WO	-	引脚活跃电平或下降沿中断设置寄存器
CIENF	0x18	WO	-	引脚活跃电平或下降沿中断清除寄存器
RISE	0x1C	R/W	0	引脚中断上升沿寄存器
FALL	0x20	R/W	0	引脚中断下降沿寄存器
IST	0x24	R/W	0	引脚中断状态寄存器
PMCTRL	0x28	R/W	0	匹配模式中断控制寄存器
PMSRC	0x2C	R/W	0	匹配模式中断位片源寄存器
PMCFG	0x30	R/W	0	匹配模式中断位片配置寄存器

表4-11中各个寄存器的具体含义如下所示。

1. 引脚中断模式寄存器 ISEL

ISEL寄存器只有第[7:0]位有效,用符号PMODE表示,如果第n位为0,表示外部中断 n 工作在边沿触发中断模式；如果第 n 位为 1，表示外部中断 n 工作在电平触发模式。其中，n＝0～7，如表 4-12 所示。

表 4-12   ISEL 寄存器各位的含义

位号	符号	复位值	含　义
7：0	PMODE	0	第 n 位对应着 PINTSELn(即外部中断 n)，当第 n 位为 0 时，外部中断 n 为边沿触发；当第 n 位为 1 时，外部中断 n 为电平触发。n＝0～7
31：8	-		保留

2. 引脚电平或上升沿中断有效寄存器 IENR

IENR 寄存器只有第[7：0]位有效，用符号 ENRL 表示。如果第 n 位为 0，表示关闭上升沿或电平触发外部中断 n，如表 4-13 所示。如果第 n 位为 1，表示开放上升沿或电平触发外部中断 n，这时，如果 ISEL 寄存器的第 n 位为 0，则上升沿触发外部中断 n；如果 ISEL 寄存器的第 n 位为 1，则进一步根据 IENF 寄存器的第 n 位决定电平触发中断的方式：如果 IENF 的第 n 位为 0，则低电平触发外部中断 n；如果 IENF 的第 n 位为 1，则高电平触发外部中断 n。

表 4-13   IENR 寄存器各位的含义

位号	符号	复位值	含　义
7：0	ENRL	0	第 n 位对应着 PINTSELn(即外部中断 n)，当第 n 位为 0 时，关闭上升沿或电平触发外部中断 n；当第 n 位为 1 时，开放上升沿或电平触发外部中断 n。其中，n＝0～7
31：8	-		保留

3. 引脚电平或上升沿中断设置寄存器 SIENR

只写的 SIENR 寄存器只有第[7：0]位有效，向其第 n 位写入 1，则置位 IENR 寄存器的第 n 位，写入 0 无效，其中，n＝0～7，如表 4-14 所示。这样，设置 IENR 寄存器的第 6 位为 1，可以通过下述两种方式，其语句表示为：

```
IENR | = (1uL << 6);            //"读出—取或—回写"方式
```

或者

```
SIENR = (1uL << 6);            //"不读只写"方式
```

显然，后者更快速方便。

表 4-14   SIENR 寄存器各位的含义

位号	符号	复位值	含　义
7：0	SETENRL	-	第 n 位写入 0 无效；写入 1 时将置位 IENR 寄存器的第 n 位。n＝0～7
31：8	-	-	保留

4. 引脚电平或上升沿中断清除寄存器 CIENR

只写的 CIENR 寄存器只有第[7：0]位有效，如表 4-15 所示，向其第 n 位写入 1，则清零 IENR 寄存器的第 n 位，写入 0 无效。其中，n＝0～7。这样，清零 IENR 寄存器的第 6

位,可以有下述两种方式,其语句表示为:

```
IENR & = ～(1uL ≪ 6);              //"读出—取与—回写"方式
```

或者

```
CIENR = (1uL ≪ 6);                //"不读只写"方式
```

显然,后者更快速方便。

表 4-15 CIENR 寄存器各位的含义

位号	符号	复位值	含 义
7:0	CLRENRL	-	第 n 位写入 0 无效;写入 1 时将清零 IENR 寄存器的第 n 位。n=0～7
31:8	-	-	保留

5. 引脚活跃电平或下降沿中断有效寄存器 IENF

IENF 寄存器只有第[7:0]位有效,如表 4-16 所示。当第 n 位为 0 时,如果 ISEL 的第 n 位为 0,则关闭下降沿触发外部中断 n 模式;如果 ISEL 的第 n 位为 1,则设置低电平触发外部中断 n 模式。当 IENF 的第 n 位为 1 时,如果 ISEL 的第 n 位为 0,则开放下降沿触发外部中断 n 模式;如果 ISEL 的第 n 位为 1,则设置高电平触发外部中断 n 模式。

表 4-16 IENF 寄存器各位的含义

位号	符号	复位值	含 义
7:0	ENAF	0	第 n 位对应着 PINTSELn(即外部中断 n),当第 n 位为 0 时,关闭外部中断 n 下降沿触发方式或设置外部中断 n 为低电平触发方式;当第 n 位为 1 时,打开外部中断 n 下降沿触发方式或设置外部中断 n 为高电平触发方式。与 ISEL 寄存器联合使用。n=0～7
31:8	-	-	保留

6. 引脚活跃电平或下降沿中断设置寄存器 SIENF

只写的 SIENF 寄存器只有第[7:0]位有效,如表 4-17 所示,向其第 n 位写入 0 无效;向第 n 位写入 1 则置位 IENF 寄存器的第 n 位。因此,置位 IENF 寄存器第 n 位的方式有两种,即

```
IENF | = (1uL ≪ n);               //"读出—取或—写回"方式
```

或者

```
SIENF = (1uL ≪ n);                //"不读只写"方式
```

显然,后者更快速方便。

表 4-17 SIENF 寄存器各位的含义

位号	符号	复位值	含 义
7:0	SETENAF	-	第 n 位写入 0 无效;写入 1 时将置位 IENF 寄存器的第 n 位。n=0～7
31:8	-	-	保留

7. 引脚活跃电平或下降沿中断清除寄存器 CIENF

只写的 CIENF 寄存器只有第[7：0]位有效,如表 4-18 所示,向其第 n 位写入 0 无效;向第 n 位写入 1 则清零 IENF 寄存器的第 n 位。因此,清零 IENF 寄存器第 n 位的方式有两种,即

```
IENF & = ~(1uL≪n);              //"读出—取与—写回"方式
```

或者

```
CIENF = (1uL≪n);               //"不读只写"方式
```

显然,后者更快速方便。

表 4-18   CIENF 寄存器各位的含义

位号	符号	复位值	含　义
7：0	CLRENAF	-	第 n 位写入 0 无效;写入 1 时将清零 IENF 寄存器的第 n 位。n=0~7
31：8	-	-	保留

8. 引脚中断上升沿寄存器 RISE

引脚中断上升沿寄存器 RISE,即上升沿中断标志寄存器,只有第[7：0]位有效,如表 4-19 所示,第 n 位对应着外部中断 n,n=0~7。当外部中断 n 出现上升沿时,无论该中断是否有效,RISE 寄存器的第 n 位都将被置 1,如果外部中断 n 有效,则将发出外部中断 n 请求。向 RISE 寄存器第 n 位写入 1 则清零该寄存器第 n 位(即"写 1 清 0")。

表 4-19   RISE 寄存器各位的含义

位号	符号	复位值	含　义
7：0	RDET	0	第 n 位对应着 PINTSELn(即外部中断 n)。第 n 位读出 0,表示外部中断 n 无上升沿输入;读出 1 表示外部中断 n 有上升沿。第 n 位写入 0 无效;写入 1 清零该位。n=0~7
31：8	-	-	保留

9. 引脚中断下降沿寄存器 FALL

引脚中断下降沿寄存器 FALL,即下降沿中断标志寄存器,只有第[7：0]位有效,如表 4-20 所示,第 n 位对应着外部中断 n,n=0~7。当外部中断 n 出现下降沿时,无论该中断是否使能,FALL 寄存器的第 n 位都将被置 1,如果外部中断 n 有效,则将发出外部中断 n 请求。向 FALL 寄存器第 n 位写入 1 则清零该寄存器第 n 位。

表 4-20   FALL 寄存器各位的含义

位号	符号	复位值	含　义
7：0	FDET	0	第 n 位对应着 PINTSELn(即外部中断 n)。第 n 位读出 0,表示外部中断 n 无下降沿输入;读出 1 表示外部中断 n 有下降沿。第 n 位写入 0 无效;写入 1 清零该位。n=0~7
31：8	-	-	保留

10．引脚中断状态寄存器 IST

IST 只有第[7：0]位有效，如表 4-21 所示，第 n 位对应着外部中断 n，当外部中断 n 被触发后，IST 的第 n 位自动置 1，通过向其写入 1 清零该位，写入 0 无效。在电平触发外部中断 n 模式下，写入 1 清零 IST 的第 n 位，同时还将使得 IENF 寄存器的第 n 位取反，如果原来是低电平触发中断，则会转变为高电平触发中断；如果原来是高电平触发中断，则会转变为低电平触发中断。

表 4-21　IST 寄存器各位的含义

位号	符号	复位值	含　义
7：0	PSTAT	0	第 n 位对应着 PINTSELn（即外部中断 n）。第 n 位读出 0，表示没有发生外部中断 n 请求；读出 1 表示外部中断 n 被请求。第 n 位写入 0 无效；写入 1 清零该位，如果为电平触发外部中断 n 模式，写入 1 还将使得 IENF 寄存器的第 n 位取反。n=0~7
31：8	-	-	保留

11．匹配模式中断控制寄存器 PMCTRL

PMCTRL 寄存器的第 0 位为 0 表示 PINTSEL0~PINTSEL7 选出的 8 个通用 I/O 口工作在外部中断输入模式下；第 0 位为 1 表示选出的 8 个通用 I/O 口工作在模式匹配下。PMCTRL 寄存器的第 1 位为 1 时，表示当某个片发生匹配成功时向 ARM 内核发送 RXEV 信号；为 0 时，关闭 RXEV 信号。PMCTRL 寄存器的第[31：24]位为 PMAT 位域，每位对应着一片（第 24 位对应片 0，第 25 位对应片 1，以此类推，第 31 位对应片 7），如果该片匹配成功，则相应的位置 1。PMCTRL 寄存器各位含义如表 4-22 所示。

表 4-22　PMCTRL 寄存器各位的含义

位号	符号	复位值	含　义
0	SEL_PMATCH	0	为 0 表示 PINTSEL0~PINTSEL7 选出的通用 I/O 口用作外部中断；为 1 表示选出的 I/O 口用作模式匹配
1	ENA_RXEV	0	为 1 表示当某片发生匹配成功事件时，向 LPC845 内核发送 RXEV 信号（该信号与功能引脚 GPIO_INT_BMAT 相连接，可通过端口配置矩阵的寄存器 PINASSIGN11 映射到 LPC845 某个 I/O 口引脚上）；为 0 表示关闭 RXEV 匹配信号
23：2	-	0	保留
31：24	PMAT	0	PMAT 的各位依次对应着模式匹配引擎的片 0~片 7，如果片 n 发生匹配成功事件，则 PMAT 的第 n 位（即本寄存器的第 24+n 位）自动置 1；如果不匹配，则自动清零

12．匹配模式中断位片源寄存器 PMSRC

向 PMSRC 寄存器写入配置字前，需要先将 PMCTRL 寄存器的第 0 位清零，即关闭模式匹配引擎，然后写入 PMSRC 配置字，之后，置位 PMCTRL 寄存器的第 0 位，打开模式匹配引擎。PMSRC 寄存器各位的含义如表 4-23 所示，其中，SRCn 用于为片 n 选择外部输入引脚，n=0~7。

表 4-23　PMSRC 寄存器各位的含义

位号	符号	复位值	含　义
7：0		0	保留,仅能写 0
10：8	SRC0	0	为片 0 选择输入源。为 0 表示选择 PINTSEL0 指定的引脚,为 1 表示选择 PINTSEL1 指定的引脚,以此类推,为 7 表示选择 PINTSEL7 指定的引脚
13：11	SRC1	0	为片 1 选择输入源。为 0 表示选择 PINTSEL0 指定的引脚,为 1 表示选择 PINTSEL1 指定的引脚,以此类推,为 7 表示选择 PINTSEL7 指定的引脚
16：14	SRC2	0	为片 2 选择输入源。为 0 表示选择 PINTSEL0 指定的引脚,为 1 表示选择 PINTSEL1 指定的引脚,以此类推,为 7 表示选择 PINTSEL7 指定的引脚
19：17	SRC3	0	为片 3 选择输入源。为 0 表示选择 PINTSEL0 指定的引脚,为 1 表示选择 PINTSEL1 指定的引脚,以此类推,为 7 表示选择 PINTSEL7 指定的引脚
22：20	SRC4	0	为片 4 选择输入源。为 0 表示选择 PINTSEL0 指定的引脚,为 1 表示选择 PINTSEL1 指定的引脚,以此类推,为 7 表示选择 PINTSEL7 指定的引脚
25：23	SRC5	0	为片 5 选择输入源。为 0 表示选择 PINTSEL0 指定的引脚,为 1 表示选择 PINTSEL1 指定的引脚,以此类推,为 7 表示选择 PINTSEL7 指定的引脚
28：26	SRC6	0	为片 6 选择输入源。为 0 表示选择 PINTSEL0 指定的引脚,为 1 表示选择 PINTSEL1 指定的引脚,以此类推,为 7 表示选择 PINTSEL7 指定的引脚
31：29	SRC7	0	为片 7 选择输入源。为 0 表示选择 PINTSEL0 指定的引脚,为 1 表示选择 PINTSEL1 指定的引脚,以此类推,为 7 表示选择 PINTSEL7 指定的引脚

13. 匹配模式中断位片配置寄存器 PMCFG

向 PMCFG 寄存器写入配置字前,需要先将 PMCTRL 寄存器的第 0 位清零,即关闭模式匹配引擎,然后写入 PMCFG 配置字,之后,置位 PMCTRL 寄存器的第 0 位,打开模式匹配引擎。PMCFG 寄存器各位的含义如表 4-24 所示。表 4-24 中提到的"发生匹配事件时触发外部中断"的意思是指,当片 n 的输入与其设定的匹配逻辑相符合时,将会产生外部中断 n,这里的"外部中断 n"不是工作在外部中断模式下的外部中断 n,两者产生的机理不同,但是两者的中断号相同,中断服务函数名都是 PININTn_IRQHandler。表 4-24 中提到的"乘积项"是指多个片可以通过"与"操作联合起来实现复杂的逻辑表达式(或称布尔表达式),每个片的逻辑在这个表达式中扮演了"乘积项"的角色。

表 4-24　PMCFG 寄存器各位的含义

位号	符　号	含　义
0	PROD_ENDPTS0	片 0 输出有效控制位。为 0 时片 0 发生匹配事件时不触发外部中断 0;为 1 时片 0 是乘积项,发生匹配事件时触发外部中断 0

续表

位号	符　号	含　义
1	PROD_ENDPTS1	片1输出有效控制位。为0时片1发生匹配事件时不触发外部中断1；为1时片1是乘积项,发生匹配事件时触发外部中断1
2	PROD_ENDPTS2	片2输出有效控制位。为0时片2发生匹配事件时不触发外部中断2；为1时片2是乘积项,发生匹配事件时触发外部中断2
3	PROD_ENDPTS3	片3输出有效控制位。为0时片3发生匹配事件时不触发外部中断3；为1时片3是乘积项,发生匹配事件时触发外部中断3
4	PROD_ENDPTS4	片4输出有效控制位。为0时片4发生匹配事件时不触发外部中断4；为1时片4是乘积项,发生匹配事件时触发外部中断4
5	PROD_ENDPTS5	片5输出有效控制位。为0时片5发生匹配事件时不触发外部中断5；为1时片5是乘积项,发生匹配事件时触发外部中断5
6	PROD_ENDPTS6	片6输出有效控制位。为0时片6发生匹配事件时不触发外部中断6；为1时片6是乘积项,发生匹配事件时触发外部中断6
7	-	保留。片7输出始终是有效的。即片7是乘积项,发生匹配事件时触发外部中断7
10：8	CFG0	片0匹配条件位域。为0：片0始终为乘积项(即片0始终为1)；为1：匹配条件为带记忆的上升沿,当片0选定的输入端信号出现上升沿时,匹配成功,匹配器输出高电平,直到通过软件方式写PMCFG或PMSRC寄存器时才自动清零；为2：匹配条件为带记忆的下降沿,当片0选定的输入端信号出现下降沿时,匹配成功,匹配器输出高电平,直到通过软件方式写PMCFG或PMSRC寄存器时才自动清零；为3：匹配条件为带记忆的上升沿或下降沿,当片0选定的输入端信号出现上升沿或下降沿时,匹配成功,匹配器输出高电平,直到通过软件方式写PMCFG或PMSRC寄存器时才自动清零；为4：匹配条件为高电平,当片0选定的输入端信号出现高电平时,匹配成功,匹配器输出高电平；为5：匹配条件为低电平,当片0选定的输入端信号出现低电平时,匹配成功,匹配器输出高电平；为6：片0终始不为乘积项(即片0始终为0),可用于关闭片0；为7：匹配条件为非记忆的上升沿或下降沿,当片0选定的输入端信号出现上升沿或下降沿时,匹配成功,匹配器输出高电平,一个工作时钟后自动清零
13：11	CFG1	片1匹配条件位域。取值含义与CFG0位域相同(将"片0"改为"片1")
16：14	CFG2	片2匹配条件位域。取值含义与CFG0位域相同(将"片0"改为"片2")
19：17	CFG3	片3匹配条件位域。取值含义与CFG0位域相同(将"片0"改为"片3")
22：20	CFG4	片4匹配条件位域。取值含义与CFG0位域相同(将"片0"改为"片4")
25：23	CFG5	片5匹配条件位域。取值含义与CFG0位域相同(将"片0"改为"片5")
28：26	CFG6	片6匹配条件位域。取值含义与CFG0位域相同(将"片0"改为"片6")
31：29	CFG7	片7匹配条件位域。取值含义与CFG0位域相同(将"片0"改为"片7")

由表4-12～表4-17可知,当工作在外部中断模式时,通过设置这些表中的寄存器可设定中断触发的条件,如表4-25所示。

表 4-25　中断触发条件相关的寄存器

寄 存 器 名	边沿触发条件	电平触发条件
IENR	打开或关闭上升沿中断	打开或关闭电平中断
SIENR	打开上升沿中断	打开电平中断
CIENR	关闭上升沿中断	关闭电平中断
IENF	打开下降沿中断	设置活跃电平
SIENF	打开下降沿中断	设置高电平活跃(即高电平触发中断)
CIENF	关闭下降沿中断	设置低电平活跃

例如,设置外部中断 4 为下降沿触发中断,参考表 4-12～表 4-17,可知其语句如下:

```
ISEL & = ~ (1uL ≪ 4);        //PINTSEL4 选择的引脚(即外部中断 4)为边沿触发
CIENR = (1uL ≪ 4);           //关闭外部中断 4 上升沿触发
SIENF = (1uL ≪ 4);           //开启外部中断 4 下降沿触发
```

现在,回到图 4-23,讨论 LPC845 工作在模式匹配下实现复杂逻辑表达式的方法。例如,要实现的逻辑表达式为:$IN1+IN1*IN2+(\sim IN2)*(\sim IN3)*(IN6fe)+(IN5*IN7ev)$。其中,"*"号表示"与","+"号表示"或","～"号表示取反,"fe"表示有记忆的下降沿,"ev"表示无记忆的上升或下降沿匹配事件。该表达式选自文献[2],其含义为:如果 IN1 为高电平,或者 IN1 和 IN2 均为高电平,或者 IN2 与 IN3 均为低电平且 IN6 出现有记忆的下降沿匹配,或者 IN5 为高电平且 IN7 出现无记忆的上升沿或下降沿匹配时,则表达式的输出为高电平。下面介绍其设计过程:

(1) 由于逻辑表达式中出现了有记忆的匹配 IN6fe,所以需要向 PMCFG 寄存器写入值,清除各片的记忆。

(2) 通过设置 PMCFG 寄存器,使片 0 选 IN1,片 1 选 IN1,片 2 选 IN2,片 3 选 IN2,片 4 选 IN3,片 5 选 IN6,片 6 选 IN5,片 7 选 IN7。

(3) 设置 PMCFG 寄存器,使得片 0、片 1 和片 2 均为高电平匹配,参考表 4-24,CFG0、CFG1 和 CFG2 均设为 4;片 3 和片 4 设为低电平匹配,即 CFG3 和 CFG4 均设为 5;片 5 设为带记忆的下降沿匹配,即 CFG5 设为 2;片 6 设为高电平匹配,即 CFG6 设为 4;片 7 设为无记忆的上升沿或下降沿匹配,即 CFG7 设为 7。然后,将片 0、片 2、片 5 和片 7 设为乘积项输出端,即 PROD_ENDPTS0、PROD_ENDPTS2 和 PROD_ENDPTS5 为 1,片 7 始终为乘积项输出端。

(4) 设置 PMCTRL 寄存器,使得片 0、片 2、片 5 和片 7 的匹配将分别触发外部中断 0、外部中断 2、外部中断 5 和外部中断 7。

通过上述配置,如果外部中断 0、2、5 或 7 中的任一个被请求了,说明前述的逻辑表达式为真。

4.5.2　LPC845 外部中断实例

结合图 3-2、图 3-4 和图 3-6,本节的实例实现的功能为:当用户按下按键 S18(见图 3-6)时,LPC845 学习板的蜂鸣器鸣叫(见图 3-4),LED 灯 D11 点亮;当用户按下按键 S19(见图 3-6)时,LPC845 学习板的蜂鸣器静默,且 LED 灯 D11 熄灭。同时,保留了项目 PRJ03 的全部功能。

在工程 MyPrj03 的基础上,新建工程 MyPrj04,保存在目录 D:\MYLPC845IEW\
PRJ04 下,此时的工程 MyPrj04 与工程 MyPrj03 完全相同。然后,添加文件 mybell.c 和
mybell.h(见程序段 4-16 和程序段 4-17),这两个文件保存到目录 D:\MYLPC845IEW\
PRJ04\bsp 下;添加文件 myextkey.c 和 myextkey.h(分别如程序段 4-18 和程序段 4-19 所
示),这两个文件保存到目录 D:\MYLPC845IEW\PRJ04\bsp 下。接着,将 mybell.c 和
myextkey.c 文件添加到工程 MyPrj04 管理器的"BSP"分组下。之后,修改文件 includes.h
和 mybsp.c,即在 includes.h 文件中添加以下两句:

```
# include "mybell.h"
# include "myextkey.h"
```

即在 includes.h 文件中添加对 mybell.h 和 myextkey.h 头文件的包括。

在 mybsp.c 文件中的 MyBSPInit 函数中添加以下两条语句:

```
MyBellInit();
MyExtKeyInit();
```

即调用 MyBSPInit 函数初始化 LPC845 学习板时,将通过上述两条语句初始化蜂鸣器控制
模块和外部按键模块。

最后完成的工程 MyPrj04 工作界面如图 4-24 所示,工程 MyPrj04 的执行流程如图 4-25
所示,这里仅给出了工程 MyPrj04 在 MyPrj03 基础上新添加的功能框图。

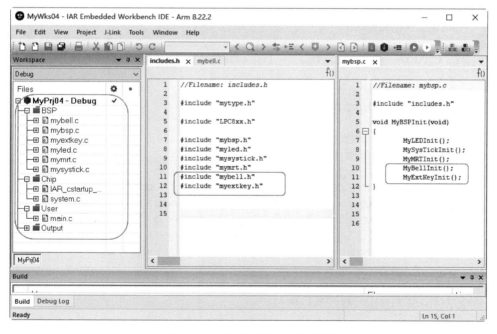

图 4-24　工程 MyPrj04 工作界面

下面介绍新添加的文件 myextkey.c 和 myextkey.h,如程序段 4-18 和程序段 4-19
所示。

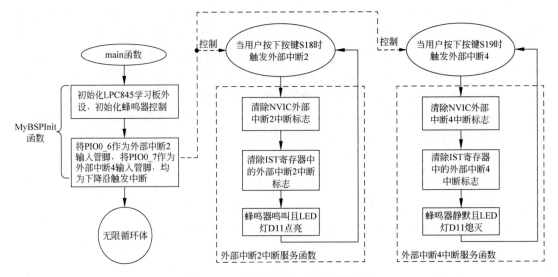

图 4-25　工程 MyPrj04 执行流程框图

程序段 4-18　myextkey.c 文件

```
1    //Filename: myextkey.c
2
3    # include "includes.h"
4
5    void MyExtKeyInit(void)
6    {
7       LPC_SYSCON -> SYSAHBCLKCTRL0 |= (1uL << 28);       //GPIO_INT 时钟有效
8
9       NVIC_EnableIRQ(PININT2_IRQn);
10      NVIC_EnableIRQ(PININT4_IRQn);
11
12      LPC_SYSCON -> PINTSEL[2] = 6;
13      LPC_SYSCON -> PINTSEL[4] = 7;
14
15      LPC_SYSCON -> SYSAHBCLKCTRL0 |= (1uL << 18);       //IOCON 时钟有效
16      LPC_IOCON -> PIO0_6 = (1uL << 7) | (1uL << 5) | (2uL << 3);
17      LPC_IOCON -> PIO0_7 = (1uL << 7) | (1uL << 5) | (2uL << 3);
18
19      LPC_PIN_INT -> SIENR = (1uL << 2) | (1uL << 4);    //上升沿
20
21      NVIC_SetPriority(PININT2_IRQn,1);
22      NVIC_SetPriority(PININT4_IRQn,2);
23  }
```

第 5～23 行的函数 MyExtKeyInit 为外部按键 S18 和 S19 的初始化函数。结合表 2-18
可知,第 7 行给 GPIO 中断提供时钟;第 9、10 行开放外部中断 2 和外部中断 4,这里使用了
CMSIS 库中的中断管理函数,这些中断管理函数位于 core_cm0plus.h 文件中,常用的函数
如表 4-26 所示。

表 4-26　常用的中断管理函数

序号	函　数　名	含　义
1	NVIC_EnableIRQ(IRQn_Type IRQn)	开放中断号为 IRQn 的 NVIC 中断
2	NVIC_DisableIRQ(IRQn_Type IRQn)	关闭中断号为 IRQn 的 NVIC 中断
3	NVIC_GetPendingIRQ（IRQn_Type IRQn)	读取中断号为 IRQn 的 NVIC 中断的中断请求标志,返回 1 表示该中断在请求；否则,返回 0
4	NVIC_SetPendingIRQ（IRQn_Type IRQn)	设置中断号为 IRQn 的 NVIC 中断的中断请求标志
5	NVIC_ClearPendingIRQ（IRQn_Type IRQn)	清除中断号为 IRQn 的 NVIC 中断的中断请求标志
6	NVIC_SetPriority（IRQn_Type IRQn, uint32_t priority)	设置中断号为 IRQn 的 NVIC 中断的中断优先级号为 priority,priority 只能取 0、1、2 或 3
7	NVIC_GetPriority(IRQn_Type IRQn)	读取中断号为 IRQn 的 NVIC 中断的中断优先级号,返回 0、1、2 或 3 中的某个中断优先级号
8	NVIC_GetEnableIRQ（IRQn_Type IRQn)	读取中断号为 IRQn 的 NVIC 中断的状态,返回 1 表示该中断处于开放状态,返回 0 表示该中断处于关闭状态

　　表 4-26 中 IRQn_Type 是 LPC8xx.h 中自定义的枚举类型。由 LPC8xx.h 中可查得外部中断 2 和 4 的枚举常量为 PIN_INT2_IRQn 和 PIN_INT4_IRQn,如果只知道外部中断 2 和 4 的中断号为 26 和 28,可以将第 9、10 行写作"NVIC_EnableIRQ((IRQn_Type)26uL);；NVIC_EnableIRQ((IRQn_Type)28uL);",这样不需要从 LPC8xx.h 文件中查找各个 NVIC 中断的枚举常量值。注意,表 4-25 中,序号 6 对应的函数 NVIC_SetPriority 中的 priority 参数只能取值为 0、1、2 和 3(对应着优先级寄存器的值为 0、64、128 和 192),这是因为 LPC845 中 NVIC 中断仅有 4 级优先级,且优先级号越小,优先级别越高。如果多个中断设置了相同的优先级,则中断号较小的优先级别更高。

　　程序段 4-18 中的第 12 行设置外部中断 2 的输入引脚为 PIO0_6,第 13 行设置外部中断 4 的输入引脚为 PIO0_7。结合表 2-18 可知,第 15 行为 IOCON 模块提供工作时钟,第 16、17 行将 PIO0_6 和 PIO0_7 设为输入。第 18 行可以添加以下语句关闭 IOCON 模块工作时钟:

```
LPC_SYSCON -> SYSAHBCLKCTRL0 & = ～(1uL << 18);
```

在使用完 IOCON 模块后可以关闭 IOCON 工作时钟以节省电能。

　　结合表 4-14 可知,第 19 行设置外部中断 2 和外部中断 4 均工作在上升沿触发中断模式下。结合表 4-26 可知,第 21、22 行设置外部中断 2 和外部中断 4 的优先级号分别为 1 和 2。

```
24
25  void PININT2_IRQHandler(void)
26  {
27    NVIC_ClearPendingIRQ(PININT2_IRQn);
28    if((LPC_PIN_INT -> IST & (1uL << 2)) == (1uL << 2))
29    {
30      LPC_PIN_INT -> IST = (1uL << 2);
31      MyBellRingOn();
32      MyLEDOn(3);
```

```
33    }
34  }
35
```

第 25～34 行为外部中断 2 的中断服务函数 PININT2_IRQHandler。结合表 4-26 可知,第 27 行清除外部中断 2 的中断标志位(严格意义上,可以先读出该标志位,当该标志位为 1 时,再清除。实际上,为了节省时间一般直接进行清除标志位的操作)。结合表 4-20 可知,第 28 行判定外部中断 2 是否发生,如果触发了外部中断 2,则 IST 寄存器的第 2 位为 1。当第 28 行为真时,第 30～32 行得到执行权。第 30 行清除 IST 寄存器的外部中断 2 标志,第 31 行使蜂鸣器鸣叫,第 32 行点亮 LED 灯 D11。

注:其中第 28、29 和 33 行可以省略。

```
36  void PININT4_IRQHandler(void)
37  {
38    NVIC_ClearPendingIRQ(PININT4_IRQn);
39    if((LPC_PIN_INT->IST & (1uL<<4))==(1uL<<4))
40    {
41      LPC_PIN_INT->IST=(1uL<<4);
42      MyBellRingOff();
43      MyLEDOff(3);
44    }
45  }
```

第 36～45 行为外部中断 4 的中断服务函数 PININT4_IRQHandler。其工作原理与外部中断 2 的中断服务函数相似,不再赘述。

程序段 4-19　myextkey.h 文件

```
1  //Filename: myextkey.h
2
3  #ifndef _MYEXTKEY_H
4  #define _MYEXTKEY_H
5
6  void MyExtKeyInit(void);
7
8  #endif
```

文件 myextkey.h 中给出了 myextkey.c 文件中的函数 MyExtKeyInit 的声明,文件 myextkey.c 中有 3 个函数,由于只有 MyExtKeyInit 函数会被外部文件使用,所以,文件 myextkey.h 中仅给出了 MyExtKeyInit 函数的声明。

在图 4-24 的基础上,编译链接并运行工程 MyPrj04,当按下 LPC845 学习板上的 S18 按键时,可以看到 LED 灯 D11 点亮,同时,蜂鸣器鸣叫;当按下 S19 按键时,LED 灯 D11 熄灭,同时,蜂鸣器静默。

4.5.3　LPC845 模式匹配实例

LPC845 模式匹配引擎支持具有 8 个最小项的复杂逻辑关系式,这里结合 LPC845 学习板,实现两种简单的逻辑关系式,即(～IN3) * IN3ev 和(～IN6) * IN6ev。以后者为例说明：～IN6 表示 IN6 输入低电平,IN6ev 表示 IN6 输入的匹配条件为无记忆的上升沿或下降沿,所以(～IN6) ∗ IN6ev 表示 IN6 出现下降沿且 IN6 为低电平时,(～IN6) ∗ IN6ev 为真,实际上就是用这种模式匹配表达式模拟 IN6 输入端出现下降沿事件。同理,(～IN3) ∗ IN3ev 表示 IN3 输入端出现下降沿事件。

对于逻辑关系式(～IN3) ∗ IN3ev,根据图 4-23,可配置片 0 选择 IN3 输入端(通过 PINTSEL3 选择 PIO0_6),匹配条件为低电平,配置片 0 输出关闭;片 1 选择 IN3 输入端,匹配条件为无记忆的上升沿或下降沿,配置片 1 输出有效。这样逻辑关系式(～IN3) ∗ IN3ev 匹配后,将触发外部中断 1。参考表 4-22～表 4-24 可知相应的配置语句如下:

```
PMCTRL &= ～(1uL << 0);                    //关闭模式匹配
PMSRC = (3uL << 8) | (3uL << 11);          //片 0 和片 1 均选择 IN3 为输入源
PMCFG = (1uL << 1) | (5uL << 8) | (7uL << 11);
//片 1 设为输出使能,片 0 低电平匹配,片 1 无记忆边沿事件匹配
PMCTRL |= (1uL << 0);                       //开启模式匹配引擎
```

对于逻辑关系式(～IN6) ∗ IN6ev,根据图 4-23,可配置片 1 输出有效(上述已配置);片 2 选择 IN6 输入端(通过 PINTSEL6 选择 PIO0_7),匹配条件为低电平,配置片 2 输出关闭;片 3 选择 IN6 输入端,匹配条件为无记忆的上升沿或下降沿,配置片 3 输出有效。这样逻辑关系式(～IN6) ∗ IN6ev 匹配后,将触发外部中断 3。参考表 4-22～表 4-24 可知相应的配置语句如下(含上述(～IN3) ∗ IN3ev 的配置):

```
PMCTRL &= ～(1uL << 0);                    //关闭模式匹配
PMSRC = (3uL << 8) | (3uL << 11) | (6uL << 14) | (6uL << 17);   //片 2 和片 3 均选择 IN6 为输入源
PMCFG = (1uL << 1) | (5uL << 8) | (7uL << 11) | (1uL << 3) | (5uL << 14) | (7uL << 17);
//片 3 设为输出使能,片 2 低电平匹配,片 3 无记忆边沿事件匹配
PMCTRL |= (1uL << 0);                       //开启模式匹配引擎
```

下面在工程 MyPrj04 的基础上,新建工程 MyPrj05,保存在目录 D:\MYLPC845IEW\PRJ05 下,此时的工程 MyPrj05 与 MyPrj04 完全相同,只需要修改 myextkey.c 文件,如程序段 4-20 所示。

程序段 4-20　myextkey.c 文件

```
1   //Filename: myextkey.c
2
3   # include "includes.h"
4
5   void MyExtKeyInit(void)
6   {
7     LPC_SYSCON -> SYSAHBCLKCTRL0 |= (1uL << 28);        //GPIO_INT 时钟有效
8
9     NVIC_EnableIRQ(PININT1_IRQn);
10    NVIC_EnableIRQ(PININT3_IRQn);
11
12    LPC_SYSCON -> PINTSEL[3] = 6;
13    LPC_SYSCON -> PINTSEL[6] = 7;
14
15    LPC_SYSCON -> SYSAHBCLKCTRL0 |= (1uL << 18);        //IOCON 时钟有效
16    LPC_IOCON -> PIO0_6 = (1uL << 7) | (1uL << 5) | (2uL << 3);
```

```
17    LPC_IOCON -> PIO0_7 = (1uL << 7) | (1uL << 5) | (2uL << 3);
18
19    LPC_PIN_INT -> PMCTRL & = ~(1uL << 0);
20    LPC_PIN_INT -> PMSRC = (3uL << 8) | (3uL << 11) | (6uL << 14) | (6uL << 17);
21    LPC_PIN_INT -> PMCFG = (1uL << 1) | (5uL << 8) | (7uL << 11)
22                             | (1uL << 3) | (5uL << 14) | (7uL << 17);
23    LPC_PIN_INT -> PMCTRL | = (1uL << 0);
24
25    NVIC_SetPriority(PININT1_IRQn,1);
26    NVIC_SetPriority(PININT3_IRQn,2);
27  }
28
```

对比程序段 4-18，这里的初始化函数 MyExtKeyInit 中第 9、10 行开放外部中断 1 和外部中断 3；第 12、13 行为模式匹配的输入 IN3 和 IN6 选择 PIO0_6 和 PIO0_7；第 19~32 行设置匹配模式为(~IN3) * IN3ev 和(~IN6) * IN6ev；第 25、26 行设置外部中断 1 和外部中断 3 的优先级分别为 1 和 2。

```
29    void PININT1_IRQHandler(void)
30    {
31      NVIC_ClearPendingIRQ(PININT1_IRQn);
32      LPC_PIN_INT -> IST = (1uL << 1);
33      MyBellRingOn();
34      MyLEDOn(3);
35    }
36
```

当匹配条件(~IN3) * IN3ev 满足时，将触发外部中断 1，即第 29~35 行的中断服务函数 PININT1_IRQHandler。第 31 行清零外部中断 1(在 NVIC 寄存器 ISPR 中)的中断标志位，第 32 行清除 IST 寄存器中的外部中断 1 标志。第 33 行使蜂鸣器鸣叫；第 34 行点亮 LED 灯 D11。

```
37    void PININT3_IRQHandler(void)
38    {
39      NVIC_ClearPendingIRQ(PININT3_IRQn);
40      LPC_PIN_INT -> IST = (1uL << 3);
41      MyBellRingOff();
42      MyLEDOff(3);
43    }
```

当匹配条件(~IN6) * IN6ev 满足时，将触发外部中断 3，即第 37~43 行的中断服务函数 PININT3_IRQHandler，其实现原理与 PININT1_IRQHandler 相同，不再赘述。

本章小结

本章首先介绍了 LPC845 的 GPIO 口访问方法，然后，借助 LED 灯闪烁实例详细介绍了 IAR EWARM 工程框架和 LPC845 芯片初始化方法，并讨论了工程文件的目录结构。接着，深入分析了 LPC845 微控制器的异常管理方法，阐述了 LPC845 工程上电复位后程序的运行流程。之后,详细介绍了 SysTick 异常及其 SysTick 中断管理的 LED 灯实例。NVIC 中断管理是本章的核心内容,在详细介绍了多速率定时器中断之后,深入阐述了 LPC845 芯片的外部中断响应方法。LPC845 微控制器可支持多达 8 个外部中断,可工作在外部中断或模式匹配,本章借助于 LED 灯、用户按键和蜂鸣器硬件电路模块详细介绍了外部中断和模式匹配的程序设计方法。

至此,已介绍完第 3 章 LPC845 学习板上的 LED 灯、蜂鸣器和用户按键等电路模块的面向函数程序设计方法,下面第 5 章将介绍 ZLG7289B 驱动的 LED 灯、数码管和按键模块以及 DS18B20 温度传感器电路模块的面向函数程序设计方法。

按键与数码管显示

LPC845 学习板上集成了一片 LED 灯与按键驱动芯片 ZLG7289B,可以同时驱动 64 个 LED 灯和 64 个按键,此外还集成了一个 DB18B20 温度传感器。本章将介绍由 ZLG7289B 驱动的 LED 灯、数码管和按键程序设计方法,并将 DB18B20 采集的温度值显示在数码管上。结合图 3-2 和图 3-8 可知,通过网标 7289CS、7289CLK、7289DIO 和 7289INT,LPC845 微控制器的 PIO0_21、PIO0_22、PIO0_30 和 PIO0_0_23 分别与 ZLG7289B 的片选信号 CS、时钟信号 CLK、数据信号 DIO 和中断信号 INT 相连接。结合图 3-2 和图 3-8,通过网标 DS18B20_DQ,LPC845 微控制器的 PIO0_0 引脚与 DS18B20 的数据信号引脚 DQ 相连接。下面将先详细介绍 ZLG7289B 和 DS18B20 的工作原理,然后详细介绍按键与数据码显示的工程实例。本章需要重点掌握的知识点有:

(1) ZLG7289B 驱动按键、LED 灯和数码管的工作原理;
(2) DS18B20 温度采集工作原理;
(3) ZLG7289B 驱动 LED 灯和数码管的程序设计方法;
(4) 读取 ZLG7289B 按键键码的程序设计方法;
(5) 读取 DS18B20 温度值的程序设计方法。

5.1 ZLG7289B 工作原理

嵌入式控制系统中最常用的部件是按键和七段数码管,用作系统的输入设备和输出设备,ZLG7289B 为专用于驱动按键和数码管的芯片。一片 ZLG7289B 可同时驱动 64 个按键和 8 个七段数码管(即 64 个 LED 灯)。LPC845 学习板上集成了一片 ZLG7289B 芯片,驱动了 16 个按键、8 个 LED 灯和一个四合一七段数码管,电路原理图参考 3.7 节。

ZLG7289B 芯片引脚布局如图 5-1 所示。

1	RTCC	$\overline{\text{RST}}$	28
2	VCC	OSC1	27
3	NC	OSC2	26
4	GND	KC7/DIG7	25
5	NC	KC6/DIG6	24
6	$\overline{\text{CS}}$	KC5/DIG5	23
7	CLK	KC4/DIG4	22
8	DIO	KC3/DIG3	21
9	$\overline{\text{INT}}$	KC2/DIG2	20
10	SG/KR0	KC1/DIG1	19
11	SF/KR1	KC0/DIG0	18
12	SE/KR2	KR7/DP	17
13	SD/KR3	KR6/SA	16
14	SC/KR4	KR5/SB	15

图 5-1 ZLG7289B 芯片引脚布局

图 5-1 中各个引脚的作用如表 5-1 所示。

表 5-1　ZLG7289B 芯片各个引脚的作用

引脚号	引脚名	作　　用
1	RTCC	电源，一般直接与 VCC 相连
2	VCC	电源，2.7～6V
3	NC	悬空
4	GND	接地
5	NC	悬空
6	CS	片选信号，低电平有效，输入
7	CLK	串行数据位时钟信号，下降沿有效，输入
8	DIO	串行数据输入/输出口，双向
9	INT	按键中断请求信号，下降沿有效，输出
10～17	KR0～KR7	键盘行信号 0～7，同时也用作数码管段选信号，依次为 g、f、e、d、c、b、a 和 dp
18～25	KC0～KC7	键盘列信号 0～7，同时也用作数码管字选信号 0～7
26	OSC2	晶振输出信号
27	OSC1	晶振输入信号
28	RST	复位信号，低有效

表 5-1 中的"数码管段选信号"是指用于驱动七段数码管中某个段的控制信号，一般连接到数码管的 8 个段控制引脚的某一个脚上（8 个段控制引脚为 a、b、c、d、e、f、g 和小数点 dp）；"数码管字选信号"也常称为"数码管位选信号"，是指用于驱动多合一数码管中单个数码管的控制信号，一般连接到数码管的公共有效端，由于 ZLG7289B 只能驱动共阴式数码管，所以数码管字选信号连接到单个数码管的阴极公共端。图 5-2 示意了七段数码管各个段的位置。

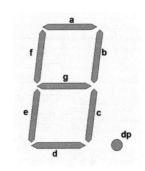

图 5-2　七段数码管各个段的显示位置

结合第 3 章 3.1 节和 3.7 节可知，在 LPC845 学习板上，ZLG7289B 通过 4 根总线与 LPC845 微控制器相连接，这 4 根总线的连接方式为：ZLG7289B 的引脚 CLK、CS、DIO 和 INT 通过网标 7289CLK、7289CS、7289DIO 和 7289INT 分别连接到 LPC845 芯片的端口 PIO0_22、PIO0_21、PIO0_30 和 PIO0_23，根据表 5-1，CS 为 ZLG7289B 的片选输入信号，低电平有效；CLK 为 ZLG7289B 的时钟输入信号，下降沿有效（芯片手册上注明上升沿有效，使用时发现下降沿起作用）；DIO 为 ZLG7289B 串口数据输入/输出口；INT 为 ZLG7289B 中断输出信号，当 ZLG7289B 驱动按键时，有按键按下后，INT 引脚的输出将由高电平下降为低电平，之后，自动拉高。此外，结合图 3-2、图 3-9 和图 3-12 可知，通过网标 USER_D3D4，LPC845 芯片的 PIO0_20 直接驱动四合一七段数码管的时间分隔符，即"："，当 PIO0_20 为高电平时，时间分隔符熄灭；当 PIO0_20 为低电平时，时间分隔符点亮。

LPC845 微控制器与 ZLG7289B 间的通信方式只有 3 种：①LPC845 向 ZLG7289B 写一字节长的命令字；②LPC845 向 ZLG7289B 写一字节长的命令字和一字节长的数据；

③LPC845 向 ZLG7289B 发送 0x15 命令,然后从 ZLG7289B 读出一字节长的数据(指按键编码信息)。这 3 种通信方式的时序如图 5-3 所示。

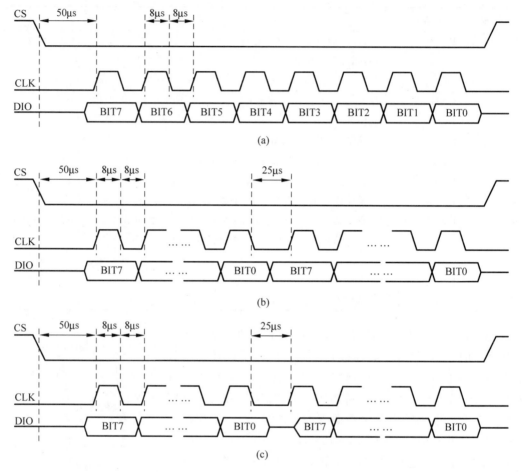

(a)

(b)

(c)

图 5-3 ZLG7289B 访问时序

(a) LPC845 向 ZLG7289B 写入单字节指令;(b) LPC845 向 ZLG7289B 写入单字节指令+单字节数据;(c) LPC845 向 ZLG7289B 写入单字节指令(0x15),然后读出单字节按键值,这里第一个指令字节必须为 0x15

LPC845 对 ZLG7289B 的操作有两种:①控制 ZLG7289B 驱动的 64 个 LED 灯(或 8 个七段数码管);②读出 ZLG7289B 驱动的按键值。第一种操作方式只考虑 LPC845 向 ZLG7289B 写指令或数据,参考图 5-3(a)和(b)的工作时序,各条指令如表 5-2 所示。

表 5-2 LPC845 控制 ZLG7289B 驱动 LED 显示的指令

序号	指令字节	数 据 字 节	含 义
1	0xA4	无	清除显示内容
2	0xBF	无	使全部 LED 灯闪烁
3	0xA0	无	数码管显示左移
4	0xA1	无	数码管显示右移
5	0xA2	无	数码管显示循环左移
6	0xA3	无	数码管显示循环右移

续表

序号	指令字节	数据字节	含　　义
7	0x80+k	$(dp \ll 7) \mid (d_3 d_2 d_1 d_0)$	k 为数码管位置号,取 0~7(在图 3-9 中仅有 4 个数码管,即网标 DIG0 对应着 0,DIG1 对应着 1,DIG2 对应着 2,DIG3 对应 3);dp=0 表示小数点熄灭,dp=1 表示小数点点亮;$d_3 d_2 d_1 d_0$ 四位为 0000b~1001b 对应着显示 0~9,为 1010b 显示"-",为 1011b~1110b 分别显示 E、H、L 和 P,为 1111b 无显示
8	0xC8+k	$(dp \ll 7) \mid (d_3 d_2 d_1 d_0)$	k 和 dp 的含义同上,d3d2d1d0 为 0000b~1111b 时分别对应着显示 0~9、A、B、C、D、E 和 F
9	0x90+k	$(dp \ll 7) \mid (abcdefg)$	k 和 dp 的含义同上,a、b、c、d、e、f、g 对应着数码管的各段,为 1 时亮,为 0 时灭
10	0x88	$d_7 d_6 d_5 d_4 d_3 d_2 d_1 d_0$	d_i 对应着第 i 个数码管,为 0 时闪烁,为 1 时不闪烁
11	0x98	$d_7 d_6 d_5 d_4 d_3 d_2 d_1 d_0$	d_i 对应着第 i 个数码管,为 1 时正常显示,为 0 时消隐
12	0xE0	$00 \ d_5 d_4 d_3 d_2 d_1 d_0$	将数码管视为 64 个 LED 灯,$d_5 d_4 d_3 d_2 d_1 d_0$ 表示 6 位地址,即 000000b~111111b,表示 64 个 LED 灯的地址,每个数码管内,点亮顺序为 g、f、e、d、c、b、a、dp,地址 000000b 对应着 KR0 和 KC0 相交的 LED 灯,000001b 对应着 KR1 和 KC0 相交的 LED 灯,以此类推
13	0xC0	$00 \ d_5 d_4 d_3 d_2 d_1 d_0$	第 12 条指令为段点亮指令,这里为段熄灭指令,数据字节的含义同上
14	0x15	读出单字节数据	读出的单字节数据包含按键值,键码为 0~63(0x00~0x3F),无效值为 0xFF,键码 0 对应着 KC0 与 KR0 相交的按键,键码 1 对应着 KC0 与 KR1 相交的按键,以此类推

表 5-2 中,除第 14 条之外,其余均为显示操作,如果没有数据字节,说明该条指令为单指令操作,否则为指令+数据操作,其中,第 7~9 条依次称为显示模式 0、1 和 2。

LPC845 对 ZLG7289B 的第二种操作为读 ZLG7289B 驱动的按键值,如表 5-2 第 14 条指令所示,当某个按键被按下时,ZLG7289B 的 INT 引脚将向 LPC845 的 PIO0_23 引脚发送中断请求信号(下降沿信号),然后,LPC845 向 ZLG7289B 输出 0x15,等待 $25 \mu s$ 后,读 ZLG7289B 得到按键的键码,ZLG7289B 内部带有按键去抖功能。

根据图 3-8、图 3-11 和表 5-2 可知,ZLG7289B 驱动的 16 个按键的键码如表 5-3 所示,键码的计算公式为:键码=KCn * 8+KRm,n=0,1,…,7,m=0,1,…,7。

表 5-3　ZLG7289B 驱动的按键键码

键名	键码	键名	键码	键名	键码	键名	键码
S1	62	S5	58	S9	54	S13	50
S2	61	S6	57	S10	53	S14	49
S3	60	S7	56	S11	52	S15	48
S4	59	S8	63	S12	51	S16	55

根据图 3-8~图 3-10 和表 5-2 中的序号 12 可知,LPC845 学习板上 ZLG7289B 驱动的 8 个 LED 灯 D1~D8 的地址依次为 46、45、44、43、42、41、40 和 47,对应着十六进制形式为 0x2E、0x2D、0x2C、0x2B、0x2A、0x29、0x28 和 0x2F。以 LED 灯 D5 为例,点亮 D5 的"指令+数据"为 0xE0+0x2A,熄灭 D5 的"指令+数据"为 0xC0+0x2A。

结合图 3-8、图 3-9 和表 5-2 中的序号 7(即使用该模式进行数码管显示)可知,要使四合一七段数码管的第 k 个管显示数据,则需要输出指令 0x80+k,显示的数据为(dp << 7)|(d_3 d_2 d_1 d_0),其中,dp=0 表示小数点亮,dp=1 表示小数点灭;d_3 d_2 d_1 d_0 四位为 0000b~1001b 对应着显示 0~9,为 1010b 显示"-",为 1011b~1110b 分别显示 E、H、L 和 P,为 1111b 无显示。

5.2 DS18B20 工作原理

美信公司的 DS18B20 芯片是最常用的温度传感器,工作在单一总线模式下,称作"一线"芯片,只占用 LPC845 的一个通用 I/O 口,测温精度为±0.5℃,表示测量结果的最高精度为 0.0625℃,主要用于测温精度要求不高的环境温度测量。本节将首先介绍 DS18B20 芯片的单总线访问工作原理,主要参考自 DS18B20 芯片手册;然后介绍读取实时温度的程序设计方法。

DS18B20 是一款常用的温度传感器,只有 3 个引脚,即电源 V_{DD}、地 GND 和双向数据口 DQ。根据图 3-7 和图 3-2 可知,在 LPC845 学习板上,DS18B20 的 DQ 与 LPC845 的 PIO0_0 相连接。DS18B20 的测温精度为±0.5℃(−10~85℃),可用 9~12 位表示测量结果,默认情况下,用 12 位表示测量结果,数值精度为 0.0625℃。

DS18B20 内部集成的快速 RAM 结构如图 5-4 所示。

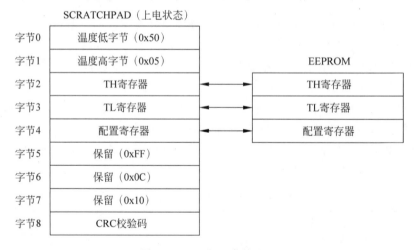

图 5-4 DS18B20 存储配置

图 5-4 中,8 位的配置寄存器只有第 6 位 R1 和第 5 位 R0 有意义(第 7 位必须为 0,第 0~4 位必须为 1),如果 R1:R0=11b 时,用 12 位表示采样的温度值,数据格式如图 5-5 所示。

图 5-5 中,S 表示符号位和符号扩展位,1 表示负,0 表示正;其余位标注了各位上的权值。例如,0000 0001 1001 0001b 表示 25.0625。

	位7							位0
温度低字节	2^3	2^2	2^1	2^0	2^{-1}	2^{-2}	2^{-3}	2^{-4}

	位15							位8
温度高字节	S	S	S	S	S	2^6	2^5	2^4

图 5-5　温度值数据格式

在图 5-4 中,字节 0 和字节 1 用于保存温度值;字节 2 和字节 3 分别对应着 TH 寄存器和 TL 寄存器,用于表示高温报警门限和低温报警门限,如果不使用温度报警命令,这两字节可用作用户存储空间。字节 8 为 CRC 检验码,用于检验读出的 RAM 数据的正确性。DS18B20 CRC 校检使用的生成函数为 $x^8 + x^5 + x^4 + 1$。例如,读出 RAM 的 9 字节的值依次为 0xDD、0x01、0x4B、0x46、0x7F、0xFF、0x03、0x10 和 0x1E,其中 0x1E 为 CRC 检验码,当前温度值为 0x01DD,即 29.8125℃。

DS18B20 的常用操作流程如图 5-6 所示。

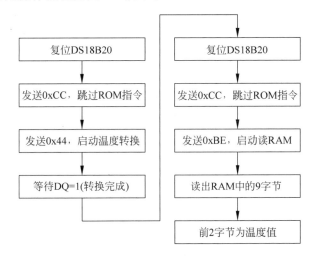

图 5-6　DS18B20 的常用操作流程

图 5-6 中,DS18B20 的复位时序如图 5-7 所示。

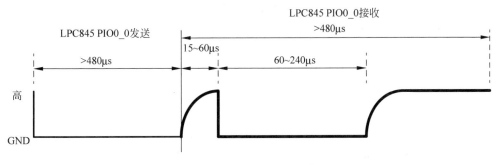

图 5-7　DS18B20 复位时序

图 5-7 中,将 LPC845 的 PIO0_0 口设为输出口,输出宽度为 $480\mu s$ 的低电平,然后,将 PIO0_0 口配置为输入模式,等待约 $60\mu s$ 后,可以读到低电平,再等待 $420\mu s$ 后,DS18B20 复

位完成。图 5-6 中,当 DS18B20 复位完成后,LPC845 向 DS18B20 发送 0xCC,该指令跳过 ROM 指令,再发送 0x44,启动温度转换。在 12 位的数据模式下,DS18B20 将花费较多的时间完成转换(最长为 750ms),在转换过程中,DQ 被 DS18B20 锁住为 0,当转换完成后,DQ 被释放为 1。LPC845 的 PIO0_0 口读取 DQ 的值,直到读到 1 后,才进行下一步的操作。然后,再一次复位 DS18B20,发送 0xCC 指令给 DS18B20,再发送 0xBE 指令,启动读 RAM 的 9 个数据,接着读出 RAM 中的 9 字节,其中前 2 字节为温度值。

DS18B20 的位读写时序如图 5-8 所示。

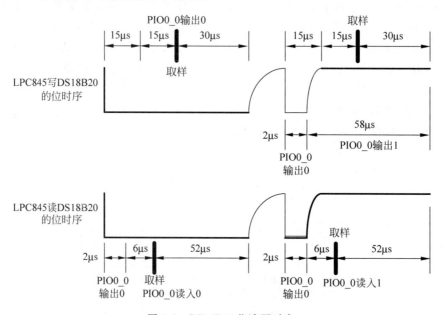

图 5-8　DS18B20 位读写时序

图 5-8 给出了 LPC845 读写 DS18B20 的位访问时序,对于写而言:令 LPC845 的 PIO0_0 为输出口,先输出 $15\mu s$ 宽的低电平,然后输出所要求输出的电平(0 或 1),等待 $15\mu s$ 后 DS18B20 将识别 LPC845 芯片 PIO0_0 输出的位的值,再等待 $30\mu s$ 后才能进行下一个位操作。对于读时序:当 LPC845 读 DS18B20 时,首先令 PIO0_0 为输出口,输出 $2\mu s$ 宽的低电平,将 PIO0_0 配置为输入模式,等待 $6\mu s$ 后读出值,此时读到的值即为 DS18B20 的 DQ 输出值,然后,再等待 $52\mu s$ 后,才能进行下一个位操作。

在上述工作原理的基础上,DS18B20 的访问程序文件 my18b20.c 和头文件 my18b20.h 分别如程序段 5-1 和程序段 5-2 所示,它们将应用于项目 PRJ06 中。

程序段 5-1　my18b20.c 文件

```
1    //Filename: my18b20.c
2
3    # include "includes.h"
4
5    void My18B20Init(void)                      //PIO0_0
6    {
7        LPC_SYSCON -> SYSAHBCLKCTRL0 | = (1uL << 6);    //开启 GPIO0 时钟
8        LPC_GPIO_PORT -> SET0  =  (1uL << 0);
```

```
9        LPC_GPIO_PORT->DIRSET0 = (1uL<<0);
10   }
11
```

第 5～10 行为 DS18B20 初始化函数 My18B20Init。结合图 3-7 和图 3-2 可知,LPC845 微控制器的 PIO0_0 口与 DS18B20 的 DQ 端口相连接。第 7 行给 GPIO0 口提供工作时钟,第 8 行将 PIO0_0 设为高电平,第 9 行将 PIO0_0 设为输出模式。(注:后面根据需要将调整 PIO0_0 的工作模式。)

```
12   const Int08U CRCTable[256] = {   //CRC8(Little-endian 小端模式)
13   0x00,0x5E,0xBC,0xE2,0x61,0x3F,0xDD,0x83,0xC2,0x9C,0x7E,0x20,0xA3,0xFD,0x1F,0x41,
14   0x9D,0xC3,0x21,0x7F,0xFC,0xA2,0x40,0x1E,0x5F,0x01,0xE3,0xBD,0x3E,0x60,0x82,0xDC,
15   0x23,0x7D,0x9F,0xC1,0x42,0x1C,0xFE,0xA0,0xE1,0xBF,0x5D,0x03,0x80,0xDE,0x3C,0x62,
16   0xBE,0xE0,0x02,0x5C,0xDF,0x81,0x63,0x3D,0x7C,0x22,0xC0,0x9E,0x1D,0x43,0xA1,0xFF,
17   0x46,0x18,0xFA,0xA4,0x27,0x79,0x9B,0xC5,0x84,0xDA,0x38,0x66,0xE5,0xBB,0x59,0x07,
18   0xDB,0x85,0x67,0x39,0xBA,0xE4,0x06,0x58,0x19,0x47,0xA5,0xFB,0x78,0x26,0xC4,0x9A,
19   0x65,0x3B,0xD9,0x87,0x04,0x5A,0xB8,0xE6,0xA7,0xF9,0x1B,0x45,0xC6,0x98,0x7A,0x24,
20   0xF8,0xA6,0x44,0x1A,0x99,0xC7,0x25,0x7B,0x3A,0x64,0x86,0xD8,0x5B,0x05,0xE7,0xB9,
21   0x8C,0xD2,0x30,0x6E,0xED,0xB3,0x51,0x0F,0x4E,0x10,0xF2,0xAC,0x2F,0x71,0x93,0xCD,
22   0x11,0x4F,0xAD,0xF3,0x70,0x2E,0xCC,0x92,0xD3,0x8D,0x6F,0x31,0xB2,0xEC,0x0E,0x50,
23   0xAF,0xF1,0x13,0x4D,0xCE,0x90,0x72,0x2C,0x6D,0x33,0xD1,0x8F,0x0C,0x52,0xB0,0xEE,
24   0x32,0x6C,0x8E,0xD0,0x53,0x0D,0xEF,0xB1,0xF0,0xAE,0x4C,0x12,0x91,0xCF,0x2D,0x73,
25   0xCA,0x94,0x76,0x28,0xAB,0xF5,0x17,0x49,0x08,0x56,0xB4,0xEA,0x69,0x37,0xD5,0x8B,
26   0x57,0x09,0xEB,0xB5,0x36,0x68,0x8A,0xD4,0x95,0xCB,0x29,0x77,0xF4,0xAA,0x48,0x16,
27   0xE9,0xB7,0x55,0x0B,0x88,0xD6,0x34,0x6A,0x2B,0x75,0x97,0xC9,0x4A,0x14,0xF6,0xA8,
28   0x74,0x2A,0xC8,0x96,0x15,0x4B,0xA9,0xF7,0xB6,0xE8,0x0A,0x54,0xD7,0x89,0x6B,0x35
29   };
30
```

第 12～29 行为计算 CRC 码的查找表 CRCTable,这种方法参考自"岳云峰,等.单线数字温度传感器 DS18B20 数据校验与纠错.传感器技术,2002,21(7):52-55"。

```
31   void  My18B20Delay(int t)                    //等待 t/5 μs
32   {
33       while((--t)>0);
34   }
35
```

第 31～34 行为延时函数 My18B20Delay,具有一个参数 t,当 LPC845 微控制器工作在 30MHz 时钟下时,t 取值 5,大约延时 1μs。

```
36   Int08U My18B20Reset(void)
37   {
38       Int08U flag = 1u;
39       LPC_GPIO_PORT->DIRSET0 = (1uL<<0);    //输出
40       LPC_GPIO_PORT->B0[0] = 1uL;           //DQ = 1
41
42       LPC_GPIO_PORT->B0[0] = 0uL;           //DQ = 0
43       My18B20Delay(480*5);                  //延时 480μs
44
45       LPC_GPIO_PORT->DIRCLR0 = (1u<<0);     //输入
```

```
46          My18B20Delay(60 * 5);                    //延时 60μs
47
48          flag = ((LPC_GPIO_PORT - > B0[0]) & 0x01);
49
50          My18B20Delay(420 * 5);                   //延时 420μs
51          return (flag);
52    }
53
```

第 36～52 行为 DS18B20 复位函数 My18B20Reset。第 39 行将 PIO0_0 设为输出口,第 40 行使 PIO0_0 输出高电平。结合图 5-7 可知,PIO0_0 输出 480μs 的低电平(第 42、43 行),接着,将 PIO0_0 设为输入口(第 45 行),等待 60μs(第 46 行),读 PIO0_0 的值(此时应读出 0),之后,延时 420μs(第 50 行)完成复位。返回 flag 的值为 0 时复位成功,返回 flag 的值为 1 时复位失败。

```
54    void   My18B20WrChar(Int08U dat)
55    {
56      Int08U i;
57      LPC_GPIO_PORT - > DIRSET0 = (1uL << 0);        //输出
58      for(i = 0; i < 8; i++)
59      {
60            LPC_GPIO_PORT - > B0[0] = 1uL;           //DQ = 1
61
62            LPC_GPIO_PORT - > B0[0] = 0uL;           //DQ = 0
63            My18B20Delay(2 * 5);                     //延时 2μs
64            if((dat & 0x01) == 0x01)
65            {
66                LPC_GPIO_PORT - > B0[0] = 1uL;       //DQ = 1
67            }
68            else
69            {
70                LPC_GPIO_PORT - > B0[0] = 0uL;       //DQ = 0
71            }
72            My18B20Delay(58 * 5);                    //延时 58μs
73
74            LPC_GPIO_PORT - > B0[0] = 1uL;           //DQ = 1
75            dat = dat >> 1;
76      }
77    }
78
```

第 54～77 行为向 DS18B20 写入一个字节数据的函数 My18B20WrChar,具有一个参数 dat,表示要写入的字节数据。第 57 行将 PIO0_0 设为输出口。第 58～76 行为循环体,循环 8 次,每次将 dat 字节数据的最低位写入 DS18B20 一位,共写入 8 位即 1 字节。在每次循环中,结合图 5-8 中"LPC845 写 DS18B20 的位时序",第 60 行置 PIO0_0 为高电平,第 62 行使 PIO0_0 输出低电平,延时 2μs(第 63 行),如果要输出 1(第 64 行为真),则第 66 行使 PIO0_0 输出高电平;如果要输出 0,则第 70 行使 PIO0_0 输出低电平。延时约 58μs(第 72 行),拉高 PIO0_0(第 74 行),第 75 行使 dat 字节数据右移一位(因为每次循环都写入 dat 数据的最低位）。

```
79    Int08U My18B20RdChar(void)
80    {
81        Int08U i,dat = 0;
82        for (i = 0;i < 8;i++)
83        {
84            LPC_GPIO_PORT -> DIRSET0 = (1uL << 0);          //输出
85            LPC_GPIO_PORT -> B0[0] = 1uL;                   //DQ = 1
86
87            LPC_GPIO_PORT -> B0[0] = 0uL;                   //DQ = 0
88            dat >> = 1;
89            My18B20Delay(2 * 5);                            //延时 2μs
90
91            LPC_GPIO_PORT -> DIRCLR0 = (1u << 0);           //输入
92            My18B20Delay(6 * 5);                            //延时 6μs
93            if((LPC_GPIO_PORT -> B0[0] & 0x01) == 0x01)
94            {
95                dat | = 0x80;
96            }
97            else
98            {
99                dat & = 0x7F;
100            }
101            My18B20Delay(52 * 5);                           //延时 52μs
102        }
103        return (dat);
104    }
105
```

第 79～104 行为从 DS18B20 中读出一个字节数据的函数 My18B20RdChar。第 81 行定义变量 i,用于循环变量；定义变量 dat,保存从 DS18B20 中读出的字节数据。第 82～102 行为循环体,循环 8 位,每次循环操作从 DS18B20 中读出一位保存在 dat 的最高位,第 88 行的 dat 右移一位表示去掉无用的最低位。结合图 5-8 中"LPC845 读 DS18B20 的位时序",第 84 行将 PIO0_0 设为输出口,并输出高电平(第 85 行),PIO0_0 输出低电平(第 87 行),延时 2μs(第 89 行)。第 91 行将 PIO0_0 设为输入口,延时 6μs(第 92 行),第 93 行读 PIO0_0 口,如果读出 1(第 93 行为真),则第 95 行将 dat 的最高位置 1；如果读出 0,则第 99 行将 dat 的最高位清零。然后,延时 52μs 后才能进入下一位的读操作(第 101 行)。最后,第 103 行返回读出的字节数据 dat。

```
106 void  My18B20Ready(void)
107 {
108    My18B20Reset();
109    My18B20WrChar(0xCC);
110    My18B20WrChar(0x44);
111
112    LPC_GPIO_PORT -> DIRCLR0 = (1u << 0);                 //输入
113    while((LPC_GPIO_PORT -> B0[0] & 0x01) == 0);          //等待转换完成
114
```

```
115    My18B20Reset();
116    My18B20WrChar(0xCC);
117    My18B20WrChar(0xBE);
118 }
119
```

第 106～118 行为 DS18B20 的温度转换函数 My18B20Ready。结合图 5-6 可知,第 108 行复位 DS18B20,第 109 行向 DS18B20 发送 0xCC 指令跳过读 ROM,第 110 行向 DS18B20 发送 0x44 指令启动温度转换,第 112 行将 PIO0_0 设为输入口,DS18B20 温度转换过程中,其 DQ 引脚被锁定为低电平,等到 DQ 输出高电平时表示温度转换完成(第 113 行为真)。然后,再一次复位 DS18B20(第 115 行),再次发送 0xCC 指令跳过读 ROM(第 116 行),发送 0xBE 指令启动读 RAM(第 117 行)。此时,可从 DS18B20 读取温度值。

```
120 Int08U MyGetCRC(Int08U * crcBuff, Int08U crcLen)
121 {
122    Int08U i, crc = 0x0;
123    for(i = 0; i < crcLen; i ++)
124      crc = CRCTable[crc ^ crcBuff[i]];
125
126    return crc;
127 }
128
```

第 120～127 行为 CRC 码校验函数 MyGetCRC。将需要校验的数据赋给参数 crcBuff 中,需要校验的数据长度赋给 crcLen,执行 MyGetCRC 函数将计算 crcBuff 中全部数据的 CRC 码。

```
129 Int16U My18B20ReadT(void)
130 {
131    Int08U i, crc;
132    Int08U my18b20pad[9];
133    Int16U val;
134    Int16U t1, t2;                                        //t1: 整数部分, t2: 小数部分
135
136    My18B20Ready();
137    for(i = 0; i <= 8; i++)
138        my18b20pad[i] = My18B20RdChar();
139
140    crc = MyGetCRC((Int08U * )my18b20pad, sizeof(my18b20pad) - 1);
141    if(crc == my18b20pad[8])                              //如果 CRC 正确
142    {
143        t1 = my18b20pad[1] * 16 + my18b20pad[0]/16;
144        t2 = (my18b20pad[0] % 16) * 100/16;
145        val = (t1 << 8) | t2;
146    }
147    else                                                  //CRC 错误
148        val = 0;
149    return val;
150 }
```

第 129～150 行为从 DS18B20 中读取温度值的函数 My18B20ReadT,返回值为 16 位无符号整型,其中高 8 位为温度的整数部分,低 8 位为温度的小数部分。第 131 行定义了变量 i 和 crc,i 用作循环变量,crc 用于保存计算得到的 CRC 码;第 132 行定义了数组 my18b20pad,长度为 9,结合图 5-4,该数组用于保存从 DS18B20 中读出的 RAM 的 9 字节值,其中前 2 个字节为温度值。第 133 行定义了变量 val,保存返回值。第 134 行定义了变量 t1 和 t2,分别用于保存温度的整数部分和小数部分。第 136 行调用函数 My18B20Ready 使 DS18B20 完成温度转换;第 137、138 行读出 DS18B20 中 RAM 的 9 字节,其中由前 8 字节计算得到的 CRC 码(保存在 crc 中,第 140 行)应等于第 9 字节。如果相等(第 141 行为真),说明读出的数据是正确的,读出的数据中的前 2 字节为温度值(其格式如图 5-5 所示)。第 143 行将温度值的整数部分赋给 t1,第 144 行将温度值的小数部分赋给 t2。第 145 行将 t1 和 t2 赋给 val,其中 t1 作为 val 的高 8 位,t2 作为 val 的低 8 位。如果 CRC 校验失败,则将 val 清零(第 147、148 行)。第 149 行返回 val 的值,即读出的温度的值。

程序段 5-2 my18b20.h 文件

```
1    //Filename: my18b20.h
2
3    #ifndef  _MY18B20_H
4    #define  _MY18B20_H
5
6    #include  "mytype.h"
7
8    void    My18B20Init(void);
9    Int16U  My18B20ReadT(void);
10
11   #endif
```

在头文件 my18b20.h 中声明了 my18b20.c 中定义的两个函数 My18B20Init 和 My18B20ReadT(my18b20.c 中的其他函数外部文件没有使用,因此无须在此声明),分别为 DS18B20 初始化函数和读 DS18B20 温度值函数。

5.3 按键与数码管实例

在工程 MyPrj04 的基础上新建工程 MyPrj06,保存在目录 D:\MYLPC845IEW\PRJ06 下,此时的工程 MyPrj06 与 MyPrj04 完全相同。在保留工程 MyPrj04 全部功能的基础上,新添加文件 my18b20.c、my18b20.h、my7289.c 和 my7289.h(这 4 个文件保存在目录 D:\MYLPC845IEW\PRJ06\bsp 下),并修改原来的 main.c、includes.h 和 mybsp.c 文件。其中,my18b20.c 和 my18b20.h 为 DS18B20 相关的文件,如程序段 5-1 和程序段 5-2 所示;my7289.c 和 my7289.h 为 ZLG7289B 相关的文件,如下述程序段 5-3 和程序段 5-4 所示;被修改的 includes.h、mybsp.c 和 main.c 文件如程序段 5-5～程序段 5-7 所示。

工程 MyPrj06 实现的功能如图 5-9 所示(其中仅列出了在工程 MyPrj04 基础上新添加的功能),完成后的工程 MyPrj06 如图 5-10 所示。

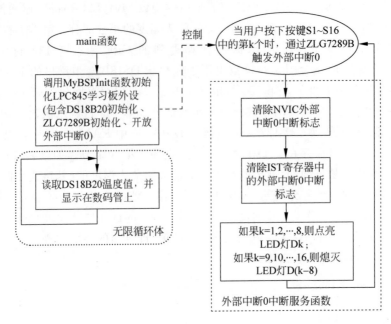

图 5-9　工程 MyPrj06 实现的功能

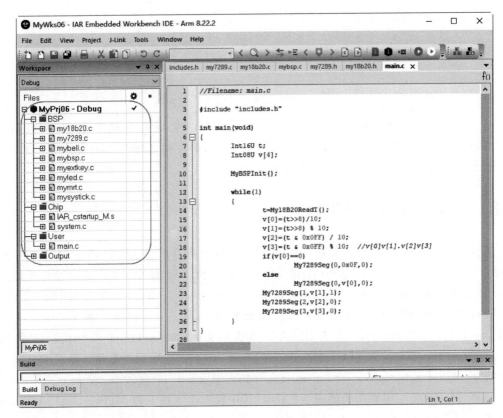

图 5-10　工程 MyPrj06 的工作界面

下面介绍工程 MyPrj06 中的其余文件内容。

程序段 5-3 my7289.c

```
1    //Filename: my7289.c
2
3    # include "includes.h"
4
5    void My7289Init(void)
6    {
7        LPC_SYSCON -> SYSAHBCLKCTRL0 |= (1uL << 28);              //开启 GPIOINT 时钟
8        NVIC_ClearPendingIRQ(PININT0_IRQn);
9        NVIC_EnableIRQ(PININT0_IRQn);
10
11       LPC_SYSCON -> PINTSEL0 = 23;                              //PIO0_23 作为 PININT0
12
13       LPC_SYSCON -> SYSAHBCLKCTRL0 |= (1uL << 18);             //IOCON 时钟有效
14       LPC_IOCON -> PIO0_23 = (1uL << 7) | (1uL << 5) | (2uL << 3);
15
16       LPC_PIN_INT -> SIENF = (1uL << 0);                       //下降沿
17
18       NVIC_SetPriority(PININT0_IRQn,1);
19
20       LPC_SYSCON -> SYSAHBCLKCTRL0 |= (1uL << 6);             //开启 GPIO0 时钟
21       LPC_GPIO_PORT -> SET0 = (1uL << 20);
22       LPC_GPIO_PORT -> DIRSET0 = (1uL << 20);                 //用作 D3D4
23       LPC_GPIO_PORT -> SET0 = (1uL << 21) | (1uL << 22) | (1uL << 30);
24       LPC_GPIO_PORT -> DIRSET0 = (1uL << 21) | (1uL << 22) | (1uL << 30);
25       LPC_GPIO_PORT -> DIRCLR0 = (1uL << 23);
26
27       My7289Seg(0,0x0F,0);                                    //必须执行写入操作开启 ZLG7289B
28       My7289Seg(1,0x0F,0);
29       My7289Seg(2,0x0F,0);
30       My7289Seg(3,0x0F,0);
31    }
```

第 5~31 行为 ZLG7289B 芯片初始化函数 My7289Init。第 7 行为 GPIO 中断模块提供工作时钟;第 8 行清零外部中断 0 中断标志,第 9 行开放外部中断 0。第 11 行将 PIO0_23 设为外部中断 0 的中断源(结合图 3-2 和图 3-8 可知,PIO0_23 与 ZLG7289B 的 INT 引脚相连)。第 13 行为 IOCON 模块提供工作时钟,第 14 行将 PIO0_23 设为输入口。第 16 行设置外部中断 0 为下降沿触发,第 18 行设置外部中断 0 的优先级为 1。第 20 行为 GPIO 口提供工作时钟,第 21 行置位 PIO0_20,第 22 行设置 PIO0_20 为输出口(结合图 3-2 和图 3-12 可知,PIO0_21 直接用于驱动四合一数码管的时间分隔符)。第 23 行设置 PIO0_21、PIO0_22 和 PIO0_30 均为高电平,第 24 行设置 PIO0_21、PIO0_22 和 PIO0_30 均为输出口,第 25 行设置 PIO0_23 为输出口(结合图 3-2 和图 3-8 可知,PIO0_23 作为外部中断源;PIO0_21、PIO0_22 和 PIO0_30 分别连接到 ZLG7289B 的片选 CS、时钟 CLK 和数据口 DIO)。第 27~30 行调用函数 My7289Seg 关闭四合一数码管的显示。

```
32
33  void  My7289Delay(int t)
34  {
35    while((－－t)＞0);
36  }
37
```

第 33～36 行为延时函数 My7289Delay,有一个参数 t,当 t 等于 5 时,大约延时 $1\mu s$。但是由于 ZLG7289B 使用了 12MHz 的晶振,为了避免数码管和 LED 灯闪烁,下文引用 My7289Delay 函数是按 t 取值 12 约延时 $1\mu s$ 进行处理的。

```
38  void  My7289SPIWrite(Int08U dat)
39  {
40    Int08U i;
41    LPC_GPIO_PORT－＞DIRSET0 = (1u≪30);              //7289DIO 输出
42    for(i = 0;i＜8;i++)
43    {
44        if((dat & 0x80) == 0x80)
45        {
46            LPC_GPIO_PORT－＞B0[30] = 1u;
47        }
48        else
49        {
50            LPC_GPIO_PORT－＞B0[30] = 0u;
51        }
52        dat≪= 1;
53        LPC_GPIO_PORT－＞B0[22] = 1u;              //7289CLK = 1
54        My7289Delay(96);                         //8μs:8 * (12)
55        LPC_GPIO_PORT－＞B0[22] = 0u;              //7289CLK = 0
56        My7289Delay(96);                         //8μs:8 * (12)
57    }
58  }
59
```

第 38～58 行为向 ZLG7289B 写入一字节数据 dat 的函数 My7289SPIWrite。结合图 5-3(a),第 41 行将 PIO0_30 设为输出口(PIO0_30 与 ZLG7289B 的 DIO 数据口相连),第 42～57 行为循环体,循环 8 次,每次将 dat 的最高位写入 ZLG7289B 中。在每次循环中,如果写入的最高位为 1(第 44 行为真),则 PIO_30 输出高电平(第 46 行);如果写入的最高位为 0,则第 50 行输出低电平。然后,dat 左移一位,次高位变为最高位(第 52 行)。第 53～55 行在 CLK 上产生下降沿信号,第 56 行再延时约 $8\mu s$ 完成该位的写入操作。

```
60  Int08U My7289SPIRead(void)
61  {
62    Int08U i,dat;
63    LPC_GPIO_PORT－＞DIRCLR0 = (1u≪30);              //7289DIO 作为输入
64    for(i = 0;i＜8;i++)
65    {
66        LPC_GPIO_PORT－＞B0[22] = 1u;              //7289CLK = 1
67        My7289Delay(96);                         //8μs
```

```
68         dat << = 1;
69         if((LPC_GPIO_PORT - > B0[30] & 1u) == 1u)
70             dat | = 1;                              //ZLG7289DIO = 1
71         LPC_GPIO_PORT - > B0[22] = 0u;              //7289CLK = 0
72         My7289Delay(96);
73     }
74     return dat;
75 }
```

第 60～75 行为从 ZLG7289B 中读出一个字节数据的函数 My7289SPIRead。第 62 行定义循环变量 i 和用于返回值的变量 dat。第 63 行设置 PIO0_30 为输入口,读取 ZLG7289B 的端口 DIO。第 64～73 行为循环体,循环执行 8 次,每次读出一位保存在 dat 的最低位,然后,第 68 行左移 dat 一位,移除无用的最高位。结合图 5-3(c),每次循环中,第 66 行使 CLK 为高电平,等待约 $8\mu s$(第 67 行),第 69 行先读出 DIO 的值,如果读出的值为 1,即第 69 行为真,则第 70 将读出的值赋给 dat 的最低位;如果读出 0,无须任何操作。第 71 行将 CLK 拉低,再延时 $8\mu s$(第 72 行)后可进行下一次读操作。(注意:可在第 63 行和第 64 行之间插入一条语句:"LPC_GPIO_PORT-> B0[22] = 0u;",这里省略的原因是 ZLG7289B 必须选写入 0x15 后才能读出键值,在写入后,CLK 将被拉低。)

```
76
77 void  My7289Cmd( Int08U cmd)
78 {
79   LPC_GPIO_PORT - > B0[21] = 0u;                //ZLG7289CS = 0
80   LPC_GPIO_PORT - > B0[22] = 0u;                //7289CLK = 0
81
82   My7289Delay(600);                            //50μs: 50 * 12
83   My7289SPIWrite(cmd);
84
85   LPC_GPIO_PORT - > B0[21] = 1u;                //ZLG7289CS = 1
86 }
```

第 77～86 行的函数 My7289Cmd 调用函数 My7289SPIWrite 实现了图 5-3(a)的时序,向 ZLG7289B 写入 1 字节的命令字 cmd。

```
87
88 void  My7289CmdDat( Int08U cmd, Int08U dat)
89 {
90   LPC_GPIO_PORT - > B0[21] = 0u;                //ZLG7289CS = 0
91   LPC_GPIO_PORT - > B0[22] = 0u;                //7289CLK = 0
92
93   My7289Delay(600);                            //50μs
94   My7289SPIWrite(cmd);
95   My7289Delay(300);                            //25μs
96   My7289SPIWrite(dat);
97
98   LPC_GPIO_PORT - > B0[21] = 1u;                //ZLG7289CS = 1
99 }
```

第 88～99 行的函数 My7289CmdDat 调用了两次 My7289SPIWrite,实现了图 5-3(b)所

示的时序,向 ZLG7289B 写入一个字节命令 cmd 和一个字节数据 dat。

```
100
101 void My7289LEDOn( Int08U i )                      //i = 1, 2, …, 8 对应于 D1, D2, …, D8
102 {
103    Int08U myled[8] = {46,45,44,43,42,41,40,47};
104    if(i > 0 && i < 9)
105       My7289CmdDat(0xE0,myled[i-1]);
106 }
```

LPC845 学习板上,ZLG7289B 驱动了 8 个 LED 灯,由前文的分析可知,这 8 个 LED 灯的地址依次如第 103 的数组 myled 中的各个元素所示。因此,第 101～106 行的函数 My7289LEDOn 为点亮各个 LED 灯的函数,具有一个参数 i,表示 LED 灯的编号,i 取值为 1,2,…,8。第 105 行调用 My7289CmdDat 点亮第 i 个 LED 灯(参考表 5-2 的序号 12)。

```
107
108 void My7289LEDOff( Int08U i )                      //i = 1, 2, …, 8 对应于 D1, D2, …, D8
109 {
110    Int08U myled[8] = {46,45,44,43,42,41,40,47};
111    if(i > 0 && i < 9)
112       My7289CmdDat(0xC0,myled[i-1]);
113 }
```

第 108 ～ 113 行的函数 My7289LEDOff 为熄灭第 i 个 LED 灯的函数,与 My7289LEDOn 的功能正好相反。当合法的参数 i 给定后,第 112 行调用 My7289CmdDat 函数熄灭第 i 个 LED 灯(参考表 5-2 的序号 13)。

```
114
115 void My7289Disp( Int08U mod, Int08U x, Int08U dat, Int08U dp)
116 {
117    Int08U mymod[3] = {0x80,0xC8,0x90};
118    if(mod > 2)
119       mod = 2;
120    dat &= 0x0F;
121    x &= 0x07;
122    dp &= 1;
123    My7289CmdDat(mymod[mod] + x,(dp << 7)|dat);
124 }
```

第 115～124 行为 ZLG7289B 显示函数 My7289Disp,具有 4 个参数,第一个参数 mod 可取 0、1 或 2,依次表示使用表 5-2 中的序号 7、序号 8 或序号 9 的显示模式;第二个参数 x 表示数码管的位置号(简称位号),可取值 0～7(即最多驱动 8 个数码管);第三个参数为数码管的显示内容 dat;第 4 个参数 dp 为 0 则小数点熄灭,dp 为 1 则小数点点亮。

```
125
126 void My7289Seg( Int08U x, Int08U v, Int08U dp)       //x = 0,1,2,3,dp = 0,1
127 {
128    x &= 0x03;
129    v &= 0x0F;
130    My7289Disp(0,x,v,dp);
131 }
```

第 126～131 行为专用于 LPC845 学习板的数码管显示函数 My7289Seg,具有 3 个参数,第一个参数 x 表示数码管的位置号,只能取 0、1、2 或 3(LPC845 学习板上为四合一数码管);第二个参数 v 为数码管上显示的内容,由于使用了表 5-2 中序号 7 对应的显示模式(第 130 行调用 My7289Disp 函数时其第一个参数为 0),v 只能取值 0000b～1111b;第三个参数为小数点是否点亮的参数 dp,dp＝0 表示熄灭,dp＝1 表示点亮。

```
132
133 void MyTimeSep(void)
134 {
135    LPC_GPIO_PORT - > NOT0 = (1uL << 20);
136 }
```

第 133～136 行的函数 MyTimeSep 为驱动四合一数码管中时间分隔符的函数,该函数调用一次,将 PIO0_20 的输出值取反一次。当 PIO0_0 原来为低电平(时间分隔符点亮)时,调用 MyTimeSep 函数一次,则将 PIO0_0 置为高电平(时间分隔符熄灭)。

```
137
138 Int08U My7289GetKey(void)
139 {
140     Int08U mykeycode;
141
142     LPC_GPIO_PORT - > B0[21] = 0u;              //ZLG7289CS = 0
143     LPC_GPIO_PORT - > B0[22] = 0u;              //ZLG7289CLK = 0
144
145     My7289Delay(600);                           //50μs
146     My7289SPIWrite(0x15);
147     My7289Delay(300);                           //25μs
148     mykeycode = My7289SPIRead();
149
150     LPC_GPIO_PORT - > B0[21] = 1u;              //ZLG7289CS = 1
151     return mykeycode;
152 }
```

第 138～152 行的 My7289GetKey 函数用于读取 ZLG7289B 驱动的按键值。参考图 5-3(c) 的时序,先延时约 $50\mu s$(第 145 行)后,调用 My7289SPIWrite 写入命令字 0x15(第 146 行),然后再延时约 $25\mu s$(第 147 行)后,调用 My7289SPIRead 读出按键的键码(第 148 行)。

```
153
154 void PININT0_IRQHandler(void)
155 {
156    Int08U mykeyin;
157    NVIC_ClearPendingIRQ(PININT0_IRQn);
158    LPC_PIN_INT - > IST = (1uL << 0);
159    mykeyin = My7289GetKey();
160    switch(mykeyin)
161    {
162       case 62: //S1
163           My7289LEDOn(1);   break;
164       case 61: //S2
```

```
165                My7289LEDOn(2);   break;
166        case 60: //S3
167                My7289LEDOn(3);   break;
168        case 59: //S4
169                My7289LEDOn(4);   break;
170        case 58: //S5
171                My7289LEDOn(5);   break;
172        case 57: //S6
173                My7289LEDOn(6);   break;
174        case 56: //S7
175                My7289LEDOn(7);   break;
176        case 63: //S8
177                My7289LEDOn(8);   break;
178        case 54: //S9
179                My7289LEDOff(1);   break;
180        case 53: //S10
181                My7289LEDOff(2);   break;
182        case 52: //S11
183                My7289LEDOff(3);   break;
184        case 51: //S12
185                My7289LEDOff(4);   break;
186        case 50: //S13
187                My7289LEDOff(5);   break;
188        case 49: //S14
189                My7289LEDOff(6);   break;
190        case 48: //S15
191                My7289LEDOff(7);   break;
192        case 55: //S16
193                My7289LEDOff(8);   break;
194        default:
195                break;
196    }
197 }
```

第154~197行为外部中断0的中断服务函数PININT0_IRQHandler。第156行定义局部变量mykeyin,用于保存读ZLG7289B得到的按键值。进入中断后,首先清零NVIC中断中的外部中断0标志(第157行),然后,清零IST寄存器中的外部中断0标志位(第158行),第159行调用My7289GetKey读取ZLG7289B的按键键码,第160~196行为switch分支语句,根据按键的键码值,进行相应的LED灯点亮或熄灭操作:当第k个按键Sk被按下时,如果k为1~8中的某个值,则LED灯Dk点亮;如果k为9~16中的某个值,则LED灯D(k-8)熄灭。例如,S7按下时,D7点亮;S15按下时,D7熄灭。

程序段5-4　my7289.h

```
1   //Filename: my7289.h
2
3   #ifndef _MY7289_H
4   #define _MY7289_H
```

```
5
6    # include "mytype.h"
7
8    void My7289Init(void);
9    void My7289LEDOn(Int08U i);
10   void My7289LEDOff(Int08U i);
11   void My7289Seg(Int08U x,Int08U v,Int08U dp);
12   void MyTimeSep(void);
13   Int08U My7289GetKey(void);
14
15   # endif
```

文件 my7289.h 中声明了 my7289.c 中定义的函数 My7289Init、My7289LEDOn、My7289LEDOff、My7289Seg、MyTimeSep 和 My7289GetKey，这些函数可被外部文件调用。

程序段 5-5　includes.h 文件

```
1    //Filename: includes.h
2
3    # include "LPC8xx.h"
4
5    # include "mytype.h"
6    # include "mybsp.h"
7    # include "myled.h"
8    # include "mysystick.h"
9    # include "mymrt.h"
10   # include "mybell.h"
11   # include "myextkey.h"
12   # include "my7289.h"
13   # include "my18b20.h"
```

上述 includes.h 文件为总的头文件，包括了工程 MyPrj06 中其他的全部头文件。

程序段 5-6　mybsp.c 文件

```
1    //Filename: mybsp.c
2
3    # include "includes.h"
4
5    void MyBSPInit(void)
6    {
7      MyLEDInit();
8      MySysTickInit();
9      MyMRTInit();
10     MyBellInit();
11     MyExtKeyInit();
12     My7289Init();
13     My18B20Init();
14   }
```

文件 mybsp.c 中只有一个函数 MyBSPInit,调用了各个模块的初始化函数,用于初始化 LPC845 学习板上的各个外设模块。

程序段 5-7　main.c 文件

```
1    //Filename: main.c
2
3    # include "includes.h"
4
5    int main(void)
6    {
7        Int16U t;
8        Int08U v[4];
9
10       MyBSPInit();
11
12       while(1)
13       {
14           t = My18B20ReadT();
15           v[0] = (t >> 8)/10;
16           v[1] = (t >> 8) % 10;
17           v[2] = (t & 0x0FF) / 10;
18           v[3] = (t & 0x0FF) % 10;              //v[0]v[1].v[2]v[3]
19           if(v[0] == 0)
20               My7289Seg(0,0x0F,0);
21           else
22               My7289Seg(0,v[0],0);
23           My7289Seg(1,v[1],1);
24           My7289Seg(2,v[2],0);
25           My7289Seg(3,v[3],0);
26       }
27    }
```

在 main.c 文件的 main 函数中,第 7 行定义了局部变量 t,用于保存从 DS18B20 读出的温度值。第 8 行定义了数组 v,v 有 4 个元素,分别用于保存 4 个数码管上显示的数字。第 10 行调用 MyBSPInit 函数初始化 LPC845 学习板。第 12~26 行为无限循环体,每次循环时,先从 DS18B20 中读出温度值,保存在 t 中(第 14 行),t 的高 8 位为温度的整数部分,t 的低 8 位为小数部分。然后,第 15~18 行将温度 t 的十位数、个位数、十分位数和百份位数上的数字依次保存在数组 v 的 v[0]、v[1]、v[2]和 v[3]中;如果 v[0]为 0,则第一个数码管不显示(第 19、20 行),否则显示 v[0](第 21、22 行);第 23~25 行依次在第 2~4 个数码管上显示 v[1]、v[2]和 v[3]。

本章小结

本章详细介绍了常用的按键与 LED 灯驱动芯片 ZLG7289B 的工作原理与程序设计方法,然后详细介绍了 DS18B20 温度传感器的工作原理与温度采集程序设计方法。接着,借助于 ZLG7289B 驱动的四合一数码管,将从 DS18B20 采集到的温度值实时显示出来,显示温度格式为"XX.XX"的形式。此时,通过改变环境温度改变 DS18B20 的温度值,则四合一数码管上将实时显示当前的环境温度值。

在第 4 章介绍了 GPIO 口直接驱动的 LED 灯模块、按键模块和蜂鸣器模块后,本章又介绍了 ZLG7289B 驱动的 LED 灯、数码管和按键模块以及 DS18B20 温度采集模块,下一章将进一步介绍串口通信模块和基于串口工作的声码器模块。

第 6 章

串口通信与声码器

串口通信是嵌入式系统中最常用的双工通信方法。本章将介绍 LPC845 串口通信模块的工作原理,并借助于 LPC845 学习板介绍串口通信程序设计方法。在此基础上,介绍基于串口工作的声码器 SYN6288 的工作原理及其程序设计方法。本章需要重点掌握的知识点有:

(1) 串口通信波特率的配置方法;

(2) 串口发送数据程序设计方法;

(3) 借助于中断实现串口接收数据的方法;

(4) 声码器 SYN6288 的使用方法。

6.1 串口通信

结合图 3-2 和图 3-5 可知,通过网标 RXD232 和 TXD232,LPC845 微控制器的 PIO0_25 和 PIO0_26 与串口电平转换芯片 ST3232 的串行接收端 R2OUT 和发送端 T2IN 相连接。在图 3-5 中,来自外部的串行数据进入 ST3232 的 R2IN,转换为 TTL 电平后经 R2OUT 送到 LPC845 的 PIO0_25;LPC845 微控制器发送的串行数据由 PIO0_26 发出,送至 ST3232 的 T2IN,然后转换为 RS-232 电平后经 T2OUT 送到外部(计算机的串口)。

6.1.1 LPC845 串口工作原理

串口通信是指数据的各位按串行的方式沿一根总线进行通信的方式,UART 串口通信是典型的异步双工串行通信,其通信方式如图 6-1 所示。

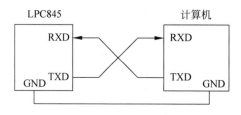

图 6-1 UART 异步串行通信

UART 串口通信需要两个引脚,即 TXD 和 RXD,TXD 为串口数据发送端,RXD 为串口数据接收端。LPC845 的串口与计算机的串口按图 6-1 所示方式相连,串行数据传输没有同步时钟,需要双方按相同的位传输速率异步传输,这个速率称为波特率,常用的波特率有4800bps、9600bps 和 115200bps 等。UART 串口通信的数据包以帧为单位,常用的帧结构为:1 位起始位+8 位数据位+1 位奇偶校验位(可选)+1 位停止位,如图 6-2 所示。

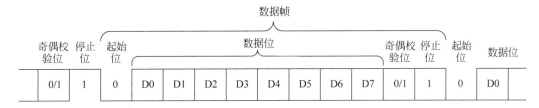

图 6-2　串口通信数据格式

奇偶校验分为奇校验和偶校验两种,是一种简单的数据误码检验方法。奇校验是指每帧数据中,包括数据位和奇偶校验位在内的全部 9 个位中"1"的个数必须为奇数;偶校验为每帧数据中,包括数据位和奇偶校验位在内的全部 9 个位中,"1"的个数必须为偶数。例如,发送数据"00110101b",采用奇校验时,奇偶校验位必须为 1,这样才能满足奇校验条件。如果对方收到数据位和奇偶校验位后,发现"1"的个数为奇数,则认为数据传输正确;否则认为数据传输出现误码。

LPC845 具有 5 个串口,即 USART0～USART4,均支持 7、8 或 9 位数据位和 1 或 2 个停止位,支持奇偶校验,具有独立的发送缓冲区和接收缓冲区,5 个串口内置了波特率发生器,共用同一个分数阶分频器。由于 3 个串口在结构和功能上完全相同,这里结合 LPC845学习板,重点介绍 USART0 的操作。

由第 3 章图 3-5 和图 3-2 可知,在电路连接上,LPC845 串口接收端 RXD 与 PIO0_25 相连接,而 LPC845 串口发送端 TXD 与 PIO0_26 相连接。由第 2 章表 2-3 和表 2-4 可知,PINASSIGN0 寄存器的第[15:8]位域管理 U0_RXD_I 的引脚映射位置,第[7:0]位域管理 U0_TXD_O 的引脚映射位置,因此,需要配置 PINASSIGN0 寄存器使 U0_RXD_I 映射到 PIO0_25 上,而 U0_TXD_O 映射到 PIO0_26 上,即:

```
PINASSIGN0 = (0xFF << 24) | (0xFF << 16) | (25uL << 8) | (26uL << 0);
```

LPC845 在使用 USART0 前,需要配置 SYSAHBCLKCTRL0 寄存器(见表 2-18)的第14 位为 1,为 USART0 提供工作时钟,还要配置 PRESETCTRL0 寄存器(见表 2-14)寄存器的第 14 位为 1,使 USART0 进入工作状态,即:

```
SYSAHBCLKCTRL | = (1uL << 14);
PRESETCTRL & = ~(1uL << 14);
PRESETCTRL | = (1uL << 14);
```

如果是使用 USART1、USART2、USART3 或 USART4,则需要配置 SYSAHBCLKCTRL0寄存器的第 15、16、30 或 31 位,提供给 USART1、USART2、USART3 或 USART4 工作时钟,还要配置 PRESETCTRL0 寄存器的第 15、16、30 或 31 位,使它们处于工作状态。后面对于 USART0 的各种操作,当用于 USART1、USART2、USART3 或 USART4 时,只需要把 USART0 的寄存器改为 USART1、USART2、USART3 或 USART4 的同名寄存器即可。

USART0 的结构如图 6-3 所示,由发送器、接收器和波特率发生器等组成。USART0 的工作时钟为系统时钟,但是其波特率发生器的时钟为 FCLK,FCLK 为图 2-6 中标有 "UARTn"的时钟信号。当工作在异步串行模式下时,仅需用到 U0_RXD 和 U0_TXD 引脚,U0_SCLK、U0_CTS 和 U0_RTS 不使用。然后,通过写"发送保持寄存器"向外部发送串行数据,通过读"接收缓冲寄存器"接收外部输入的串行数据。

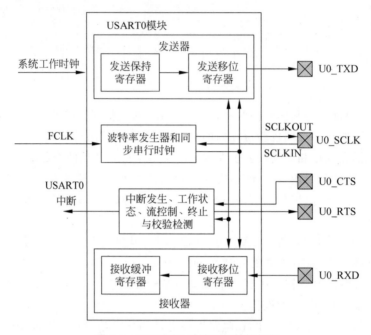

图 6-3　USART0 时钟源与结构框图

在图 2-6 中,FRG0CLKSEL[1:0]默认选择 fro 作为时钟源,设置 FRG0DIV 和 FRG0MULT 的值分别为 255 和 144(注意:FRG0DIV 必须设为 255),这里经分数分频器后的时钟信号为 frg0clk=fro/[1+FRG0MULT/(FRG0DIV+1)]=12/(1+144/256)= 7.68MHz。UART0CLKSEL[2:0]寄存器选择 frg0clk 作为 UART0 的时钟,即 FCLK= frg0clk。这里的寄存器 FRG0DIV、FRG0MULT、FRG0CLKSEL 见表 2-12。

下面先列出 USART0~4 的寄存器,如表 6-1 所示(USART0~USART4 的寄存器相同,只是基地址不同);然后,在此基础上讨论串口波特率的设定方式。

表 6-1　USART0~4 寄存器(USART0 基地址:0x4006 4000,USART1 基地址:0x4006 8000,USART2　基地址:0x4006 C000,USART3 基地址:0x4007 0000,USART4　基地址:0x4007 4000)

寄存器名	偏移地址	类　型	复 位 值	含　　义
CFG	0x00	R/W	0	USART 配置寄存器
CTL	0x04	R/W	0	USART 控制寄存器
STAT	0x08	R/W	0xE	USART 状态寄存器
INTENSET	0x0C	R/W	0	中断有效读和配置寄存器
INTENCLR	0x10	WO	-	中断清除寄存器
RXDAT	0x14	RO	-	接收数据寄存器

续表

寄 存 器 名	偏 移 地 址	类　　型	复 位 值	含　　义
RXDATSTAT	0x18	RO	-	接收数据与状态寄存器
TXDAT	0x1C	R/W	0	发送数据寄存器
BRG	0x20	R/W	0	波特率发生器寄存器
INTSTAT	0x24	RO	0x5	中断状态寄存器
OSR	0x28	R/W	0xF	异步通信过采样选择寄存器
ADDR	0x2C	R/W	0	自动地址匹配地址寄存器

表 6-1 中各个寄存器的含义如下所示,这里首先介绍 BRG 和 OSR 寄存器,然后再依次介绍其他的寄存器。

1. BRG 与 OSR 寄存器以及波特率设置方法

LPC845 串口工作在异步模式下的波特率计算公式为

$$波特率＝FCLK/[(OSRVAL＋1)×(BRGVAL＋1)]$$

式中,FCLK 为上述计算得到的 7.68MHz;OSRVAL 和 BRGVAL 分别来自于寄存器 OSR 和 BRG。BRG 寄存器只有第[15:0]位域有效,记为 BRGVAL,复位值为 0。OSR 寄存器只有第[3:0]位域有效,记为 OSRVAL,复位值为 0xF。如果设置 BRGVAL＝49,OSRVAL 保持复位值 0xF 不变,则此时的波特率为

$$波特率＝7680000/[(15＋1)×(49＋1)]＝9600bps$$

事实上,LPC845 微控制器的波特率的配置方法非常灵活,表 6-2 列出常用波特率的配置方法,假设图 2-6 中的 main_clk 为 60MHz,fro 为 12MHz。

表 6-2　常用波特率下 FRG0MULT、FRG0DIV、OSR 和 BRG 的值

波特率/bps	时钟源	FRG0MULT	FRG0DIV	OSR	BRG
9600	fro	144	255	15	49
	main_clk	144	255	15	249
19200	fro	144	255	15	24
	main_clk	144	255	15	124

注:由于实际芯片片内 FRO 振荡器的频率存在着误差,故 BRG 的实际配置值可能比表中的值略高或略低

2. CFG 寄存器

CFG 寄存器各位的详细含义如表 6-3 所示,其中第 0 位为 USART 有效位,在配置 USART 波特率发生器寄存器 BRG 和其他寄存器前,必须清零该位,即关闭 USART,配置完 BRG 和其他寄存器后,再向该位写 1 打开 USART。

表 6-3　CFG 寄存器各位的含义

位 号	符　　号	复位值	含　　义
0	ENABLE	0	USART 有效位。为 0,关闭 USART;为 1,打开 USART
1	-		保留,仅能写 0
3:2	DATALEN	0	设定 USART 数据长度。为 0 表示数据长度为 7 位;为 1 表示数据长度为 8 位;为 2 表示数据长度为 9 位;为 3 保留

位号	符　号	复位值	含　义
5：4	PARITYSEL	0	选择 USART 校验类型。为 0 表示无校验；为 1 保留；为 2 表示偶校验；为 3 表示奇校验
6	STOPLEN	0	设定停止位个数。为 0 表示 1 个停止位；为 1 表示 2 个停止位，仅用于异步通信模式下
8：7	-		保留，仅能写 0
9	CTSEN	0	CTS 有效位。为 0 表示无流控制；为 1 表示打开流控制
10	-		保留，仅能写 1
11	SYNCEN	0	选择同步或异步工作模式位。为 0 选择异步工作模式；为 1 选择同步工作模式
12	CLKPOL	0	选择同步工作模式下数据采样时钟沿。为 0 表示下降沿采样数据；为 1 表示上升沿采样数据
13	-		保留，仅能写 0
14	SYNCMST	0	同步模式主从选择位。为 0 表示 USART 为从机；为 1 表示 USART 为主机
15	LOOP	0	为 0 表示 USART 正常工作；为 1 表示内部测试回路模式，USART 内部数据发送端连接到数据接收端
17：16	-		保留，仅能写 0
18	OETA	0	RS-485 工作模式下，为 0 表示输出有效信号在一帧信号的停止位传输完成后消失；为 1 表示输出有效信号保持一个字符传输时长
19	AUTOADDR	0	自动地址匹配有效位，为 0 表示关闭自动地址匹配；为 1 表示打开自动地址匹配
20	OESEL	0	输出有效选择位。为 0 表示 RTS 为流控制信号；为 1 表示 RTS 被 OETA 取代
21	OEPOL	0	输出有效位极性，为 0 表示 OETA 低有效；为 1 表示 OETA 高有效
22	RXPOL	0	接收数据极性位，为 0 表示接收信号正常；为 1 表示接收信号取反
23	TXPOL	0	传输数据极性位，为 0 表示正常发送信号；为 1 表示发送取反后的信号
31：24	-		保留，仅能写入 0

由表 6-3 可知，如果设置 USART0 工作在异步串行模式，数据长度为 8 位，停止位为 1 位时，可使用语句

```
CFG = (1uL << 0) | (1uL << 2);
```

而且，由表 6-3 可知，LPC845 串口内部接收端和发送端集成了反相器，可以接收或发送反相后的信号。

3. CTL 寄存器

USART 控制寄存器 CTL 各位的含义如表 6-4 所示。

表 6-4　CTL 寄存器各位的含义

位号	符　号	复位值	含　义
0	-		保留,仅能写 0
1	TXBRKEN	0	暂停有效位。为 0 表示正常工作;为 1 表示发送暂停,直到该位被清零
2	ADDRDET	0	地址检测模式有效位。为 0:USART 接收全部数据;为 1:USART 检测接收数据的最高位(一般地为第 9 位,其值为 1),如果该位为 1,则接收该数据;否则忽略该数据
5:3	-		保留,仅能写 0
6	TXDIS	0	发送关闭位。为 0:正常发送;为 1:关闭发送器,如果当前有数据正在发送,则发送完后再关闭发送器
7	-		保留,仅能写 0
8	CC	0	同步时钟控制位。为 0 表示仅当收发字符时才有同步时钟;为 1 表示无论有无串行数据收发,同步时钟总存在
9	CLRCC	0	清除 CC 位,写入 0 无效;写入 1 后,当一个字符数据收或发完成后,CC 自动清零,该位也自动清零
15:10	-		保留,仅能写 0
16	AUTOBAUD	0	自动波特率有效位。为 0,关闭自动波特率;为 1,打开自动波特率功能
31:17	-		保留,仅能写 0

根据表 6-4,当 USART0 工作在异步串行模式时,CTL 寄存器保持默认值即可。

4. STAT 寄存器

USART 状态寄存器 STAT 各位的含义如表 6-5 所示。

表 6-5　STAT 寄存器各位的含义

位号	符　号	复位值	含　义
0	RXRDY	0	只读的接收就绪标志位,为 1 表示接收到有效数据;读 RXDAT 或 RXDATSTAT 清零该位
1	RXIDLE	1	只读的接收空闲标志位,为 0 表示 USART 正在接收数据;为 1 表示 USART 接收器空闲
2	TXRDY	1	只读的发送就绪标志位,为 1 表示就绪,当数据从发送保持寄存器送给发送移位寄存器时该位自动置 1;当写 TXDAT 寄存器时,该位自动清零
3	TXIDLE	1	只读的发送空闲标志位。为 1 表示发送器空闲;为 0 表示发送器忙
4	CTS		CTS 信号状态位,只读
5	DELTACTS	0	当检测到 CTS 信号状态变化时,该位自动置 1,向该位写入 1 清零
6	TXDISINT	0	只读的发送关闭中断标志位,当 CFG 寄存器的 TXDIS 置 1 后,发送器进入空闲态,该位自动置 1
7	-		保留,仅能写 0

续表

位号	符 号	复位值	含 义
8	OVERRUNINT	0	只读的覆盖错误中断标志位,当接收缓冲寄存器中有字符时,一个新的字符被接收,此时新字符将覆盖原有字符,然后该位被自动置1
9	-		保留,仅能写0
10	RXBRK	0	只读的接收暂停位,该位反映了接收暂停标志的状态,当RXD引脚保持16位的低电平时,该位被置1,同时,FRAMERRINT也被置1;当RXD引脚进入高电平时,该位自动清零
11	DELTARXBRK	0	当检测到暂停标志时,该位自动置1;通过软件方式写入1清零该位
12	START	0	当接收到数据帧的起始位时,该位被自动置1;通过软件方式写入1清零该位。主要用于将LPC845从深睡眠和掉电模式下唤醒
13	FRAMERRINT	0	当接收数据帧时丢失了停止位,该位被自动置1;通过软件方式写入1清零该位
14	PARITYERRINT	0	校验错误中断标志位。当接收的字符数据校验错误时,该位自动置1;写入1清零该位
15	RXNOISEINT	0	接收噪声中断标志位。LPC845对接收的字符数据的每一位进行多次采样,如果各个采样值相同,则该位正确;如果有至少一个采样值与其他值不同,则称为出现了噪声。如果出现了噪声,则该位被自动置1;写入1清零该位
16	ARERR	0	自动波特率出错位,写入1清零
31:17	-		保留,仅能写0

表 6-5 反映了 USART 的工作状态。通过读取 STAT 寄存器的某些位了解 USART 的工作情况,例如,读出 STAT 的第 3 位 TXIDLE,如果该位为 1 表示发送器空闲,可以向发送保持缓冲区写入数据;如果读出 0 表示发送器忙,则可以通过循环读出 TXIDLE 的值,直到其为 1 后,再向发送保持缓冲区写入数据。

5. INTENSET 寄存器

INTENSET 寄存器用于开放 USART 的各种类型中断,向某个寄存器位写入 1 打开相应的中断,写入 0 无效。INTENCLR 寄存器用于清零 INTENSET 寄存器的各位,通过向 INTENCLR 的某位写入 1,则清零 INTENSET 对应位置的位。当读出 INTENSET 某位的值为 1 时,说明相应的中断有效;如果读出 0,表示相应的中断关闭。INTENSET 寄存器各位的含义如表 6-6 所示。

表 6-6　INTENSET 寄存器各位的含义

位号	符 号	复位值	含 义
0	RXRDYEN	0	当为1时,RXDAT寄存器中接收到字符数据后触发中断
1	-		保留,仅能写0
2	TXRDYEN	0	当为1时,TXDAT寄存器写入要传输的字符时触发中断

续表

位号	符 号	复位值	含 义
3	TXIDLEEN	0	当为 1 时,发送缓冲区空闲时触发中断
4	-		保留,仅能写 0
5	DELTACTSEN	0	当为 1 时,CTS 输入端状态变化时触发中断
6	TXDISINTEN	0	当 为 1 时, 发 送 器 完 全 关 闭 后(STAT 寄存器的 TXDISINT 标志位将被置位)触发中断
7	-		保留,仅能写 0
8	OVERRUNEN	0	当为 1 时,接收数据发生重叠时触发中断
10：9	-		保留,仅能写 0
11	DELTARXBRKEN	0	当为 1 时,接收到暂停标志状态改变时触发中断
12	STARTEN	0	当为 1 时,接收帧起始位被检测到时触发中断
13	FRAMERREN	0	当为 1 时,当检测到帧错误时触发中断
14	PARITYERREN	0	当为 1 时,检测到校验错误时触发中断
15	RXNOISEEN	0	当为 1 时,检测到接收位噪声时触发中断
16	ARERREN	0	当为 1 时,检测到自动波特率出错时触发中断
31：17	-		保留,仅能写 0

6. INTENCLR 寄存器

INTENCLR 寄存器的各位与 INTENSET 寄存器的各位一一对应,向 INTENCLR 中某一位写入 1,将清零 INTENSET 中对应位置的位。INTENCLR 寄存器各位的含义如表 6-7 所示。

表 6-7 INTENCLR 寄存器各位的含义

位号	符 号	复位值	含 义
0	RXRDYCLR	0	写入 1 清零 INTENSET 寄存器的 RXRDYEN 位
1	-		保留,仅能写 0
2	TXRDYCLR	0	写入 1 清零 INTENSET 寄存器的 TXRDYEN 位
3	TXIDLECLR	0	写入 1 清零 INTENSET 寄存器的 TXIDLEEN 位
4	-		保留,仅能写 0
5	DELTACTSCLR	0	写入 1 清零 INTENSET 寄存器的 DELTACTSEN 位
6	TXDISINTCLR	0	写入 1 清零 INTENSET 寄存器的 TXDISINTEN 位
7	-		保留,仅能写 0
8	OVERRUNCLR	0	写入 1 清零 INTENSET 寄存器的 OVERRUNEN 位
10：9	-		保留,仅能写 0
11	DELTARXBRKCLR	0	写入 1 清零 INTENSET 寄存器的 DELTARXBRKEN 位
12	STARTCLR	0	写入 1 清零 INTENSET 寄存器的 STARTEN 位
13	FRAMERRCLR	0	写入 1 清零 INTENSET 寄存器的 FRAMERREN 位
14	PARITYERRCLR	0	写入 1 清零 INTENSET 寄存器的 PARITYERREN 位
15	RXNOISECLR	0	写入 1 清零 INTENSET 寄存器的 RXNOISEEN 位
16	ABERRCLR	0	写入 1 清零 INTENSET 寄存器的 ABERREN 位
31：17	-		保留,仅能写 0

7. RXDAT 和 TXDAT 寄存器

RXDAT 和 TXDAT 寄存器均只有第[8：0]位域有效,分别用于保存新接收到的数据和将要发送的数据。

8. RXDATSTAT 寄存器

RXDATSTAT 寄存器的作用与 RXDAT 寄存器相同,用于保存新接收到的数据,RXDATSTAT 寄存器的第[8：0]位相当于 RXDAT 寄存器的第[8：0]位,此外,RXDATSTAT 还包含了接收器的状态标志位,如表 6-8 所示。

表 6-8　RXDATSTAT 寄存器各位的含义

位　号	符　号	复　位　值	含　义
8：0	RXDAT	0	保存接收到的数据
12：9	-		保留
13	FRAMERR	0	为 1 表示接收数据丢失了停止位;为 0 表示数据正确
14	PARITYERR	0	为 1 表示接收数据校验错误;为 0 表示数据正确
15	RXNOISE	0	为 1 表示接收数据出现噪声;为 0 表示数据正确
31：16	-		保留

9. INTSTAT 寄存器

INTSTAT 寄存器反映了 USART 中断的情况,如果某一位为 1,则相应的中断处于请求状态;如果为 0 表示相应的中断没有发生。INTSTAT 寄存器各位的含义如表 6-9 所示。

表 6-9　INTSTAT 寄存器各位的含义

位　号	符　号	复　位　值	含　义
0	RXRDY	0	接收就绪中断标志位
1	-		保留
2	TXRDY	1	发送就绪中断标志位
3	TXIDLE	1	发送空闲中断标志位
4	-		保留
5	DELTACTS	0	CTS 状态变化中断标志位
6	TXDISINT	0	发送关闭中断标志位
7	-		保留
8	OVERRUNINT	0	接收数据覆盖中断标志位
10：9	-		保留
11	DELTARXBRK	0	接收暂停标志变化中断标志位
12	START	0	接收帧起始位中断标志位
13	FRAMERRINT	0	接收数据帧出错中断标志位
14	PARITYERRINT	0	接收数据校验出错中断标志位
15	RXNOISEINT	0	接收数据出现噪声中断标志位
16	ABERR	0	自动波特率出错标志位
31：17	-		保留

通过表 6-1 及其各个寄存器的介绍可知,如果令 USART0 工作在异步串行模式,需要做的工作有以下几步:

（1）清零 CFG 寄存器的第 0 位，关闭串口 0。

（2）配置 OSR 和 BRG 寄存器，使串口 0 工作在所需要的波特率下，这时可参考表 6-2 中的配置字。

（3）设置 CFG 寄存器为（1uL << 0）|（1uL << 2），配置串行数据字长为 8 位，并打开串口。

（4）读出 STAT 寄存器的第 3 位 TXIDLE，如果该位为 1，则向 TXDAT 寄存器写入要发送的字符数据。

（5）一般接收串口数据通过串口中断，此时，需要设置 INTENSET 寄存器的第 0 位为 1；在串口中断服务程序中判断 INTSTAT 寄存器的第 0 位 RXRDY 是否为 1，如果为 1，则读 RXDAT 寄存器中的数据。

6.1.2 串口通信实例

结合图 3-2 和图 3-5 可知，LPC845 微控制器的 PIO0_25 和 PIO0_26 分别通过网标 RXD232 和 TXD232 与串口电平变换芯片 ST3232 相连接，通过 ST3232 芯片实现 LPC845 与上位机（一般是计算机）间的串行通信。

在工程 MyPrj06 的基础上新建工程 MyPrj07，保存在目录 D:\MYLPC845IEW\PRJ07 中，此时的工程 MyPrj07 与 MyPrj06 完全相同。然后，添加文件 myuart.c 和 myuart.h（这两个文件保存在目录 D:\MYLPC845IEW\PRJ07\bsp 下），并修改文件 includes.h、mybsp.c 和 mymrt.c。将文件 myuart.c 添加到工程管理器的 BSP 分组下，完成后的工程 MyPrj07 工作界面如图 6-4 所示，工程 MyPrj07 实现的功能如图 6-5 所示，工程 MyPrj07 在 LPC845 学习板上运行时串口调试助手显示的内容如图 6-6 所示。

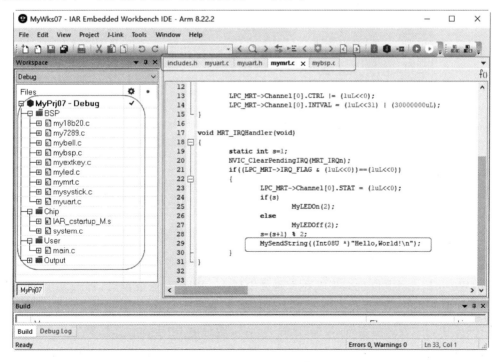

图 6-4 工程 MyPrj07 的工作界面

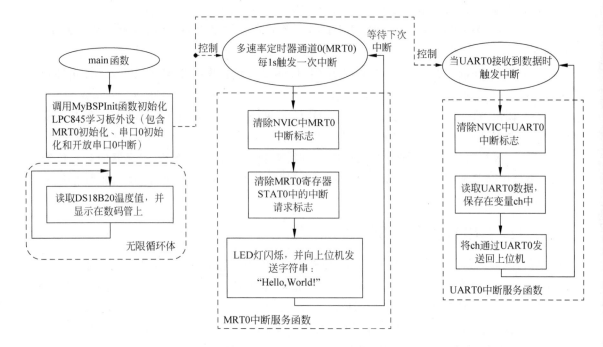

图 6-5 工程 MyPrj07 实现的功能

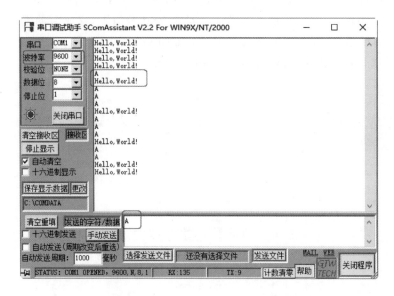

图 6-6 工程 MyPrj07 执行时串口调试助手显示的内容

在图 6-5 中,多速率定时器 MRT0 每秒触发一次中断服务程序,向上位机发送字符串"Hello,World!";当上位机向 LPC845 通过串口 UART0 发送数据时,将触发 UART0 中断,在其中断服务程序中接收上位机发送来的字符,然后,将该字符发送回上位机。

图 6-6 中,在"发送的字符/数据"区输入"A",然后单击"手动发送",将字符"A"通过串口发送到 LPC845 微控制器;接着,LPC845 微控制器再通过串口发送回上位机,即在图 6-6

所示的"接收区"显示出字符"A"。而"Hello,World!"是 LPC845 每秒发送一次,即在串口调试助手中,每秒显示一次新的"Hello,World!"。

下面先介绍文件 myuart.c 和 myuart.h 的内容,如程序段 6-1 和程序段 6-2 所示。然后再说明文件 includes.h、mybsp.c 和 mymrt.c 中需要修改的内容。

程序段 6-1 文件 myuart.c

```
1    //Filename: myuart.c
2
3    # include "includes.h"
4
5    void MyUART0Init(void)
6    {
7      LPC_SYSCON -> SYSAHBCLKCTRL0 | = (1uL << 14);
8      LPC_SYSCON -> PRESETCTRL0 & = ~(1uL << 14);
9      LPC_SYSCON -> PRESETCTRL0 | = (1uL << 14);
10
11     LPC_SYSCON -> SYSAHBCLKCTRL0 | = (1uL << 7);
12     LPC_SYSCON -> PRESETCTRL0 & = ~(1uL << 7);
13     LPC_SYSCON -> PRESETCTRL0 | = (1uL << 7);
14     LPC_SWM -> PINASSIGN0 = (255uL << 24) | (255uL << 16) | (25uL << 8) | (26uL << 0);
15     LPC_SYSCON -> SYSAHBCLKCTRL0 & = ~(1uL << 7);
16
17     LPC_SYSCON -> FRG0DIV = 0xFF;
18     LPC_SYSCON -> FRG0MULT = 144;
19     LPC_SYSCON -> UART0CLKSEL = 0x02;              //7.68MHz
20     LPC_SYSCON -> FRG0CLKSEL = 0x00;              //12MHz
21
22     LPC_USART0 -> CFG & = ~(1uL << 0);
23     LPC_USART0 -> BRG = 49;
24     LPC_USART0 -> OSR = 0x0F;
25     LPC_USART0 -> CFG | = (1uL << 0) | (1uL << 2);      //波特率为9600bps
26
27     NVIC_ClearPendingIRQ(UART0_IRQn);
28     NVIC_EnableIRQ(UART0_IRQn);
29     LPC_USART0 -> INTENSET | = (1uL << 0);
30   }
```

第 5～30 行为串口初始化函数 MyUART0Init。第 7 行为 UART0 提供工作时钟;第 8、9 行使 UART0 进入工作状态;第 11 行为 SWM(开关矩阵单元)提供工作时钟;第 15 行关闭 SWM 工作时钟以节能;第 12、13 行使 SWM 进入工作态;第 14 行配置 PIO0_25 和 PIO0_26 为 UART0 的 RXD 和 TXD 端口(参考表 2-4);第 17～20 行设置 FCLK 为 7.68MHz (参考图 2-6 和表 2-12),这里,选择 fro 的 12MHz 时钟信号(第 20 行),经分数分频器分频(第 17、18 行)后,得到 7.68MHz 的时钟信号 frg0clk,然后选择 frg0clk 作为 UART0 的时钟 FCLK(第 19 行);第 22 行关闭串口;第 23、24 行设置波特率分频值 BRG=49 和 OSR= 0xF,这样得到的波特率约为 9600bps;第 25 行启动串口,并设置串行帧长为 8 位;第 27 行清零 NVIC 串口 0 中断标志；第 28 行开放串口 0 中断；第 29 行开放串口 0 接收数据中断（参考表 6-6）。

```
31
32   void MySendChar(Int08U c)
33   {
34     while((LPC_USART0 -> STAT & (1uL << 2)) == 0){}
35     LPC_USART0 -> TXDAT = c;
36   }
```

第 32～36 行为发送一个字节数据的串口发送函数 MySendChar，有一个参数 c，表示要发送的字符；第 34 行判断串口发送缓冲区是否为空，如果不为空，则等待；否则执行第 35 行向串口发送数据寄存器 TXDAT 写入字符 c。

```
37
38   void MySendString(Int08U * str)
39   {
40     while( * str)
41     {
42         MySendChar( * str++);
43     }
44   }
```

第 38～44 行为发送字符串的串口通信函数 MySendString，具有一个参数 str，表示要发送的字符串；第 40 行判断要发送的字符串的当前字符是否为 '\0'，如果不是，则调用 MySendChar 将该字符发送到上位机（第 42 行），否则发送字符串完毕。

```
45
46   void UART0_IRQHandler(void)
47   {
48     Int08U ch;
49     NVIC_ClearPendingIRQ(UART0_IRQn);
50     if((LPC_USART0 -> STAT & (1u << 0)) == (1u << 0))
51     {
52         ch = LPC_USART0 -> RXDAT;
53         MySendChar(ch);
54         MySendChar('\n');
55     }
56   }
```

第 46～56 行为串口 0 中断服务函数 UART0_IRQHandler。第 48 行定义了变量 ch，用于保存串口接收到的字符。第 49 行清零 UART0 中断标志。第 50 行判断 UART0 是否接收到了字符（该标志无须清零，当读 RXDAT 寄存器时自动清零），如果接收缓冲区 RXDAT 中有字符（第 50 行为真），则第 52 行从接收缓冲区中读出该字符，第 53 行调用 MySendChar 将该字符发送回上位机，第 54 行向上位机发送换行符。

程序段 6-2　文件 myuart.h

```
1    //Filename: myuart.h
2
3    # ifndef  _MYUART_H
4    # define  _MYUART_H
5
6    # include "mytype.h"
7
8    void MyUART0Init(void);
9    void MySendChar(Int08U);
10   void MySendString(Int08U *);
11
12   # endif
```

在上述 myuart.h 文件中,声明了 myuart.c 文件中定义的函数 MyUART0Init、MySendChar 和 MySendString,这 3 个函数实现的功能依次为 UART0 初始化、向上位机发送一字节字符和向上位机发送字符串。

文件 includes.h、mybsp.c 和 mymrt.c 中需要修改的内容如下。

(1) 在 include.s 文件中添加以下一条语句:

```
# include "myuart.h"
```

即添加对头文件 myuart.h 的包括。

(2) 在 mybsp.c 文件的函数 MyBSPInit 中添加以下一条语句(在程序段 5-6 的第 13 行和第 14 行之间插入):

```
MyUART0Init();
```

即调用 MyBSPInit 函数时会调用 MyUART0Init 函数对 UART0 进行初始化工作。

(3) 在 mymrt.c 文件的 MRT_IRQHandler 函数中插入以下一条语句(其位置如图 6-4 所示):

```
MySendString((Int08U *)"Hello,World!\n");
```

即在多速率中断服务程序中调用 MySendString 函数向上位机发送字符串"Hello,World!"。

6.2　声码器

声码器 SYN6288 是一种中文语音合成芯片,通过硬件的形式实现了将中文文本转换为语音(TTS)。一般地,上位机(一般是单片机或 ARM 微控制器)通过串口将文本数据发送到 SYN6288,然后,SYN6288 通过文本(包括汉字、数字和字母等)的编码值,在语音库中查找其数字形式存储的发音,再通过片内的数/模转换器(可能还集成了数字滤波器等)将数字形式的语音转换为模拟语音,并送出模拟语音信号。SYN6288 可以直接驱动 8Ω、0.5W 的扬声器。

6.2.1 声码器工作原理

结合图 3-2 和图 3-16 可知,借助于网标 TXD_AUDIO 和 RXD_AUDIO,LPC845 微控制器的 PIO0_14 和 PIO0_29 引脚与 SYN6288 的 RXD 和 TXD 相连接。由于 SYN6288 的输入端 RXD 为与标准的串口信号反向,所以,需要借助于一个反相器(这里使用了三极管 S8050)连接 TXD_AUDIO 和 RXD。

在 LPC845 微控制中,可通过开关矩阵 SWM 模块将 PIO0_14 和 PIO0_29 配置为工作在串口 1 模式,PIO0_14 作为串口 1 的 TXD 端口,PIO0_29 作为串口 1 的 RXD 端口。声码器 SYN6288 只能工作在波特率为 9600bps、19200bps 和 38400bps 时,并且要求串口数据格式为"1 位起始位、8 位数据位、无校验位、1 位停止位"。因此,可配置 LPC845 微控制器串口 1 工作在 9600bps 波特率下,然后,借助于串口 1 按照 SYN6288 规定的数据包协议向其发送文本数据,实现文本数据的语音转换与输出。

声码器 SYN6288 规定的数据包格式如表 6-10 所示。

表 6-10　SYN6288 的数据包格式

包结构	包头 (1 字节)	数据区长度	数据区			
			命令字 (1 字节)	命令参数 (1 字节)	文本数据	异或校验码 (1 字节)
数据	0xFD	0x00 0x??	0x??	0x??	0x?? 0x?? … 0x??	0x??
说明	固定为 0xFD	0x?? 为数据区 的字节数	见表 6-12		长度必须小于或等于 200 字节	全部数据(不含校验 码)的异或值

例如,查询 SYN6288 的工作状态,其数据包如表 6-11 所示。

表 6-11　查询 SYN6288 的工作状态

包结构	包头 (1 字节)	数据区长度	数据区			
			命令字 (1 字节)	命令参数 (1 字节)	文本数据	异或校验码 (1 字节)
数据	0xFD	0x00 0x02	0x21	无	无	0xDE
说明	固定为 0xFD	数据区共有 2 字节	命令字固定为 0x21		$0xFD \oplus 0x00 \oplus 0x02 \oplus 0x21 = 0xDE$ 即包中全部数据的异或值为 0xDE	

当 LPC845 微控制器通过串口 1 向 SYN6288 发送如表 6-11 所示的数据包,即发送 {0xFD, 0x00, 0x02, 0x21, 0xDE},发送完成后,当收到 SYN6288 返回的数据 0x41 或 0x4F 时,表示 SYN6288 工作正常。其中,0x41 表示 SYN6288 接收数据正常,0x4F 表示 SYN6288 处于空闲状态。在图 3-16 中,LED 灯 D12 为 SYN6288 空闲指示灯,当 SYN6288 空闲时,D12 处于点亮状态;而当 SYN6288 进行文本转换为语音工作时,D12 熄灭。

表 6-10 中"数据区"的控制命令如表 6-12 所示。

表 6-12　"数据区"的控制命令格式

数据区(长度小于或等于 203 字节)						
命令字(1 字节)		命令参数(1 字节)				文本 (最多 200 字节)	异或校验码 (1 字节)
取值	含义	高 5 位	含义	低 3 位	含义		
0x01	播放文本	可取值 0, 1,2,…,15 中的任一值	当取值为 0 时,无背景音 乐;当取值为 1~15 中的某 一数 k 时,播 放编号为 k 的背景音乐	0	文本采用 GB 2312 编码	要转换为 语音的文本	全部数据(含 包头、表示数 据区长度的 2 字节、命令 字、命令参数 和文本,不含 异或校验码) 的异或值
				1	文本采用 GBK 编码		
				2	文本采用 BIG5 编码		
				3	文本采用 UNICODE 码		
0x31	设置波特率	00000b		0	设置波特率 为 9600bps	无文本	
				1	设置波特率 为 19200bps		
				2	设置波特率 为 38400bps		
0x02	停止播放	无参数					
0x03	暂停播放						
0x04	继续播放						

声码器 SYN6288 上电复位后默认波特率为 9600bps。结合表 6-10 和表 6-12 可知,设置 SYN6288 工作波特率为 9600bps、19200bps 和 38400bps 的数据包分别如表 6-13 所示。

表 6-13　SYN6288 配置波特率数据包

波特率/bps	数　据　包
9600	0xFD 0x00 0x03 0x31 0x00 0xCF
19200	0xFD 0x00 0x03 0x31 0x01 0xCE
38400	0xFD 0x00 0x03 0x31 0x02 0xCD

如果要改变 SYN6288 的工作波特率(例如改为 19200bps),需要先使 LPC845 的串口 1 工作在 9600bps 波特率下,然后发送数据包"0xFD 0x00 0x03 0x31 0x01 0xCE",接着,改变 LPC845 的串口 1 工作波特率为 19200bps,才能进入与 SYN6288 正常通信模式。所以,一般情况下,使用默认波特率 9600bps。

结合表 6-10 和表 6-12 可知,停止文本播放、暂停文本播放和继续文本播放的数据包如表 6-14 所示。

表 6-14　SYN6288 播放控制的数据包

播　放　控　制	数　据　包
停止播放	0xFD 0x00 0x02 0x2 0xFD
暂停播放	0xFD 0x00 0x02 0x03 0xFC
继续播放	0xFD 0x00 0x02 0x04 0xFB

在表 6-12 中,命令字为 0x01 时,将正常播放文本。SYN6288 规定表 6-15 所示的几种文本是转义文本,即这类文本不会被播放,而是被识别为配置 SYN6288 的配置字。

表 6-15　转义文本表

序号	转义文本	含　义
1	[v?]	其中,"?"可取值为 0~16,表示播放文本的音量大小,0 为静音,16 为最大音量,默认为[v10]
2	[m?]	其中,"?"可取值为 0~16,表示播放背景音乐的音量大小,0 为静音,16 为最大音量,默认为[m4]
3	[t?]	其中,"?"可取值为 0~5,表示语速,0 为最慢,5 为最快,默认为[t4]
4	[n?]	数字的发音方式,其中,"?"可取值为 0~2,为 1 表示数字单个发音(例如"12"发音为"一二");为 2 表示相邻数字合成为数值发音(例如"12"发音为"十二");为 0 表示自动识别,默认为[n0]
5	[y?]	数字 1 的读法,"?"只能取值 0 或 1,为 0 时,"1"读"幺";为 1 时,"1"读"一",默认为[y0]
6	[o?]	文本朗读方式,"?"只能取值 0 或 1,为 0 时,自然朗读;为 1 时,逐字发音,默认为[o0]
7	[r]	[r]后紧跟的汉字按姓氏发音,用于多音字的情况
8	[2]	[2]后紧跟的两个汉字联合成一个词语发音,中间无停顿
9	[3]	[3]后紧跟的三个汉字联合成一个词语发音,中间无停顿

声码器 SYN6288 支持 4 种文本编码体系,即 GB 2312、GBK、BIG5 和 Unicode。如果使用 IAR EWARM 编程环境,建议使用 GB 2312 或 GBK(GBK 包括了 GB 2312)。大多数情况下,GB 2312 已经能满足日常需求了,GB 2312 包括半角 ASCII 码(编码范围为 0x00~0x7F)、全角符号(编码范围为 0xA1A0~0xA3FE)和 6768 个汉字(编码范围为 0xB0A1~0xF7FE)。程序员无须去查阅文本的编码值,IAR EWARM 自动将汉字转换为其编码形式存储。

6.2.2　声码器实例

在 LPC845 学习板上(见图 3-2 和图 3-16),LPC845 微控制器配置 PIO0_14 和 PIO0_29 工作在串口 1(记为 USART1 或 UART1)模式,PIO0_14 作为串口 1 的 TXD 端口,PIO0_29 作为串口 1 的 RXD 端口,并设置串口 1 的工作波特率为 9600bps,串口帧数据格式为"1 位起始位+8 位数据位+1 位停止位"。LPC845 微控制器的串口 1 控制声码器 SYN6288,负责向 SYN6288 发送串行数据包,并接收来自 SYN6288 的工作状态信息。

在工程 MyPrj07 的基础上新建工程 MyPrj08,保存在目录 D:\MYLPC845IEW\PRJ08 下,此时的工程 MyPrj08 与 MyPrj07 完全相同。然后,编写程序文件 my6288.c 和 my6288.h (这两个文件保存在目录 D:\MYLPC845IEW\PRJ08\bsp 下),并修改文件 main.c、includes.h、mybsp.c 和 mymrt.c。接着,将 my6288.c 文件添加到工程管理器的 BSP 分组下。完成后的工程 MyPrj08 工作界面如图 6-7 所示。

在图 6-7 中还展示了文件 includes.h 和 mybsp.c 的内容。相对于工程 MyPrj07 中的同名文件,这里的 includes.h 添加了以下两条语句:

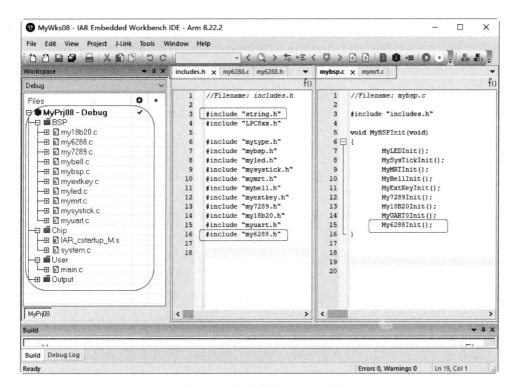

图 6-7　工程 MyPrj08 工作界面

```
# include "string.h"
# include "my6288.h"
```

这里的系统头文件 string.h 中声明了系统函数 strlen，strlen 在 my6288.c 文件中用于求取字符串的长度。

这里的 mybsp.c 文件中的 MyBSPInit 函数中添加了如下语句：

```
My6288Init();
```

即 main 函数调用 MyBSPInit 时将调用 My6288Init 初始化 LPC845 的串口 1，为 LPC845 访问 SYN6288 服务。

下面详细介绍文件 my6288.c、my6288.h、main.c 和 mymrt.c 的内容，如程序段 6-3～程序段 6-6 所示。

程序段 6-3　文件 my6288.c

```
1    //Filename: my6288.c
2
3    # include "includes.h"
4
5    void My6288Init(void)
6    {
7      LPC_SYSCON -> SYSAHBCLKCTRL0 |= (1uL << 15);      //UART1
8      LPC_SYSCON -> PRESETCTRL0 |= (1uL << 15);
9
```

```
10      LPC_SYSCON -> SYSAHBCLKCTRL0 |= (1uL << 7);
11      LPC_SYSCON -> PRESETCTRL0 |= (1uL << 7);
12      LPC_SWM -> PINASSIGN1 = (255uL << 24) | (29uL << 16) | (14uL << 8) | (255uL << 0);
13      LPC_SYSCON -> SYSAHBCLKCTRL0 &= ~(1uL << 7);
14
15      LPC_SYSCON -> FRG0DIV = 0xFF;
16      LPC_SYSCON -> FRG0MULT = 144;
17      LPC_SYSCON -> UART1CLKSEL = 0x02;            //7.68MHz
18      LPC_SYSCON -> FRG0CLKSEL = 0x00;             //12MHz
19
20      LPC_USART1 -> CFG &= ~(1uL << 0);
21      LPC_USART1 -> BRG = 49;
22      LPC_USART1 -> OSR = 0x0F;
23      LPC_USART1 -> CFG |= (1uL << 0) | (1uL << 2);      //波特率为9600bps
24
25      NVIC_ClearPendingIRQ(UART1_IRQn);
26      NVIC_EnableIRQ(UART1_IRQn);
27      LPC_USART1 -> INTENSET |= (1uL << 0);
28  }
```

第 5～28 行为 My6288Init 函数。第 7 行为 UART1 提供工作时钟；第 8 行使 UART1 进入工作状态。第 10 行为开关矩阵 SWM 提供工作时钟；第 11 行使 SWM 进入工作状态；第 12 行将 PIO0_14 和 PIO0_29 分别配置为 UART1 的发送端 TXD 和接收端 RXD；第 13 行关闭 SWM 工作时钟。参考程序段 6-1 的 MyUART0Init 函数，这里的第 15～18 行配置 UART1 的内部时钟 FCLK 为 7.68MHz，而第 20～23 行配置 UART1 的波特率为 9600bps。第 25 行清零 NVIC 中的 UART1 中断标志，第 26 行开放 UART1 中断，第 27 行置位 UART1 寄存器 INTENSET 的第 0 位开放 UART1 接收中断。

```
29
30  void MySendByte(Int08U c)
31  {
32      while((LPC_USART1 -> STAT & (1uL << 3)) == 0){}
33      LPC_USART1 -> TXDAT = c;
34  }
```

第 30～34 行的函数 MySendByte 为 LPC845 微控制器串口 1 发送 1 字节的函数，具有一个参数 c，当判定串口 1 发送缓冲区为空时（即第 32 行为真），则将 c 赋给发送缓冲区 TXDAT，然后，UART1 自动按设定的波特率将字节 c 发送出去。

```
35
36  void MySpeaker(char * str)
37  {
38      Int08U headerOfFrame[5];
39      Int08U length;
40      Int08U ecc = 0;
41      length = strlen(str);
42      Int08U i;
43
44      headerOfFrame[0] = 0xFD;
```

```
45      headerOfFrame[1] = 0x00;
46      headerOfFrame[2] = length + 3;
47      headerOfFrame[3] = 0x01;
48      headerOfFrame[4] = 0x0;
49      for(i = 0;i < 5;i++)
50      {
51          ecc = ecc ^ headerOfFrame[i];
52          MySendByte(headerOfFrame[i]);
53      }
54      for(i = 0;i < length;i++)
55      {
56          ecc = ecc ^ str[i];
57          MySendByte(str[i]);
58      }
59      MySendByte(ecc);
60  }
```

第 36～60 行为 LPC845 微控制器通过串口 1 以数据包的形式向 SYN6288 发送文本的函数 MySpeaker,具有一个字符串(严格上讲是字符指针)参数 str,SYN6288 接收到 str 后,将 str 转换为语音播放出来。

第 38 行定义了数组 headerOfFrame,用于存放表 6-10 中的包头(1 字节)、数据区长度(2 字节)、命令字(1 字节)和命令参数(1 字节)。第 39 行定义了变量 length,用于保存本文 str 的长度,在第 41 行调用系统函数 strlen 求得 str 的长度。第 40 行定义变量 ecc,并初始化为 0,ecc 用于保存表 6-10 中的异或校验码。第 42 行定义变量 i 用作循环变量。

第 44～48 行依次将包头(固定为 0xFD)、数据区长度(2 字节,第一字节固定为 0x00,第二字节为文本长度 length 加上 3 的值)、命令字(其中 0x01 表示正常播放)和命令参数(参考表 6-12 可知这里 0x00 表示无背景音乐并采用 GB2312 编码方式)赋给 headerOfFrame 数组变量的各个元素。

第 49～53 行循环 5 次,每次循环时,都计算异或校验码(第 51 行),然后依次将 headerOfFrame 中的各个元素发送到 SYN6288。第 54～58 行循环 length 次,每次循环时,都计算异或校验码(第 56 行),然后依次将文本 str 中的各个元素发送到 SYN6288。第 59 行将异或校验码发送到 SYN6288。SYN6288 中有一个较小的 RAM 存储空间,将临时保存这些数据,当校验成功后,自动播放其中的本文数据。

```
61
62  void UART1_IRQHandler(void)
63  {
64      Int08U ch;
65      NVIC_ClearPendingIRQ(UART1_IRQn);
66      if((LPC_USART1 -> STAT & (1u << 0)) == (1u << 0))
67      {
68          ch = LPC_USART1 -> RXDAT;
69          MySendChar(ch);              //发送给上位机
70          MySendChar('\n');
71      }
72  }
```

第 62~72 行为 UART1 的中断服务函数 UART1_IRQHandler。第 64 行定义变量
ch,用于保存 SYN6288 返回的信息。第 65 行清零 NVIC 中的 UART1 中断标志。第 66 行
判断 UART1 接收中断是否被触发,如果为真,则第 68 行读取 UART1 口接收到的数据,赋
给 ch。读 RXDAT 寄存器将自动清零串口 1 中 STAT 中的接收中断标志位。然后,第 69
行将 ch 通过串口 0(即调用 MySendChar 函数)发送到上位机(这里指计算机)的串口调试
助手上,第 70 行发送回车换行符号。

程序段 6-4　文件 my6288.h

```
1    //Filename: my6288.h
2
3    # ifndef _MY6288_H
4    # define _MY6288_H
5
6    # include "mytype.h"
7
8    void My6288Init(void);
9    void MySpeaker(char * str);
10
11   # endif
```

头文件 my6288.h 中声明了文件 my6288.c 中定义的函数 My6288Init 和 MySpeaker,
这两个函数可被包括了 includes.h 文件(includes.h 文件包括了 my6288.h)的程序文件
调用。

程序段 6-5　文件 main.c

```
1    //Filename: main.c
2
3    # include "includes.h"
4
5    Int08U MYTFLAG;
6    Int08U MYTVAL[4];
7
8    int main(void)
9    {
10     Int16U t;
11
12     MyBSPInit();
13
14     while(1)
15     {
16         t = My18B20ReadT();
17         MYTFLAG = 0;
18         MYTVAL[0] = (t >> 8)/10;
19         MYTVAL[1] = (t >> 8) % 10;
20         MYTVAL[2] = (t & 0xFF) / 10;
21         MYTVAL[3] = (t & 0xFF) % 10;              //v[0]v[1].v[2]v[3]
22         MYTFLAG = 1;
23         if(MYTVAL[0] == 0)
24             My7289Seg(0,0x0F,0);
```

```
25        else
26            My7289Seg(0,MYTVAL[0],0);
27        My7289Seg(1,MYTVAL[1],1);
28        My7289Seg(2,MYTVAL[2],0);
29        My7289Seg(3,MYTVAL[3],0);
30    }
31  }
```

在文件 main.c 中,第 5 行定义了全局变量 MYTFLAG,第 6 行定义了全局数组变量 MYTVAL,MYTVAL 数组共 4 个元素,依次用于保存温度的十位、个位、十分位和百分位上的数字。当 MYTFLAG 为 0 时,正在为 MYTVAL 的各个元素赋值;当 MYTFLAG 为 1 时,则将温度值赋给 MYTVAL 的各个元素已完成。因此,当 MYTFLAG 为 1 时, MYTAVL 数组中的值是完整的,可以在外部文件中使用 MYTVAL 数组变量得到温度值。

第 8~31 行为 main 函数。第 10 行定义变量 t,用于保存读 DS18B20 得到的温度值。 第 12 行调用 MyBSPInit 函数初始化 LPC845 学习板。第 14~30 行为无限循环体,每次循环中,第 16 行从 DS18B20 中读出温度值,并赋给 t;第 17 行赋 MYTFLAG 为 0,第 18~21 行将 t 值中十位、个位、十分位和百分位上的数依次赋给 MYTVAL 数组的各个元素,整个过程完成后,第 22 行将 MYTFLAG 置 1。因此,如果其他文件的函数要访问 MYTVAL 的完整值时,必须在 MYTFLAG 为 1 时访问。第 23~29 行将温度值显示在四合一七段数码管上。

程序段 6-6　文件 mymrt.c

```
1   //Filename: mymrt.c
2
3   # include "includes.h"
4
5   extern Int08U MYTFLAG;
6   extern Int08U MYTVAL[4];
7   char str[200] = "当前温度为";
8
```

第 5 行声明外部定义的全局变量 MYTFLAG;第 6 行声明外部定义的数组变量 MYTVAL。这两个变量定义在 main.c 文件中。第 7 行定义全部字符数组变量 str,用于保存发送到声码器 SYN6288 的文本数据。

```
9   void MyMRTInit(void)
10  {
11    LPC_SYSCON -> SYSAHBCLKCTRL0 |= (1uL << 10);
12    LPC_SYSCON -> PRESETCTRL0 |= (1uL << 10);
13
14    NVIC_EnableIRQ(MRT_IRQn);
15    NVIC_SetPriority(MRT_IRQn,0);            //0,1,2 或 3 对应于 0,64,128 或 192
16
17    LPC_MRT -> Channel[0].CTRL |= (1uL << 0);
18    LPC_MRT -> Channel[0].INTVAL = (1uL << 31) | (30000000uL);
19
20    LPC_MRT -> Channel[1].CTRL |= (1uL << 0);
```

```
21      LPC_MRT->Channel[1].INTVAL = (1uL<<31) | (30*30000000uL);   //30s
22  }
```

第 9～22 行为多速度定时器 0 和 1 的初始化函数 MyMRTInit。第 11 行为 MRT 提供
工作时钟，第 12 行使 MRT 模块进入工作状态。第 14 行开放 MRT 中断，第 15 行设置
MRT 中断优先级号为 0。第 17、18 行设置 MRT0 每 1s 产生一次定时中断，并启动 MRT0
定时器；第 20、21 行设置 MRT1 每 30s 产生一次定时中断，并启动 MRT1 定时器。

```
23
24  void MRT_IRQHandler(void)
25  {
26      static int s = 1;
27      NVIC_ClearPendingIRQ(MRT_IRQn);
28      if((LPC_MRT->IRQ_FLAG & (1uL<<0)) == (1uL<<0))      //MRT0
29      {
30          LPC_MRT->Channel[0].STAT = (1uL<<0);
31          if(s)
32              MyLEDOn(2);
33          else
34              MyLEDOff(2);
35          s = (s+1) % 2;
36          MySendString((Int08U *)"Hello,World!\n");
37      }
38      if((LPC_MRT->IRQ_FLAG & (1uL<<1)) == (1uL<<1))      //MRT1
39      {
40          LPC_MRT->Channel[1].STAT = (1uL<<0);
41          if(MYTFLAG)
42          {
43              if(MYTVAL[0]>0)
44              {
45                  str[10] = MYTVAL[0] + '0';
46                  str[11] = MYTVAL[1] + '0';
47                  str[12] = '.';
48                  str[13] = MYTVAL[2] + '0';
49                  str[14] = MYTVAL[3] + '0';
50                  str[15] = 0xC9;str[16] = 0xE3;          //摄
51                  str[17] = 0xCA;str[18] = 0xCF;          //氏
52                  str[19] = 0xB6;str[20] = 0xC8;          //度
53              }
54              else
55              {
56                  str[10] = MYTVAL[1] + '0';
57                  str[11] = '.';
58                  str[12] = MYTVAL[2] + '0';
59                  str[13] = MYTVAL[3] + '0';
60                  str[14] = 0xC9;str[15] = 0xE3;          //摄
61                  str[16] = 0xCA;str[17] = 0xCF;          //氏
62                  str[18] = 0xB6;str[19] = 0xC8;          //度
63              }
64              MySpeaker(str);
```

```
65              }
66          }
67      }
```

第 24～67 行为 MRT 的定时中断服务函数 MRT_IRQHandler。第 26 行定义静态变量 s,用于 LED 灯点亮和熄灭操作的开关信号。第 27 行清零 NVIC 中的 MRT 中断标志。第 28 行为真时,表示 MRT0 触发了中断,则第 29～37 行被执行;第 38 行为真时,表示 MRT1 触发了中断,则第 39～66 行被执行。

第 40 行清零 MRT1 定时器的 STAT 寄存器中的中断标志位。第 41 行判断 MYTFLAG 是否为 1,如果为 1 表示 MYTVAL 数组中的温度值是完整的;否则不做处理。当第 41 行为真时,第 43～65 行的代码为被执行。

第 43 行判断温度的十位上的数是否为 0,如果大于 0,则第 45～52 行被执行;否则,如果十位上的数等于 0,则第 56～62 行被执行,省略掉十位数上"0"的发音文本。当第 43 行为真时,由于 str 数组中的 str[0]～str[9]保存了"当前温度为"(见第 7 行),因此,从 str 的第 10 个元素开始,依次装入十位数、个位数、小数点、十分位数和百分位数(这里装入这些数字对应的字符),然后,再装入"摄氏度"3 个汉字(每个汉字的 GB2312 占 2 字节)。当 MYTVAL[0]为 0 时,十位数字省略掉,第 56～62 行依次向 str 中装入个位数、小数点、十分位数和百分位数(这里装入这些数字对应的字符),然后再装入"摄氏度"3 个汉字。第 64 行调用 MySpeaker 将 str 发送到声码器 SYN6288 进行语音播报。

工程 MyPrj08 实现的功能如图 6-8 所示(图中省略了工程 MyPrj07 实现的功能)。

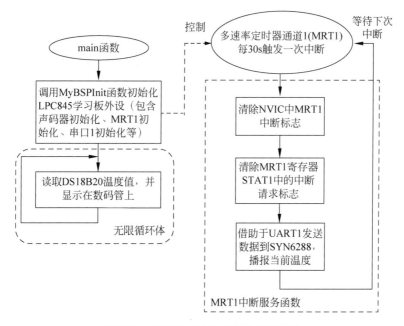

图 6-8　工程 MyPrj08 实现的功能框图

结合程序段 6-3～程序段 6-6 和图 6-8 可知,工程 MyPrj08 在 main 函数中读到当前温度值,并保存在全局变量中;然后,在多速率定时器中断服务函数中,每隔 30s 播报当前的温度值。

本章小结

　　串口是嵌入式系统中最常用的数据通信口,几乎所有的微控制器均支持多个串口,串口是最重要的片上外设之一。本章详细介绍了 LPC845 微控制器串口的工作原理与程序设计方法。串口具有较多的寄存器,但当其工作在异步模式时,需要关心的寄存器并不多,最重要的几个寄存器与串口中断和串口通信波特率的配置有关。本章介绍了两个串口通信实例,一个是借助于串口 0 与上位机(计算机)进行双向串行通信,另一个是借助于串口 1 与声码器 SYN6288 进行双向串行通信,波特率均为 9600bps,串行帧格式均为"1 个起始位＋8 位数据位＋1 位停止位"。串口发送数据直接通过调用函数实现,而串口接收数据则一般通过串口中断来实现。

　　本章用到的硬件电路是 LPC845 学习板上的串口通信模块和声码器模块(如图 3-5 和图 3-16 所示),下一章将继续介绍 LPC845 学习板上的 ADC 模块和存储器电路模块。

第 7 章

ADC 与存储器访问

本章将介绍 LPC845 学习板上 ADC 模块电路以及 EEPROM 存储器 AT24C128 与 FLASH 存储器 W25Q64 模块电路的访问方法。LPC845 微控制器片内集成了一个 12 位的模/数转换器(ADC),采样速率高达 1.2Msps(sps:每秒采样点个数),具有 12 个通道,复用在 12 个 GPIO 口引脚上。LPC845 微控制器片内集成了 4 个 I²C 总线接口和 2 个 SPI 总线接口,这两种总线均为串行总线,且比 UART 口速度更快。I²C 总线接口一般用于驱动 EEPROM 存储器,而 SPI 总线接口常用于驱动 FLASH 存储器。本章需要掌握的知识点有:

(1) ADC 模块的配置字;

(2) ADC 模块的中断配置方法;

(3) I²C 总线的访问控制步骤;

(4) SPI 总线的读写控制方法;

(5) AT24C128 的存储与读取数据程序设计方法;

(6) W25Q64 的擦除、编程与读取数据程序设计方法。

7.1 LPC845 微控制器 ADC

结合图 3-2 和图 3-6 可知,ADC 通过网标 USER_ADC0_CH7,PIO0_4 口连接到滑动变阻器的分压输出端。在图 3-6 中,通过调节滑动变阻器,其分压输出端可输出 0～3.3V 的电压,该模拟电压信号被发送到 LPC845 的 ADC 模块,进行模/数转换后,得到电压值。

7.1.1 ADC 工作原理

LPC845 内置了一个 12bit 的 ADC 模块,最高采样速率为 1.2Msps,可支持两个独立的转换序列。在 LPC845 学习板上,用 10kΩ 滑动变阻器输出 0～3.3V 模拟电压送给 LPC845 的 ADC0 通道 11 输入端,如图 3-2 和图 3-6 所示。ADC0 通道 11 引脚 ADC_11 复用了引脚 PIO0_4,需要将 PIO0_4 配置为 ADC_11 功能(见表 2-5 第 25 位);同时,配置 SYSAHBCLKCTRL 寄存器(参考表 2-18)第 24 位为 1,为 ADC 模块提供工作时钟;配置 PDRUNCFG 寄存器(见表 2-13)的第 4 位为 0,为 ADC 模块提供电能,该位默认为 1。ADC 模块相关的寄存器列于表 7-1 中。

表 7-1 ADC 模块相关的寄存器(偏移地址：0x4001 C000)

寄存器名	属性	偏移地址	含义
CTRL	RW	0x00	ADC 控制寄存器
SEQA_CTRL	RW	0x08	ADC 转换序列 A 控制寄存器
SEQB_CTRL	RW	0x0C	ADC 转换序列 B 控制寄存器
SEQA_GDAT	RW	0x10	ADC 转换序列 A 全局数据寄存器
SEQB_GDAT	RW	0x14	ADC 转换序列 B 全局数据寄存器
DAT0	RO	0x20	ADC 通道 0 数据寄存器
DAT1	RO	0x24	ADC 通道 1 数据寄存器
DAT2	RO	0x28	ADC 通道 2 数据寄存器
DAT3	RO	0x2C	ADC 通道 3 数据寄存器
DAT4	RO	0x30	ADC 通道 4 数据寄存器
DAT5	RO	0x34	ADC 通道 5 数据寄存器
DAT6	RO	0x38	ADC 通道 6 数据寄存器
DAT7	RO	0x3C	ADC 通道 7 数据寄存器
DAT8	RO	0x40	ADC 通道 8 数据寄存器
DAT9	RO	0x44	ADC 通道 9 数据寄存器
DAT10	RO	0x48	ADC 通道 10 数据寄存器
DAT11	RO	0x4C	ADC 通道 11 数据寄存器
THR0_LOW	RW	0x50	ADC 低比较门限寄存器 0
THR1_LOW	RW	0x54	ADC 低比较门限寄存器 1
THR0_HIGH	RW	0x58	ADC 高比较门限寄存器 0
THR1_HIGH	RW	0x5C	ADC 高比较门限寄存器 1
CHAN_THRSEL	RW	0x60	ADC 通道门限选择寄存器
INTEN	RW	0x64	ADC 中断开放寄存器
FLAGS	RW	0x68	ADC 标志寄存器
TRM	RW	0x6C	ADC 调节寄存器,指定参考电压为 2.7~3.6V,保留

下面依次介绍表 7-1 中各个寄存器的含义。

ADC 控制寄存器 CTRL 的各位含义如表 7-2 所示。

表 7-2 CTRL 寄存器的各位含义

寄存器位	符号	含义
7：0	CLKDIV	系统时钟/(CLKDIV+1)得到 ADC 模块的采样时钟,最大为 30MHz(此时采样速率为 1.2Msps)
9：8	-	保留,只能写入 0
10	LPWRDOME	为 0 表示 ADC 正常工作；为 1 表示 ADC 工作在低功耗模式
29：11	-	保留,只能写入 0
30	CALMODE	写入 1 启动自校验,校验完成后硬件自动清零
31	-	保留

除了第 29 位和第 31 位外,ADC 转换序列 A 控制寄存器 SEQA_CTRL 和转换序列 B 控制寄存器的结构相同,如表 7-3 所示。

表 7-3 ADC 转换序列控制寄存器

寄存器位	符 号	含 义
11：0	CHANNELS	选择 ADC 的通道,第 n 位对应着通道 n,n＝0,1,…,11。第 n 位为 1 表示通道 n 有效,否则该通道无效
14：12	TRIGGER	选择硬件触发源,共有 8 种,编号为 0～7,依次为外部中断 0、外部中断 1、SCT0 输出 3、SCT0 输出 4、CTIMER 匹配 3、模拟比较器输出、GPIO_INT_BMAT 和 ARM 内核的 TXEV 事件
17：15	-	保留
18	TRIGPOL	选接触发信号极性,0 表示下降沿,1 表示上升沿
19	SYNCBYPASS	为 0,工作在同步模式;为 1,同步触发被旁路
25：20	-	保留,只能写入 0
26	START	写入 1,软件启动转换
27	BURST	写入 1,启动连续转换
28	SINGLESTEP	当该位为 1 时,向 START 写入 1 将启动一次转换,或者硬件触发而启动一次转换
29	LOWPRIO	SEQA_CTRL 中该位为 0,表示序列 A 的转换为高优先级,当序列 A 正在转换时,序列 B 被忽略;该位为 1,表示序列 A 的转换为低优先级,序列 B 可以中断序列 A 的转换,等序列 B 转换完后,序列 A 再继续转换。SEQB_CTRL 中该位保留
30	MODE	为 0,每次转换完成后,转换结果保存在 SEQA_GDAT(对于序列 A)或 SEQB_GDAT(对于序列 B)中;为 1,序列转换完成后,转换结果保存在每个通道的数据寄存器中
31	SEQA_ENA (SEQB_ENA)	为 0 表示序列 A 关闭(对于 SEQA_CTRL)或序列 B 关闭(对于 SEQB_CTRL);为 1 表示序列 A 开放(对于 SEQA_CTRL)或序列 B 开放(对于 SEQB_CTRL)

ADC 转换序列 A 全局数据寄存器(SEQA_GDAT)和转换序列 B 全局数据寄存器(SEQB_GDAT)结构相同,如表 7-4 所示。

表 7-4 转换序列全局数据寄存器

寄存器位	符 号	含 义
3：0	-	保留,只能写入 0
15：4	RESULT	保存 12 位的 ADC 转换结果
17：16	THCMPRANGE	标识序列最后的转换结果是高于、低于或位于门限电压范围内:为 0 表示在范围内;为 1 表示低于;为 2 表示高于;为 3 保留
19：18	THCMPCROSS	标识序列最后的转换结果是否穿越低门限电压,以及穿越的方向:为 0 表示无穿越;为 1 保留;为 2 表示向下穿越;为 3 表示向上穿越
25：20	-	保留,只能写入 0
29：26	CHN	转换通道,0000b 对应着通道 0,0001b 对应着通道 1,以此类推,1011b 对应着通道 11
30	OVERRUN	当旧的转换结果没有读出,且新的转换结果覆盖旧的转换结果时,该位置 1
31	DATAVALID	新的转换结果保存在 RESULT 中时,该位置 1;读该寄存器时,该位清零

ADC 通道 0～11 的数据寄存器 DAT0～DAT11 的结构相同,且与表 7-4 所示的转换序列全局数据寄存器的结构相同,不再赘述。

ADC 低比较门限寄存器 THR0_LOW 和低比较门限寄存器 THR1_LOW 的结构相同,只有第[15：4]位域有效,用符号 THRLOW 表示,设置与 ADC 转换结果相比较的低电压值。ADC 高比较门限寄存器 THR0_HIGH 和高比较门限寄存器 THR1_HIGH 的结构相同,只有第[15：4]位域有效,设置与 ADC 转换结果相比较的高电压值。

ADC 通道门限选择寄存器 CHAN_THRSEL 如表 7-5 所示。

表 7-5   ADC 通道门限选择寄存器 CHAN_THRSEL

寄存器位	符　　号	含　　义
0	CH0_THRSEL	为 0 表示通道 0 的转换结果与 THR0_LOW 和 THR0_HIGH 相比较; 为 1 表示通道 0 的转换结果与 THR1_LOW 和 THR1_HIGH 相比较
1	CH1_THRSEL	为 0 表示通道 1 的转换结果与 THR0_LOW 和 THR0_HIGH 相比较; 为 1 表示通道 1 的转换结果与 THR1_LOW 和 THR1_HIGH 相比较
2	CH2_THRSEL	为 0 表示通道 2 的转换结果与 THR0_LOW 和 THR0_HIGH 相比较; 为 1 表示通道 2 的转换结果与 THR1_LOW 和 THR1_HIGH 相比较
3	CH3_THRSEL	为 0 表示通道 3 的转换结果与 THR0_LOW 和 THR0_HIGH 相比较; 为 1 表示通道 3 的转换结果与 THR1_LOW 和 THR1_HIGH 相比较
4	CH4_THRSEL	为 0 表示通道 4 的转换结果与 THR0_LOW 和 THR0_HIGH 相比较; 为 1 表示通道 4 的转换结果与 THR1_LOW 和 THR1_HIGH 相比较
5	CH5_THRSEL	为 0 表示通道 5 的转换结果与 THR0_LOW 和 THR0_HIGH 相比较; 为 1 表示通道 5 的转换结果与 THR1_LOW 和 THR1_HIGH 相比较
6	CH6_THRSEL	为 0 表示通道 6 的转换结果与 THR0_LOW 和 THR0_HIGH 相比较; 为 1 表示通道 6 的转换结果与 THR1_LOW 和 THR1_HIGH 相比较
7	CH7_THRSEL	为 0 表示通道 7 的转换结果与 THR0_LOW 和 THR0_HIGH 相比较; 为 1 表示通道 7 的转换结果与 THR1_LOW 和 THR1_HIGH 相比较
8	CH8_THRSEL	为 0 表示通道 8 的转换结果与 THR0_LOW 和 THR0_HIGH 相比较; 为 1 表示通道 8 的转换结果与 THR1_LOW 和 THR1_HIGH 相比较
9	CH9_THRSEL	为 0 表示通道 9 的转换结果与 THR0_LOW 和 THR0_HIGH 相比较; 为 1 表示通道 9 的转换结果与 THR1_LOW 和 THR1_HIGH 相比较
10	CH10_THRSEL	为 0 表示通道 10 的转换结果与 THR0_LOW 和 THR0_HIGH 相比较; 为 1 表示通道 10 的转换结果与 THR1_LOW 和 THR1_HIGH 相比较
11	CH11_THRSEL	为 0 表示通道 11 的转换结果与 THR0_LOW 和 THR0_HIGH 相比较; 为 1 表示通道 11 的转换结果与 THR1_LOW 和 THR1_HIGH 相比较
31：12	-	保留,只能写入 0

ADC 中断开放寄存器 INTEN 的结构如表 7-6 所示。

表 7-6   ADC 中断开放寄存器 INTEN

寄存器位	符　　号	含　　义
0	SEQA_INTEN	为 0 关闭序列 A 转换中断;为 1 开放序列 A 转换中断
1	SEQB_INTEN	为 0 关闭序列 B 转换中断;为 1 开放序列 B 转换中断
2	OVR_INTEN	为 0 关闭转换结果覆盖中断;为 1 开放转换结果覆盖中断

续表

寄存器位	符　号	含　义
4：3	ADCMPINTEN0	为 0 关闭门限比较中断；为 1 表示高于或低于门限值时产生中断；为 2 表示穿越门限值时产生中断；为 3 保留（针对通道 0）
6：5	ADCMPINTEN1	含义同第[4：3]位域（针对通道 1）
8：7	ADCMPINTEN2	含义同第[4：3]位域（针对通道 2）
10：9	ADCMPINTEN3	含义同第[4：3]位域（针对通道 3）
12：11	ADCMPINTEN4	含义同第[4：3]位域（针对通道 4）
14：13	ADCMPINTEN5	含义同第[4：3]位域（针对通道 5）
16：15	ADCMPINTEN6	含义同第[4：3]位域（针对通道 6）
18：17	ADCMPINTEN7	含义同第[4：3]位域（针对通道 7）
20：19	ADCMPINTEN8	含义同第[4：3]位域（针对通道 8）
22：21	ADCMPINTEN9	含义同第[4：3]位域（针对通道 9）
24：23	ADCMPINTEN10	含义同第[4：3]位域（针对通道 10）
26：25	ADCMPINTEN11	含义同第[4：3]位域（针对通道 11）
31：27	-	保留，只能写入 0

ADC 标志寄存器 FLAGS 如表 7-7 所示。

表 7-7　ADC 标志寄存器 FLAGS

寄存器位	符　号	含　义
0	THCMP0	门限比较事件标志位，当 ADC 转换结果高于或低于门限值，或者穿越门限值，则该位置 1；写 1 清零（针对通道 0）
1	THCMP1	含义同第 0 位（针对通道 1）
2	THCMP2	含义同第 0 位（针对通道 2）
3	THCMP3	含义同第 0 位（针对通道 3）
4	THCMP4	含义同第 0 位（针对通道 4）
5	THCMP5	含义同第 0 位（针对通道 5）
6	THCMP6	含义同第 0 位（针对通道 6）
7	THCMP7	含义同第 0 位（针对通道 7）
8	THCMP8	含义同第 0 位（针对通道 8）
9	THCMP9	含义同第 0 位（针对通道 9）
10	THCMP10	含义同第 0 位（针对通道 10）
11	THCMP11	含义同第 0 位（针对通道 11）
12	OVERRUN0	DAT0 寄存器中的 OVERRUN 镜像位
13	OVERRUN1	DAT1 寄存器中的 OVERRUN 镜像位
14	OVERRUN2	DAT2 寄存器中的 OVERRUN 镜像位
15	OVERRUN3	DAT3 寄存器中的 OVERRUN 镜像位
16	OVERRUN4	DAT4 寄存器中的 OVERRUN 镜像位
17	OVERRUN5	DAT5 寄存器中的 OVERRUN 镜像位
18	OVERRUN6	DAT6 寄存器中的 OVERRUN 镜像位
19	OVERRUN7	DAT7 寄存器中的 OVERRUN 镜像位
20	OVERRUN8	DAT8 寄存器中的 OVERRUN 镜像位
21	OVERRUN9	DAT9 寄存器中的 OVERRUN 镜像位

续表

寄存器位	符　号	含　义
22	OVERRUN10	DAT10 寄存器中的 OVERRUN 镜像位
23	OVERRUN11	DAT11 寄存器中的 OVERRUN 镜像位
24	SEQA_OVR	SEQA_GDAT 寄存器中的 OVERRUN 镜像位
25	SEQB_OVR	SEQB_GDAT 寄存器中的 OVERRUN 镜像位
27：26	—	保留,只能写入 0
28	SEQA_INT	序列 A 中断(或 DMA)标志位,写 1 清零
29	SEQB_INT	序列 B 中断(或 DMA)标志位,写 1 清零
30	THCMP_INT	门限比较中断(或 DMA)标志位,第[11：0]位域中任一位置 1,都将使该位置位。将第[11：0]位域全部清零才能使该位清零
31	OVR_INT	覆盖中断标志位,第[23：12]位域中的任一位置 1 将使该位置位。将第[23：12]位域全部清零才能使该位清零

7.1.2　ADC 工程实例

在工程 MyPrj08 的基础上新建工程 MyPrj09,保存在目录 D:\MYLPC845IEW\PRJ09 中,此时的工程 MyPrj09 与 MyPrj08 完全相同。然后,新建文件 myadc.c 和 myadc.h(这两个文件保存在目录 D:\MYLPC845IEW\PRJ09\bsp 下),并修改 includes.h、mybsp.c、myextkey.c 和 mymrt.c 文件。其中,includes.h 文件中需要添加对 myadc.h 头文件的包括,即添加以下一条语句(位于文件最后一行):

```
# include "myadc.h"
```

文件 mybsp.c 的 MyBSPInit 初始化函数中(函数内部末尾处),添加以下一条语句:

```
MyADCInit();
```

即调用 MyADCInit 函数初始化模/数转换器 ADC。文件 myextkey.c 的 PININT4_IRQHandler 中断服务函数中添加以下一条语句:

```
MyADCStart();
```

其位置如图 7-1 所示,该语句调用 MyADCStart 函数启动模/数转换。文件 mymrt.c 中将下面的语句注释掉,即

```
//MySendString((Int08U * )"Hello,World!\n");
```

即关闭向上位机发送"Hello,World!"的功能,其位置如图 7-1 所示。

将文件 myadc.c 添加到工程 MyPrj09 管理器的 BSP 分组下,建立好的工程 MyPrj09 工作界面如图 7-1 所示。

工程 MyPrj09 实现的功能如图 7-2 所示,图 7-2 只展示了工程 MyPrj09 在工程 MyPrj08 基础上新添加的功能。在用户按键 S19 的中断服务函数 PININT4_IRQHandler 中,添加了 MyADCStart 函数,当按键 S19 被按下且弹起时(上升沿触发),将启动 LPC845 微控制器的 ADC 转换,当模/数转换完成后,自动进入 ADC 通道 A 中断服务程序 ADC_SEQA_IRQHandler,在其中读取模拟电压的数字信号量,保存在 myadcv 全局变量中,并进

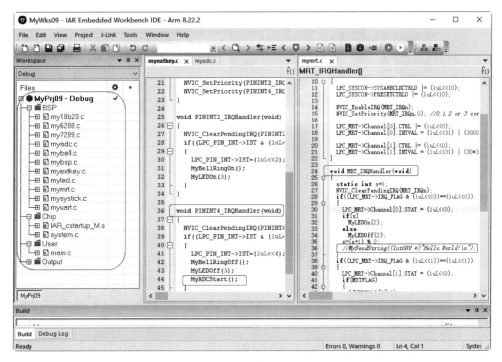

图 7-1　工程 MyPrj09 的工作界面

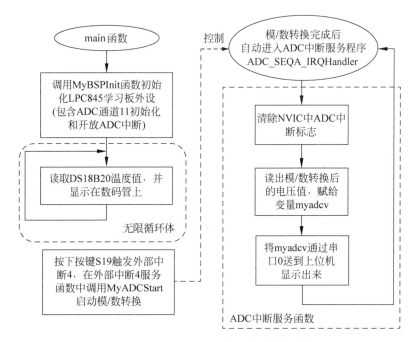

图 7-2　工程 MyPrj09 实现的功能框图

一步调用 MyADCValDisp 将数字电压通过串口 0 送到上位机(计算机)显示出来,其结果如图 7-3 所示。

下面详细介绍文件 myadc.c 和 myadc.h 的内容,分别如程序段 7-1 和程序段 7-2 所示。

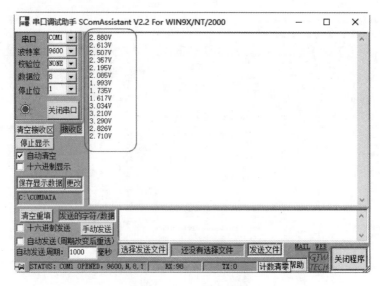

图 7-3   ADC 转换结果显示

程序段 7-1   文件 myadc.c

```
1    //Filename:adc.c
2
3    # include "includes.h"
4
5    Int32U myadcv;
6
```

第 5 行定义全局变量 myadcv,用于保存模拟变换器输出的数字电压值。

```
7    void MyADCInit(void)
8    {
9        LPC_SYSCON -> PDRUNCFG & = ~(1uL << 4);
10       LPC_SYSCON -> SYSAHBCLKCTRL0 | = (1uL << 24) | (1u << 7);
11       LPC_SYSCON -> PRESETCTRL0 | = (1uL << 24);
12       LPC_SWM -> PINENABLE0 & = ~(1uL << 25);               //PIO0_4 作为 ADC0_11
13       LPC_SYSCON -> SYSAHBCLKCTRL0 & = ~(1u << 7);
14
15       LPC_ADC -> CTRL = (59u << 0) | (1u << 30);            //ADC_CLK = 500kHz, CALMODE = 1
16       while(LPC_ADC -> CTRL & (1u << 30));
17
18       LPC_ADC -> CTRL = (1u << 0);                          //ADC_CLK = 15MHz
19       LPC_ADC -> SEQA_CTRL & = ~(1uL << 31);               //关闭 ADC
20       LPC_ADC -> SEQA_CTRL | = (1uL << 11) | (1uL << 28);  //通道 11
21       LPC_ADC -> SEQA_CTRL | = (1uL << 31);                //打开 ADC
22
23       NVIC_ClearPendingIRQ(ADC_SEQA_IRQn);
24       NVIC_EnableIRQ(ADC_SEQA_IRQn);
25       LPC_ADC -> INTEN | = (1u << 0);                       //启动 SEQA
26    }
```

第 7～26 行为模/数转换器初始化函数 MyADCInit。参考表 2-13，第 9 行将 PDRUNCFG 的第 4 位清零，为 ADC 模块提供电能；参考表 2-18，第 10 行为 ADC 模块和 SWM 模块提供工作时钟；参考表 2-14，第 11 行使 ADC 模块进入工作态；参考表 2-5，第 12 行将 PIO0_4 引脚（即第 6 号引脚）配置为 ADC0_11（即用作 ADC 输入通道 11）；第 13 行关闭 SWM 模块时钟。参考表 7-2 可知，第 15 行配置 ADC 工作时钟为 500kHz，并启动硬件校准；第 16 行等待约 $290\mu s$ 完成硬件校准工作。第 18 行设置 ADC 模块工作时钟为 15MHz，第 19 行关闭 ADC；第 20 行配置 ADC 转换通道 A 使用 ADC 输入第 11 号通道（即使用 ADC_11），并设为软件触发单拍转换工作方式；第 21 行启动 ADC。第 23 行清零 NVIC 中断的 ADC 标志；第 24 行开放 NVIC 中的 ADC 中断；第 25 行开放 ADC 转换通道 A 的 ADC 中断。

```
27
28   void MyADCStart(void)
29   {
30       LPC_ADC -> SEQA_CTRL | = (1u << 26);                //开启 ADC_11
31   }
32
```

第 28～31 行为启动 ADC 进行模/数转换的函数 MyADCStart。由表 7-3 可知，将 SEQA_CTRL 的第 26 位置 1 启动 ADC 进行模/数转换。

```
33   void MyADCValDisp(void)
34   {
35       Int08U d0,d1,d2,d3;
36       Int32U t;
37       t = (myadcv & 0xFFF0)>> 4;
38       t = 3300 * t/4095;
39       d0 = t / 1000;
40       d1 = (t / 100) % 10;
41       d2 = (t /10)   % 10;
42       d3 = t % 10;
43
44       MySendChar(d0 + '0');
45       MySendChar('.');
46       MySendChar(d1 + '0');
47       MySendChar(d2 + '0');
48       MySendChar(d3 + '0');
49       MySendChar('V');MySendChar('\n');
50   }
```

第 33～50 行的函数 MyADCValDisp 用于向上位机发送 ADC 转换结果 myadcv。第 35 行定义了 4 个变量 d0、d1、d2 和 d3，分别用于保存 ADC 转换后的电压信号的个位、十分位、百分位和千分位上的数字。第 36 行定义变量 t，用于保存 ADC 转换后的电压值，由于 LPC845 内部的 ADC 是 12 位的（参考表 7-4），所以，myadcv 中的第[15：4]位中保存数字形式电压值，故第 37 行将 myadcv 中的电压值分离出来赋给变量 t。在 LPC845 学习板上，3.3V 电压的数字量为 0xFFF，0V 电压的数字量为 0x000，第 38～42 行得到电压值 t 在个位、十分位、百分位和千分位上的数字。第 44～49 行调用 MySendChar 函数将数字电压值

（加上小数点）通过串口 0 发送到上位机，其中"＋'0'"表示将数字转换为字符。

```
51
52   void ADC_SEQA_IRQHandler(void)                        //ADC Interrupt
53   {
54     NVIC_ClearPendingIRQ(ADC_SEQA_IRQn);
55     if((LPC_ADC->FLAGS & (1u<<28)) == (1u<<28))        //通道11转换完成, 中断
56     {
57         myadcv = LPC_ADC->SEQA_GDAT;
58         MyADCValDisp();
59     }
60   }
```

当 ADC 转换通道 A 完成一次模/数转换后，将触发 ADC 中断，进入第 52～60 行的中断服务程序 ADC_SEQA_IRQHandler。第 54 行清除 NVIC 中的 ADC 中断标志；第 55 行判断 ADC 输入第 11 号通道（ADC_11）是否转换完成，如果为真，表示该通道已完成模/数转换，则第 57 行读出转换结果（参考表 7-4）；然后，第 58 行调用 MyADCValDisp 函数在上位机串口调试助手中显示转换结果（即模/数转换器输出的电压值）。

程序段 7-2　文件 myadc.h

```
1    //Filename:myadc.h
2
3    #ifndef _MYADC_H
4    #define _MYADC_H
5
6    #include "mytype.h"
7
8    void MyADCInit(void);
9    void MyADCStart(void);
10   void MyADCValDisp(void);
11
12   #endif
```

在文件 myadc.h 中，声明了文件 myadc.c 中定义了 3 个函数，即 ADC 初始化函数 MyADCInit、ADC 启动转换函数 MyADCStart 和 ADC 转换值显示函数 MyADCValDisp。

7.2　AT24C128 存储器

AT24C128 是 Atmel 公司出品的电可擦除只读存储器（EEPROM），存储空间大小为 16KB。图 3-15 中选用了工作电压为 3.3V 的 AT24C128。结合图 3-2 和图 3-15 可知，LPC845 微控制器的 PIO0_10 和 PIO0_11 通过网标 AT_SCL 和 AT_SDA 分别与 AT24C128 的 SCL 和 SDA 端口相连接，即用 I²C 总线控制 AT24C128 存储器的访问。

7.2.1　AT24C128 访问方法

LPC845 学习板上集成了一片 EEPROM 芯片 AT24C128-2.7（工作在 3.3V 电压下），其电路连接如图 3-2 和图 3-15 所示，通过 I²C 接口模块的 I2C0_SCL（复用 PIO0_10）和

I2C0_SDA（复用 PIO0_11）与 LPC845 通信。AT24C128 除了 SCL 和 SDA 引脚外，还有 WP 引脚，当 WP 接高电平时，写保护；此外，还有 A1 和 A0 两个地址输入引脚，允许最多 4 片 AT24C128 串联使用。在图 3-15 中，A1 和 A0 均接地，因此，图中 AT24C128 的地址为 00b。

AT24C128 内部 ROM 容量为 131072b，即 16384B，被分成 256 页，每页 64B。因此，AT24C128 的地址长度为 14 位（称为字地址），其中，8 位用于页寻址，6 位用于页内寻址。AT24C128 写入数据方式有两种，即整页写入数据和单字节写入数据；其读出数据方式有三种：当前地址读出数据、随机地址读出数据和顺序地址读出数据。为了节省篇幅，这里仅介绍常用的单字节写入数据和随机地址读出数据的编程方法，这两种方法可以实现对 AT24C128 整个 ROM 空间任一地址的读写操作。单字节写入数据和随机地址读出数据的时序如图 7-4 所示。

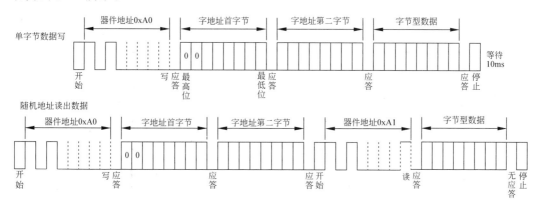

图 7-4　单字节写入数据和随机地址读出数据的时序（针对图 3-15 电路）

由图 7-4 可知，当向 AT24C128 写入单字节数据时，需要首先写入器件地址，由于 A1 和 A0 引脚接地，故器件地址为 0xA0+[A1:A0]<<1+R/W=0xA0（写时 R/W=0b）。然后依次写入两个字地址，这两个字地址合成为一个 AT24C128 的 ROM 地址，由于 AT24C128 的 ROM 容量为 16384B，其地址范围为 0x0000～0x3FFF，故第一个字地址的最高两位为 0（无意义）。接着写入字节型数据，最后延时 10ms 后才能进行下一次写入字节操作，延时的时间内 AT24C128 进行内部的编程操作，无须用户程序干预。从 AT24C128 任一地址读出数据，需要先写入器件地址 0xA0 和两个字地址，然后再写入一次器件地址 0xA1（R/W=1），才能读出两个字地址处的字节型数据。图 7-4 中包括了开始、写、应答、读、无应答和停止等控制位，这些控制位由 I²C 总线发出，可以采用中断方式或轮询方式响应这些控制位（本节程序采用了轮询方式）。

例如，向地址 0x0100 写入数据 0x1F，则依次向 AT24C128 写入 0xA0、0x01、0x00 和 0x1F。从地址 0x0100 读出数据，则应先向 AT24C128 写入 0xA0、0x01、0x00 和 0xA1，然后读出数据。

LPC845 微控制器片内集成了 4 个 I²C 总线接口，每个 I²C 接口都有 18 个相同的控制寄存器，如表 7-8 和表 7-9 所示。在 LPC845 学习板上，LPC845 的 I²C0 工作在主模式下，这里重点介绍与 I²C0 主模式相关的寄存器。

表 7-8　I²C 总线控制器寄存器(I²C0 基地址：0x4005 0000，I²C1 基地址：0x4005 4000，

I²C2 基地址：0x4003 0000，I²C3 基地址：0x4003 4000)

寄 存 器	偏移地址	含　义
CFG	0x00	配置寄存器。位 0：为 0 表示关闭主模式；为 1 表示工作在主模式。位 1：为 0 表示关闭从模式；为 1 表示工作在从模式。位 2：为 0 表示关闭检测功能；为 1 表示打开检测功能。位 3：为 0 表示关闭超时功能；为 1 表示超时触发中断。位 4：为 0 表示检测功能下时钟不拓展；为 1 表示检测功能下时钟拓展。其余位保留。复位位为 0x0
STAT	0x04	状态寄存器，见表 7-9
INTENSET	0x08	中断开放寄存器，该寄存器与 INTENCLR 寄存器分别用于开放中断和关闭中断，两个寄存器的各位相对应，INTENSET 的位写入 1 开中断，INTENCLR 的相应位写入 1 关中断。各位对应的中断依次为：位 0 主机空闲中断，位 4 主机仲裁出错中断，位 6 主机启停位出错中断，位 8 从机空闲中断，位 11 从机时钟扩展中断，位 15 从机撤销中断，位 16 检测数据就绪中断，位 17 检测数据溢出中断，位 19 检测空闲中断，位 24 事件延时中断，位 25 为 SCL 信号延时中断
INTENCLR	0x0C	中断关闭寄存器
TIMEOUT	0x10	超时配置寄存器。第[3：0]位为超时值的低 4 位，为 0xF；第[15：4]为延时值 T_0，延时 T_0 乘以 I²C 的 16 个时钟周期。其余位保留
CLKDIV	0x14	时钟分频寄存器。只有第[15：0]位域有效，记为 DIVVAL，I²C 的时钟＝外设时钟 PCLK/(DIVVAL+1)
INTSTAT	0x18	中断状态寄存器。各位与 INTENSET 寄存器对应，为 1 表示相应的中断被触发
MSTCTL	0x20	主模式控制寄存器。注意：该寄存器必须写入完整的配置字(不能用或运算写入配置字)。其只有第[3：0]位有效。第 0 位 MSTCONTINUE 为只写位，写入 0 无效，写入 1 启动下一个操作。第 1 位 MSTSTART 为只写位，写入 0 无效，写入 1 启动 I²C。第 2 位 MSTSTOP 为只写位，写入 0 无效，写入 1 停止 I²C。第 3 位 MSTDMA，为 0 表示不使用 DMA，为 1 表示使用
MSTTIME	0x24	主模式时序寄存器。第[2：0]位 MSTSCLLOW 指定 SCL 信号为低电平的时间为(2＋MSTSCLLOW 的值)个 I²C 时钟周期。第[6：4]位 MSTSCLHIGH 指定 SCL 为高电平的时间为(2＋MSTSCLHIGH 的值)个 I²C 时钟周期。其余位保留
MSTDAT	0x28	主模式数据寄存器。其只有第[7：0]位保留，保存接收或待发送的数据；其余位保留
SLVCTL	0x40	从模式控制寄存器
SLVDAT	0x44	从模式数据寄存器
SLVADR0	0x48	从模式地址寄存器 0
SLVADR1	0x4C	从模式地址寄存器 1
SLVADR2	0x50	从模式地址寄存器 2
SLVADR3	0x54	从模式地址寄存器 3
SLVQUAL0	0x58	从模式地址 0 限定寄存器
MONRXDAT	0x80	检测模式数据寄存器

表 7-9　I²C 状态寄存器 STAT

位号	名　称	属性	含　义
0	MSTPENDING	只读	为 0 表示 I²C 正忙；为 1 表示空闲
3：1	MSTSTATE	只读	为 0 表示 I²C 空闲；为 1 表示接收到数据（主模式收）；为 2 表示发送数据就绪（主模式发）；为 3 表示从机的 NACK 地址确认；为 4 表示从机的 NACK 数据确认
4	MSTARBLOSS	写 1 清零	为 0 表示无仲裁控制位丢失；为 1 表示有丢失
5	-	-	保留，仅可写 0
6	MSTSTSTPERR	写 1 清零	为 0 表示无起始/停止标志位错误；为 1 表示有错误
7	-	-	保留，仅可写 0
8	SLVPENDING	只读	为 0 表示从机正忙；为 1 表示从机空闲
10：9	SLVSTATE	只读	从模式状态码。为 0 表示从机收到地址；为 1 表示从机收到数据；为 2 表示从机发送数据；为 3 保留
11	SLVNOTSTR	只读	为 0 表示扩展 I²C 总线时钟；为 1 表示不扩展
13：12	SLVIDX	只读	工作在从模式下时，为 0 表示从机地址 0 匹配；为 1 表示从机地址 1 匹配；为 2 表示从机地址 2 匹配；为 3 表示从机地址 3 匹配
14	SLVSEL	只读	为 0 表示从机地址不匹配；为 1 表示匹配
15	SLVDESEL	写 1 清零	为 0 表示从机被占用；为 1 表示没有被占用
16	MONRDY	只读	为 0 表示没有检测数据；为 1 表示有检测数据
17	MONOV	写 1 清零	为 0 表示检测数据没有溢出；为 1 表示溢出
18	MONACTIVE	只读	为 0 表示检测到 I²C 总线不活跃；为 1 表示检测到其活跃
19	MONIDLE	写 1 清零	为 0 表示 I²C 正忙；为 1 表示其空闲
23：20	-	-	保留，仅可写 0
24	EVENTTIMEOUT	写 1 清零	为 0 表示 I²C 启动位、停止位或时钟边沿没有延时；为 1 表示有延时
25	SCLTIMEOUT	写 1 清零	为 0 表示 SCL 为低的时间没有超时；为 1 表示超时
31：26	-	-	保留，仅可写 0

7.2.2　AT24C128 访问实例

在工程 MyPrj09 的基础上新建工程 MyPrj10，保存在 D:\MYLPC845IEW\PRJ10 目录下，此时的工程 MyPrj10 与 MyPrj09 完全相同。然后，添加文件 my24c128.c 和 my24c128.h（这两个文件保存在 D:\MYLPC845IEW\PRJ10\bsp 目录下），修改文件 main.c、includes.h 和 mybsp.c，并将 my24c128.c 添加到工程 MyPrj10 管理器的 BSP 分组下，完成后的工程 MyPrj10 如图 7-5 调试界面所示。

图 7-5 为工程 MyPrj10 的在线调试工作界面。进行调试环境后，PC 指针指向第 10 行 int main(void)，此时第 8 行定义的数组 RomDat 显示在观察窗口 Watch 1 中，其各元素的值均为 0x00。然后，在第 28 行添加断点（如图 7-5 中的黑色圆点所示，添加断点的方法为在图中任一可执行代码所在行的左边单击鼠标左键，即可添加断点。在串行 SW 仿真环境下，最多支持 4 个断点，一般情况已足够用了）。接着，单击"运行"快捷按钮，PC 指针运行到第 26 行的断点处，如图 7-6 所示。

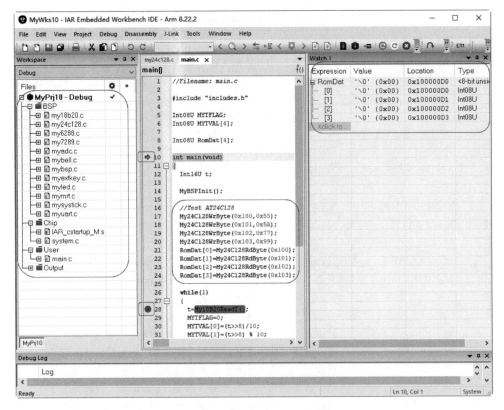

图 7-5　工程 MyPrj10 调试界面

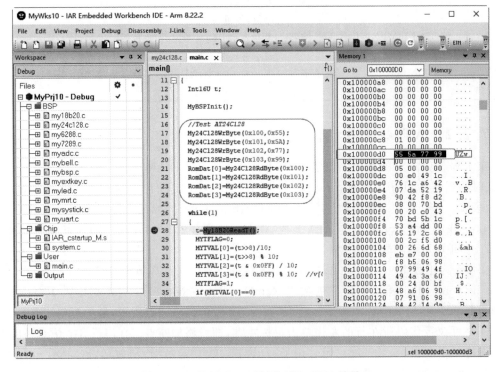

图 7-6　工程 MyPrj10 读写 AT24C128 结果

图 7-5 显示 RomDat 数组的首地址为 0x100000D0。图 7-6 中，在存储器观察窗口 Memory 1 中可以看到 RomDat 数组的 4 个元素依次为 0x55、0x5A、0x77 和 0x99，即为图中第 17~20 行写入 AT24C128 中 4 个地址的数据，说明读写 AT24C128 工作正常。值得一提的是，在作者接触到的所有芯片中，LPC845 的 I^2C 模块是最方便易用的，这一点可从下面 my24c128.c 的程序代码中得到体现。

下面依次介绍工程 MyPrj10 在 MyPrj09 的基础上需要修改的文件 includes.h、mybsp.c 和 main.c 以及新添加的文件 my24c128.c 和 my24c128.h。

在文件 includes.h 中添加以下一条代码：

```
#include "my24c128.h"
```

即添加对头文件 my24c128.h 的包括。

在 mybsp.c 文件的 MyBSPInit 函数内（在该函数内部末尾处）添加以下一条代码：

```
My24C128Init();
```

即调用 My24C128Init 函数实现 AT24C128 芯片的初始化。

文件 main.c 中的代码如程序段 7-3 所示，其中只有第 8 行和第 16~24 行为新添加的行。

程序段 7-3　文件 main.c

```
1    //Filename: main.c
2
3    #include "includes.h"
4
5    Int08U MYTFLAG;
6    Int08U MYTVAL[4];
7
8    Int08U RomDat[4];
```

第 8 行定义全局数组变量 RomDat，用于保存从 AT24C128 中读出的数据。

```
9
10   int main(void)
11   {
12     Int16U t;
13
14     MyBSPInit();
15
16     //Test AT24C128
17     My24C128WrByte(0x100,0x55);
18     My24C128WrByte(0x101,0x5A);
19     My24C128WrByte(0x102,0x77);
20     My24C128WrByte(0x103,0x99);
21     RomDat[0] = My24C128RdByte(0x100);
22     RomDat[1] = My24C128RdByte(0x101);
23     RomDat[2] = My24C128RdByte(0x102);
24     RomDat[3] = My24C128RdByte(0x103);
25
```

第 17 行调用 My24C128WrByte 函数向 AT24C128 存储器的地址 0x100 处写入数据 0x55；同理，第 18～20 行依次向 AT24C128 存储器的地址 0x101、0x102 和 0x103 写入数据 0x5A、0x77 和 0x99。第 21 行调用 My24C128RdByte 读出 AT24C128 存储器的地址 0x100 处的数据，并赋给 RomDat[0]；同理，第 22～24 行读出 AT24C128 存储器的地址 0x101、0x102 和 0x103 处的数据，依次赋给 RomDat[1]、RomDat[2] 和 RomDat[3]。

```
26    while(1)
27    {
28        t = My18B20ReadT();
29        MYTFLAG = 0;
30        MYTVAL[0] = (t >> 8)/10;
31        MYTVAL[1] = (t >> 8) % 10;
32        MYTVAL[2] = (t & 0x0FF) / 10;
33        MYTVAL[3] = (t & 0x0FF) % 10;              //v[0]v[1].v[2]v[3]
34        MYTFLAG = 1;
35        if(MYTVAL[0] == 0)
36            My7289Seg(0,0x0F,0);
37        else
38            My7289Seg(0,MYTVAL[0],0);
39        My7289Seg(1,MYTVAL[1],1);
40        My7289Seg(2,MYTVAL[2],0);
41        My7289Seg(3,MYTVAL[3],0);
42    }
43  }
```

文件 my24c128.c 和 my24c128.h 的代码分别如程序段 7-4 和程序段 7-5 所示。

程序段 7-4　文件 my24c128.c

```
1    //Filename: myAT24C128.c
2
3    # include "includes.h"
4
5    void My24C128Init(void)
6    {
7        LPC_SYSCON -> SYSAHBCLKCTRL0 |= (1uL << 5);      //I2C0
8        LPC_SYSCON -> PRESETCTRL0 &= ~(1uL << 5);
9        LPC_SYSCON -> PRESETCTRL0 |= (1uL << 5);
10
11       LPC_SYSCON -> SYSAHBCLKCTRL0 |= (1uL << 7);      //SWM
12       LPC_SWM -> PINENABLE0 &= ~((1u << 12) | (1u << 13));
13       LPC_SYSCON -> SYSAHBCLKCTRL0 &= ~(1uL << 7);
14
15       LPC_SYSCON -> I2C0CLKSEL = 0x0;                  //FRO: 12MHz, I2C0: 400kHz
16       LPC_I2C0 -> CLKDIV = (5uL << 0);                 //5 - 400kHz
17       LPC_I2C0 -> MSTTIME = (1uL << 0) | (0uL << 4);
18
19       LPC_I2C0 -> CFG = (1uL << 0);
20   }
```

第 5～20 行为 AT24C128 访问初始化函数 My24C128Init。第 7 行为 LPC845 微控制

器的 I²C0 模块提供工作时钟；第 8、9 行使 I²C0 模块进入工作状态。第 11 行为开关矩阵 SWM 提供工作时钟，第 12 行配置 PIO0_11 和 PIO0_10 分别作为 I²C0 的 SDA 和 SCL 端口，第 13 行关闭 SWM 以节省电能。第 15 行配置 I²C0 的工作时钟来自 FRO，即 12MHz 时钟；第 16 行对 12MHz 时钟进行分频（分频值为 5+1）得到 2MHz 时钟作为 I²C0 的工作时钟，此时 I²C0 的数据传输速率为 400kHz；第 17 行配置 SCL 的高、低电平时长，计算公式如下：

$$SCL\ 高电平时长 = (CLKDIV + 1) \times (MSTSCLHIGH + 2)$$
$$SCL\ 低电平时长 = (CLKDIV + 1) \times (MSTSCLLOW + 2)$$

其中，CLKDIV 为第 16 行的 CLKDIV，其值为 5；MSTSCLHIGH 和 MSTSCLLOW 分别为第 17 行的 MSTTIME 寄存器的第[6：4]位和第[2：0]位，复位值均为 0x7，这里分别设置为 0 和 7（可参见文献[2]第 19 章）。参考表 7-9，第 19 行配置 LPC845 微控制器的 I²C0 工作在主模式（也常称为主机模式）。

```
21
22  void My24C128Delay( int t)                              //Delay t/5μs
23  {
24    while(( -- t)> 0);
25  }
```

第 22～25 行为延时函数 My24C128Delay，延时约 t/5μs。

```
26
27  void MyWaitMasterIdle(void)
28  {
29    Int32U stat;
30    do
31    {
32        stat = LPC_I2C0 -> STAT;
33    }while((stat & (1 << 0)) == 0);                    //空闲
34  }
```

第 27～34 为等待 I²C0 空闲的函数 MyWaitMasterIdle。参考表 7-9 可知，I²C0 状态寄存器的第 0 位读出 0 表示 I²C0 正忙，读出 1 表示空闲。第 30～33 行为 do-while 型循环体，当第 33 行判断 stat 的第 0 位为 0 时，重复循环；如果判断 stat 的第 0 位为 1，则跳出循环，说明 I²C0 空闲。

```
35
36  void MyWaitMasterTransReady(void)
37  {
38    Int32U stat;
39    do
40    {
41        stat = LPC_I2C0 -> STAT;
42    }while((stat & (7 << 1))!= (2 << 1));              //传输就绪
43  }
```

第 36～43 行为等待发送缓冲区空的函数 MyWaitMasterTransReady。结合表 7-9 可知，当 STAT 寄存器的第[3：1]位为 2 时，发送缓冲区就绪，可以向发送缓冲区写入新的数据。第 39～42 行为 do-while 型循环体,第 42 行判定 stat 的第[3：1]位为 2 时,跳出循环体,表示可以发送下一个数据。

```
44
45   void MyWaitMasterRecvReady(void)
46   {
47     Int32U stat;
48     do
49     {
50       stat = LPC_I2C0 -> STAT;
51     }while((stat & (7 << 1))!= (1 << 1));        //接收就绪
52   }
```

第 45～52 行为等待接收数据就绪的函数 MyWaitMasterRecvReady。结合表 7-9 可知,当 STAT 寄存器的第[3：1]位为 1 时,表示在主机模式下接收到从机发送来的数据,即接收数据已经就绪。当第 51 行判断 stat 的第[3：1]位为 1 时,表示接收到新的数据,跳出循环体。

```
53
54   void My24C128WrByte(Int16U addr, Int08U dat)     //dat 被写入 addr
55   {
56     MyWaitMasterIdle();
57     LPC_I2C0 -> MSTDAT = 0xA0;                     //命令
58     LPC_I2C0 -> MSTCTL = (1uL << 1);              //启动
59     MyWaitMasterIdle();
60     MyWaitMasterTransReady();
61     LPC_I2C0 -> MSTDAT = (addr >> 8) & 0x3F;      //addr 的第一字节
62     LPC_I2C0 -> MSTCTL = (1uL << 0);             //继续
63     MyWaitMasterIdle();
64     MyWaitMasterTransReady();
65     LPC_I2C0 -> MSTDAT = addr & 0xFF;            //addr 的第二字节
66     LPC_I2C0 -> MSTCTL = (1uL << 0);            //继续
67     MyWaitMasterIdle();
68     MyWaitMasterTransReady();
69     LPC_I2C0 -> MSTDAT = dat;                    //数据
70     LPC_I2C0 -> MSTCTL = (1uL << 0);            //继续
71     MyWaitMasterIdle();
72     MyWaitMasterTransReady();
73
74     LPC_I2C0 -> MSTCTL = (1uL << 2);            //停止
75
76     My24C128Delay(10 * 5000);                    //等待 10ms
77   }
```

第 54～73 行为向 AT24C128 写入一个字节数据的函数 My24C128WrByte,带有两个参数 addr 和 dat,其中,16 位的 addr 只有低 14 位有效,表示待写入数据的地址;dat 表示待写入的数据。第 56 行等待 I²C0 模块空闲,结合图 7-4 中"单字节数据写",可知第 57 行写入 0xA0,然后,第 58 行启动 I²C0 写操作,第 59、60 行依次等待 I²C0 空闲和收到应答(即一位低电平);第 61 行发送 14 位长的"字地址首字节",第 62 行继续发送操作,第 63、64 行等

待 I²C0 空闲且收到应答；第 65 行发送"字地址第二字节"，第 66 行继续发送操作，第 67、68
行等待 I²C0 空闲且收到应答；然后，第 69 行写入数据 dat，第 70 行启动发送（在这种单字
节写入操作情况下，最后的应答可以省略，即可以注释掉第 71 和 72 行）。第 74 行停止 I²C0
操作。第 76 行等待 10ms，在这段时间里，AT24C128 实现内容的字节写入操作，写入的数
据可以保持 40 年不丢失，芯片的擦写次数可达 10 万次。

```
78
79   Int08U My24C128RdByte(Int16U addr)
80   {
81      Int08U res;
82
83      MyWaitMasterIdle();
84      LPC_I2C0 -> MSTDAT = 0xA0;
85      LPC_I2C0 -> MSTCTL = (1uL << 1);              //启动
86      MyWaitMasterIdle();
87      MyWaitMasterTransReady();
88      LPC_I2C0 -> MSTDAT = (addr >> 8) & 0x3F;      //addr 的第一字节
89      LPC_I2C0 -> MSTCTL = (1uL << 0);              //继续
90      MyWaitMasterIdle();
91      MyWaitMasterTransReady();
92      LPC_I2C0 -> MSTDAT = addr & 0xFF;             //addr 的第二字节
93      LPC_I2C0 -> MSTCTL = (1uL << 0);              //继续
94      MyWaitMasterIdle();
95      MyWaitMasterTransReady();
96
97      LPC_I2C0 -> MSTDAT = 0xA1;                    //读
98      LPC_I2C0 -> MSTCTL = (1uL << 1);              //启动
99      MyWaitMasterIdle();
100     MyWaitMasterRecvReady();
101     res = LPC_I2C0 -> MSTDAT;
102     LPC_I2C0 -> MSTCTL = (1uL << 2);             //停止
103
104     return res;
105  }
```

第 79～105 行为从 AT24C128 存储器中读出一个字节数据的函数 My24C128RdByte，
具有一个参数 addr，表示待读出数据的地址；函数的返回值为读出的数据。第 81 行定义变
量 res，保存读出的字节数据。第 83 行等待 I²C0 模块空闲。结合图 7-4"随机地址读出数
据"，第 84 行写入器件地址 0xA0，第 85 行启动写入操作，第 86、87 行等待 I²C0 空闲且收到
应答；第 88 行写入"字地址首字节"（即 14 位的字地址的高 8 位，其中最高 2 位为 0），第 89
行启动写入，第 90、91 行等待 I²C0 空闲且收到应答；第 92 行写入"字地址第二字节"，第 93
行启动写入，第 94、95 行等待 I²C0 空闲且收到应答；第 97 行写入器件地址 0xA1，表示要
从 AT24C128 中读出数据；第 98 行启动读出操作，第 99、100 行等待 I²C0 空闲且收到接
收应答；第 101 行读出数据保存在 res 中，第 102 行停止 I²C0 模块。第 104 行返回读出
的值。

程序段 7-5　文件 my24c128. h

```
1    //Filename:my24c128.h
2
3    #ifndef _MY24C128_H
4    #define _MY24C128_H
5
6    #include "mytype.h"
7
8    void My24C128Init(void);
9    void My24C128WrByte(Int16U addr,Int08U dat);
10   Int08U My24C128RdByte(Int16U addr);
11
12   #endif
```

文件 my24c128. h 中声明了在文件 my24c128. c 中定义的函数 My24C128Init、My24C128WrByte 和 My24C128RdByte,这 3 个函数依次为 I²C0 模块实始化函数、向 AT24C128 写入一个字节数据函数和从 AT24C128 读出一个字节数据函数。

7.3　W25Q64 存储器

Flash 型存储器 W25Q64 工作在 SPI 总线协议下,与 LPC845 微控制器片上 SPI 外设进行通信。结合图 3-2 和图 3-15,通过网标 W25_CS、W25_DO、W25_CLK 和 W25_DI,LPC845 微控制器的 PIO0_1、PIO0_15、PIO0_8 和 PIO0_9 分别与 W25Q64 存储器的 CS、DO、CLK 和 DI 端口相连接。本节将介绍 LPC845 微控制器通过 SPI 总线访问 Flash 型存储器 W25Q64 的程序设计方法。

7.3.1　W25Q64 存储器访问方法

W25Q64 为 64Mb(即 8MB)的串行接口 FLASH 芯片,工作电压为 3.3V,与 LPC845 微控制器的连接电路参考图 3-2 和图 3-15。当采用标准 SPI 模式访问 W25Q64 时,其各个引脚的含义为:CS 表示片选输入信号(低有效),CLK 表示串行时钟输入信号,DI 为串行数据输入信号,DO 为串行数据输出信号,WP 表示写保护输入信号(低有效),VCC 和 GND 分别表示电源和地。LPC845 微控制器通过 PIO0_1(CS)、PIO0_15(DO)、PIO0_8(CLK)和 PIO0_9(DI)实现对 W25Q64 的读写访问,指令、地址和数据在 CLK 上升沿通过 DI 线进入 W25Q64,而在 CLK 的下降沿从 W25Q64 读出数据或状态字。

W25Q64 芯片容量为 8MB,分为 32768 个页,每个页 256B。向 W25Q64 芯片写入数据,仅能按页写入,即一次写入一页内容。在写入数据(称为编程)前,必须首先对该页擦除,然后才能向该页写入一整页的内容。对 W25Q64 的擦除操作可以基于扇区或块,每个扇区包括 16 个页,大小为 4KB;每个块包括 8 个扇区,大小为 32KB;甚至可以整片擦除。对 W25Q64 的读操作,可以读出任一地址的字节,或一次读出一个页的内容。W25Q64 的编址分为页地址（16 位）和字节地址（8 位），通过指定一个 24 位的地址，可以读出该地址的字节内容。

W25Q64 具有 2 个 8bit 的状态寄存器：状态寄存器 1 和状态寄存器 2。状态寄存器 1 第 0 位为只读的 BUSY 位，当 W25Q64 为忙时，读出该位的值为 1；当 W25Q64 空闲时，读出该位的值为 0。状态寄存器 1 的第 1 位为只读 WEL 位，当可写入时 WEL 为 1，当不可写入时 WEL 为 0。状态寄存器 1 的第[6：2]位均写入 0，表示非写保护状态；第 7 位 SRP0 写入 1，该位与状态寄存器 2 的第 0 位 SRP1（该位写入 0）组合在一起表示可写入模式。状态寄存器 2 的第[7：2]位保留，终始为 0；第 1 位为 QE 位，写入 0 表示为标准 SPI 模式。因此，初始化 W25Q64 时，状态寄存器 1 和 2 应分别写入 0x80 和 0x00。

W25Q64 具有 27 条操作指令，下面介绍常用的几条，如表 7-10 所示。

表 7-10　常用的 W25Q64 指令

指　　　令	字节 1	字节 2	字节 3	字节 4	字节 5
整片擦除	C7H/60H				
扇区擦除(4KB)	20H	A23-A16	A15-A8	A7-A0	
页编程	02H	A23-A16	A15-A8	A7-A0	D7-D0
写状态寄存器	01H	S7-S0	S15-S8		
读状态寄存器 1	05H	S7-S0			
读状态寄存器 2	35H	S15-S8			
写使能	06H				
写禁止	04H				
读数据	03H	A23-A16	A15-A8	A7-A0	D7-D0
读器件 ID 号	9FH	读出 EFH	读出 40H	读出 17H	

W25Q64 整片擦除的工作流程如图 7-7 所示。

整片擦除将 W25Q64 的所有字节擦除为 0xFF。由图 7-7 可知，首先需写使能芯片，然后输出整片擦除指令 0xC7 或 0x60。在擦除过程中，状态寄存器 1 的第 0 位 BUSY 位保持为 1，当擦除完成后，BUSY 位转变为 0，通过判断 BUSY 位的状态识别擦除工作是否完成。

当只擦除一个扇区时，首先需写使能 W25Q64 芯片，然后，向 W25Q64 芯片发送扇区擦除指令 0x20，接着发送待擦除扇区的首地址（有效的扇区 24 位首地址的最后 12 位为 0），之后，W25Q64 执行内部擦除操作。在擦除过程中，状态寄存器 1 的第 0 位 BUSY 位保持为 1；当页擦除完成后，BUSY 位转变为 0。如图 7-8 所示。

W25Q64 的页编程工作流程如图 7-9 所示。

页编程是指向擦除过的页面内写入数据，每次页编程前必须有一次擦除操作。如图 7-9 所示，页编程首先使能 W25Q64 写入操作，然后写入页编程指令 0x02，接着写入 24 位的页地址（低 8 位为 0），之后连续写入 256 字节的数据，最后，等待状态寄存器 1 的 BUSY 位为 0，说明页编程完成。

读 W25Q64 操作只需要写入读指令 0x03，然后写入 24 位的地址，即可以从该地址开始读取数据。如果 CLK 时钟是连续的，可以一条读指令实现对整个芯片的读取，当然，也可以只读取 1 字节。

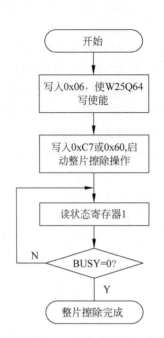

图 7-7　W25Q64 整片擦除的工作流程

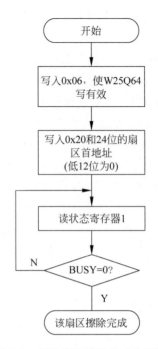

图 7-8　4KB 扇区擦除的工作流程

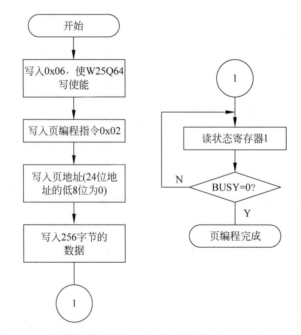

图 7-9　W25Q64 页编程工程流程

7.3.2　LPC845 微控制器 SPI 模块

LPC845 微控制器具有两个 SPI 总线接口,记为 SPI0 和 SPI1。每个 SPI 口具有 11 个寄存器(除了基地址不同外,同名的寄存器内容完全相同),如表 7-11 所示。

表 7-11 LPC845 微控制器 SPI 口寄存器（SPI0 基地址：0x40058000，SPI1 基地址：0x4005C000）

序号	名称	偏移地址	属性	含义	复位值
1	CFG	0x00	可读可写	SPI 配置寄存器	0x0
2	DLY	0x04	可读可写	SPI 延时寄存器	0x0
3	STAT	0x08	可读可写	SPI 状态寄存器	0x102
4	INTENSET	0x0C	可读可写	SPI 中断配置寄存器	0x0
5	INTENCLR	0x10	只写	SPI 中断关闭寄存器	-
6	RXDAT	0x14	只读	SPI 接收数据寄存器	-
7	TXDATCTL	0x18	可读可写	SPI 发送数据与控制信息寄存器	0x0
8	TXDAT	0x1C	可读可写	SPI 发送数据寄存器	0x0
9	TXCTL	0x20	可读可写	SPI 发送控制寄存器	0x0
10	DIV	0x24	可读可写	SPI 时钟分频寄存器	0x0
11	INTSTAT	0x28	只读	SPI 中断状态寄存器	0x02

表 7-11 中各个寄存器的含义如表 7-12～表 7-22 所示。

表 7-12 SPI 配置寄存器 CFG

位号	符号	含义
0	ENABLE	为 0 表示关闭 SPI 口；为 1 表示打开 SPI 口
1	-	保留，仅能写入 0
2	MASTER	为 0 表示工作在从机模式；为 1 表示工作在主机模式
3	LSBF	为 0 表示先发送数据高位（标准模式）；为 1 表示先发送数据低位
4	CPHA	为 0 表示位数据在时钟沿改变；为 1 表示位数据在时钟沿捕获
5	CPOL	为 0 表示无数据时时钟信号为低电平；为 1 表示无数据时时钟信号为高电平
6	-	保留，仅能写入 0
7	LOOP	为 0 表示关闭闭环测试（即正常工作）；为 1 表示开启内部闭环测试
8	SPOL0	SSEL0 极性选择。为 0 表示 SSEL0 低有效，为 1 表示其高有效
9	SPOL1	SSEL1 极性选择。为 0 表示 SSEL1 低有效，为 1 表示其高有效
10	SPOL2	SSEL2 极性选择。为 0 表示 SSEL2 低有效，为 1 表示其高有效
11	SPOL3	SSEL2 极性选择。为 0 表示 SSEL3 低有效，为 1 表示其高有效
31：12	-	保留，仅能写入 0

表 7-13 SPI 延时寄存器 DLY

位号	符号	含义
3：0	PRE_DELAY	在 SSEL（片选）信号与第一个时钟信号间总有一个 SPI 时钟。为 0 表示无额外 SPI 时钟插入；为 1 表示有一个 SPI 时钟插入；为 2 表示有两个 SPI 时钟插入；以此类推，为 0xF 表示有 15 个 SPI 时钟插入
7：4	POST_DELAY	指定在 SSEL 信号与最后一位数据间的时钟，为 0 表示无额外 SPI 时钟信号插入；为 1 表示有一个 SPI 时钟；为 2 表示有两个 SPI 时钟插入；以此类推，为 0xF 表示有 15 个 SPI 时钟插入
11：8	FRAME_DELAY	指定相邻帧间的时钟。为 0 表示无额外 SPI 时钟信号插入；为 1 表示有一个 SPI 时钟；为 2 表示有两个 SPI 时钟插入；以此类推，为 0xF 表示有 15 个 SPI 时钟插入

位号	符 号	含 义
15：12	TRANSFER_DELAY	指定 SSEL 信号撤销的最短时钟长度,为 0 表示最短为一个 SPI 时钟;为 1 表示最短为两个 SPI 时钟;为 2 表示最短为三个 SPI 时钟;以此类推,为 0xF 表示最短为 16 个 SPI 时钟插入
31：16	-	保留,仅能写入 0

表 7-14　SPI 状态寄存器 STAT

位号	符 号	含 义
0	RXRDY	接收数据就绪标志位,只读。为 1 表示接收到数据,读 RXDAT 寄存器时自动清零
1	TXRDY	传送就绪标志位,只读。为 1 表示可以向 TXDAT 或 TXDATCTL 写入待发送的数据。当写入 TXDAT 或 TXDATCTL 的数据进入发送缓冲区时自动清零
2	RXOV	接收数据溢出中断标志位,仅当用作从机时有效,为 1 时有数据溢出,写入 1 清零(当工作在主机模式时,总为 0)
3	TXUR	发送数据丢失中断标志位,仅当用作从机时有效,为 1 时表示下一个时钟到来时,发送数据没有准备好,写入 1 清零(当工作在主机模式时,总为 0)
4	SSA	从机选择确认标志位,当从机从撤销状态进入选择状态时,置位该位,写入 1 清零
5	SSD	从机撤销确认标志位,当从机从选择状态进入撤销状态时,置位该位,写入 1 清零
6	STALLED	失速标志位,为 1 表示 SPI 正减速工作
7	ENDTRANSFER	终止传送标志位,写入 1 清零,强制停止数据传送
8	MSTIDLE	主机空闲标志位。为 1 表示主机空闲,其发送缓冲区为空,且无数据处于传送过程中
31：9	-	保留,仅能写入 0

表 7-15　SPI 中断配置寄存器 INTENSET

位号	符 号	含 义
0	RXRDYEN	为 1 表示接收到数据后触发中断,为 0 表示接收到数据后不触发中断
1	TXRDYEN	为 1 表示发送数据(写 TXDAT)时触发中断,为 0 表示发送数据时不触发中断
2	RXOVEN	为 1 表示接收数据溢出时触发中断,为 0 表示接收数据溢出时不触发中断
3	TXUREN	为 1 表示发送数据失步时触发中断,为 0 表示发送数据失步时不触发中断
4	SSAEN	为 1 表示从机从撤销状态进入选择状态将触发中断,为 0 表示其不触发中断
5	SSDEN	为 1 表示从机从选择状态进入撤销状态时触发中断,为 0 表示其不触发中断
31：6	-	保留,仅能写入 0

表 7-16　SPI 中断关闭寄存器 INTENCLR

位 号	符 号	含 义
0	RXRDYEN	写入 1 清零 INTENSET 的第 0 位
1	TXRDYEN	写入 1 清零 INTENSET 的第 1 位
2	RXOVEN	写入 1 清零 INTENSET 的第 2 位

续表

位　　号	符　　号	含　　义
3	TXUREN	写入 1 清零 INTENSET 的第 3 位
4	SSAEN	写入 1 清零 INTENSET 的第 4 位
5	SSDEN	写入 1 清零 INTENSET 的第 5 位
31：6	-	保留,仅能写入 0

表 7-17　只读的 SPI 接收数据寄存器 RXDAT

位　　号	符　　号	含　　义
15：0	RXDAT	接收到的数据,实际长度取决于 TXCTL 或 TXDATCTL 中的 LEN
16	RXSSEL0_N	SSEL0 信号状态位,为 0 表示 SSEL0 活跃
17	RXSSEL1_N	SSEL1 信号状态位,为 0 表示 SSEL1 活跃
18	RXSSEL2_N	SSEL2 信号状态位,为 0 表示 SSEL2 活跃
19	RXSSEL3_N	SSEL3 信号状态位,为 0 表示 SSEL3 活跃
20	SOT	传送开始标志位,为 1 表示当前数据为发送给从机的第一个数据
31：21	-	保留,仅能写入 0

表 7-18　SPI 发送数据与控制信息寄存器 TXDATCTL

位号	符　　号	含　　义
15：0	TXDAT	等传送的数据,长度为 4~16 位
16	TXSSEL0_N	为 0 时表示 SSEL0 有效,为 1 时表示 SSEL0 无效
17	TXSSEL1_N	为 0 时表示 SSEL1 有效,为 1 时表示 SSEL1 无效
18	TXSSEL2_N	为 0 时表示 SSEL2 有效,为 1 时表示 SSEL2 无效
19	TXSSEL3_N	为 0 时表示 SSEL3 有效,为 1 时表示 SSEL3 无效
20	EOT	为 0 表示 SSEL 当前数据发送完后 SSEL 仍有效;为 1 表示当前数据发送完后撤销 SSEL
21	EOF	为 0 表示当前数据不是帧结尾数据;为 1 表示当前数据为帧结尾数据
22	RXIGNORE	为 0 表示接收到数据,该数据必须被读出才能继续接收新的数据,否则将出现数据溢出;为 1 表示忽略接收到的数据
23	-	保留,仅能写入 0
27：24	LEN	数据长度控制位。为 0 表示数据长度为 1 位,为 1 表示数据长度为 2 位,以此类推,为 0xF 表示数据长度为 16 位
31：28	-	保留,仅能写入 0

表 7-19　SPI 发送数据寄存器 TXDAT

位号	符　　号	含　　义
15：0	DATA	等传送的数据,长度为 4~16 位
31：16	-	保留,仅能写入 0

表 7-20　SPI 发送控制寄存器 TXCTL

位号	符　　号	含　　义
15：0	-	保留,仅能写入 0
16	TXSSEL0_N	为 0 时表示 SSEL0 有效,为 1 时表示 SSEL0 无效

位 号	符 号	含 义
17	TXSSEL1_N	为 0 时表示 SSEL1 有效,为 1 时表示 SSEL1 无效
18	TXSSEL2_N	为 0 时表示 SSEL2 有效,为 1 时表示 SSEL2 无效
19	TXSSEL3_N	为 0 时表示 SSEL3 有效,为 1 时表示 SSEL3 无效
20	EOT	数据发送结束控制位。为 0 表示 SSEL 当前数据发送完后 SSEL 仍有效; 为 1 表示当前数据发送完后撤销 SSEL
21	EOF	帧结束控制位。为 0 表示当前数据不是帧结尾数据;为 1 表示当前数据为 帧结尾数据
22	RXIGNORE	为 0 表示接收到数据,该数据必须被读出才能继续接收新的数据,否则将出 现数据溢出;为 1 表示忽略接收到的数据
23	-	保留,仅能写入 0
27:24	LEN	数据长度控制位。为 0 表示数据长度为 1 位,为 1 表示数据长度为 2 位,以 此类推,为 0xF 表示数据长度为 16 位
31:28	-	保留,仅能写入 0

表 7-21　SPI 时钟分频寄存器 DIV

位 号	符 号	含 义
15:0	DIVVAL	SPI 时钟频率 = PCLK/(DIVVAL+1)
31:16	-	保留,仅能写入 0

表 7-22　只读的 SPI 中断状态寄存器 INTSTAT

位 号	符 号	含 义
0	RXRDY	接收数据就绪中断标志位
1	TXRDY	发送缓冲区空中断标志位
2	RXOV	接收数据溢出中断标志位
3	TXUR	发送数据失步中断标志位
4	SSA	从机从撤销态进入选择态标志位
5	SSD	从机从选择态撤销标志位
31:6	-	保留,仅能写入 0

7.3.3　W25Q64 访问实例

　　LPC845 微控制器的 SPI0 口按图 3-2 和图 3-15 所示电路与 W25Q64 相连接,其中 LPC845 工作在主机模式,W25Q64 为从机模式,各个功能引脚的定义如表 7-23 所示。

表 7-23　LPC845 芯片 SPI0 口与 W25Q64 引脚连接情况

序 号	LPC845 引脚	替 换 功 能	W25Q64 引脚	含 义
1	PIO0_1	SPI0_SSEL0	CS	片选信号,低有效
2	PIO0_8	SPI0_SCK	CLK	数据位串行时钟信号
3	PIO0_9	SPI0_MOSI	DI	W25Q64 数据接收端
4	PIO0_15	SPI0_MISO	DO	W25Q64 数据发送端

在工程 MyPrj10 的基础上,新建工程 MyPrj11,保存在目录 D:\MYLPC845IEW\ PRJ11 下,此时的工程 MyPrj11 与工程 MyPrj10 完全相同。然后,新建文件 my25q64.c 和 my25q64.h,这两个文件保存在目录 D:\MYLPC845IEW\PRJ11\bsp 下。接着,修改文件 includes.h、mybsp.c 和 main.c。之后,将 my25q64.c 文件添加到工程 MyPrj11 管理器的 BSP 分组下,建立好的工程 MyPrj11 调试界面如图 7-10 所示。

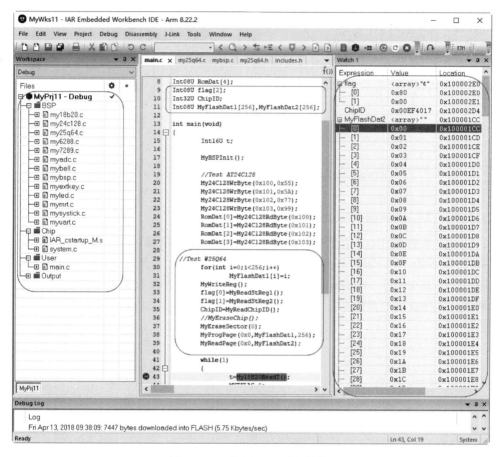

图 7-10　工程 MyPrj11 调试界面

图 7-10 为工程 MyPrj11 的在线调试工作界面。在 main 函数中的 while 处设置断点 (断点将位于 while 循环中的第一条语句处),运行到断点处时,在观察窗口 Watch 1 中可查 到 W25Q64 芯片的两个寄存器的值,即 flag 数组的值,以及 W25Q64 芯片 ID 号,即 ChipID 变量的值 0x00EF4017,同时,在 MyFlashDat2 中显示了从 W25Q64 芯片第 0 扇区的第 0 页 读出的值。

下面详细介绍工程 MyPrj11 在工程 MyPrj10 基础上修改的文件 includes.h、mybsp.c、 main.c 和新添加的文件 my25q64.c、my25q64.h。其中,文件 includes.h 中添加以下一条 语句:

```
# include "my25q64.h"
```

即添加了对头文件 my25q64.h 的包括。在文件 mybsp.c 中的函数 MyBSPInit 中(在该函

数内部末尾)添加以下一条语句:

```
My25Q64Init();
```

即调用 My25Q64Init 函数实现对 W25Q64 存储器访问的初始化。

文件 main.c 的内容如程序段 7-6 所示,其中,第 9～11 行、第 29～39 行为相对于程序段 7-3 中的 main.c 添加的语句,这里重点介绍这些新添加的部分。

程序段 7-6　文件 main.c

```
1    //Filename: main.c
2
3    # include "includes.h"
4
5    Int08U MYTFLAG;
6    Int08U MYTVAL[4];
7
8    Int08U RomDat[4];
9    Int08U flag[2];
10   Int32U ChipID;
11   Int08U MyFlashDat1[256],MyFlashDat2[256];
```

第 9 行定义数组 flag,用于保存 W25Q64 的两个寄存器的值。第 10 行定义变量 ChipID,用于保存 W25Q64 芯片的 ID 号。第 11 行定义了两个数组 MyFlashDat1 和 MyFlashDat2,其中 MyFlashDat1 保存要写入 W25Q64 中的页数组,MyFlashDat2 用于保存从 W25Q64 中读出的页数据。

```
12
13   int main(void)
14   {
15       Int16U t;
16
17       MyBSPInit();
18
19       //测试 AT24C128
20       My24C128WrByte(0x100,0x55);
21       My24C128WrByte(0x101,0x5A);
22       My24C128WrByte(0x102,0x77);
23       My24C128WrByte(0x103,0x99);
24       RomDat[0] = My24C128RdByte(0x100);
25       RomDat[1] = My24C128RdByte(0x101);
26       RomDat[2] = My24C128RdByte(0x102);
27       RomDat[3] = My24C128RdByte(0x103);
28
29       //测试 W25Q64
30       for(int i = 0;i < 256;i++)
31           MyFlashDat1[i] = i;
32       MyWriteReg();
33       flag[0] = MyReadStReg1();
34       flag[1] = MyReadStReg2();
35       ChipID = MyReadChipID();
```

```
36      //MyEraseChip();
37      MyEraseSector(0);
38      MyProgPage(0x0,MyFlashDat1,256);
39      MyReadPage(0x0,MyFlashDat2);
```

第 30、31 行循环 256 次，为 MyFlashDat1 赋初值，MyFlashDat1 中的值将被写入 W25Q64 中。第 32 行调用 MyWriteReg 函数，将 0x80 和 0x00 分别写入 W25Q64 的两个寄存器中。第 33 行读 W25Q64 芯片第一个寄存器的值，赋给 flag 数组的第 0 个元素；第 34 行读 W25Q64 第二个寄存器的值，赋给 flag 数组的第 1 个元素。第 35 行调用 MyReadChipID 函数读 W25Q64 的芯片 ID 号，赋给变量 ChipID，读出值应为 0xEF4017。第 36 行为整片擦除 W25Q64，这里没有使用，故注释掉了。第 37 行调用 MyEraseSector 函数擦除第 0 号扇区，即地址为 0x0～0x0FFF 的存储空间。第 38 行调用 MyProgPage 函数向第 0 号扇区的第 0 页写入 MyFlashDat1 数组，每页为 256 字节，这里写入 256 字节的数据（W25Q64 只能按页写入，不足一页时，需补上 0）。第 39 行调用 MyReadPage 函数读出第 0 页的全部 256 字节数据，保存在 MyFlashDat2 中。

```
40
41      while(1)
42      {
43          t = My18B20ReadT();
44          MYTFLAG = 0;
45          MYTVAL[0] = (t >> 8)/10;
46          MYTVAL[1] = (t >> 8) % 10;
47          MYTVAL[2] = (t & 0x0FF) / 10;
48          MYTVAL[3] = (t & 0x0FF) % 10;              //v[0]v[1].v[2]v[3]
49          MYTFLAG = 1;
50          if(MYTVAL[0] == 0)
51              My7289Seg(0,0x0F,0);
52          else
53              My7289Seg(0,MYTVAL[0],0);
54          My7289Seg(1,MYTVAL[1],1);
55          My7289Seg(2,MYTVAL[2],0);
56          My7289Seg(3,MYTVAL[3],0);
57      }
58  }
```

第 41～58 行为无限循环体，用于读取 DS18B20 的温度值（第 43 行），并显示在四合一七段数码管上（第 50～56 行）。

文件 my25q64.c 和 my25q64.h 的代码分别如程序段 7-7 和程序段 7-8 所示。

程序段 7-7 文件 my25q64.c

```
1   //Filename: my25q64.c
2
3   # include "includes.h"
4
5   void My25Q64Init(void)                              //SPI0
6   {
7       LPC_SYSCON -> SYSAHBCLKCTRL0 |= (1u << 11);     //SPI0 时钟
```

```
8       LPC_SYSCON -> PRESETCTRL0 |= (1u << 11);
9
10      LPC_SYSCON -> SYSAHBCLKCTRL0 |= (1u << 7);                //SWM
11      LPC_SWM -> PINASSIGN3 = (8u << 24) | (255u << 16) | (255u << 8) | (255u << 0);
12      LPC_SWM -> PINASSIGN4 = (9u << 0) | (15u << 8) | (1u << 16) | (255u << 24);
13      LPC_SYSCON -> SYSAHBCLKCTRL0 &= ~(1u << 7);
14
15      LPC_SYSCON -> SPI0CLKSEL = 0x0;                           //SPI0 CLK: FRO = 12MHz
16
17      LPC_SPI0 -> DIV = 0;                                      //12MHz
18      LPC_SPI0 -> CFG = (1u << 0) | (1u << 2);                  //启动主模式, CPOL = 0, CPHA = 0
19      LPC_SPI0 -> DLY = 0x0;
20      LPC_SPI0 -> TXCTL = (7u << 17) | (1u << 21) | (7u << 24); //字长为 8 位
21   }
```

第 5～21 行为 SPI0 初始化函数 My25Q64Init，这里 LPC845 使用了 SPI0 口访问 W25Q64 芯片。第 7 行为 SPI0 模块提供工作时钟，第 8 行使 SPI0 模块进入工作状态。第 10 行为开关矩阵 SWM 提供工作时钟，第 11、12 行将表 7-23 中的 PIO0_1、PIO0_8、PIO0_9 和 PIO0_15 配置为 SPI0_SSEL0、SPI0_SCK、SPI0_MOSI 和 SPI0_MISO，第 13 行关闭 SWM 以节省电能。第 15 行设置 SPI0 的工作时钟源为 FRO，第 17 行设置 SPI0 的分频值为 1，即 SPI0 的工作时钟为 12MHz(对于 W25Q64，最低工作频率 12MHz，可以配置更高频率)。第 18 行配置 SPI0 工作在主机模式(CPOL＝0 且 CPHA＝0)。第 19 行设置时序中的相对延时值为 0。第 20 行配置 SPI0 的字长为 8 位。

```
22
23   Int08U  MyReadStReg1(void)
24   {
25     Int08U res;
26
27     LPC_SPI0 -> TXCTL &= ~(1u << 20);                //EOT = 0
28     while((LPC_SPI0 -> STAT & (1u << 1)) == 0);      //等待发送就绪
29     LPC_SPI0 -> TXCTL |= (1uL << 22);
30     LPC_SPI0 -> TXDAT = 0x05;
31
32     while((LPC_SPI0 -> STAT & (1u << 1)) == 0);      //等待发送就绪
33     LPC_SPI0 -> TXCTL &= ~(1uL << 22);
34     LPC_SPI0 -> TXCTL |= (1u << 20);                 //EOT = 1
35     LPC_SPI0 -> TXDAT = 0x00;
36     while((LPC_SPI0 -> STAT & (1u << 0)) == 0);      //等待接收就绪
37     res = LPC_SPI0 -> RXDAT;
38
39     return res;
40   }
```

第 23～40 行为读 W25Q64 存储器第 1 个寄存器的函数 MyReadStReg1。W25Q64 存储器要求向其写入 0x05，然后可读出其第 1 个寄存器的值。这里第 27 行设置 CS 为低(这种说法并不严格。当 TXCTL 的第 20 位为 0 时，后续的写入操作完成后，CS 都将保持为低电平，直接遇到 TXCTL 的第 20 位为 1 时的写入操作，TXCTL 的第 20 位为 1 的写入操作

完成后将拉高 CS,完成本帧数据的传输);第 28 行判断发送缓冲区是否为空,当 STAT 的
第 1 位为 1 时为空;第 29 行设置 TXCTL 的第 22 位为 1,表示忽略接收到的数据;第 30 行
向 W25Q64 写入 0x05。其中,CS 见表 7-23,STAT、TXCTL 和 TXDAT 见表 7-11。

第 32 行等待发送缓冲区为空。第 33 行配置 TXCTL 的第 22 位为 0,表示需要读取接
收的数据;第 34 行表示该次写操作结束后 CS 拉高。第 35 行向 W25Q64 输出哑元数据
0x00,所谓哑元数据是指为了配合时序而做的写入数据操作,数据值本身没有意义。第 36
行等待数据接收到,第 37 行读出接收到的数据。第 39 行返回接收到的数据 res。

```
41
42   Int08U  MyReadStReg2(void)
43   {
44     Int08U  res;
45
46     LPC_SPI0 -> TXCTL & = ～(1u << 20);                    //EOT = 0
47     while((LPC_SPI0 -> STAT & (1u << 1)) == 0);           //等待发送就绪
48     LPC_SPI0 -> TXCTL | = (1uL << 22);
49     LPC_SPI0 -> TXDAT = 0x35;
50
51     while((LPC_SPI0 -> STAT & (1u << 1)) == 0);           //等待发送就绪
52     LPC_SPI0 -> TXCTL & = ～(1uL << 22);
53     LPC_SPI0 -> TXCTL | = (1u << 20);                     //EOT = 1
54     LPC_SPI0 -> TXDAT = 0x0;
55     while((LPC_SPI0 -> STAT & (1u << 0)) == 0);           //等待接收就绪
56     res = LPC_SPI0 -> RXDAT;
57
58     return res;
59   }
```

第 42~59 行为读 W25Q64 存储器第 2 个寄存器的函数 MyReadStReg2。W25Q64 存
储器要求向其写入 0x35,然后可读出其第 2 个寄存器的值。该函数的具体操作过程与
MyReadStReg1 函数相似。这里第 46 行设置 CS 为低;第 47 行等待发送缓冲区为空;第
48 行设置 TXCTL 的第 22 位为 1,表示忽略接收到的数据;第 49 行向 W25Q64 写入 0x35。

第 51 行等待发送缓冲区为空。第 52 行配置 TXCTL 的第 22 位为 0,表示需要读取接
收的数据;第 53 行表示该次写操作结束后 CS 拉高。第 54 行向 W25Q64 输出哑元数据
0x00。第 55 行等待数据接收到,第 56 行读出接收到的数据。第 58 行返回接收到的数
据 res。

```
60
61   void MyWriteEn(void)
62   {
63     LPC_SPI0 -> TXCTL | = (1uL << 22);
64     LPC_SPI0 -> TXCTL | = (1u << 20);                     //EOT = 1
65     while((LPC_SPI0 -> STAT & (1u << 1)) == 0);           //等待发送就绪
66     LPC_SPI0 -> TXDAT = 0x06;
67   }
```

存储器 W25Q64 要求在每次擦除芯片操作、编程芯片或写寄存器操作前必须启动"写有效"。这里的第 61～67 行为 W25Q64"写有效"函数 MyWriteEn，"写有效"需要写 W25Q64 写入 0x06。这里第 63 行表示忽略接收到的数据，第 64 行表示该次写操作后 CS 拉高，第 65 行等待发送缓冲区为空，第 66 行向 W25Q64 写入 0x06。

```
68
69   void MyWriteReg(void)
70   {
71     MyWriteEn();
72
73     LPC_SPI0 -> TXCTL & =  ~(1u << 20);                    //EOT = 0
74     LPC_SPI0 -> TXCTL | = (1uL << 22);
75     while((LPC_SPI0 -> STAT & (1u << 1)) == 0);           //等待发送就绪
76     LPC_SPI0 -> TXDAT = 0x01;
77
78     while((LPC_SPI0 -> STAT & (1u << 1)) == 0);           //等待发送就绪
79     LPC_SPI0 -> TXDAT = 0x80;
80
81     while((LPC_SPI0 -> STAT & (1u << 1)) == 0);           //等待发送就绪
82     LPC_SPI0 -> TXCTL | =  (1u << 20);                    //EOT = 1
83     LPC_SPI0 -> TXDAT = 0x00;
84
85     while((MyReadStReg1() & (1u << 0)) == (1u << 0));      //器件忙?
86   }
```

第 69～86 行为向 W25Q64 的第 1 个和第 2 个寄存器分别写入值 0x80 和 0x00 的函数 MyWriteReg。写 W25Q64 的两个寄存器，需要先写入 0x01，再依次写入两个寄存器的值。第 71 行启动"写有效"。第 73 行设置 CS 为低，第 74 行忽略接收到的数据（对第 76、79 和 83 行有效），第 75 行等待发送缓冲区为空，第 76 行向 W25Q64 写入 0x01。第 78 行等待发送缓冲区为空，第 79 行向 W25Q64 写入 0x80（即写其第 1 个寄存器的值）。第 81 行等待发送缓冲区为空，第 82 行表示本该操作后 CS 拉高，第 83 行向 W25Q64 写入 0x00（即写其第 2 个寄存器的值）。第 85 行等待 W25Q64 内部的写入操作完成（W25Q64 存储器第 1 个寄存器的第 0 位为 BUSY 位，如果该位为 1 表示内部正在进行写入操作，为 0 表示空闲）。

```
87
88   Int32U MyReadChipID(void)
89   {
90     Int32U res,dat;
91
92     LPC_SPI0 -> TXCTL & =  ~(1u << 20);                   //EOT = 0
93     while((LPC_SPI0 -> STAT & (1u << 1)) == 0);           //等待发送就绪
94     LPC_SPI0 -> TXCTL | = (1uL << 22);
95     LPC_SPI0 -> TXDAT = 0x9F;
96
97     while((LPC_SPI0 -> STAT & (1u << 1)) == 0);           //等待发送就绪
98     LPC_SPI0 -> TXCTL & = ~(1uL << 22);
99     LPC_SPI0 -> TXDAT = 0x00;
100    while((LPC_SPI0 -> STAT & (1u << 0)) == 0);           //等待接收就绪
```

```
101    dat = LPC_SPI0 -> RXDAT;
102    res = res | (dat & 0xFF);
103    res << = 8;
104
105    while((LPC_SPI0 -> STAT & (1u << 1)) == 0);          //等待发送就绪
106    LPC_SPI0 -> TXDAT = 0x00;
107    while((LPC_SPI0 -> STAT & (1u << 0)) == 0);          //等待接收就绪
108    dat = LPC_SPI0 -> RXDAT;
109    res = res | (dat & 0xFF);
110    res << = 8;
111
112    while((LPC_SPI0 -> STAT & (1u << 1)) == 0);          //等待发送就绪
113    LPC_SPI0 -> TXCTL | = (1u << 20);                    //EOT = 1
114    LPC_SPI0 -> TXDAT = 0x00;
115    while((LPC_SPI0 -> STAT & (1u << 0)) == 0);          //等待接收就绪
116    dat = LPC_SPI0 -> RXDAT;
117    res = res | (dat & 0xFF);
118
119    return res;
120 }
```

第 88~120 行为读 W25Q64 芯片 ID 号的函数 MyReadChipID。读 W25Q64 芯片的 ID 号,需要向其写入 0x9F,然后依次读出 3 字节,读出的值应为 0xEF4017。第 91 行定义了两个变量 res 和 dat,其中,res 保存完整的 ID 号,dat 保存每次读出的部分 ID 号。第 92 行设置 CS 为低。第 93 行等待发送缓冲区为空,第 94 行表示忽略接收到的数据,第 95 行向 W25Q64 写入 0x9F,启动读芯片 ID 号操作。

第 97 行等待发送缓冲区为空。第 98 行表示要读出接收到的数据,第 99 行向 W25Q64 发送哑元数据 0x00,第 100 行等待接收到数据,第 101 行读出接到的数据,只有低 8 位有效,赋给 dat,并将 dat 赋给 res,res 左移 8 位,空出最低 8 位以接收 ID 号的其余部分(第 102、103 行)。第 105~110 行和第 112~117 行的工作原理与第 97~103 行相似。在第 113 行设置了 EOT 为 1(参考表 7-18),表示本次操作后 CS 拉高。第 119 行返回 res 的值。

```
121
122 void MyEraseChip(void)
123 {
124    MyWriteEn();
125
126    LPC_SPI0 -> TXCTL | = (1u << 20);                    //EOT = 1
127    LPC_SPI0 -> TXCTL | = (1uL << 22);
128    while((LPC_SPI0 -> STAT & (1u << 1)) == 0);          //等待发送就绪
129    LPC_SPI0 -> TXDAT = 0xC7;
130
131    while((MyReadStReg1() & (1u << 0)) == (1u << 0));    //器件忙?
132 }
```

第 122~132 行为整片擦除 W25Q64 的函数 MyEraseChip。根据表 7-10 可知,第 124 行 W25Q64"写有效"后,第 126 ~ 129 行向 W25Q64 写入 0xC7,然后,第 131 行等待 W25Q64 内部擦除工作完成。

```
133
134 //共 : 128 块
135 // 1 块 = 16 扇区
136 // 1 扇区 = 16 页
137 // 0# 页 - 0x0000 0000 - 0000 00FF
138 // 1# 页 - 0x0000 0100 - 0000 01FF
139 // 2# 页 - 0x0000 0200 - 0000 02FF
140 // 3# 页 - 0x0000 0300 - 0000 03FF
141 //..
142 //15# 页 0x0000 0F00 - 0000 0FFF, #0~15 are 1# 扇区
```

第 134~142 行的注释说明 W25Q64 中共有 128 块,每块包含 16 个扇区,每个扇区包括 16 页,每页大小为 256 字节。因此,扇区首地址的后 12 位为 0,页首地址的后 8 位为 0。

```
143 void MyEraseSector(Int32U sect)                      //扇区: 24 位且低 12 位为 0
144 {                                                     //扇区 = 0..2047
145     Int32U addr;
146     Int08U saddr[3];
147     addr = sect * 0x1000u;
148     saddr[2] = (addr >> 16) & 0xFF;
149     saddr[1] = (addr >> 8) & 0xFF;
150     saddr[0] = addr & 0xFF;
151
152     MyWriteEn();
153
154     LPC_SPI0 -> TXCTL & = ~(1u << 20);               //EOT = 0
155     LPC_SPI0 -> TXCTL | = (1uL << 22);
156     while((LPC_SPI0 -> STAT & (1u << 1)) == 0);       //等待发送就绪
157     LPC_SPI0 -> TXDAT = 0x20;
158     while((LPC_SPI0 -> STAT & (1u << 1)) == 0);       //等待发送就绪
159     LPC_SPI0 -> TXDAT = saddr[2];
160     while((LPC_SPI0 -> STAT & (1u << 1)) == 0);       //等待发送就绪
161     LPC_SPI0 -> TXDAT = saddr[1];
162     while((LPC_SPI0 -> STAT & (1u << 1)) == 0);       //等待发送就绪
163     LPC_SPI0 -> TXCTL | = (1u << 20);                //EOT = 1
164     LPC_SPI0 -> TXDAT = saddr[0];
165
166     while((MyReadStReg1() & (1u << 0)) == (1u << 0));  //器件忙?
167 }
```

第 143~167 行为 W25Q64 的扇区擦除函数 MyEraseSector,具有一个参数,表示扇区号,取值为 0~2047。第 145 行定义变量 addr,保存扇区的首地址;第 146 行定义数组 saddr,其有 3 个元素,分别保存扇区首地址的 3 字节,即第[23∶16]位、第[15∶8]位和第[7∶0]位上的值。第 152 行使 W25Q64"写有效"。结合表 7-10 可知,需要依次向 W25Q64 写入 0x20(第 154~157 行)和表示 24 位地址的 3 字节(第 158~164 行),然后,第 166 行等待 W25Q64 内部擦除操作完成。

```
168
169 void MyProgPage(Int32U page, Int08U * dat, Int32U len)
170 {
```

```
171     int i;
172     Int32U addr;
173     Int08U saddr[3];
174
175     if(len!= 256)
176         return;
177
178     addr = page * 0x100u;
179     saddr[2] = (addr >> 16) & 0xFF;
180     saddr[1] = (addr >> 8) & 0xFF;
181     saddr[0] = addr & 0xFF;
182
183     MyWriteEn();
184
185     LPC_SPI0 -> TXCTL & = ～(1u << 20);              //EOT = 0
186     LPC_SPI0 -> TXCTL | = (1uL << 22);
187     while((LPC_SPI0 -> STAT & (1u << 1)) == 0);     //等待发送就绪
188     LPC_SPI0 -> TXDAT = 0x02;
189     while((LPC_SPI0 -> STAT & (1u << 1)) == 0);     //等待发送就绪
190     LPC_SPI0 -> TXDAT = saddr[2];
191     while((LPC_SPI0 -> STAT & (1u << 1)) == 0);     //等待发送就绪
192     LPC_SPI0 -> TXDAT = saddr[1];
193     while((LPC_SPI0 -> STAT & (1u << 1)) == 0);     //等待发送就绪
194     LPC_SPI0 -> TXDAT = saddr[0];
195     for(i = 0;i < len - 1;i++)
196     {
197         while((LPC_SPI0 -> STAT & (1u << 1)) == 0); //等待发送就绪
198         LPC_SPI0 -> TXDAT = dat[i];
199     }
200     while((LPC_SPI0 -> STAT & (1u << 1)) == 0);     //等待发送就绪
201     LPC_SPI0 -> TXCTL | =  (1u << 20);              //EOT = 1
202     LPC_SPI0 -> TXDAT = dat[len - 1];
203
204     while((MyReadStReg1() & (1u << 0)) == (1u << 0)); //器件忙?
205 }
```

第 169～205 行为向 W25Q64 的第 page 页写入数据 dat 的函数 MyProgPage,具有 3 个参数 page、dat 和 len,其中,page 表示要写入的页号、page * 0x100 为页首地址;dat 为写入的数据指针,len 为写入数据的长度。这里为了讲述方便,要求 len 必须为 256(对于 len 不是 256 的情况,需要补 0 使其成为 256 的整数倍,这里没有考察这种情况)。

第 171 行定义循环变量 i;第 172 行定义变量 addr,用于保存页首地址(第 178 行);第 173 行定义数组 saddr,用于保存 24 位页地址的 3 字节,即第[23：16]位、第[15：8]位和第[7：0]位上的值(第 179～181 行)。第 183 行使 W25Q64"写有效"。参考表 7-10 可知,需要依次向 W25Q64 写入 0x02 和表示页首地址的 3 字节(第 185～194 行),然后依次写入256 个数据(第 195～202 行)。第 204 行等待 W25Q64 内容写入操作完成。

```
206
207 void MyReadPage(Int32U page,Int08U * dat)
208 {
```

```
209     int i;
210     Int32U addr;
211     Int08U saddr[3];
212
213     addr = page * 0x100u;
214     saddr[2] = (addr >> 16) & 0xFF;
215     saddr[1] = (addr >> 8) & 0xFF;
216     saddr[0] = addr & 0xFF;
217
218     LPC_SPI0 -> TXCTL & =  ~(1u << 20);              //EOT = 0
219     LPC_SPI0 -> TXCTL | = (1uL << 22);
220     while((LPC_SPI0 -> STAT & (1u << 1)) == 0);     //等待发送就绪
221     LPC_SPI0 -> TXDAT = 0x03;
222     while((LPC_SPI0 -> STAT & (1u << 1)) == 0);     //等待发送就绪
223     LPC_SPI0 -> TXDAT = saddr[2];
224     while((LPC_SPI0 -> STAT & (1u << 1)) == 0);     //等待发送就绪
225     LPC_SPI0 -> TXDAT = saddr[1];
226     while((LPC_SPI0 -> STAT & (1u << 1)) == 0);     //等待发送就绪
227     LPC_SPI0 -> TXDAT = saddr[0];
228
229     LPC_SPI0 -> TXCTL & = ~(1uL << 22);
230     for(i = 0; i < 255; i++)
231     {
232         while((LPC_SPI0 -> STAT & (1u << 1)) == 0);     //等待发送就绪
233         LPC_SPI0 -> TXDAT = 0x00;
234         while((LPC_SPI0 -> STAT & (1u << 0)) == 0);     //等待接收就绪
235         dat[i] = LPC_SPI0 -> RXDAT;
236     }
237     while((LPC_SPI0 -> STAT & (1u << 1)) == 0);     //等待发送就绪
238     LPC_SPI0 -> TXCTL | = (1u << 20);               //EOT = 1
239     LPC_SPI0 -> TXDAT = 0x00;
240     while((LPC_SPI0 -> STAT & (1u << 0)) == 0);     //等待接收就绪
241     dat[255] = LPC_SPI0 -> RXDAT;
242 }
```

第 207～242 行为从 W25Q64 中读出一页数据的函数 MyReadPage，其具有两个参数 page 和 dat，其中 page 表示页号，页首地址等于 page * 0x100；dat 为数据指针，指向保存读出的一页数据的首地址。

第 209 行定义循环变量 i；第 210 行定义变量 addr，用于保存页首地址（第 213 行）；第 211 行定义数组 saddr，用于保存 24 位页地址的 3 字节，即第[23：16]位、第[15：8]位和第[7：0]位上的值（第 214～216 行）。参考表 7-10 可知，读出数据前需要依次向 W25Q64 写入 0x03 和表示页首地址的 3 字节（第 218～227 行），然后依次读出 256 个数据（第 229～241 行）。

程序段 7-8　文件 my25q64.h

```
1   //Filename: my25q64.h
2
3   # ifndef _MY25Q64_H
4   # define _MY25Q64_H
```

```
5
6    # include "mytype. h"
7
8    void   My25Q64Init(void);
9    Int08U  MyReadStReg1(void);
10   Int08U  MyReadStReg2(void);
11   void   MyWriteReg(void);
12   Int32U  MyReadChipID(void);
13   void   MyEraseChip(void);
14   void   MyEraseSector(Int32U sect);
15   void   MyProgPage(Int32U page, Int08U * dat, Int32U len);
16   void   MyReadPage(Int32U page, Int08U * dat);
17
18   # endif
```

文件 my25q64.h 中声明了文件 my25q64.c 中定义的函数。

本章小结

本章介绍了 LPC845 微控制器 3 个重要片上外设,即 ADC、I²C 和 SPI 的工作原理和程序设计方法。借助于外部模拟电压输入信号,介绍了 ADC 的启动与中断处理方法;借助于 EEPROM 芯片 AT24C128 介绍了基于 I²C 总线进行字节数据存储与访问的技术;借助于 FLASH 型芯片 W25Q64 介绍了基于 SPI 总线进行页数据存储与访问的技术。LPC845 微控制器针对 AT24C128 和 W25Q64 优化了 I²C 和 SPI 接口,使得对这两类存储器的操作更加安全方便。

最后需要说明的是,本章关于 W25Q64 部分的内容需要对 W25Q64 的 SPI 访问时序有较好的理解,因此,建议在阅读本章程序时,除了结合文献[2]的第 18 章外,还要深入阅读 W25Q64BV 数据手册,以强化对本章程序工作原理的理解。在本章介绍了 LPC845 学习板的模/数转换器 ADC 模块以及 AT24C128 和 W25Q64 存储器电路模块后,第 8 章将介绍 LPC845 学习板的 LCD 彩色显示屏和电阻触摸屏的工作原理与程序设计方法。

触摸屏与 LCD 屏

本章将介绍 LPC845 学习板上的电阻式触摸屏和彩色 LCD 屏的驱动原理与程序设计方法。在 LPC845 学习板上,集成了一块由 ADS7846 芯片驱动的电阻式触摸屏,以及一块 240×320 像素分辨率的 SSD1289 驱动的彩色 TFT 型 LCD 屏,其与 LPC845 微控制器的电路连接如图 3-2 和图 3-14 所示。本章需要掌握的知识点包括:

(1) ADS7846 驱动触摸屏的工作原理;

(2) ADS7846 与 LPC845 微制器的 SPI 通信方法;

(3) 读出触摸屏触点坐标的程序设计方法;

(4) SSD1289 驱动 LCD 屏的工作原理,特别是 SSD1289 寄存器访问方法;

(5) SSD1289 驱动 LCD 屏显示汉字与英文字符的程序设计方法。

8.1 电阻式触摸屏驱动原理

LPC845 学习板上集成了一块电阻式触摸屏,其驱动芯片为 ADS7846,与 LPC845 微控制器的电路连接如图 3-2 和图 3-14 所示。触摸屏 X 方向上的模拟输出端 XL 和 XR 以及 Y 方向上的模拟输出端 YL 和 YR,通过 J4 接口(第 26～29 脚)直接与 ADS7846 相连接,当触摸屏被触碰后,ADS7846 将通过其第 11 脚 PENIRQ 向 LPC845 微控制器的第 36 脚(PIO1_16)发送中断信号。ADS7846 芯片通过 SPI 口与 LPC845 相连接,LPC845 工作在 SPI 主机模式,ADS7846 工作在 SPI 从机模式。ADS7846 与 LPC845 微控制器的引脚连接情况如表 8-1 所示。

表 8-1　ADS7846 与 LPC845 的引脚连接情况

序　　号	LPC845 引脚	替 换 功 能	ADS7846 引脚	含　　义
1	PIO1_19	SPI1_SSEL0	CS	片选信号,低有效
2	PIO1_18	SPI1_MOSI	DIN	ADS7846 串行数据接收端
3	PIO1_17	SPI1_MISO	DOUT	ADS7846 串行数据发送端
4	PIO1_20	SPI1_SCK	DCLK	数据位串行时钟信号
5	PIO1_16	-	PENIRQ	ADS7846 发出的中断信号

由表 8-1 可知,LPC845 微控制器的 PIO1_17～PIO1_20 工作在 SPI1 模式,对 ADS7846 进行访问控制。LPC845 从 ADS7846 读取触点坐标 X 或 Y 的控制过程如下:

(1) LPC845 通过 SPI1 口向 ADS7846 写入 1 字节的控制字,然后等待约 $8\mu s$,即等待驱动芯片 ADS7846 将触点 X 方向和 Y 方向的触点电压值转换为数字量。

（2）LPC845 通过 SPI1 口从 ADS7846 中连接读取 2 字节的串行数据，并舍弃最后 4 位数据。

ADS7846 芯片的控制字的内容如表 8-2 所示。

表 8-2 ADS7846 芯片的控制字

位号	符号	设定值	含 义
7	S	1	必须设为 1，表示该字节为控制字
6：4	A2：A0	001b 或 101b	当 ADS7846 工作在 12 位 ADC 模式时，001b 表示将读出触点的 X 坐标值；101b 表示将读出触点的 Y 坐标值
3	MODE	0	设为 0，表示 ADS7846 工作在 12 位 ADC 模式，即根据 X 和 Y 坐标的模拟输入值生成 12 位的数字量
2	SER/DFR	0	设为 0，表示 ADS7846 内部放大器工作在差分模式
1：0	PD1：PD0	00 或 01	设为 00 表示没有触碰时 ADS7846 进入低功耗态，关闭内部参考电压，但是中断响应仍然有效；设为 01 表示关闭内部参考电压且中断无效

结合表 8-2，一般地，LPC845 先向 ADS7846 发送控制字 0x91，读出 X 坐标的值（关中断），然后再发送 0xD0，读出 Y 坐标的值（开中断）。具体的工作过程参考程序段 8-1 的中断服务函数 PININT1_IRQHandler。

程序段 8-1 文件 mytouch. c

```
1    //Filename: mytouch.c
2
3    # include "includes.h"
4
5    int MyTouchXY[2];
```

第 5 行定义全局变量 MyTouchXY，用于保存触摸屏触点的 X 坐标和 Y 坐标值。

```
6
7    void MyTouchInit(void)
8    {
9      LPC_SYSCON -> SYSAHBCLKCTRL0 | = (1u << 6) | (1u << 20);
10
11     LPC_SYSCON -> SYSAHBCLKCTRL0 | = (1uL << 28);          //GPIO_INT 时钟有效
12     NVIC_EnableIRQ(PININT1_IRQn);
13     LPC_SYSCON -> PINTSEL[1] = 48;                         //PIO1_16 作为 TP_IRQ
14     LPC_PIN_INT -> ISEL &= ~(1u << 1);
15     LPC_PIN_INT -> CIENR = (1u << 1);                      //第 9～15 行 用于 Touch 中断
16     LPC_PIN_INT -> SIENF = (1uL << 1);                     //下降沿
17     NVIC_SetPriority(PININT1_IRQn,3);
18
19     LPC_SYSCON -> SYSAHBCLKCTRL0 | = (1u << 12);           //SPI1 Clock
20     LPC_SYSCON -> PRESETCTRL0 | = (1u << 12);
21
22     LPC_SYSCON -> SYSAHBCLKCTRL0 | = (1u << 7);            //SWM
23     LPC_SWM -> PINASSIGN5 = (50u << 24) | (52u << 16) | (255u << 8) | (255u << 0);
24     LPC_SWM -> PINASSIGN6 = (255u << 24) | (255u << 16) | (51u << 8) | (49u << 0);
25     LPC_SYSCON -> SYSAHBCLKCTRL0 &= ~(1u << 7);            //关闭 SWM
26
```

```
27    LPC_SYSCON -> SPI1CLKSEL = 0x0;                        //SPI0 时钟：FRO = 12MHz
28    LPC_SPI1 -> DIV = 3;                                   //12MHz/4
29    LPC_SPI1 -> CFG = (1u << 0) | (1u << 2);               //开启主模式，CPOL = 0，CPHA = 0
30    LPC_SPI1 -> DLY = 0x0;
31    LPC_SPI1 -> TXCTL = (7u << 17) | (1u << 21) |(7u << 24);  //字长为 8 位
32  }
```

第 7～32 行为触摸屏访问初始化函数 MyTouchInit。第 9 行为 GPIO0 和 GPIO1 提供工作时钟。第 11 行为 GPIO 中断模块提供工作时钟；第 12 行开放 NVIC 中断的外部中断 1；第 13 行配置外部中断 1 的中断源为 PIO1_16；第 14～16 行关闭外部中断 1 的上升沿中断触发，并打开其下降沿触发方式；第 17 行配置外部中断 1 的优先级为 3，即最低优先级，这样频繁的触屏事件不会影响其他高优先级中断的处理。

第 18 行为 SPI1 提供工作时钟，第 20 行使 SPI1 进入工作状态。第 21 行为开关矩阵 SWM 提供工作时钟；第 23、24 行按表 8-1 将 PIO1_17～PIO1_20 配置为 SPI1 工作引脚；第 25 行关闭 SWM 工作时钟。

第 27 行为 SPI1 选择 12MHz 的 FRO 作为其时钟源，第 28 行四分频 FRO 后得到 3MHz 的工作时钟，第 29 行使 SPI1 工作在主机模式，第 30 行配置时序间隙延时为 0，第 31 行设定 SPI1 的串行字长为 8 位（即 1 字节）。

```
33
34    Int08U MySPI1Byte(Int08U sdat, Int08U cs, Int08U rxignore)
35    {
36      Int08U rdat = 0;
37      if(cs)                                              //数据发送后 CS = 1
38      {
39        LPC_SPI1 -> TXCTL |= (1u << 20);                  //EOT = 1
40      }
41      else                                                //数据发送后 CS = 0
42      {
43        LPC_SPI1 -> TXCTL &= ~(1u << 20);                 //EOT = 0
44      }
45      if(rxignore)
46      {
47        LPC_SPI1 -> TXCTL |= (1uL << 22);                 //忽略 Ignore
48      }
49      else
50      {
51        LPC_SPI1 -> TXCTL &= ~(1uL << 22);                //读数据
52      }
53      while((LPC_SPI1 -> STAT & (1u << 1)) == 0);         //等待发送就绪
54      LPC_SPI1 -> TXDAT = sdat;
55      if(!rxignore)
56      {
57        while((LPC_SPI1 -> STAT & (1u << 0)) == 0);       //等待接收就绪
58        rdat = LPC_SPI1 -> RXDAT;
59      }
60      return rdat;
61    }
```

第 35～61 行为 SPI1 总线的读写访问函数 MySPI1Byte，具有 3 个参数 sdat、cs 和

rxignore,其中 sdat 为待发送的字节数据;cs 为 0 表示本次操作后 CS 仍为低电平,cs 为 1 表示本次操作后 CS 为高电平;rxignore 为 1 表示只写不读,忽略掉接收到的数据,rxignore 为 0 表示需要读取接收到的数据,接收到的数据将赋给 rdat 局部变量(第 58 行),并以函数返回值的形式传递到该函数外部。

第 36 行定义局部变量 rdat,用于保存接收到的数据。第 37~43 行根据 cs 参数的值,配置 TXCTL 寄存器的第 EOT 位(可参考表 7-20),当该位为 1 时,本次操作后,CS 拉高;当该位为 0 时,本次操作后,CS 仍为低电平。第 45~52 行根据 rxignore 参数的值配置 TXCTL 的第 22 位(RXIGNORE 位,参考表 7-20),当该位为 1 时,忽略接收到的数据;当该位为 0 时,需要读取接收到的数据。第 53 行等待发送缓冲区为空。第 54 行发送字节数据 sdat,第 55 行判断是否需要读取接收到的数据,如果为真,则第 57 行等待接收数据就绪,第 58 行读出接收到的数据。

```
62
63   void My7846Delay(int t)                          //等待 t/5μs
64   {
65      while((--t)>0);
66   }
```

第 63~66 行为延时函数 My7846Delay,延时约 t/5μs。

```
67
68   void MyInt2String(int v,Int08U * str)            //v<10^6
69   {
70      int j=100000;
71      int h=0,u;
72      int k=0;
73      for(int i=1;i<=6;i++)
74      {
75         u=v/j;
76         v=v-u*j;
77         if(u>0 || h>0)
78         {
79            h=1;
80            str[k++]=u+'0';
81         }
82         j=j/10;
83      }
84   }
```

第 68~84 行为将整数 v 转换为字符串 str 的函数 MyInt2String,具有两个参数 v 和 str,其中,v 为待转换为字符串的整数,str 为转换后的字符串。这里的函数 MyInt2String 只能实现小于 10^6 的整数转换为字符串。C 语言库中将数值转换为字符串的函数 sprintf 在编译时会产生大量的代码,影响工程的运算速度,所以,一般不建议用在嵌入式系统中。

下面的第 86~134 行为触摸屏触笔的中断响应函数,即外部中断 1 的中断服务函数 PININT1_IRQHandler。

```
85
86   void PININT1_IRQHandler(void)                     //用于 Touch
87   {
```

```
88      Int16U x,y;
89      int vx,vy;
90      Int08U str1[10],str2[10];
```

第 88 行定义变量 x 和 y,用于保存从 ADS7846 直接读出的触点坐标;第 89 行定义变量 vx 和 vy,用于保存转换为图形屏幕坐标后的 X 和 Y 坐标值,即符合屏幕的左上角坐标为(0,0),右下角坐标为(240,320);第 90 定义两个整型数组 str1 和 str2,用作字符串,保存由整数值转换得到的字符串。

```
91
92      NVIC_ClearPendingIRQ(PININT1_IRQn);
```

第 92 行清除外部中断 1 在 NVIC 寄存器中的中断标志。

```
93      if((LPC_PIN_INT->IST & (1uL<<1))==(1uL<<1))
94      {
95          LPC_PIN_INT->CIENF = (1uL<<1);              //下降沿
96          LPC_PIN_INT->IST = (1uL<<1);
97
```

第 93 行判断是否是外部中断 1 触发的中断,如果为真,则第 95 行关闭外部中断 1 下降沿触发中断,第 96 行清除外部中断 1 中断标志位。ADS7846 的中断输出 PENIRQ 引脚在内部与 X+(即 XL)相连接,这样做的优点在于触摸屏的触碰事件可以直接产生中断信号;然而,其也有缺点,即在 ADS7846 的 ADC 转换过程中,也不断产生中断信号。因此,在进入中断服务程序后,建议关闭中断(第 95 行),在跳出中断服务函数前,再次开放中断(第 132 行),并清除中断标志位(第 133 行)。

```
98      MySPI1Byte(0x91,0,1);
99      My7846Delay(48);
100     y = MySPI1Byte(0x00,0,0);
101     y<<= 8;
102     y|= MySPI1Byte(0x00,0,0);
103     y>>= 4;
104
```

第 98 行向 ADS7846 发送控制字 0x91,即要读出 Y 坐标值;第 99 行延时 $8\mu s$ 以上,ADS7846 需要花费约 $8\mu s$ 的时间完成内部的 ADC 转换;第 100 行读出 12 位 Y 坐标值的高 8 位,赋给变量 y;第 101 行将 y 左移 8 位;第 102 行读出 12 位 Y 坐标值的低 8 位(其中低 4 位为 0),赋给变量 y 的低 8 位;第 103 行将 y 右移 4 位得到真实的 Y 坐标值。

```
105     MySPI1Byte(0xD0,0,1);
106     My7846Delay(48);
107     x = MySPI1Byte(0x00,0,0);
108     x<<= 8;
109     x|= MySPI1Byte(0x00,1,0);
110     x>>= 4;
```

第 105 行向 ADS7846 发送控制字 0xD0,即要读出 X 坐标值;第 106 行延时 $8\mu s$ 以上,ADS7846 需要花费约 $8\mu s$ 的时间完成内部的 ADC 转换;第 107 行读出 12 位 X 坐标值的高 8 位,赋给变量 x;第 108 行将 x 左移 8 位;第 109 行读出 12 位 X 坐标值的低 8 位(其中低 4 位为 0),赋给变量 x 的低 8 位;第 110 行将 x 右移 4 位得到真实的 X 坐标值。

```
111
112        vx = (1840 - x) * 240/(1840 - 150);
113        vy = (1900 - y) * 320/(1900 - 180);
114        if(vx > = 0 && vx < = 240 && vy > = 0 && vy < = 320)
115        {
116            MyTouchXY[0] = vx;
117            MyTouchXY[1] = vy;
118        }
```

第 112 和 113 行将读出的 x 和 y 坐标值,转换为图像坐标系中的坐标 vx 和 vy。在图像坐标系中,屏幕左上角坐标为(0,0),屏幕右下角坐标为(240,320)。根据触摸屏的触碰事件,测得 LPC845 学习板上触摸屏的左上角触点坐标为(1840,1900),右下角触点坐标为(150,180),因此,可以用第 112 和 113 行的坐标变换公式将它们变换为图像坐标系中的坐标。需要说明的是,即使同一型号的触摸屏,其对角点的数字坐标也不尽相同,所以,实际应用中,需要对电阻型触摸屏进行坐标校正(电容型触摸屏在这方面有优势)。

第 114 行判定图像坐标 vx 和 vy 是否属于合理范围,如果为真,则第 116、117 行将 vx 和 vy 保存在全局数组变量 MyTouchXY 中。

```
119        for(int i = 0;i < 10;i++)
120        {
121            str1[i] = 0;
122            str2[i] = 0;
123        }
124        MySendString((Int08U * )"(X,Y) = (");
125        MyInt2String(MyTouchXY[0],str1);
126        MySendString(str1);
127        MySendChar(',');
128        MyInt2String(MyTouchXY[1],str2);
129        MySendString(str2);
130        MySendString((Int08U * )")\n");
131    }
132    LPC_PIN_INT - > SIENF = (1uL << 1);                //下降沿
133    LPC_PIN_INT - > IST = (1uL << 1);
134 }
```

第 119～130 行的代码是为了测试读出的坐标值而编写的代码,将触点的坐标值通过串口 0 显示在上位机串口调试助手中。第 119～123 行将 str1 和 str2 清零。第 124 行向上位机输出字符串"(X,Y) = (";第 125 行将 MyTouchXY[0] 转换为字符串 str1;第 126 行向上位机输出字符串 str1;第 127 行向上位机输出字符串",";第 128 行将 MyTouchXY[1] 转换为字符串 str2;第 129 行向上位机输出字符串 str2;第 130 行向上位机输出换行符。

8.2　电阻式触摸屏实例

在工程 MyPrj11 的基础上,新建工程 MyPrj12,保存在目录 D:\MYLPC845IEW\PRJ12 中,此时的工程 MyPrj12 与工程 MyPrj11 完全相同。然后,添加两个新的文件

mytouch.c 和 touch.h。这两个文件保存在目录 D:\MYLPC845IEW\PRJ12\bsp 中,并修改文件 includes.h 和 mybsp.c。最后,将 mytouch.c 文件添加到工程 MyPrj12 管理器中的 BSP 分组下,建立好的工程 MyPrj12 工作界面如图 8-1 所示。

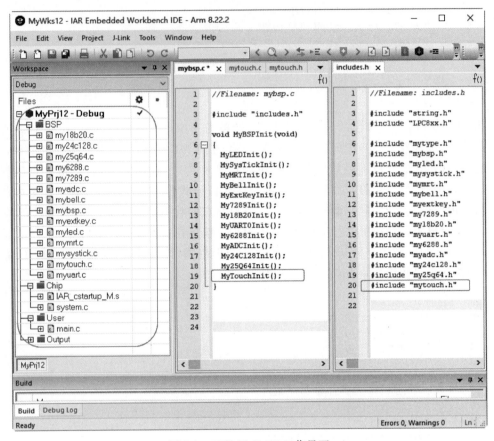

图 8-1 工程 MyPrj12 工作界面

在工程 MyPrj12 中,新添加的文件 mytouch.c 如程序段 8-1 所示。文件 mytouch.h 中声明了文件 mytouch.c 中定义的两个函数,如程序段 8-2 所示。

程序段 8-2 文件 mytouch.h

```
1    //Filename: mytouch.h
2
3    # ifndef _MYTOUCH_H
4    # define _MYTOUCH_H
5
6    # include "mytype.h"
7
8    void MyTouchInit(void);
9    void MyInt2String(int v,Int08U * str);
10
11   # endif
```

其中,MyTouchInit 和 MyInt2String 分别为触摸屏访问初始化函数和整数转换为字符串函数。

然后,文件 includes.h 中添加以下一条语句:

```
#include "mytouch.h"
```

即包括头文件 mytouch.h,见图 8-1。文件 mybsp.c 中的函数 MyBSPInit(在该函数内部末尾外)内部添加以下一条语句:

```
MyTouchInit();
```

即调用函数 MyTouchInit 对触摸屏访问进行初始化配置,见图 8-1。

最后,编译链接工程 MyPrj12,并将可执行文件下载到 LPC845 微控制器内,执行工程 MyPrj12,用触笔点击触摸屏,可在上位机(计算机)的串口调试助手中显示触点坐标,如图 8-2 所示,说明触摸屏工作正常。

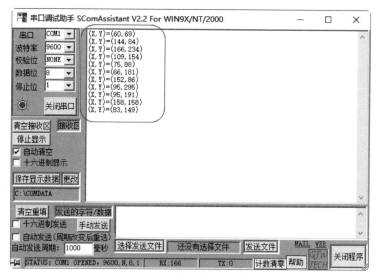

图 8-2　工程 MyPrj12 运行时串口调试助手的显示结果

8.3　LCD 屏驱动原理

LPC845 学习板上集成了一块 3.2 寸 TFT 型 LCD 屏,可显示色彩数为 262144 色,可视面积为 $48.60\mathrm{mm}\times64.80\mathrm{mm}$,分辨率为 240×320 像素,使用 LED 背光,驱动芯片为 SSD1289。参考图 3-2 和图 3-14 可知,LCD 屏与 LPC845 微控制器的接口情况如表 8-3 所示。

表 8-3　LCD 屏与 LPC845 的接口情况

序号	LPC845 引脚	网　标	LCD 屏接口	含　义
1	PIO1_15～PIO1_0	DB15～DB0	DB[15：0]	LCD 屏 16 位的数据信号线
2	PIO0_16	LCDRD	RD	LCD 屏读选通,低有效
3	PIO0_131	LCDWR	WR	LCD 屏写选通,低有效
4	PIO0_28	LCDRS	RS	LCD 屏数据或指令选通,为 1 表示数据,为 0 表示指令,又记作 DC
5	PIO0_13	LCDCS	CS	LCD 屏片选信号,低有效,其上升沿读写数据

  LPC845 微控制器通过 SSD1289 芯片驱动 LCD 屏的显示。SSD1289 芯片中集成了 172800 字节的 RAM 空间(常记为 GDDRAM,即图形显示数据存储空间)。由于 LCD 屏的显示色彩数为 262144 色,因此每像素点的色彩位数为 18 位($2^{18}=262144$);又因为其分辨率为 240×320 像素,故需要存储空间为 240×320×18 位=240×320×18/8=172800 字节。LCD 屏按设定的刷新频率(这里设为 65Hz)不断地将 RAM 空间中的内容显示在 LCD 屏上。所以,控制 LCD 屏显示的本质在于读写 SSD1289 的 RAM 空间(事实上,全部的 LCD 屏和液晶电视都基于这个工作原理)。

  对于 SSD1289 驱动芯片而言,通过配置其寄存器的值设置其工作状态,并且借助于其寄存器访问其 RAM 空间。由表 8-3 可知,LPC845 与 SSD1289 之间是通过并口进行通信的,这种方式的数据传输速率极快。在 8080 并口方式下,读写 SSD1289 的时序如图 8-3 所示。

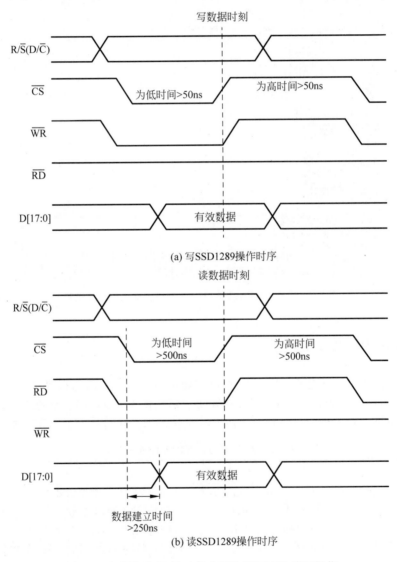

图 8-3 工作在 8080 并口方式下的 SSD1289 读写操作

根据图 8-3 可编写读写 SSD1289 的函数,如程序段 8-3 所示。

程序段 8-3　读写 SSD1289 的函数

```
1    void My1289WrRegDat(Int16U dat)
2    {
3        DC = 1u;   RD = 1u;   WR = 1u;   CS = 1u;
4        WR = 0u;   CS = 0u;
5        LPC_GPIO_PORT -> MPIN1 = dat;
6        My1289Delay(1);
7        CS = 1u;   WR = 1u;
8        My1289Delay(1);
9    }
```

第 1~9 行为向 SSD1289 写入 16 位数据的函数 My1289WrRegDat。对照图 8-3(a)可知,第 3 行将 DC、CS、WR 和 RD 全部设为高电平(即 1),第 4 行将 WR 和 CS 设为低电平(即 0),第 5 行将要发送的数据输送到总线上,第 6 行延时(这里延时约 200ns,必须大于 50ns),第 7 行将 CS 和 WR 都拉高,此时,SSD1289 内部进行写寄存器操作,第 8 行再延时约 200ns(必须大于 50ns)。这些操作正好符合图 8-3(a)的时序要求,从而实现了 LPC845 向 SSD1289 写入 16 位并行数据的功能。

```
10
11   Int16U My1289RdRegDat(void)
12   {
13       Int16U res;
14       LPC_GPIO_PORT -> DIRCLR1 = (0xFFFFu << 0);          //D15:D0 输入
15       DC = 1u;   WR = 1u;   RD = 1u;   CS = 1u;
16       RD = 0u;   CS = 0u;
17       My1289Delay(3);
18       CS = 1u;   WR = 1u;
19       res = LPC_GPIO_PORT -> MPIN1;
20       My1289Delay(3);
21       LPC_GPIO_PORT -> DIRSET1 = (0xFFFFu << 0);          //D15:D0 输出
22       return res;
23   }
```

第 11~23 行为从 SSD1289 读出 16 位数据的函数 My1289RdRegDat。第 13 行定义变量 res,用于保存读出的数据。第 14 行将 PIO1_0~PIO1_15 设为输入口,第 21 行将它们恢复为输出口。对照图 8-3(b)可知,第 15 行将 DC、CS、RD 和 WR 全部设为高电平(即 1),第 16 行将 RD 和 CS 设为低电平(即 0),第 17 行等待约 600ns(必须至少等待 250ns,这段时间为数据建立时间),第 18 行将 CS 和 RD 都拉高,第 19 行从并行总线中读出 16 位数据,第 20 行再延时约 600ns(必须大于 500ns)。这些操作正好符合图 8-3(b)的时序要求,从而实现了 LPC845 从 SSD1289 读出 16 位并行数据的功能。

SSD1289 只有一个只写的命令寄存器,称为索引寄存器,当 WR=0 且 DC=0 时,就可以向该寄存器写入数据,只有低 8 位有效,记作 Index。SSD1289 具有 45 个数据寄存器(又称配置寄存器),当 WR=0 且 DC=1 时,就可以向这些数据寄存器写入配置字,具体访问哪个数据寄存器,由 Index 的值决定。例如,要访问第 01 号数据寄存器,需要先向 SSD1289

写入 Index＝0x01，即使 WR＝0 且 DC＝0，并输出 0x01；然后，再使 WR＝0 且 DC＝1，并输出要写入数据寄存器的配置字。SSD1289 具有一个只读的数据寄存器(Index＝0x00)，称为 ID 号寄存器，当 RD＝0 且 DC＝1 时，就可以读该寄存器的值，读出值为 0x8989。当 Index＝0x22 时，可以读写 SSD1289 片内的 RAM 空间，具体读写的位置，由光标寄存器决定(参考程序段 8-4)。

一般情况下，为了驱动 LCD 屏，需要仔细阅读 SSD1289 各个配置寄存器每位的含义，并给定配置值。这是一个非常烦琐的过程。现在 LCD 屏厂商会根据其驱动器给出其标准的配置字，只需要根据配置字做适当的修改即可满足特定的要求(参考 SSD1289 芯片数据手册)。

下面的程序段 8-4 详细介绍了 SSD1289 的初始化，在 LCD 屏上绘制点、线段、矩形和圆以及显示英文字符、汉字和图像的方法。

程序段 8-4　文件 mylcd. c

```
1    //Filename: mylcd.c
2
3    # include "includes. h"
4    # include "myletterlib. h"
5    # include "myzehimage. h"
```

第 4 行包括的头文件 myletterlib. h 为 ASCII 的点阵库，如程序段 8-5 所示；第 5 行包括的头文件 myzehimage. h 为一张彩色图像的点阵库，如程序段 8-6 所示。注意，这两个头文件中为常量数组，不能被 includes. h 包括。

```
6
7    # define CS  (LPC_GPIO_PORT - > B0[13])
8    # define DC  (LPC_GPIO_PORT - > B0[28])
9    # define WR  (LPC_GPIO_PORT - > B0[31])
10   # define RD  (LPC_GPIO_PORT - > B0[16])
```

结合表 8-3，这里将 PIO0_13、PIO0_28、PIO0_31 和 PIO0_16 宏定义为 CS、DC、WR 和 RD，配合图 8-3 中的时序进行程序设计时，增强了可读性。

```
11
12   Int08U MyPenColor[3],MyBKColor[3];
```

第 12 行定义了两个全局数据变量 MyPenColor 和 MyBKColor，分别用于保存前景色(画笔颜色)和背景色。

```
13
14   void MyLCDInit(void)
15   {
16     LPC_SYSCON - > SYSAHBCLKCTRL0 | = (1u ≪ 6) | (1u ≪ 20);
17     //背光灯控制 PIO1_21
18     LPC_GPIO_PORT - > DIRSET1 = (1u ≪ 21);
19     LPC_GPIO_PORT - > B1[21] = 1u;
20
21     LPC_GPIO_PORT - > DIRSET0 = (1u ≪ 13) | (1u ≪ 16) | (1u ≪ 28) | (1u ≪ 31);
22     LPC_GPIO_PORT - > B0[13] = 1u;
```

```
23      LPC_GPIO_PORT - > B0[16] = 1u;
24      LPC_GPIO_PORT - > B0[28] = 1u;
25      LPC_GPIO_PORT - > B0[31] = 1u;
26
27      LPC_GPIO_PORT - > DIRSET1 = (0xFFFFu << 0);              //D15:D0 输出
28      LPC_GPIO_PORT - > MASK1 = (0xFFFFu << 16);
29      LPC_GPIO_PORT - > MPIN1 = 0x0;
30
31      MyLCDReady();
32      MySetBKColor(0xFF,0xFF,0xFF);
33      MyLCDClr();
34   }
```

第 14～34 行为 LCD 屏初始化函数 MyLCDInit。第 16 行为 GPIO0 和 GPIO1 口提供工作时钟；结合图 3-2 和图 3-14 可知,PIO1_21 用于控制 LCD 屏的背光亮度,第 18 行设置 PIO1_21 为输出口,第 19 行使 PIO1_21 输出高电平。

结合图 3-2 和图 3-14 以及表 8-3,这里将 PIO0_13、PIO0_16、PIO0_28 和 PIO0_31 设为输出口(第 21 行),并均输出高电平(第 22～25 行)。由表 8-3 可知,PIO1_0～PIO1_15 为 LPC845 与 SSD1289 进行通信的并行数据总线,其中第 27 行将这些引脚均设为输出,第 28、29 行使用带屏蔽的端口访问技术,访问 MPIN1 相当于只访问 PIO1_0～PIO1_15,第 29 行配置它们均输出低电平。

第 31 行调用 MyLCDReady 函数,该函数即为 SSD1289 驱动芯片的初始化函数。第 32 行调用 MySetBKColor 函数设置背景色为白色,第 33 行调用 MyLCDClr 函数用背景色清屏。

```
35
36   void MyBKLightOn(void)                                  //开启背光灯
37   {
38      LPC_GPIO_PORT - > B1[21] = 1u;
39   }
```

结合图 3-2 和图 3-14 可知,PIO1_21 为高电平时,LCD 屏背光点亮；当 PIO1_21 为低电平时,LCD 屏背光熄灭。因此,第 36～39 行为 LCD 屏背光点亮的函数 MyBKLightOn；第 41～44 行为 LCD 屏背光熄灭的函数 MyBKLightOff。

```
40
41   void MyBKLightOff(void)                                 //关闭背光灯
42   {
43      LPC_GPIO_PORT - > B1[21] = 0u;
44   }
45
46   void My1289Delay(int t)                                 //等待 t/5μs
47   {
48      while((--t)>=0);
49   }
```

第 46～49 行为延时函数 My1289Delay,延时约为 t/5μs。

```
50
51  void My1289WrRegNo(Int16U regno)
52  {
53    DC = 0u;   RD = 1u;   WR = 1u;   CS = 1u;
54    WR = 0u;   CS = 0u;
55    LPC_GPIO_PORT - > MPIN1 = regno;
56    My1289Delay(1);
57    CS = 1u;   WR = 1u;
58    My1289Delay(1);
59  }
```

第 51～59 行为 LPC845 写 SSD1289 命令寄存器的函数 My1289WrRegNo,具有一个参数 regno,表示数据寄存器的索引号。这段程序与图 8-3(a)中 DC 为"高—低—高"的写入数据时序相符合。

```
60
61  void My1289WrRegDat(Int16U dat)
62  {
63    DC = 1u;   RD = 1u;   WR = 1u;   CS = 1u;
64    WR = 0u;   CS = 0u;
65    LPC_GPIO_PORT - > MPIN1 = dat;
66    My1289Delay(1);
67    CS = 1u;   WR = 1u;
68    My1289Delay(1);
69  }
```

第 61～69 行为 LPC845 写 SSD1289 数据寄存器的函数 My1289WrRegDat,具有一个参数 dat,表示要写入的数据或配置字。这段程序与图 8-3(a)中 DC 为"低—高—低"的写入数据时序相符合。

```
70
71  Int16U My1289RdRegDat(void)
72  {
73    Int16U res;
74    LPC_GPIO_PORT - > DIRCLR1 = (0xFFFFu << 0);          //D15:D0 输入
75    DC = 1u;   WR = 1u;   RD = 1u;   CS = 1u;
76    RD = 0u;   CS = 0u;
77    My1289Delay(3);
78    CS = 1u;   WR = 1u;
79    res = LPC_GPIO_PORT - > MPIN1;
80    My1289Delay(3);
81    LPC_GPIO_PORT - > DIRSET1 = (0xFFFFu << 0);          //D15:D0 输出
82    return res;
83  }
```

第 71～83 行为 LPC845 读 SSD1289 数据寄存器的函数 My1289RdRegDat。这段程序与图 8-3(b)中 DC 为"低—高—低"的读出数据时序相符合。

```
84
85  void My1289WrReg(Int16U regno,Int16U dat)
86  {
```

```
87    My1289WrRegNo(regno);
88    My1289WrRegDat(dat);
89  }
```

第 85～89 行为向第 regno 号配置寄存器写入配置字 dat 的函数 My1289WrReg,具有
两个参数 regno 和 dat,分别表示配置寄存器的索引号和待写入配置寄存器的数据。第 87
行调用 My1289WrRegNo 函数向只读的命令寄存器写入 regno(在下一次写命令寄存器之
前,该 regno 一直有效),第 88 行向第 regno 号数据寄存器写入 dat。

```
90
91  Int16U My1289RdReg(Int16U regno)              //My1289RdReg(0x0) 返回 0x8989
92  {
93    Int16U res;
94    My1289WrRegNo(regno);
95    res = My1289RdRegDat();
96    return res;
97  }
```

第 91～97 行为读取 SSD1289 数据寄存器的函数 My1289RdReg,具有一个参数 regno,
表示数据寄存器的索引号。第 93 行定义变量 res,用于保存从寄存器中读出的数据。第 94
行调用 My1289WrRegNo 函数,指定要访问数据寄存器的索引号;第 95 行调用函数
My1289RdRegDat 读出索引号为 regno 的寄存器的配置字。

```
98
99  void MyLCDWrRamRdy(void)
100 {
101    My1289WrRegNo(0x22);
102 }
```

第 99～102 行为向命令寄存器写入索引号 0x22 的函数 MyLCDWrRamRdy,如果命令
寄存器中保存了索引号 0x22,则读写数据寄存器相当于读写 RAM 空间,即读写索引号为
0x22 的数据寄存器相当于读写 SSD1289 的 RAM 空间,这部分空间又称为显存。需要注意
的是,读出显存数据操作的第一次读出操作为哑操作(即读出的数据无效)。

```
103
104 void MyLCDWrRam(Int08U r,Int08U g,Int08U b) //16 - bits, 262144 = 2 ^18
105 {
106    Int16U hw1,hw2;
107    hw1 = r & (~(3u << 0)); hw1 <<= 8; hw1|= (g & (~(3u << 0)));
108    hw2 = (b & (~(3u << 0)));
109    My1289WrRegDat(hw1);                        //R:G:B = 6:6:6
110    My1289WrRegDat(hw2);
111 }
```

第 104～111 行为将 18 位的颜色值(红、绿、蓝各占 6 位,代表一个像素点)写入 RAM
空间当前光标位置的函数 MyLCDWrRam,其具有 3 个参数 r、g 和 b,分别表示红、绿和蓝色
分量的值,每个分量用 8 位表示,函数内部自动舍弃各自的最低 2 位。由于并口总线只有
16 位,因此写入 18 位需要分两次写入(在后面的 MyLCDReady 函数中配置 SSD1289 向
RAM 写入像素点颜色数据的方式为:分两次写入,第一次写入的高 8 位(不含其低 2 位)为

红色分量,第一次写入的低 8 位(不含其低 2 位)为绿色分量,第二次写入的低 8 位(不含其低 2 位)为蓝色分量,参考 SSD1289 芯片手册的第 11 号寄存器。

第 106 行定义变量 hw1 和 hw2,其中,hw1 的高 8 位(不含其低 2 位)用于保存红色分量 r,hw1 的低 8 位(不含其低 2 位)用于保存绿色分量 g,hw2 的低 8 位(不含其低 2 位)用于保存蓝色分量 b。第 109、110 行向当前光标处依次写入 hw1 和 hw2,两者在 SSD1289 内部自动合成为一个 18 位的数据字,表示一个像素点。

```
112
113  Int32U MyLCDRdRam(void)
114  {
115    Int32U res;
116    My1289WrRegNo(0x22);
117    res = My1289RdRegDat();                              //空的读操作
118    res = My1289RdRegDat();res <<= 16; res |= My1289RdRegDat();
119    return res;
120  }
```

第 113~120 行为读 RAM 当前光标处的值的函数 MyLCDRdRam。第 16 行定义变量 res,用于保存读出的数据。第 116 行设置命令寄存器中索引号的值为 0x22;第 117 行为哑操作,即读出的数据无效,第 118 行读出 RAM 当前光标处的值,依次读了两次:第一次读出红色分量和绿色分量,分别保存在 res 低半字的高 8 位(最低 2 位无效)和低 8 位(最低 2 位无效),然后,res 左移 16 位;第二次读出蓝色分量,保存在 res 低半字的低 8 位(最低 2 位无效)。第 119 行返回读出的值,即 32 位的 res,其中包含了当前像素点的 18 位的颜色数据。

```
121
122  void MyLCDSetCursor(Int16U x,Int16U y)
123  {
124    My1289WrReg(0x4E,x);
125    My1289WrReg(0x4F,y);
126  }
```

第 122~126 行为设置光标的函数 MyLCDSetCursor,具有两个参数 x 和 y,表示当前光标位置。第 128 行的函数 MyLCDReady 将 LCD 配置为左上角为(0,0)坐标,右下角为(239,319)坐标。光标的位置即为 LCD 屏上当前坐标的位置,也是 RAM 空间中对应着该坐标的存储位置。x 坐标对应的数据寄存器索引号为 0x4E,y 坐标对应的数据寄存器索引号为 0x4F。

```
127
128  void MyLCDReady(void)
129  {
130    My1289WrReg(0x07,0x0021);                           //操作
131    My1289WrReg(0x00,0x0001);                           //OSC 有效
132    My1289WrReg(0x07,0x0023);
133    My1289WrReg(0x03,0x66A4);
134    My1289WrReg(0x0C,0x0000);
135    My1289WrReg(0x0D,0x000C);
```

```
136    My1289WrReg(0x0E,0x2B00);
137    My1289WrReg(0x1E,0x00B0);
138    My1289WrReg(0x01,0x2B3F);
139    My1289WrReg(0x02,0x0600);
140    My1289WrReg(0x10,0x0000);              //退出睡眠模式
141    My1289Delay(30 * 5000);                //等待 30ms
142
143    My1289WrReg(0x11,0x4070);              //262k 色, Type B 16 位
144    My1289WrReg(0x05,0x0000);
145    My1289WrReg(0x06,0x0000);
146    My1289WrReg(0x16,0xEF1C);
147    My1289WrReg(0x17,0x0103);
148    My1289WrReg(0x07,0x0033);              //开启显示
149    My1289WrReg(0x0B,0x5308);
150    My1289WrReg(0x0F,0x0000);
151    My1289WrReg(0x41,0x0000);              //第 1 屏竖直滚动控制
152    My1289WrReg(0x42,0x0000);              //第 2 屏竖直滚动控制
153    My1289WrReg(0x48,0x0000);              //第 1 屏:0～
154    My1289WrReg(0x49,0x013F);              //319
155    My1289WrReg(0x4A,0x0000);              //第 2 屏:0～
156    My1289WrReg(0x4B,0x0000);              //0
157    My1289WrReg(0x44,0xEF00);              //0～239
158    My1289WrReg(0x45,0x0000);              //0～
159    My1289WrReg(0x46,0x013F);              //319
160    My1289WrReg(0x30,0x0707);              //0x30 - 0x3B:Gama 控制
161    My1289WrReg(0x31,0x0204);
162    My1289WrReg(0x32,0x0204);
163    My1289WrReg(0x33,0x0502);
164    My1289WrReg(0x34,0x0507);
165    My1289WrReg(0x35,0x0204);
166    My1289WrReg(0x36,0x0204);
167    My1289WrReg(0x37,0x0502);
168    My1289WrReg(0x3A,0x0302);
169    My1289WrReg(0x3B,0x0302);
170    My1289WrReg(0x23,0x0000);              //RAM Data Mask
171    My1289WrReg(0x24,0x0000);              //RAM Data Mask
172    My1289WrReg(0x25,0x8000);              //510KHz 65Hz 刷新
173    My1289WrReg(0x4E,0);                   //RAM x = 0
174    My1289WrReg(0x4F,0);                   //RAM y = 0
175 }
```

第 128～175 行为 SSD1289 驱动芯片的初始化函数,大部分配置字都参考自 SSD1289
芯片手册,其中,需要注意的寄存器与配置字有:①第 131 行的第 00 号寄存器,其第 1 位设
为 1 启动 SSD1289 内部时钟振荡器;②第 0x10 号寄存器,设为 0x0,使 SSD1289 退出低功
耗模式;③第 0x11 号寄存器,设为 0x4070,表示工作在 262k 色模式下,每个像素点需要 18
位表示,在读写时,需要 2 个 16 位的半字,第一个半字的高 8 位(其低 2 位无效)保存红色分
量,第一个半字的低 8 位(其低 2 位无效)保存绿色分量;第二个半字的低 8 位(其低 2 位无
效)保存蓝色分量;④第 0x07 号寄存器,写入 0x33 表示启动 LCD 显示,即将 RAM 空间
(显存)中的数据显示出来;⑤第 0x25 号寄存器,写入 0x8000,表示 LCD 屏的刷新频率设为

65Hz；⑥第 0x4E 和 0x4F 寄存器，这两个寄存器为光标的 X 坐标和 Y 坐标，均设为 0x0，表示开机后光标位于屏幕左上角。

```
176
177 void MySetPenColor(Int08U r, Int08U g, Int08U b)
178 {
179    MyPenColor[0] = r; MyPenColor[1] = g;  MyPenColor[2] = b;
180 }
```

第 177～180 行为设置画笔颜色的函数 MySetPenColor，具有 3 个参数 r、g 和 b，分别表示红、绿和蓝色分量，每个分量用 8 位表示，即输入真彩色的 $8 \times 3 = 24$ 位颜色值，在向显存中赋像素点的颜色值时自动舍弃每种颜色的最低 2 位。第 179 行表明画笔颜色保存在全局数组变量 MyPenColor 中。

```
181
182 void MySetBKColor(Int08U r, Int08U g, Int08U b)
183 {
184    MyBKColor[0] = r;  MyBKColor[1] = g;  MyBKColor[2] = b;
185 }
```

第 182～185 行为设置背景色的函数 MySetBKColor，具有 3 个参数 r、g 和 b，分别表示红、绿和蓝色分量，每个分量用 8 位表示。第 184 行表明背景色保存在全局数组变量 MyBKColor 中。

```
186
187 void MyLCDClr(void)
188 {
189    Int32U i;
190    MyLCDSetCursor(0,0);
191    MyLCDWrRamRdy();
192    for(i = 0;i < 320 * 240;i++)
193    {
194        MyLCDWrRam(MyBKColor[0],MyBKColor[1],MyBKColor[2]);
195    }
196 }
```

第 187～196 行为清屏函数 MyLCDClr。第 190 行设置光标为左上角的(0,0)坐标，第 191 行启动写 RAM，第 192～195 行循环 320×240 次，每次使用背景色写显存中的各个位置。由于第 191 行向命令寄存器写入了索引号 0x22，而第 192～195 行中没有新的写命令寄存器语句，则命令寄存器始终为 0x22，此时，连续写 RAM 时，光标会根据配置情况自动下移一个像素点，因此，可以连续 320×240 次 RAM 实现对整个 RAM 空间的写操作。

```
197
198 void MyDrawPoint(Int16U x, Int16U y)
199 {
200    MyLCDSetCursor(x, y);
201    MyLCDWrRamRdy();
202    MyLCDWrRam(MyPenColor[0],MyPenColor[1],MyPenColor[2]);
203 }
```

第 198~203 行为用画笔颜色进行画点的函数 MyDrawPoint,具有两个参数 x 和 y,表示点的位置坐标,0≤x<240,0≤y<320。第 200 行设置光标移动到(x,y)坐标处,第 201 行启动写 RAM,第 202 行使用画笔颜色在(x,y)处画点。

```
204
205  void MyDrawBKPoint(Int16U x,Int16U y)
206  {
207      MyLCDSetCursor(x,y);
208      MyLCDWrRamRdy();
209      MyLCDWrRam(MyBKColor[0],MyBKColor[1],MyBKColor[2]);
210  }
```

第 205~210 行为使用背景色的画点函数 MyDrawBKPoint,具有两个参数 x 和 y,表示点的位置坐标,0≤x<240,0≤y<320。第 207 行设置光标移动到(x,y)坐标处,第 208 行启动写 RAM,第 209 行使用背景颜色在(x,y)处画点。

```
211
212  void MyLCDReginClr(Int16U x1,Int16U y1,Int16U x2,Int16U y2)
213  {
214      Int16U i,j;
215      if((x1 < x2) && (y1 < y2))
216      {
217          for(i = x1;i < = x2;i++)
218          {
219              for(j = y1;j < = y2;j++)
220              {
221                      MyDrawBKPoint(i,j);
222              }
223          }
224      }
225  }
```

第 212~215 行为清除 LCD 屏一块区域显示的函数 MyLCDReginClr,具有 4 个参数 x1、y1、x2 和 y2,由(x1,y1)和(x2,y2)分别作为矩形的左上角和右下角坐标,用背景色填充这个矩形。第 214 行定义循环变量 i 和 j。如果第 215 行为真,即由(x1,y1)和(x2,y2)可以定义一个矩形,则第 217~223 行将该区域内的点用背景色填充。

```
226
227  void MyDrawLine(Int16U x1,Int16U y1,Int16U x2,Int16U y2)
228  {
229      float    k1,k2,fx1,fx2,fy1,fy2,fx,fy;
230      Int16U i,ix,iy,xmin,xmax,ymin,ymax;
231      xmin = x1;xmax = x2;ymin = y1;ymax = y2;
```

第 229 行定义变量 k1、k2、fx1、fx2、fy1、fy2、fx 和 fy,其中,k1 和 k2 保存斜率,fx1、fx2、fy1 和 fy2 保存相应的整数变量 x1、x2、y1 和 y2 的浮点数形式(见第 240 行),fx 和 fy 保存线性上点的坐标。第 230 行定义变量 i、ix、iy、xmin、xmax、ymin 和 ymax,其中,i 为循环变量,ix 和 iy 为线段 x 方向和 y 方向上的长度,xmin、xmax、ymin 和 ymax 依次保存 x 方向上的最小和最大 x 坐标以及 y 方向上的最小和最大 y 坐标,如第 231~239 行所示。

```
232    if(x1 > x2)
233    {
234      xmin = x2; xmax = x1;
235    }
236    if(y1 > y2)
237    {
238      ymin = y2; ymax = y1;
239    }
240    fx1 = (float)x1; fy1 = (float)y1; fx2 = (float)x2; fy2 = (float)y2;
241    if((x1!= x2) & (y1!= y2))
242    {
243      k1 = (fy2 − fy1)/(fx2 − fx1);
244      for(i = xmin; i < = xmax; i++)
245      {
246        fx = (float)i; fy = fy1 + k1 * (fx − fx1);
247        ix = i;          iy = (Int16U)fy;
248        MyDrawPoint(ix, iy);
249      }                                              // x 方向
250      k2 = (fx2 − fx1)/(fy2 − fy1);
251      for(i = ymin; i < = ymax; i++)
252      {
253        fy = (float)i; fx = fx1 + k2 * (fy − fy1);
254        iy = i;          ix = (Int16U)fx;
255        MyDrawPoint(ix, iy);
256      }                                              // y 方向
257    }
```

第 241 行为真时,表明线段既不垂直也不水平,第 242~257 行得到执行。第 243 行计算斜率 k1,然后,横坐标从小到大(第 244 行),依次计算线段上的各个点(第 246 行),并将它们转换为整型(第 247 行)并绘制出来(第 248 行)。第 250~256 行与第 243~249 行的工作原理相同,只是沿着纵坐标由小到大的顺序再绘制一遍。

```
258    else if(x1 == x2)
259    {
260      for(i = ymin; i < = ymax; i++)
261      {
262        ix = x1; iy = i;
263        MyDrawPoint(ix, iy);
264      }
265    }
```

当线段为垂直时,第 258 行为真,则纵坐标由小到大,依次绘制各个点(第 260~264 行)。

```
266    else
267    {
268      for(i = xmin; i < = xmax; i++)
269      {
270        ix = i; iy = y1;
271        MyDrawPoint(ix, iy);
272      }
273    }
274  }
```

当线段为水平时,第 266 行为真,则横坐标由小到大,依次绘制各个点(第 268～272 行)。

上述第 227～274 行为画线性函数 MyDrawLine,具有 4 个参数 x1、y1、x2 和 y2,表示绘制连接(x1,y1)和(x2,y2)的线段。

```
275
276  void MyRrawRect(Int16U x1,Int16U y1,Int16U x2,Int16U y2)
277  {
278    if((x1!= x2) && (y1!= y2))
279    {
280      MyDrawLine(x1,y1,x2,y1);
281      MyDrawLine(x2,y1,x2,y2);
282      MyDrawLine(x2,y2,x1,y2);
283      MyDrawLine(x1,y2,x1,y1);
284    }
285  }
```

第 276～285 行为画矩形函数 MyDrawRect,具有 4 个参数 x1、y1、x2 和 y2,其中,(x1,y1)和(x2,y2)分别为矩形左上角和右下角的坐标值。

```
286
287  void MyDrawCircle(Int16U x0,Int16U y0,Int16U r)
288  {
289    float   x1,y1,x2,y2,theta;
290    float   fr,fx0,fy0;
291    Int16U i;
292    fr = (float)r;fx0 = (float)x0;fy0 = (float)y0;
293    x1 = fx0 + fr;   y1 = fy0;
294    if(r > 0)
295    {
296      for(i = 0;i < 360 * 2;i++)
297      {
298        theta = i * 3.1416/(180.0 * 2.0);
299        x2 = fx0 + fr * arm_cos_f32(theta);
300        y2 = fy0 + fr * arm_sin_f32(theta);
301        MyDrawLine((Int16U)x1,(Int16U)y1,(Int16U)x2,(Int16U)y2);
302        x1 = x2; y1 = y2;
303      }
304    }
305  }
```

第 287～305 行为绘圆函数 MyDrawCircle,具有 3 个函数 x0、y0 和 r,其中,(x0,y0)为圆心坐标,r 为半径。第 289 行定义变量 x1、y1、x2、y2 和 theta,其中,(x1,y1)和(x2,y2)分别表示圆周上的两个点,theta 表示圆周上步进点走过的圆心角。第 290 行定义了变量 fr、fx0 和 fy0,依次保存圆半径和圆心角的坐标的浮点数形式(第 292 行)。第 291 行定义循环变量 i。

如果半径为正数(第 294 行为真),则循环 720 次(第 296 行),依次连接每次步进前后圆周上的两个点,得到圆周的图形(第 298～302 行)。其中,第 299 行和第 300 行应用了余弦函数 arm_cos_f32 和正弦函数 arm_sin_f32,输入均为弧度,这两个函数位于 DSP 库中,需要使用头文件 arm_math.h(包括在 includes.h 文件中)。

```
306
307   void MyPrintChar(Int16U x,Int16U y, Int08U ch)
308   {                    //(x,y):字符的左上角
309       Int16U i,j;
310       Int08U k,m,v;
311       for(k = 0;k < 16;k++)
312       {
313         v = MyASCII16X8[ch][k];
314         for(m = 0;m < 8;m++)
315         {
316           i = x + m; j = y + k;
317           if((v & (1u << (7 - m))) == (1u << (7 - m)))
318           {
319             MyDrawPoint(i,j);
320           }
321           else
322           {
323             MyDrawBKPoint(i,j);
324           }
325         }
326       }
327   }
```

第 307~327 行为在 LCD 屏上打印字符的函数 MyPrintChar,具有 3 个参数,即打印字符的左上角坐标位置(x,y)和要打印的字符 ch,坐标为图像坐标系,如图 8-4 所示。这里把每个字符视为 16 行 8 列的点阵,保存在文件 myletterlib.h 中的二维数组变量 MyASCII16X8 中,其中 MyASCII16X8 数组的行号对应着字符的 ASCII 码值,每一行包括 16 个元素,每个元素 8 位,即每一行正好是该行号对应的 ASCII 字符的点阵。

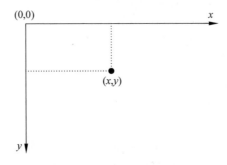

图 8-4   图像坐标系

第 309 行定义变量 i 和 j,用于保存要绘点的位置。第 310 行定义变量 k、m 和 v,其中,k 和 m 为循环变量,v 保存字符的点阵值。第 311~326 循环 16 位,每次画出字符的一行。每次循环中,第 313 行从数组变量 MyASCII16X8 中读出第 k 行,第 314~325 行循环 8 次,第 316 行更新画点的位置(i,j),当点阵中该位为 1 时,第 317~319 行用画笔颜色绘点;当点阵中该位为 0 时,第 321~324 行用背景色绘点。

```
328
329  void MyPrintString(Int16U x,Int16U y, Int08U * ch, Int08U n)     //n--字符串长度
330  {
331     Int16U i,j,k,w1,w2;
332     Int08U v;
333     for(k = 0;k < n;k++)
334     {
335         if(ch[k] == '\0')
336             break;
337         else
338         {
339             for(i = 0;i < 16;i++)
340             {
341                 v = MyASCII16X8[ch[k]][i];
342                 for(j = 0;j < 8;j++)
343                 {
344                     w1 = x + 8 * k + j;   w2 = y + i;
345                     if(((v >> (7 - j)) & 0x01) == 0x01)
346                     {
347                         MyDrawPoint(w1,w2);
348                     }
349                     else
350                     {
351                         MyDrawBKPoint(w1,w2);        //必须执行写入操作以移动光标
352                     }
353                 }
354             }
355         }
356     }
357  }
```

第 329～357 行为在 LCD 屏上打印字符串的函数 MyPrintString,具有 4 个参数,其中,
(x,y)为字符串的左上角位置坐标,ch 为字符串(实际上是字符数组)首地址,n 为需要显示
的字符个数。由于该函数的工作原理与 MyPrintChar 函数相似,故不再赘述。

```
358
359  void MyPrintHZ(Int16U x,Int16U y,Int08U * hz,Int08U n) //n - 汉字个数
360  {
361     Int16U i,j,k,w1,w2;
362     Int08U v;
363     for(k = 0;k < n;k++)
364     {
365         for(i = 0;i < 16;i++)
366         {
367             v = hz[k * 32 + 2 * i];
368             for(j = 0;j < 8;j++)
369             {
370                 w1 = x + 16 * k + j; w2 = y + i;
371                 if(((v >> (7 - j)) & 0x01) == 0x01)
372                 {
```

```
373                            MyDrawPoint(w1,w2);
374                        }
375                    else
376                    {
377                            MyDrawBKPoint(w1,w2);           //必须执行写入操作以移动光标
378                    }
379                }
380            v = hz[k * 32 + 2 * i + 1];
381            for(j = 0;j < 8;j++)
382            {
383                w1 = x + 16 * k + 8 + j; w2 = y + i;
384                if(((v >> (7 - j)) & 0x01) == 0x01)
385                {
386                        MyDrawPoint(w1,w2);
387                }
388                else
389                {
390                        MyDrawBKPoint(w1,w2);               //必须执行写入操作以移动光标
391                }
392            }
393        }
394    }
395 }
```

第 359～395 行为在 LCD 屏上打印汉字的函数 MyPrintHZ,具有 4 个参数,其中,
(x,y)为显示汉字的左上角位置坐标,hz 为汉字数组,n 为要显示的汉字个数。其工作原理
与 MyPrintChar 相似,不再赘述。

```
396
397 void MyPrintHZWenDu( Int16U x, Int16U y)
398 {
399   MyPrintHZ(x,y,(Int08U * )&MyWDHZ16X16[0 * 32],3);
400   MyPrintHZ(x + 96,y,(Int08U * )&MyWDHZ16X16[3 * 32],1);
401 }
```

第 397～401 行为在 LCD 屏(x,y)处打印"温度: ℃"的函数 MyPrintHZWenDu,这里
用到的数组 MyWDHZ16X16 位于文件 myletterlib. h 中。

```
402
403 void MyPrintImage(void)                                  //100 * 116 * 3 RGB
404 {
405   Int16U i,j,x,y;
406   //x = 70; y = 102;
407   for(i = 0;i < 116;i++)
408   {
409       for(j = 0;j < 100;j++)
410       {
411           x = 70 + j; y = 116 + i;
412           MySetPenColor(MyZehImg[i * 300 + 3 * j + 2],MyZehImg[i * 300 + 3 * j + 1],
413                   MyZehImg[i * 300 + 3 * j + 0]);
414           MyDrawPoint(x,y);
```

```
415          }
416      }
417  }
```

第 403～417 行为在 LCD 屏(70,102)坐标开始处打印一幅大小为 100×116 像素点的彩色图像的函数 MyPrintImage。其中,用到的图像数据 MyZehImg 位于文件 myzehimage. h 中。

仔细阅读上述程序段 8-4,会发现只需要配置好 SSD1289 驱动芯片后,LCD 屏的显示操作实际上就是对显存的写入操作。事实上,现行的全部数字显示设备都是基于这个原理,包括计算机显卡(显存)与液晶显示屏间的显示原理也是如此。上述程序段 8-4 全面介绍了 LCD 屏初始化、绘点、绘线、绘矩形、绘圆和打印字符、汉字和图像的程序设计方法,并在后续的工程 MyPrj13 中使用该文件中的部分函数进行功能演示。

下面介绍程序段 8-4 中用到的两个头文件 myletterlib. h 和 myzehimage. h,如程序段 8-5 和程序段 8-6 所示。其中,文件 myletterlib. h 中保存了 128 个常用 ASCII 的 16×8 点阵数组以及 4 个汉字"温""度"":"和"℃"的 16×16 点阵数组。

程序段 8-5 文件 myletterlib. h

```
1   //Filename: myletterlib. h
2
3   # include "mytype. h"
4
5   const Int08U MyASCII16X8[128][16] = {   //ASCII 0～127 8 * 16
6   0x00,0x00,0x00,0x00,0x00,0x00,0x00,0x00,0x00,0x00,0x00,0x00,0x00,0x00,0x00,0x00,
7   0x00,0x00,0x00,0x00,0x00,0x00,0x00,0x00,0x00,0x00,0x00,0x00,0x00,0x00,0x00,0x00,
8   0x00,0x00,0x00,0x00,0x00,0x00,0x00,0x00,0xF8,0x08,0x08,0x08,0x08,0x08,0x08,0x08,
9   0x08,0x08,0x08,0x08,0x08,0x08,0x08,0x08,0x0F,0x08,0x08,0x08,0x08,0x08,0x08,0x08,
10  0x08,0x08,0x08,0x08,0x08,0x08,0x08,0x08,0xF8,0x08,0x08,0x08,0x08,0x08,0x08,0x08,
11  0x08,0x08,0x08,0x08,0x08,0x08,0x08,0x08,0x08,0x08,0x08,0x08,0x08,0x08,0x08,0x08,
12  0x00,0x00,0x00,0x00,0x00,0x00,0x00,0x00,0xFF,0x00,0x00,0x00,0x00,0x00,0x00,0x00,
13  0x00,0x00,0x00,0x00,0x18,0x3C,0x7E,0x7E,0x7E,0x3C,0x18,0x00,0x00,0x00,0x00,0x00,
14  0xFF,0xFF,0xFF,0xFF,0xE7,0xC3,0x81,0x81,0x81,0xC3,0xE7,0xFF,0xFF,0xFF,0xFF,0xFF,
15  0x00,0x00,0x00,0x00,0x18,0x24,0x42,0x42,0x42,0x24,0x18,0x00,0x00,0x00,0x00,0x00,
16  0xFF,0xFF,0xFF,0xFF,0xE7,0xDB,0xBD,0xBD,0xBD,0xDB,0xE7,0xFF,0xFF,0xFF,0xFF,0xFF,
17  0x00,0x00,0x1F,0x05,0x05,0x09,0x09,0x10,0x10,0x38,0x44,0x44,0x44,0x38,0x00,0x00,
18  0x00,0x00,0x1C,0x22,0x22,0x22,0x1C,0x08,0x08,0x7F,0x08,0x08,0x08,0x08,0x00,0x00,
19  0x00,0x10,0x18,0x14,0x12,0x11,0x11,0x11,0x11,0x12,0x30,0x70,0x70,0x60,0x00,0x00,
20  0x00,0x03,0x1D,0x11,0x13,0x1D,0x11,0x11,0x11,0x13,0x17,0x36,0x70,0x60,0x00,0x00,
21  0x00,0x08,0x08,0x5D,0x22,0x22,0x22,0x63,0x22,0x22,0x22,0x5D,0x08,0x08,0x00,0x00,
22  0x08,0x08,0x08,0x08,0x08,0x08,0x08,0x08,0xFF,0x08,0x08,0x08,0x08,0x08,0x08,0x08,
23  0x00,0x00,0x01,0x03,0x07,0x0F,0x1F,0x3F,0x7F,0x3F,0x1F,0x0F,0x07,0x03,0x01,0x00,
24  0x00,0x08,0x1C,0x2A,0x08,0x08,0x08,0x08,0x08,0x08,0x08,0x08,0x2A,0x1C,0x08,0x00,
25  0x00,0x00,0x24,0x24,0x24,0x24,0x24,0x24,0x24,0x24,0x24,0x00,0x00,0x24,0x24,0x00,
26  0x00,0x00,0x1F,0x25,0x45,0x45,0x45,0x25,0x1D,0x05,0x05,0x05,0x05,0x05,0x00,0x00,
27  0x08,0x08,0x08,0x08,0x08,0x08,0x08,0x08,0xFF,0x00,0x00,0x00,0x00,0x00,0x00,0x00,
28  0x00,0x00,0x00,0x00,0x00,0x00,0x00,0x00,0xFF,0x08,0x08,0x08,0x08,0x08,0x08,0x08,
29  0x08,0x08,0x08,0x08,0x08,0x08,0x08,0x08,0xF8,0x08,0x08,0x08,0x08,0x08,0x08,0x08,
30  0x00,0x08,0x1C,0x2A,0x08,0x08,0x08,0x08,0x08,0x08,0x08,0x08,0x08,0x08,0x08,0x00,
31  0x08,0x08,0x08,0x08,0x08,0x08,0x08,0x08,0x0F,0x08,0x08,0x08,0x08,0x08,0x08,0x08,
32  0x00,0x00,0x00,0x00,0x00,0x00,0x04,0x02,0x7F,0x02,0x04,0x00,0x00,0x00,0x00,0x00,
```

33 0x00,0x00,0x00,0x00,0x00,0x00,0x10,0x20,0x7F,0x20,0x10,0x00,0x00,0x00,0x00,0x00,
34 0x00,0x00,0x00,0x40,0x40,0x40,0x40,0x40,0x40,0x40,0x40,0x40,0x7F,0x00,0x00,0x00,
35 0x00,0x00,0x00,0x00,0x00,0x00,0x22,0x41,0x7F,0x41,0x22,0x00,0x00,0x00,0x00,0x00,
36 0x00,0x08,0x08,0x08,0x1C,0x1C,0x1C,0x1C,0x3E,0x3E,0x3E,0x3E,0x7F,0x7F,0x7F,0x00,
37 0x00,0x7F,0x7F,0x7F,0x3E,0x3E,0x3E,0x3E,0x1C,0x1C,0x1C,0x1C,0x08,0x08,0x08,0x00,
38 0x00,0x00,0x00,0x00,0x00,0x00,0x00,0x00,0x00,0x00,0x00,0x00,0x00,0x00,0x00,0x00,
39 0x00,0x00,0x00,0x10,0x10,0x10,0x10,0x10,0x10,0x10,0x00,0x00,0x18,0x18,0x00,0x00,
40 0x00,0x12,0x36,0x24,0x48,0x00,0x00,0x00,0x00,0x00,0x00,0x00,0x00,0x00,0x00,0x00,
41 0x00,0x00,0x00,0x24,0x24,0x24,0xFE,0x48,0x48,0x48,0xFE,0x48,0x48,0x48,0x00,0x00,
42 0x00,0x00,0x10,0x38,0x54,0x54,0x50,0x30,0x18,0x14,0x14,0x54,0x54,0x38,0x10,0x10,
43 0x00,0x00,0x00,0x44,0xA4,0xA8,0xA8,0xA8,0x54,0x1A,0x2A,0x2A,0x2A,0x44,0x00,0x00,
44 0x00,0x00,0x00,0x30,0x48,0x48,0x48,0x50,0x6E,0xA4,0x94,0x88,0x89,0x76,0x00,0x00,
45 0x00,0x60,0x60,0x20,0xC0,0x00,0x00,0x00,0x00,0x00,0x00,0x00,0x00,0x00,0x00,0x00,
46 0x00,0x02,0x04,0x08,0x08,0x10,0x10,0x10,0x10,0x10,0x10,0x08,0x08,0x04,0x02,0x00,
47 0x00,0x40,0x20,0x10,0x10,0x08,0x08,0x08,0x08,0x08,0x08,0x10,0x10,0x20,0x40,0x00,
48 0x00,0x00,0x00,0x00,0x10,0x10,0xD6,0x38,0x38,0xD6,0x10,0x10,0x00,0x00,0x00,0x00,
49 0x00,0x00,0x00,0x00,0x10,0x10,0x10,0x10,0xFE,0x10,0x10,0x10,0x10,0x00,0x00,0x00,
50 0x00,0x00,0x00,0x00,0x00,0x00,0x00,0x00,0x00,0x00,0x00,0x00,0x60,0x60,0x20,0xC0,
51 0x00,0x00,0x00,0x00,0x00,0x00,0x00,0x00,0x7F,0x00,0x00,0x00,0x00,0x00,0x00,0x00,
52 0x00,0x00,0x00,0x00,0x00,0x00,0x00,0x00,0x00,0x00,0x00,0x00,0x60,0x60,0x00,0x00,
53 0x00,0x00,0x01,0x02,0x02,0x04,0x04,0x08,0x08,0x10,0x10,0x20,0x20,0x40,0x40,0x00,
54 0x00,0x00,0x00,0x18,0x24,0x42,0x42,0x42,0x42,0x42,0x42,0x42,0x24,0x18,0x00,0x00,
55 0x00,0x00,0x00,0x10,0x70,0x10,0x10,0x10,0x10,0x10,0x10,0x10,0x10,0x7C,0x00,0x00,
56 0x00,0x00,0x00,0x3C,0x42,0x42,0x42,0x04,0x04,0x08,0x10,0x20,0x42,0x7E,0x00,0x00,
57 0x00,0x00,0x00,0x3C,0x42,0x42,0x04,0x18,0x04,0x02,0x02,0x42,0x44,0x38,0x00,0x00,
58 0x00,0x00,0x00,0x04,0x0C,0x14,0x24,0x24,0x44,0x44,0x7E,0x04,0x04,0x1E,0x00,0x00,
59 0x00,0x00,0x00,0x7E,0x40,0x40,0x40,0x58,0x64,0x02,0x02,0x42,0x44,0x38,0x00,0x00,
60 0x00,0x00,0x00,0x1C,0x24,0x40,0x40,0x58,0x64,0x42,0x42,0x42,0x24,0x18,0x00,0x00,
61 0x00,0x00,0x00,0x7E,0x44,0x44,0x08,0x08,0x10,0x10,0x10,0x10,0x10,0x10,0x00,0x00,
62 0x00,0x00,0x00,0x3C,0x42,0x42,0x42,0x24,0x18,0x24,0x42,0x42,0x42,0x3C,0x00,0x00,
63 0x00,0x00,0x00,0x18,0x24,0x42,0x42,0x42,0x26,0x1A,0x02,0x02,0x24,0x38,0x00,0x00,
64 0x00,0x00,0x00,0x00,0x00,0x00,0x18,0x18,0x00,0x00,0x00,0x00,0x18,0x18,0x00,0x00,
65 0x00,0x00,0x00,0x00,0x00,0x00,0x00,0x10,0x00,0x00,0x00,0x00,0x00,0x10,0x10,0x20,
66 0x00,0x00,0x00,0x02,0x04,0x08,0x10,0x20,0x40,0x20,0x10,0x08,0x04,0x02,0x00,0x00,
67 0x00,0x00,0x00,0x00,0x00,0x00,0xFE,0x00,0x00,0x00,0xFE,0x00,0x00,0x00,0x00,0x00,
68 0x00,0x00,0x00,0x40,0x20,0x10,0x08,0x04,0x02,0x04,0x08,0x10,0x20,0x40,0x00,0x00,
69 0x00,0x00,0x00,0x3C,0x42,0x42,0x62,0x02,0x04,0x08,0x08,0x00,0x18,0x18,0x00,0x00,
70 0x00,0x00,0x00,0x38,0x44,0x5A,0xAA,0xAA,0xAA,0xAA,0xB4,0x42,0x44,0x38,0x00,0x00,
71 0x00,0x00,0x00,0x10,0x10,0x18,0x28,0x28,0x24,0x3C,0x44,0x42,0x42,0xE7,0x00,0x00,
72 0x00,0x00,0x00,0xF8,0x44,0x44,0x44,0x78,0x44,0x42,0x42,0x42,0x44,0xF8,0x00,0x00,
73 0x00,0x00,0x00,0x3E,0x42,0x42,0x80,0x80,0x80,0x80,0x80,0x42,0x44,0x38,0x00,0x00,
74 0x00,0x00,0x00,0xF8,0x44,0x42,0x42,0x42,0x42,0x42,0x42,0x42,0x44,0xF8,0x00,0x00,
75 0x00,0x00,0x00,0xFC,0x42,0x48,0x48,0x78,0x48,0x48,0x40,0x42,0x42,0xFC,0x00,0x00,
76 0x00,0x00,0x00,0xFC,0x42,0x48,0x48,0x78,0x48,0x48,0x40,0x40,0x40,0xE0,0x00,0x00,
77 0x00,0x00,0x00,0x3C,0x44,0x44,0x80,0x80,0x80,0x8E,0x84,0x44,0x44,0x38,0x00,0x00,
78 0x00,0x00,0x00,0xE7,0x42,0x42,0x42,0x42,0x7E,0x42,0x42,0x42,0x42,0xE7,0x00,0x00,
79 0x00,0x00,0x00,0x7C,0x10,0x10,0x10,0x10,0x10,0x10,0x10,0x10,0x10,0x7C,0x00,0x00,
80 0x00,0x00,0x00,0x3E,0x08,0x08,0x08,0x08,0x08,0x08,0x08,0x08,0x08,0x88,0xF0,
81 0x00,0x00,0x00,0xEE,0x44,0x48,0x50,0x70,0x50,0x48,0x48,0x44,0x44,0xEE,0x00,0x00,
82 0x00,0x00,0x00,0xE0,0x40,0x40,0x40,0x40,0x40,0x40,0x40,0x40,0x42,0xFE,0x00,0x00,
83 0x00,0x00,0x00,0xEE,0x6C,0x6C,0x6C,0x6C,0x54,0x54,0x54,0x54,0x54,0xD6,0x00,0x00,

```
84  0x00,0x00,0x00,0xC7,0x62,0x62,0x52,0x52,0x4A,0x4A,0x4A,0x46,0x46,0xE2,0x00,0x00,
85  0x00,0x00,0x00,0x38,0x44,0x82,0x82,0x82,0x82,0x82,0x82,0x82,0x44,0x38,0x00,0x00,
86  0x00,0x00,0x00,0xFC,0x42,0x42,0x42,0x42,0x7C,0x40,0x40,0x40,0x40,0xE0,0x00,0x00,
87  0x00,0x00,0x00,0x38,0x44,0x82,0x82,0x82,0x82,0x82,0xB2,0xCA,0x4C,0x38,0x06,0x00,
88  0x00,0x00,0x00,0xFC,0x42,0x42,0x42,0x7C,0x48,0x48,0x44,0x44,0x42,0xE3,0x00,0x00,
89  0x00,0x00,0x00,0x3E,0x42,0x42,0x40,0x20,0x18,0x04,0x02,0x42,0x42,0x7C,0x00,0x00,
90  0x00,0x00,0x00,0xFE,0x92,0x10,0x10,0x10,0x10,0x10,0x10,0x10,0x10,0x38,0x00,0x00,
91  0x00,0x00,0x00,0xE7,0x42,0x42,0x42,0x42,0x42,0x42,0x42,0x42,0x42,0x3C,0x00,0x00,
92  0x00,0x00,0x00,0xE7,0x42,0x42,0x44,0x24,0x24,0x28,0x28,0x18,0x10,0x10,0x00,0x00,
93  0x00,0x00,0x00,0xD6,0x92,0x92,0x92,0x92,0xAA,0xAA,0x6C,0x44,0x44,0x44,0x00,0x00,
94  0x00,0x00,0x00,0xE7,0x42,0x24,0x24,0x18,0x18,0x18,0x24,0x24,0x42,0xE7,0x00,0x00,
95  0x00,0x00,0x00,0xEE,0x44,0x44,0x28,0x28,0x10,0x10,0x10,0x10,0x10,0x38,0x00,0x00,
96  0x00,0x00,0x00,0x7E,0x84,0x04,0x08,0x08,0x10,0x20,0x20,0x42,0x42,0xFC,0x00,0x00,
97  0x00,0x1E,0x10,0x10,0x10,0x10,0x10,0x10,0x10,0x10,0x10,0x10,0x10,0x10,0x1E,0x00,
98  0x00,0x00,0x40,0x40,0x20,0x20,0x10,0x10,0x10,0x08,0x08,0x04,0x04,0x04,0x02,0x02,
99  0x00,0x78,0x08,0x08,0x08,0x08,0x08,0x08,0x08,0x08,0x08,0x08,0x08,0x08,0x78,0x00,
100 0x00,0x1C,0x22,0x00,0x00,0x00,0x00,0x00,0x00,0x00,0x00,0x00,0x00,0x00,0x00,0x00,
101 0x00,0x00,0x00,0x00,0x00,0x00,0x00,0x00,0x00,0x00,0x00,0x00,0x00,0x00,0x00,0xFF,
102 0x00,0x60,0x10,0x00,0x00,0x00,0x00,0x00,0x00,0x00,0x00,0x00,0x00,0x00,0x00,0x00,
103 0x00,0x00,0x00,0x00,0x00,0x00,0x00,0x3C,0x42,0x1E,0x22,0x42,0x42,0x3F,0x00,0x00,
104 0x00,0x00,0x00,0xC0,0x40,0x40,0x40,0x58,0x64,0x42,0x42,0x42,0x64,0x58,0x00,0x00,
105 0x00,0x00,0x00,0x00,0x00,0x00,0x00,0x1C,0x22,0x40,0x40,0x40,0x22,0x1C,0x00,0x00,
106 0x00,0x00,0x00,0x06,0x02,0x02,0x02,0x1E,0x22,0x42,0x42,0x42,0x26,0x1B,0x00,0x00,
107 0x00,0x00,0x00,0x00,0x00,0x00,0x00,0x3C,0x42,0x7E,0x40,0x40,0x42,0x3C,0x00,0x00,
108 0x00,0x00,0x00,0x0F,0x11,0x10,0x10,0x7E,0x10,0x10,0x10,0x10,0x10,0x7C,0x00,0x00,
109 0x00,0x00,0x00,0x00,0x00,0x00,0x00,0x3E,0x44,0x44,0x38,0x40,0x3C,0x42,0x42,0x3C,
110 0x00,0x00,0x00,0xC0,0x40,0x40,0x40,0x5C,0x62,0x42,0x42,0x42,0x42,0xE7,0x00,0x00,
111 0x00,0x00,0x00,0x30,0x30,0x00,0x00,0x70,0x10,0x10,0x10,0x10,0x10,0x7C,0x00,0x00,
112 0x00,0x00,0x00,0x0C,0x0C,0x00,0x00,0x1C,0x04,0x04,0x04,0x04,0x04,0x04,0x44,0x78,
113 0x00,0x00,0x00,0xC0,0x40,0x40,0x40,0x4E,0x48,0x50,0x68,0x48,0x44,0xEE,0x00,0x00,
114 0x00,0x00,0x00,0x70,0x10,0x10,0x10,0x10,0x10,0x10,0x10,0x10,0x10,0x7C,0x00,0x00,
115 0x00,0x00,0x00,0x00,0x00,0x00,0x00,0xFE,0x49,0x49,0x49,0x49,0x49,0xED,0x00,0x00,
116 0x00,0x00,0x00,0x00,0x00,0x00,0x00,0xDC,0x62,0x42,0x42,0x42,0x42,0xE7,0x00,0x00,
117 0x00,0x00,0x00,0x00,0x00,0x00,0x00,0x3C,0x42,0x42,0x42,0x42,0x42,0x3C,0x00,0x00,
118 0x00,0x00,0x00,0x00,0x00,0x00,0x00,0xD8,0x64,0x42,0x42,0x42,0x44,0x78,0x40,0xE0,
119 0x00,0x00,0x00,0x00,0x00,0x00,0x00,0x1E,0x22,0x42,0x42,0x42,0x22,0x1E,0x02,0x07,
120 0x00,0x00,0x00,0x00,0x00,0x00,0x00,0xEE,0x32,0x20,0x20,0x20,0x20,0xF8,0x00,0x00,
121 0x00,0x00,0x00,0x00,0x00,0x00,0x00,0x3E,0x42,0x40,0x3C,0x02,0x42,0x7C,0x00,0x00,
122 0x00,0x00,0x00,0x00,0x00,0x10,0x10,0x7C,0x10,0x10,0x10,0x10,0x10,0x0C,0x00,0x00,
123 0x00,0x00,0x00,0x00,0x00,0x00,0x00,0xC6,0x42,0x42,0x42,0x42,0x46,0x3B,0x00,0x00,
124 0x00,0x00,0x00,0x00,0x00,0x00,0x00,0xE7,0x42,0x24,0x24,0x28,0x10,0x10,0x00,0x00,
125 0x00,0x00,0x00,0x00,0x00,0x00,0x00,0xD7,0x92,0x92,0xAA,0xAA,0x44,0x44,0x00,0x00,
126 0x00,0x00,0x00,0x00,0x00,0x00,0x00,0x6E,0x24,0x18,0x18,0x18,0x24,0x76,0x00,0x00,
127 0x00,0x00,0x00,0x00,0x00,0x00,0x00,0xE7,0x42,0x24,0x24,0x28,0x18,0x10,0x10,0xE0,
128 0x00,0x00,0x00,0x00,0x00,0x00,0x00,0x7E,0x44,0x08,0x10,0x10,0x22,0x7E,0x00,0x00,
129 0x00,0x03,0x04,0x04,0x04,0x04,0x04,0x08,0x04,0x04,0x04,0x04,0x04,0x04,0x03,0x00,
130 0x08,0x08,0x08,0x08,0x08,0x08,0x08,0x08,0x08,0x08,0x08,0x08,0x08,0x08,0x08,0x08,
131 0x00,0x60,0x10,0x10,0x10,0x10,0x10,0x08,0x10,0x10,0x10,0x10,0x10,0x10,0x60,0x00,
132 0x30,0x4C,0x43,0x00,0x00,0x00,0x00,0x00,0x00,0x00,0x00,0x00,0x00,0x00,0x00,0x00,
133 0x00,0x00,0x00,0x00,0x00,0x00,0x00,0x00,0x00,0x00,0x00,0x00,0x00,0x00,0x00,0x00};
134
```

```
135    const Int08U MyWDHZ16X16[4 * 16 * 2] = {// 16 * 2 = 32B/HZ
136    0x00,0x00,0x23,0xF8,0x12,0x08,0x12,0x08,0x83,0xF8,0x42,0x08,0x42,0x08,0x13,0xF8,
137    0x10,0x00,0x27,0xFC,0xE4,0xA4,0x24,0xA4,0x24,0xA4,0x24,0xA4,0x2F,0xFE,0x00,0x00,/ * "温",0 * /
138    0x01,0x00,0x00,0x80,0x3F,0xFE,0x22,0x20,0x22,0x20,0x3F,0xFC,0x22,0x20,0x22,0x20,
139    0x23,0xE0,0x20,0x00,0x2F,0xF0,0x24,0x10,0x42,0x20,0x41,0xC0,0x86,0x30,0x38,0x0E,
       / * "度",1 * /
140    0x00,0x00,0x00,0x00,0x00,0x00,0x00,0x00,0x00,0x00,0x00,0x00,0x00,0x00,0x00,0x00,
141    0x00,0x00,0x30,0x00,0x30,0x00,0x00,0x00,0x30,0x00,0x30,0x00,0x00,0x00,0x00,0x00,
       / * " : ",2 * /
142    0x60,0x00,0x91,0xF4,0x96,0x0C,0x6C,0x04,0x08,0x04,0x18,0x00,0x18,0x00,0x18,0x00,
143    0x18,0x00,0x18,0x00,0x18,0x00,0x08,0x00,0x0C,0x04,0x06,0x08,0x01,0xF0,0x00,0x00
       / * "℃",3 * /
144    };
```

文件 myzehimage. h 中保存了一幅图像的真彩色点阵信息,如程序段 8-6 所示。

程序段 8-6 文件 myzehimage. h

```
1      //Filename: myzehimage. h
2
3      # include "mytype. h"
4
5      const Int08U MyZehImg[34800] = { //100 * 116
6      0XCE,0XCE,0XC5,0XE2,0XE1,0XDD,0XA3,0XAB,0X9D,0XC6,0XC5,0XBB,0X8F,0X8E,0X78,0X95,
7      0X9D,0X89,0XC3,0XC2,0XBD,0X84,0X8B,0X7D,0X7D,0X85,0X74,0X6E,0X79,0X66,0X70,0X7E,
8      0X6F,0X5D,0X6B,0X57,0X55,0X61,0X4E,0X4D,0X5C,0X4A,0X52,0X6A,0X5A,0X4F,0X6F,0X5D,
9      0X51,0X69,0X57,0X60,0X6E,0X5F,0X52,0X66,0X5A,0X48,0X62,0X55,0X4D,0X64,0X4F,0X40,
10     0X67,0X50,0X3F,0X61,0X4D,0X56,0X6A,0X5A,0X45,0X56,0X42,0X47,0X5F,0X4F,0X41,0X5D,
11     0X50,0X35,0X4D,0X41,0X42,0X47,0X39,0X66,0X67,0X53,0X4E,0X64,0X4F,0X45,0X61,0X50,
12     0X39,0X50,0X47,0X31,0X3C,0X34,0X28,0X3F,0X32,0X35,0X4D,0X3E,0X2F,0X48,0X34,0X33,
       此处省略了第 13~2177 行。
2178   0X3C,0X42,0X53,0X37,0X44,0X57,0X38,0X42,0X52,0X46,0X4D,0X5A,0X3F,0X48,0X55,0X40,
2179   0X46,0X52,0X3D,0X3F,0X4B,0X30,0X37,0X46,0X30,0X37,0X46,0X2F,0X39,0X47,0X2A,0X38,
2180   0X46,0X2C,0X37,0X43,0X30,0X36,0X45,0X2A,0X3B,0X48,0X2F,0X39,0X47,0X2C,0X35,0X46,
2181   };
```

文件 myzehimage. h 包含了 100×116 分辨率的一幅真彩色图像的点阵数组 MyZehImg,该数组一共有 100×116×3=34800 个元素。原彩色图像如图 8-5 所示,而数据文件 myzehimage. h 可直接借助图 8-6 所示的 Image2Lcd 软件生成。

图 8-6 为 Image2Lcd 软件的工作界面。在图 8-6 中,选择输出数据类型为"C 语言数组"、扫描方式为"水平扫描"且输入灰度为"24 位真彩色";然后,单击"保存"按钮可以得到图中所示图像数组;接着,将得到的数组直接复制到文件 myzehimage. h 中,并参考程序段 8-6 的第 5 行,将得到的数组名改为 MyZehImg。显然,读者可以使用任意的真彩色图像,借助于 Image2Lcd

图 8-5 100×116 点阵图像

(原图为彩色图像)

图 8-6 Image2Lcd 软件工作界面

软件生成所需要的显示点阵数据文件。

8.4 LCD 屏实例

在工程 MyPrj12 的基础上,新建工程 MyPrj13,保存在 D:\MYLPC845IEW\PRJ13 目录下,此时的工程 MyPrj13 与 MyPrj12 完全相同。然后,新建文件 mylcd. c、mylcd. h、myletterlib. h 和 myzehimage. h,这些文件均保存在目录 D:\MYLPC845IEW\PRJ13\bsp 下,并修改文件 includes. h、mybsp. c 和 main. c。将 mylcd. c 添加到工程 MyPrj13 管理器的 BSP 分组下,建立好的工程 MyPrj13 工作界面如图 8-7 所示。

运行工程 MyPrj13,LPC845 学习板上 LCD 屏的显示结果如图 8-8 所示。

在图 8-8 中,LCD 屏上显示一行英文字符串"Hello World!"和一行中文提示"温度:18.68℃",其中的温度值随着环境温度而改变。在 LCD 屏的中部区域,显示一张彩色的图片。

工程 MyPrj13 在工程 MyPrj12 的基础上新添加了 4 个文件,即 mylcd. c、mylcd. h、myletterlib. h 和 myzehimage. h,其中,mylcd. c、myletterlib. h 和 myzehimage. h 分别列于程序段 8-4~程序段 8-6 中。下面程序段 8-7 为 mylcd. h 文件的内容,其中声明了 mylcd. c 中定义的函数。

程序段 8-7 文件 mylcd. h

```
1   //Filename: mylcd.h
2
3   #ifndef _MYLCD_H
```

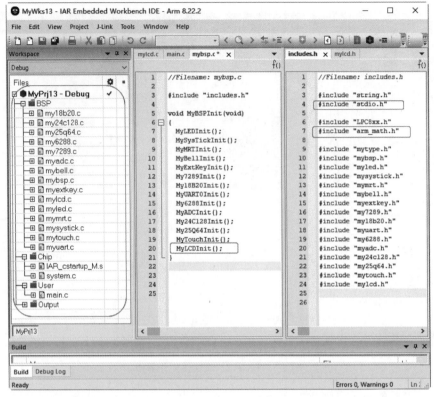

图 8-7　工程 MyPrj13 工作界面

图 8-8　工程 MyPrj13 运行结果

```
4    # define _MYLCD_H
5
6    # include "mytype.h"
7
8    void MyLCDInit(void);
9    void MyBKLightOn(void);
10   void MyBKLightOff(void);
11   Int16U My1289RdReg(Int16U regno);
12   void MyLCDReady(void);
13   void MyLCDSetCursor(Int16U x, Int16U y);
14   void MySetPenColor(Int08U r, Int08U g, Int08U b);
15   void MySetBKColor(Int08U r, Int08U g, Int08U b);
16   void MyLCDClr(void);
17   void MyLCDReginClr(Int16U x1, Int16U y1, Int16U x2, Int16U y2);
18   void MyDrawPoint(Int16U x, Int16U y);
19   void MyDrawLine(Int16U x1, Int16U y1, Int16U x2, Int16U y2);
20   void MyRrawRect(Int16U x1, Int16U y1, Int16U x2, Int16U y2);
21   void MyDrawCircle(Int16U x0, Int16U y0, Int16U r);
22   void MyPrintChar(Int16U x, Int16U y, Int08U ch);
23   void MyPrintString(Int16U x, Int16U y, Int08U * ch, Int08U n);
24   void MyPrintHZ(Int16U x, Int16U y, Int08U * hz, Int08U n);
25   void MyPrintHZWenDu(Int16U x, Int16U y);
26   void MyPrintImage(void);
27
28   # endif
```

上述代码中,各个声明的函数的含义为:第 8 行 MyLCDInit 为 LCD 屏初始化函数;第 9 行 MyBKLightOn 为开启 LCD 屏背光函数;第 10 行 MyBKLightOff 为关闭 LCD 屏背光函数;第 11 行 My1289RdReg 为读 SSD1289 寄存器函数;第 12 行 MyLCDReady 为初始化 SSD1289 函数;第 13 行 MyLCDSetCursor 为设置光标位置函数;第 14 行 MySetPenColor 为设置前景色(或画笔颜色)函数;第 15 行 MySetBKColor 为设置背景色函数;第 16 行 MyLCDClr 为 LCD 清屏函数;第 17 行 MyLCDReginClr 为清除 LCD 屏的一块区域显示的函数;第 18 行 MyDrawPoint 为画点函数;第 19 行 MyDrawLine 为画线函数;第 20 行 MyRrawRect 为画矩形函数;第 21 行 MyDrawCircle 为画圆函数;第 22 行 MyPrintChar 为打印字符函数;第 23 行 MyPrintString 为打印字符串函数;第 24 行 MyPrintHZ 为打印汉字函数;第 25 行 MyPrintHZWenDu 是专用的输出温度汉字函数;第 26 行 MyPrintImage 为专用的输出图像函数。

工程 MyPrj13 在工程 MyPrj12 的基础上,需要修改文件 includes.h、mybsp.c 和 main.c,其中,includes.h 文件中需要添加以下语句:

```
# include "arm_math.h"
# include "stdio.h"
# include "mylcd.h"
```

即添加对头文件 arm_math.h、stdio.h 和 mylcd.h 的包括,如图 8-7 所示。其中 arm_math.h 文件中有对 mylcd.c 文件应用的正弦和余弦函数的声明;stdio.h 中有 main.c 文件使用的 sprintf 函数的声明。由于包括了头文件 arm_math.h,需要为工程添加其所在的目录,即在

图 4-10"C/C++编译分类中的预处理选项卡"中添加一条路径信息,即"＄EW_DIR＄\arm\
CMSIS\DSP\Include";同时,在图 4-10 所示的"Defined symbols:"中添加常量"ARM_
MATH_CM0PLUS"(或在 includes.h 文件头部添加一条宏定义语句: ＃define ARM_
MATH_CM0PLUS),如图 8-9 所示。

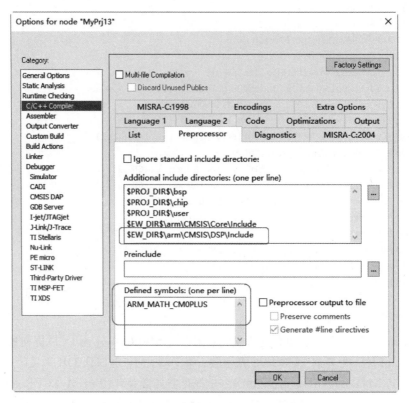

图 8-9　C/C++编译分类中的预处理选项卡

在 mybsp.c 文件的 MyBSPInit 函数中(函数内部末尾处)添加以下一条语句:

```
MyLCDInit();
```

即调用 MyLCDInit 初始化 LCD 屏,如图 8-7 所示。

文件 main.c 中添加了对 LCD 屏显示控制的语句,其内容如程序段 8-8 所示。下面重
点解释新添加的 LCD 显示控制方面的代码。

程序段 8-8　文件 main.c

```
1    //Filename: main.c
2
3    # include "includes.h"
4
5    Int08U MYTFLAG;
6    Int08U MYTVAL[4];
7
8    Int08U RomDat[4];
9    Int08U flag[2];
```

```
10    Int32U ChipID;
11    Int08U MyFlashDat1[256],MyFlashDat2[256];
12
13    Int16U temp;
14
```

第 13 行定义变量 temp,用于保存读 SSD1289 驱动芯片只读寄存器得到的芯片 ID 号。

```
15    int main(void)
16    {
17        Int16U t;
18        char str[24];
19
20        MyBSPInit();
21
22        //测试 AT24C128
23        //My24C128WrByte(0x100,0x55);
24        //My24C128WrByte(0x101,0x5A);
25        //My24C128WrByte(0x102,0x77);
26        //My24C128WrByte(0x103,0x99);
27        RomDat[0] = My24C128RdByte(0x100);
28        RomDat[1] = My24C128RdByte(0x101);
29        RomDat[2] = My24C128RdByte(0x102);
30        RomDat[3] = My24C128RdByte(0x103);
31
```

这里将第 23～26 行注释掉了,即将写 AT24C128 存储器的语句注释掉了,因为相同的内容只需要写入一次即可,写入的内容将一直保存在 AT24C128 中。

```
32        //测试 W25Q64
33        for(int i = 0;i < 256;i++)
34            MyFlashDat1[i] = i;
35        //MyWriteReg();
36        flag[0] = MyReadStReg1();
37        flag[1] = MyReadStReg2();
38        ChipID = MyReadChipID();
39        //MyEraseSector(0);
40        //MyProgPage(0x0,MyFlashDat1,256);
41        MyReadPage(0x0,MyFlashDat2);
```

这里将第 35 行和第 39、40 行注释掉了,即将写 W25Q64 寄存器(第 35 行)、擦除第 0 号扇区(第 39 行)和写 0 页写入 256 个数据(第 40 行)注释掉了,因为相同的内容只需要写入 Flash 型存储器 W25Q64 一次即可,写入的内容将一直保存在 W25Q64 中。

```
42
43        //测试 LCD240X320
44        temp = My1289RdReg(0);                        //Returns 0x8989
45        MyPrintString(30,40,(Int08U *)"Hello World!",12);
46        MyPrintHZWenDu(30,60);
47        MyPrintImage();
```

第 44 行调用 My1289RdReg 读 SSD1289 的 ID 号,读出值为 0x8989。第 45 行调用

MyPrintString 函数在 LCD 屏的(30,40)开始处输出"Hello World!"英文字符串;第 46 行在 LCD 屏的(30,60)开始处输出"温度:　　℃";第 47 行在 LCD 屏中部输出一张图片。

```
48
49     while(1)
50     {
51         t = My18B20ReadT();
52         MYTFLAG = 0;
53         MYTVAL[0] = (t >> 8)/10;
54         MYTVAL[1] = (t >> 8) % 10;
55         MYTVAL[2] = (t & 0xOFF) / 10;
56         MYTVAL[3] = (t & 0xOFF) % 10;                    //v[0]v[1].v[2]v[3]
57         MYTFLAG = 1;
58         if(MYTVAL[0] == 0)
59             My7289Seg(0,0x0F,0);
60         else
61             My7289Seg(0,MYTVAL[0],0);
62         My7289Seg(1,MYTVAL[1],1);
63         My7289Seg(2,MYTVAL[2],0);
64         My7289Seg(3,MYTVAL[3],0);
65
66         //Test LCD Display
67         if(MYTVAL[0] == 0)
68         {
69             sprintf(str," % d. % d % d",MYTVAL[1],MYTVAL[2],MYTVAL[3]);
70         }
71         else
72         {
73             sprintf(str," % d % d. % d % d",MYTVAL[0],MYTVAL[1],MYTVAL[2],MYTVAL[3]);
74         }
75         MyPrintString(30 + 48,60,(Int08U * )str,15);
76     }
77 }
```

在 while 无限循环体中,如果温度的十位数字为 0(第 67 行为真),则第 69 行得到形如"X.XX"形式的温度字符串 str;否则,第 73 行得到形如"XX.XX"形式的温度字符串 str。第 75 行将温度字符串显示在(78,60)坐标处,显示结果如图 8-8 所示。

本章小结

本章介绍了 ADS7846 驱动的电阻型触摸屏和 SSD1289 驱动的 3.2 英寸 TFT 型 LCD 屏的工作原理及其程序设计方法。在介绍电阻型触摸屏时,进一步复习了 SPI 接口的工作原理。本章的重点内容在于读取触摸屏触点坐标的程序设计方法以及在 LCD 屏上显示字符、汉字、图形和图像的程序设计方法。建议读者结合 SSD1289 芯片手册进一步理解显示驱动配置方法,并通过仔细阅读 mylcd.c 文件理解显存与 LCD 显示内容之间的关系。然后,在本章学习的基础上,试着编写在 LCD 屏上绘制各种图形的函数,以及编写触摸屏与 LCD 屏联合工作的工程程序,达到熟练掌握触摸屏和 LCD 屏工作原理的目的。

至此,LPC845 学习板上的全部外设模块均介绍完毕,同时,基于函数的程序设计方法的介绍也告一段落。第 9 章～12 章为本书的第二篇内容,介绍基于任务的程序设计方法,即嵌入式实时操作系统 μC/OS-Ⅲ 及其在 LPC845 学习板上的应用程序设计方法。μC/OS 设计者 Labrosse 和一些专家指出,嵌入式工程师一旦在他们的电子产品中应用了嵌入式实时操作系统,就离不开嵌入式实时操作系统了,再也不愿意回到原始的基于函数的芯片级程序开发中去了。

第二篇　嵌入式实时操作系统 μC/OS-Ⅲ

　　本篇内容包括第 9～12 章,详细介绍基于嵌入式实时操作系统 μC/OS-Ⅲ的面向任务的程序设计方法,依次讲述 μC/OS-Ⅲ 系统的文件组成及其在 LPC845 硬件平台的移植、μC/OS-Ⅲ 用户任务管理方法及其工程框架、μC/OS-Ⅲ 信号量、任务信号量与互斥信号量用法以及 μC/OS-Ⅲ 消息队列与任务消息队列用法等内容。这部分内容的重点在于用户任务、任务信号量与任务消息邮箱的学习。注意:本篇内容全部工程必须基于 IAR EWARM V8.22 或更高版本的开发环境。

第9章

μC/OS-Ⅲ 系统与移植

本章将介绍 μC/OS-Ⅲ 的发展历程、特点、应用领域、系统结构及其在 LPC845 微控制器上的移植，重点在于通过与 μC/OS、μC/OS-Ⅱ 的对比阐述 μC/OS-Ⅲ 的特色，以及详细讨论 μC/OS-Ⅲ 的系统组成、文件结构、配置文件、用户应用程序接口（API）函数和自定义变量类型等。

9.1 μC/OS-Ⅲ 发展历程

自 1992 年 μC/OS 诞生至 2012 年 μC/OS-Ⅲ 开放源码，二十年来，这款嵌入式实时操作系统在嵌入式系统应用领域得到了全球范围内的认可和喜爱，特别是在教学领域，由于其开放全部源代码，且对教学用户免费，因此受到了广大嵌入式系统相关专业师生的欢迎。

μC/OS 内核的雏形最早见于 Labrosse 于 1992 年 5—6 月发表在 *Embedded System Programming* 杂志上的长达 30 页的实时操作系统（RTOS）。Labrosse 可被誉为"μC/OS 之父"。1992 年 12 月，Labrosse 将该内核扩充为 266 页的书 μC/OS：*The Real-Time Kernel*，在这本书中 μC/OS 内核的版本号为 V1.08，与发表在 *Embedded System Programming* 杂志上的 RTOS 不同的是，书中对 μC/OS 内核的代码做了详细的注解，针对半年来用户的一些反馈作了内核改进，解释了 μC/OS 内核的设计与实现方法，指出该内核是用 C 语言和最小限度的汇编代码编写的，这些汇编代码主要涉及与目标处理器相关的操作部分。μC/OS V1.08 最多支持 64 个任务，凡是具有堆栈指针寄存器和 CPU 堆栈操作的微处理器均可以移植该 μC/OS 内核。事实上，当时的该内核已经可以和美国流行的一些商业 RTOS 相媲美了。

μC/OS 内核发展到 V1.11 后，1999 年，Labrosse 出版了 *MicroC/OS-Ⅱ：The Real Time Kernel*，正式推出了 μC/OS-Ⅱ，此时的版本号为 V2.00 或 V2.04（V2.04 与 V2.00 本质上相同，V2.04 只是在 V2.00 的基础上对一小部分函数作了调整）。同年，Labrosse 成立了 Micrium 公司，研发和销售 μC/OS-Ⅱ 软件；1999 年年初，Labrosse 还出版了 *Embedded Systems Building Blocks*，*Second Edition：Complete and Ready-to-use Modules in C*，这本书当时已经是第 2 版，针对 μC/OS-Ⅱ 详细阐述用 C 语言实现嵌入式实时操作系统各个模块的技术，并介绍了微处理器外设的访问技术。然后，在 2002 年出版了 *MicroC/OS-Ⅱ：The Real Time Kernel Second Edition*，在该书中，介绍了 μC/OS-Ⅱ V2.52 内核。μC/OS V2.52 内核具有任务管理、时间管理、信号量、互斥信号量、事件标志组、消息邮箱、消息队列和内存

管理等功能,对比 μC/OS V1.11,μC/OS-Ⅱ增加了互斥信号量和事件标志组的功能。早在 2000 年 7 月,μC/OS-Ⅱ就通过了美国联邦航空管理局(FAA)关于商用飞机的、符合 RTCA DO-178B 标准的认证,说明 μC/OS-Ⅱ具有足够的安全性和稳定性,可以用于与人性命攸关、安全性要求苛刻的系统中。

张勇在 2010 年 2 月和 12 月出版了两本关于 μC/OS-Ⅱ V2.86 的书《μC/OS-Ⅱ原理与 ARM 应用程序设计》和《嵌入式操作系统原理与面向任务程序设计》,当时 μC/OS-Ⅱ的最高版本就是 V2.86,相比于 V2.52 而言,重大改进在于自 V2.80 后由原来只能支持 64 个任务扩展到支持 255 个任务,自 V2.81 后支持系统软定时器,到 V2.86 支持多事件请求操作。Labrosse 的书是采用"搭积木"的方法编写的,读起来更像是技术手册,这对于初学者或入门学生而言,需要较长的学习时间才能充分掌握 μC/OS-Ⅱ;而张勇的书则从实例和应用的角度进行编写,特别适合于入门学者。对于那些对硬件不太熟悉的初学者,还可以参考一下张勇 2009 年 4 月出版的《ARM 原理与 C 程序设计》。后来,Labrosse 对 μC/OS-Ⅱ进行了极其微小的改良,形成了现在的 μC/OS-Ⅱ的最高版本 V2.92.11。

现在,μC/OS-Ⅱ仍然在全球范围内被广泛使用,但是早在 2009 年,Labrosse 就推出了第三代 μC/OS-Ⅲ,最初的 μC/OS-Ⅲ仅向授权用户开放源代码,这在一定程度上限制了它的推广应用。直到 2012 年新的 μC/OS-Ⅲ才面向教学用户开放源代码,此时的版本号已经是 V3.03。伴随着 μC/OS-Ⅲ的诞生,Labrosse 针对不同的微处理器系列编写了大量相关的应用手册,目前面世的就有 μC/OS-Ⅲ: *The Real-Time Kernel for the Freescale Kinetis*、μC/OS-Ⅲ: *The Real-Time Kernel for the NXP LPC*1700、μC/OS-Ⅲ: *The Real-Time Kernel for the Renesas RX*62N、μC/OS-Ⅲ: *The Real-Time Kernel for the Renesas SH*7216、μC/OS-Ⅲ: *The Real-Time Kernel for the STMicroelectronics STM*32F107、μC/OS-Ⅲ: *The Real-Time Kernel for the Texas Instruments Stellaris MCUs*,这 6 本书均可以从 Micrium 官方网站 http://www.micrium.com 上免费下载全文电子稿阅读。实际上,这 6 本书的每一本都包含两部分内容,即均分为上、下两篇,在每本书中上篇是以 μC/OS-Ⅲ为例介绍嵌入式实时操作系统工作原理,下篇是针对特定的芯片或架构介绍 μC/OS-Ⅲ的典型应用实例,因此,所有这 6 本书的上篇内容基本上相同;而下篇内容则具有很强的针对性,不同的手册采用了不同的硬件平台,而且编译环境也不尽相同,有采用 Keil MDK 或 RVDS 的,也有采用 IAR EWARM 的。

尽管 μC/OS-Ⅲ的工作原理与 μC/OS-Ⅱ有相同之处,但是,专家普遍认为 μC/OS-Ⅲ相对于 μC/OS-Ⅱ是一个近似全新的嵌入式实时操作系统,13.2 节将对比这两个操作系统的特点,来进一步说明 μC/OS-Ⅲ的优势。Micrium 网站 http://www.micrium.com 上有大量关于 μC/OS-Ⅲ的应用手册和资料以及不断更新的 μC/OS-Ⅲ源代码供用户下载。因此,μC/OS-Ⅲ是一个不断发展和进化的嵌入式实时操作系统,初学者应经常浏览其官方网站,并获取最新的 μC/OS-Ⅲ应用信息。需要强调指出的是,尽管 μC/OS-Ⅲ是开放源代码的,但是 μC/OS-Ⅲ并不是自由软件,那些用于非教学和和平事业的商业场合的用户必须购买用户使用许可证。当前,μC/OS-Ⅲ的最新版本号为 V3.05.00(即 2012—2018 年 μC/OS-OS-Ⅲ的版本号只是由 3.03 升级到了 3.05)。

9.2 μC/OS-Ⅲ特点

嵌入式实时操作系统 μC/OS-Ⅲ 是具有可裁剪和方便移植特性的抢先型实时内核,具有以下特点:

1. 开放源代码

μC/OS-Ⅲ 系统内核包括 20 个文件,约 18000 行代码,所有这些代码均采用右对齐的方式被完美地注释了,使得这些代码本身就是一部良好的学习 C 语言和实时操作系统的手册。

2. API 函数命名规范

μC/OS-Ⅲ 提供了 81 个用户可调用的应用程序接口(API)函数,需要掌握的只有 55 个函数,所有这些函数的命名非常规范,都是以 OS 开头,达到了见名知义的目的,例如,OSVersion 函数用于返回当前 μC/OS-Ⅲ 的版本号; OSTimeDly 函数允许一个任务延时一定的时钟节拍数等。

3. 抢先型多任务内核

μC/OS-Ⅲ 系统的任务具有 5 种状态,即就绪态、运行态、等待态、中断态和休眠态。任何时刻处于运行态的任务只能是处于就绪态的优先级最高(优先级号最小)的那个任务,当有多个就绪态的任务优先级相同且同时是就绪态的所有任务的最高优先级任务时,μC/OS-Ⅲ 将按时间片循环分配方法依次执行这些同优先级的任务。

4. 高性能中断管理

μC/OS-Ⅲ 提供了两种保护临界区代码的方法,其一是与 μC/OS-Ⅱ 相同的关闭中断的方法,其二是新的通过锁住任务调度器防止任务切换的方法。后者执行临界区代码时,没有关闭中断,因此,与 μC/OS-Ⅱ 相比,μC/OS-Ⅲ 的总的中断关闭时间大大减小,使得 μC/OS-Ⅲ 可以响应快速中断源。

5. 中断和服务执行时间确定

在 μC/OS-Ⅲ 中,中断响应时间是确定的,同时,绝大多数系统服务的时间也是确定的。

6. 可裁剪

μC/OS-Ⅲ 系统中有一个名为 os_cfg.h 的配置头文件,通过设置其中的宏定义的值为 1u 或 0u 等,可以启用或关闭 μC/OS-Ⅲ 的某些系统服务,例如,os_cfg.h 文件中的第 57 行代码:

```
#define  OS_CFG_FLAG_EN     1u
```

如果上述代码的宏常量 OS_CFG_FLAG_EN 设为 0u,则关闭 μC/OS-Ⅲ 中事件标志组的服务功能,即不允许使用事件标志组相关的所有 API 函数,那么事件标志组就被从 μC/OS-Ⅲ 中裁剪掉了;如果设为 1u,则启用 μC/OS-Ⅲ 中事件标志组的服务功能,即允许用户使用事件标志组的某些相关 API 函数,例如创建、请求或释放事件标志组函数。

7. 移植性强

μC/OS-Ⅲ 内核可以被移植到 45 种以上的 CPU 架构上,涉及单片机、DSP、ARM 和 FPGA(SoPC 系统)等,所有 μC/OS-Ⅱ 的移植代码稍做修改就可以用于 μC/OS-Ⅲ 的移植。

那些具有堆栈指针寄存器和支持 CPU 寄存器堆栈操作的 CPU 芯片均可以移植 μC/OS-Ⅲ,这使得只有极少数芯片例如 Motorola 68HC05(该芯片不具备用户堆栈操作指令)等不能移植 μC/OS-Ⅲ系统。

8. 可固化在 ROM 中

μC/OS-Ⅲ内核可以与用户应用程序一起固化在只读存储器(ROM)中,实际上,μC/OS-Ⅲ内核是作为用户软件系统的一部分存在的。这点与 Windows CE 嵌入式实时操作系统不同,Windows CE 系统本身具有文件系统和用户界面,使得它与桌面 Windows 系统的操作相类似,当移动设备安装了 Windows CE 系统后,用户只需要在该系统上安装用户应用程序即可,即在 Windows CE 系统下,绝大多数应用程序与 Windows CE 系统是相对独立的。μC/OS-Ⅲ没有文件系统,也没有用户界面,它主要是提供了操作系统的任务调度功能,因此,它必须作为用户应用软件的一部分存在于嵌入式系统中,与用户应用软件一起移植固化到移动设备的 ROM 中。

9. 运行时可配置组件

μC/OS-Ⅲ内核是一个模块化或组件化的嵌入式实时操作系统,它具有任务、信号量、互斥信号量、事件标志组、消息队列、内存分区、系统软定时器等服务组件,这些组件可以在 μC/OS-Ⅲ系统运行时配置其数量,甚至可以配置其占用堆栈的大小。

10. 支持无限多任务数

μC/OS-Ⅱ内核最多可支持 255 个任务,μC/OS-Ⅲ则可以支持无限多个任务。事实上,在 μC/OS-Ⅲ中,任务的调度算法(此处特指任务优先级解析算法,例如任务的优先级号因任务就绪、执行或挂起等原因进出"任务优先级表"的算法)没有 μC/OS-Ⅱ高级,由于 μC/OS-Ⅲ是基于 32 位的内核且支持无限多个任务调度,所以,其优先级号解析算法就是简单的数组元素中的位元判断,对于不支持硬件指令统计变量中第一个 1 位所在位置的处理器而言,尽管基于这类优先级号解析的调度算法的时间确定性仍可以保证,但是对于不同优先级的调度时间做不到完全相等。

11. 支持无限优先级数

在 μC/OS-Ⅲ中,任务的优先级号可以使用从 0 至无穷大正整数中的任意整数,即在 μC/OS-Ⅲ中,任务的优先级号的数目是无限的。

12. 支持同优先级任务

在 μC/OS-Ⅱ中,各个任务的优先级号不能相同;而在 μC/OS-Ⅲ中,允许具有相同优先级号的多个任务存在,当这些任务同时就绪且是就绪的所有任务中优先级最高的任务时,μC/OS-Ⅲ内核将使用时间片轮换方法(Round-Robin Scheduling)处理这些任务的运行调度,并且,每个任务占有的 CPU 时间片大小可由用户设定。

13. 新的组件(或服务)

在 μC/OS-Ⅱ的基础上,μC/OS-Ⅲ内核提供了新的任务级别的组件(或服务),例如,任务信号量和任务消息队列,这两种组件分别实现了任务直接向其他任务请求或释放信号量或消息(队列),或者中断直接向任务释放信号量或消息(队列),而无须创建"全局"的信号量和消息队列。因此,μC/OS-Ⅲ共有以下组件(或服务):任务、信号量、任务信号量、互斥信号量、事件标志组、消息队列、任务消息队列、系统软定时器、内存分区等。

14. 互斥信号量

互斥信号量用于保护共享资源,且能避免任务间竞争共享资源而死锁。在 μC/OS-Ⅲ 中,对互斥信号量采用内置的优先级继承方法,即当低优先级的任务请求了互斥信号量使用共享资源时,被更高优先级的就绪任务抢占了 CPU 使用权,而当这个更高优先级任务请求互斥信号量要求使用共享资源时,原先的占用互斥信号量正在使用该共享资源的任务的优先级将上升到与后者任务相同的优先级,后者任务进入互斥信号量等待列表中。与 μC/OS-Ⅱ 相比,μC/OS-Ⅲ 互斥信号量不占用新的更高的优先级号,因此,μC/OS-Ⅲ 避免了没有约束的优先级继承优先级号的增加。同时,互斥信号量的请求释放可以做最大 250 次的嵌套使用。

15. 任务挂起嵌套

与 μC/OS-Ⅱ 相似,μC/OS-Ⅲ 中任务调用 OSTaskSuspend 函数可以将自身或其他任务挂起。如果是挂起其他任务,在 μC/OS-Ⅲ 中,可以有 250 级嵌套,而 μC/OS-Ⅱ 不具有该能力。被嵌套的挂起必须调用 OSTaskResume 函数同样多的级数才能把任务从挂起状态恢复。

16. 支持系统软定时器

与 μC/OS-Ⅱ 相似,μC/OS-Ⅲ 支持系统软定时器,即 μC/OS-Ⅲ 系统定时器任务 OS_TmrTask 产生的软件定时器,包括两种,其一为单拍(One-Shot)型,其二为周期型。前者定时一次后即自动关闭,后者按指定的定时周期不断循环。这两种定时器的共同点在于,当定时值减到 0 后,自动调用该定时器关联的回调函数;不同点在于,对于周期型定时器,当定时值减到 0 后,自动重新装入定时周期值。

17. 支持任务级别寄存器

可以有任务级别的寄存器,用于保存任务的调用出错码、任务 ID 号、每个任务的中断关闭时间等。

18. 任务调用出错检查

μC/OS-Ⅲ 中,每个 API 函数被调用后均返回一个出错码,如果该出错码为 OS_ERR_NONE(该常量在 os.h 文件中被宏定义为 0u 时),表示该 API 函数被正常(或正确)调用。其他的出错码则或多或少地对应着一些不正常调用,一般在程序中需要用 switch 语句检测这些出错码的出现,进行相应的异常处理。

19. 内置性能检测

在调试基于 μC/OS-Ⅲ 内核的应用程序中,可以借助 μC/OS-Ⅲ 内置的性能检测函数,实时掌握每个任务的执行时间、每个任务的堆栈占有情况、任务的切换次数、CPU 利用率、中断到任务和任务间切换的时间、中断关闭和调度器关闭时间、系统内部各种数据结构(记录任务或事件的各种列表、数组或链表等)的最大利用个数等(例如,对于长度为 200 的系统数组,在程序运行过程中,峰值占用个数为 120,则 120 为该数组的最大利用个数)。

20. 易于优化

μC/OS-Ⅲ 的易于优化特性表现在两个方面:①针对不同字长的 CPU,可以将 μC/OS-Ⅲ 优化为对应的系统,尽管 μC/OS-Ⅲ 本身是 32 位的,但是若目标系统是 8 位或 16 位的,那么可以很容易地将 μC/OS-Ⅲ 按目标机的字长优化;②某些与硬件密切相关的函数可以用汇编语言实现,从而进一步提升 μC/OS-Ⅲ 的运行速度。例如,优先级号解析算法,对于具有定位变量中第一个不是 0 的位元位置的汇编指令的处理器,可以用汇编语言实现优先级号解析算法,从而大大加快 μC/OS-Ⅲ 的任务调度过程。

21. 避免死锁性能

μC/OS-Ⅲ 中具有互斥信号量组件,可以有效地避免因任务间竞争共享资源而导致死锁。同时,μC/OS-Ⅲ 中所有的请求函数均带有请求超时功能,也能有效地避免发生请求等待死锁。

22. 任务级系统服务节拍

在 μC/OS-Ⅲ 中,系统节拍管理是由系统任务 OS_TickTask 实现的,硬件时钟节拍中断服务函数将调用 OSTimeTick 函数,并由后者向系统任务 OS_TickTask 发送任务信号量,去进一步管理系统节拍。相比 μC/OS-Ⅱ,这种方法的优势在于极大地减小了中断关闭时间。

23. "钩子"函数

为了保持 μC/OS-Ⅲ 内核代码的完整性,方便用户添加新的功能,又不至于修改 μC/OS-Ⅲ 内核代码,因此,μC/OS-Ⅲ 集成了一些"钩子"函数,这些函数名的末尾均为"Hook"。例如,用户如果想在任务创建时添加一些功能,可以把这些附加功能放在钩子函数 OSTaskCreateHook 函数中;当任务被删除时添加的附加功能可以放在钩子函数 OSTaskDelHook 函数中,等等。此外,用户还可以自定义钩子函数。

24. 时间邮票

μC/OS-Ⅲ 中具有一个自由计数的定时计数器,该计数器的值可以在运行阶段被读出来,称为时间邮票的原因在于:它被广泛用来记录各个事件发生的时间间隔,就像贴有时间点的邮票一样,在程序运行过程中被事件携带传递着。例如,当中断服务程序(ISR)向一个任务发送一个任务消息时,此时的时刻点将自动从定时计数器中读出并记录在任务消息中作为"时间邮票",该任务消息被任务接收后,任务可以从收到的任务消息中读出传递来的时间邮票,并可进一步调用 OS_TS_GET 函数读出定时计数器的当前值,该值与时间邮票的差即为此任务消息的传递时间。时间邮票只有在程序调试时才会被使用。

25. 支持内置内核调试器

调试基于 μC/OS-Ⅲ 的应用程序,用户可以使用 μC/Probe 动态显示程序运行时的系统变量和数据结构,甚至能显示用户变量,这得益于 μC/OS-Ⅲ 内置了内核感知调试器,该功能主要用于程序调试阶段。对于试用版的 μC/Probe 只能显示约 8 个用户变量,但可以显示全部 μC/OS-Ⅲ 系统变量。

26. 组件或事件命名规范

在 μC/OS-Ⅲ 中,每个组件或事件均有一个 ASCII 码字符串(以空字符 NUL 为结尾)的名称与之对应,字符串的长度不受限制,例如,任务、信号量、互斥信号量、消息队列、内存分区、系统软定时器等均可指定其名称。

表 9-1 为 μC/OS-Ⅲ 与 μC/OS-Ⅱ、μC/OS 的特性对比,参考自 Jean J. Labrosse 的 μC/OS-Ⅲ *The Real-Time Kernel*。

表 9-1　μC/OS-Ⅲ 与 μC/OS-Ⅱ、μC/OS 特性对比

序　号	特　性	μC/OS	μC/OS-Ⅱ	μC/OS-Ⅲ
1	诞生时间	1992 年	1998 年	2009 年
2	配套手册	有	有	有
3	是否开放源代码	是	是	是
4	抢先式多任务	是	是	是
5	最大任务数	64	255	无限
6	每个任务优先级号个数	1	1	无限
7	时间片调度法	不支持	不支持	支持
8	信号量	支持	支持	支持
9	互斥信号量	不支持	支持	支持(可嵌套)
10	事件标志组	不支持	支持	支持
11	消息邮箱	支持	支持	不支持
12	消息队列	支持	支持	支持
13	内存分区	不支持	支持	支持
14	任务信号量	不支持	不支持	支持
15	任务消息队列	不支持	不支持	支持
16	系统软定时器	不支持	支持	支持
17	任务挂起和恢复	不支持	支持	支持(可嵌套)
18	死锁保护	有	有	有
19	可裁剪	可以	可以	可以
20	系统代码大小	3~8KB	6~26KB	6~20KB
21	系统数据大小	至少 1KB	至少 1KB	至少 1KB
22	可固定在 ROM 中	可以	可以	可以
23	运行时可配置	不支持	不支持	支持
24	编译时可配置	支持	支持	支持
25	组件或事件命名	不支持	支持	支持
26	多事件请求	不支持	支持	支持
27	任务寄存器	不支持	不支持	支持
28	内置性能测试	不支持	有限功能	扩展
29	用户定义钩子函数	不支持	支持	支持
30	时间邮票(释放)	不支持	不支持	支持
31	内置内核感知调试器	无	有	有
32	可用汇编语言优化	不可以 ·	可以	可以
33	任务级的系统时钟节拍	不是	不是	是
34	服务函数个数	约 20	约 90	约 70
35	MISRA-C 标准	无	1998(有 10 个例外)	2004(有 7 个例外)

　　特别需要注意的是,表 9-1 中第 11 序号处关于消息邮箱的支持,在 μC/OS 和 μC/OS-Ⅱ中均支持消息邮箱,而 μC/OS-Ⅲ 内核中没有消息邮箱这个组件,即不再支持消息邮箱。之所以如此,是因为 Labrosse 认为消息队列本身涵盖了消息邮箱的功能,即认为消息邮箱是多余的组件,因此,在 μC/OS-Ⅲ 中故意将其去掉了。

9.3　μC/OS-Ⅲ应用领域

μC/OS-Ⅱ已经成功地应用在许多领域,同样,μC/OS-Ⅲ也可以应用在这些领域。在医疗电子方面,μC/OS-Ⅱ支持医疗 FDA 510(k)、DO-178B Level A 和 SIL3/SIL4 IEC 等标准,因此,μC/OS-Ⅱ在医疗设备方面具有良好的应用前景。目前 μC/OS-Ⅲ正处于这些标准的测试阶段。

μC/OS-Ⅱ在军事和航空方面应用广泛,是由于其支持军用飞机 RTCA DO-178B 和 EUROCAE ED-12B 以及 IEC61508 等标准,从而使得 μC/OS-Ⅱ可用于与人性命攸关的场合。

与 μC/OS-Ⅱ相似,μC/OS-Ⅲ可以移植到绝大多数微处理器上,使其在嵌入式系统中具有广泛的应用背景和应用前景。例如,μC/OS-Ⅲ移植到单片机上,可用于工业控制系统;当移植到 ARM 上时,除可以作为工业控制系统外,还可以用于通信系统、消费电子和汽车电子等领域;当移植到 DSP 上时,可以用作语音,甚至图像系统的处理。

为了配合 μC/OS-Ⅲ 的推广应用,Micrium 公司还推出了 μC/USB、μC/TCP-IP、μC/GUI、μC/File System 和 μC/CAN 等软件包,使得 μC/OS-Ⅲ 的应用领域向 USB 设计、网络应用、用户界面、文件系统和 CAN 总线方面拓展,使其成为嵌入式系统领域具有强大生命力的嵌入式实时操作系统。

需要指出的是,由于 μC/OS-Ⅲ是开放源代码的嵌入式实时操作系统,其良好的源代码规范和丰富详细的技术手册,使得 μC/OS-Ⅲ(或 μC/OS-Ⅱ)在全球范围内被众多高等院校用作教科书,在国内除了 Labrosse 的译著外,还有很多专家学者编写了 μC/OS-Ⅲ 相关的教材,使得 μC/OS-Ⅲ(和 μC/OS-Ⅱ)在全国乃至全球范围内迅速普及,从而其应用领域也在迅速扩大。

一些典型的应用领域如下:

汽车电子方面:发动机控制、防抱死系统(ABS)、全球定位系统(GPS)等;

办公用品:传真机、打印机、复印机、扫描仪等;

通信电子:交换机、路由器、调制/解调器、智能手机等;

过程控制:食品加工、机械制造等;

航空航天:飞机控制系统、喷气式发动机控制等;

消费电子:MP3/MP4/MP5 播放器、机顶盒、洗衣机、电冰箱等;

物联网、机器人和武器制导系统等。

9.4　μC/OS-Ⅲ系统组成

基于 μC/OS-Ⅲ内核的典型嵌入式系统结构如图 9-1 所示。从图 9-1 可以看出,该系统分为四部分,从顶向下依次为用户应用程序部分、μC/OS-Ⅲ系统文件部分、硬件抽象部分、硬件平台部分,前三者均属于软件部分。一般地,硬件平台的代表特征为 CPU 与存储器、定时器和中断控制器,这些是加载 μC/OS-Ⅲ系统所必需的硬件组件。图 9-1 中的用户代码部分主要是针对特定功能而设计的用户任务,图中用 main.c 和 includes.h 分别代表 C 语言程序文件和头文件。实际上,用户可以指定任意合法的文件名和任意数量的文件,同时要牢记 C 程序的入口是 main 函数。

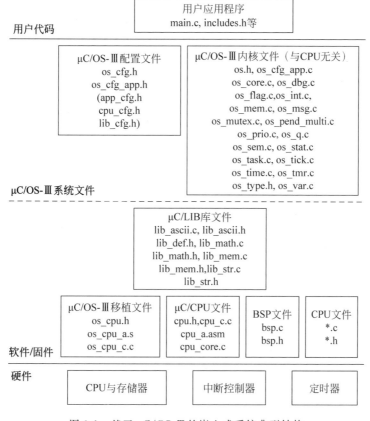

图 9-1　基于 μC/OS-Ⅲ 的嵌入式系统典型结构

由图 9-1 可知,μC/OS-Ⅲ系统文件由 μC/OS-Ⅲ内核文件和 μC/OS-Ⅲ配置文件组成,共有 20 个内核文件及 2 个配置文件 os_cfg.h 和 os_cfg_app.h(图 9-1 中还有 3 个文件,即 app_cfg.h、cpu_cfg.h 和 lib_cfg.h 可作广义的配置文件,分别用于对用户任务、μC/CPU 和 μC/LIB 库文件进行配置),稍后会详细介绍每个文件在 μC/OS-Ⅲ系统中扮演的角色和作用。μC/OS-Ⅲ移植文件、μC/CPU 文件、BSP 文件和 CPU 文件以及 μC/LIB 库文件可以统称为硬件抽象层文件,这些文件搭建了硬件与 μC/OS-Ⅲ系统文件之间的桥梁,使得 μC/OS-Ⅲ系统文件成为与硬件完全无关的部分,因此,即使把 μC/OS-Ⅲ系统运行在不同的硬件平台上,也无须修改 μC/OS-Ⅲ系统文件,只需要修改硬件抽象层文件即可。其中,μC/OS-Ⅲ移植文件包括 os_cpu.h、os_cpu_a.asm 和 os_cpu_c.c,主要完成堆栈初始化、系统时钟节拍触发、钩子函数、任务切换异常处理等;μC/CPU 文件包括 cpu.h、cpu_a.asm、cpu_core.c 文件,又称为广义的移植文件,主要用于 CPU 初始化、CPU 中断、时间邮票定时器和一些性能测试功能等;BSP 文件即 Board Support Package(板级支持包)文件,用 bsp.c 和 bsp.h 表示,包含直接访问硬件外设的一些函数,可供用户程序直接调用,例如,开关 LED 灯、读板上温度传感器、读按键值、开关继电器等;CPU 文件是指硬件制造商提供的访问其 CPU 或片上外设的函数。μC/LIB 库文件包含一些数学函数、内存操作、字符串或 ASCII

相关的函数,用于替换标准的 C 语言库文件 stdlib 等,使得 μC/OS-Ⅲ的可移植性更强,这部分函数主要供 μC/CPU 使用,μC/OS-Ⅲ系统文件不直接调用这些函数。

从 Micrium 官网上下载 μC/OS-Ⅲ源程序文件 KRN-K3XX-000000. zip,解压后的目录结构如图 9-2 所示。在图 9-2 中,Doc 子目录下为 μC/OS-Ⅲ用户手册 μC/OS-Ⅲ: *The Real-Time Kernel User's Manual*,其文件名为 Micrium-uCOS-III-UserManual. pdf,该手册是学习 μC/OS-Ⅲ最权威的资料,这个手册的内容实际上就是 Labrosse 出版的很多关于μC/OS-Ⅲ的书籍的上篇内容(下篇内容为针对具体硬件平台的实例)。在学习完本书后,读者需要进一步深入研究这个文档。

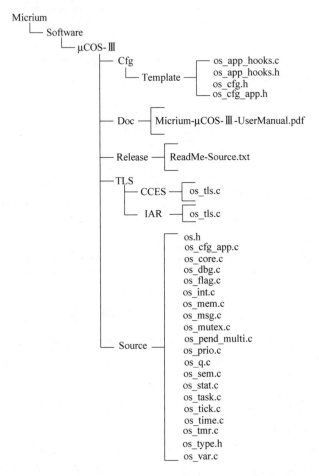

图 9-2　压缩文件 KRN-K3XX-000000. zip 构成

图 9-2 中 Release 目录下只有一个文本文件 ReadMe-Source. txt,该文件的内容反映了自 2009 年 12 月 7 日版本 V3.01.0 至 2012 年 2 月 14 日版本 V3.03.00 期间 μC/OS-Ⅲ的升级情况。Source 目录下为 20 个 μC/OS-Ⅲ内核文件,这些内核文件是与硬件(CPU)无关的,全部是用 C 语言编写成的,将在 9.4.2 节对这些文件实现的功能做详细的介绍。Cfg 目录下有一个子目录 Template,其下有 4 个文件,其中,os_cfg. h 和 os_cfg_app. h 为 μC/OS-Ⅲ配置文件,而 os_app_hooks. h 和 os_app_hooks. c 文件包含了约 10 个用户扩展功能的钩子函数,例如,任务创建好后会调用的钩子函数 App_OS_TaskCreateHook,任务删除之后会调

用的钩子函数 App_OS_TaskDelHook 等,注意这些钩子函数基本上是空函数,不执行任何功能扩展。Template 是模板的意思,说明这个目录下的 4 个文件是供用户参考的,用户可以直接使用,也可以作出调整,特别是当用户想扩展一些功能时,需要向文件 os_app_hooks.c 中相应的钩子函数添加代码。

图 9-2 中 TLS 目录是 μC/OS-Ⅲ V3.03.00 版本新扩展的功能,即任务局部存储管理(Thread Local Storage Management),或称线程局部内存管理,这个功能与互斥信号量配合用于保护动态调用的 C 语言库函数中的共享资源,把这部分共享资源保存在任务专有的存储空间中,这部分内容请参考 μC/OS-Ⅲ用户手册的第 20 章。TLS 下有两个子目录,即CCES 和 IAR,均只包含一个同名的文件 os_tls.c,其中,CCES 目录下的 os_tls.c 是用于Cross Core Embedded Studio (CCES)实现的代码,而 IAR 目录下的 os_tls.c 是用于 IAREWARM 集成开发环境的代码。

9.4.1　μC/OS-Ⅲ配置文件

μC/OS-Ⅲ是可裁剪的,即当应用程序不需要 μC/OS-Ⅲ内核的某些组件时,可以把这些组件在编译阶段去掉;或者,如果应用程序不需要很多的任务或数据结构时,可以设置较少数量的任务数和数据结构大小。这些裁剪工作是通过调整配置文件 os_cfg.h 和 os_cfg_app.h 中的宏定义常量的值实现的。

通过阅读配置文件 os_cfg.h 可以了解到 μC/OS-Ⅲ几乎全部的组件,因此,下面给出了这个文件的完整代码,并对这些代码作了详细的分析,故省掉了文件 os_cfg.h 中的详细注解。

程序段 9-1　文件 os_cfg.h

```
1    # ifndef OS_CFG_H
2    # define OS_CFG_H
3
4    # define OS_CFG_APP_HOOKS_EN              1u
5    # define OS_CFG_ARG_CHK_EN               1u
6    # define OS_CFG_CALLED_FROM_ISR_CHK_EN   0u
7    # define OS_CFG_DBG_EN                   1u
8    # define OS_CFG_ISR_POST_DEFERRED_EN     0u
9    # define OS_CFG_OBJ_TYPE_CHK_EN          0u
10   # define OS_CFG_TS_EN                    0u
11
12   # define OS_CFG_PEND_MULTI_EN            1u
13
14   # define OS_CFG_PRIO_MAX                 32u
15
16   # define OS_CFG_SCHED_LOCK_TIME_MEAS_EN  0u
17   # define OS_CFG_SCHED_ROUND_ROBIN_EN     1u
18   # define OS_CFG_STK_SIZE_MIN             64u
19
20   # define OS_CFG_FLAG_EN                  1u
21   # define OS_CFG_FLAG_DEL_EN              0u
22   # define OS_CFG_FLAG_MODE_CLR_EN         0u
23   # define OS_CFG_FLAG_PEND_ABORT_EN       0u
```

```
24
25   # define OS_CFG_MEM_EN                        1u
26
27   # define OS_CFG_MUTEX_EN                      1u
28   # define OS_CFG_MUTEX_DEL_EN                  0u
29   # define OS_CFG_MUTEX_PEND_ABORT_EN          0u
30
31   # define OS_CFG_Q_EN                          1u
32   # define OS_CFG_Q_DEL_EN                      0u
33   # define OS_CFG_Q_FLUSH_EN                    0u
34   # define OS_CFG_Q_PEND_ABORT_EN              1u
35
36   # define OS_CFG_SEM_EN                        1u
37   # define OS_CFG_SEM_DEL_EN                    0u
38   # define OS_CFG_SEM_PEND_ABORT_EN            1u
39   # define OS_CFG_SEM_SET_EN                    1u
40
41   # define OS_CFG_STAT_TASK_EN                  1u
42   # define OS_CFG_STAT_TASK_STK_CHK_EN         1u
43
44   # define OS_CFG_TASK_CHANGE_PRIO_EN          1u
45   # define OS_CFG_TASK_DEL_EN                   0u
46   # define OS_CFG_TASK_Q_EN                     1u
47   # define OS_CFG_TASK_Q_PEND_ABORT_EN         0u
48   # define OS_CFG_TASK_PROFILE_EN              1u
49   # define OS_CFG_TASK_REG_TBL_SIZE            1u
50   # define OS_CFG_TASK_SEM_PEND_ABORT_EN       1u
51   # define OS_CFG_TASK_SUSPEND_EN              1u
52
53   # define OS_CFG_TIME_DLY_HMSM_EN             1u
54   # define OS_CFG_TIME_DLY_RESUME_EN           0u
55
56   # define OS_CFG_TLS_TBL_SIZE                 0u
57
58   # define OS_CFG_TMR_EN                        1u
59   # define OS_CFG_TMR_DEL_EN                    0u
60
61   # define TRACE_CFG_EN                         0u
62
63   # endif
```

上述程序段9-1中,第1、2行和第63行构成预编译指令,防止第4~61行被重复包含,第一个包含头文件os_cfg.h的文件中如果没有定义OS_CFG_H常量,则第2行将定义该常量OS_CFG_H,其他的文件再包含头文件os_cfg.h时,由于OS_CFG_H已被定义,则第1行返回假,于是第2~62行无法执行,故第4~61行仅被包含了一次。

第4行中宏常量OS_CFG_APP_HOOKS_EN为1时允许用户使用钩子函数,为0时禁止使用钩子函数,默认值为1。第5行中OS_CFG_ARG_CHK_EN为1时进行函数参数合法性检查,为0时关闭函数参数合法性检查,默认值为0,建议为1。第6行OS_CFG_CALLED_FROM_ISR_CHK_EN为1时将对从中断服务程序(ISR)调用系统函数的合法性进行检查,为 0 时不做检查,默认值为 0。第 7 行 OS_CFG_DBG_EN 为 1 时支持调试代码和调试变量,为 0 时不支持,默认值为 1。

第 8 行 OS_CFG_ISR_POST_DEFERRED_EN 是一个非常重要的宏常量。当从中断服务程序中释放事件时(例如释放消息等),μC/OS-Ⅲ有两种方法,其一为直接向任务释放,其二为推迟的释放方法。前者与 μC/OS-Ⅱ 中相同,这种方式下中断被关闭的时间稍长;后者是先将事件通过中断队列向优先级为 0 的中断处理系统任务释放,然后,中断处理系统任务再将事件向用户任务释放,比直接释放的方法稍微复杂一些,但是中断只有在中断处理系统任务从中断队列中取事件时才是关闭的,这样做可以防止从中断队列取事件时被中断掉,因此,在推迟的释放方法中,中断几乎总是开放的。当 OS_CFG_ISR_POST_DEFERRED_EN 为默认值 0 时,中断服务程序采用直接向任务释放事件的方法;为 1 时,采用推迟的释放方法。

第 9 行 OS_CFG_OBJ_TYPE_CHK_EN 为 1 时,对事件的类型进行检查;为 0 时不检查,默认值为 0。第 10 行 OS_CFG_TS_EN 为 1 时支持时间邮票,为 0 时不支持,默认值为 0。

第 12 行 OS_CFG_PEND_MULTI_EN 为 1 时支持多事件请求,为 0 时不支持多事件请求,默认值为 1。

第 14 行 OS_CFG_PRIO_MAX 定义任务优先级号的最大值,该值越大,内存占用越大,默认值为 32。

第 16 行 OS_CFG_SCHED_LOCK_TIME_MEAS_EN 为 1 时支持测量任务调度锁定时间,为 0 时不支持测量任务调度锁定时间,默认值为 0。

第 17 行 OS_CFG_SCHED_ROUND_ROBIN_EN 为默认值 1 时支持同优先级任务的时间片调度方法,为 0 时不支持。

第 18 行 OS_CFG_STK_SIZE_MIN 为最小允许的任务堆栈大小,默认值为 64。

第 20～23 行为事件标志组相关的宏常量定义。第 20 行 OS_CFG_FLAG_EN 为 1 时支持事件标志组组件功能,为 0 时不支持事件标志组,默认值为 1;第 21 行 OS_CFG_FLAG_DEL_EN 为 1 时事件标志组删除函数 OSFlagDel 可用,为 0 时 OSFlagDel 函数不可用,这里的"可用"表示 OSFlagDel 函数的代码将被编译到可执行文件中,"不可用"表示 OSFlagDel 函数的代码没有被编译到可执行文件中,即被裁剪掉了;同样,第 22 行 OS_CFG_FLAG_MODE_CLR_EN 为 1 时等待事件标志组中清除事件标志位的代码可用,为 0 时这部分代码不可用,默认值为 0。事件标志组中包含很多位,例如,对于一个 32 位的事件标志组,就有 32 个位,释放或请求事件标志组的某种状态有两种方法,其一是判断其中的某些位或全部位是否为 1,其二是判断其中的某些位或全部位是否为 0。对于请求事件标志组而言,后者称为等待事件标志组中清除事件标志位的请求操作。第 23 行 OS_CFG_FLAG_PEND_ABORT_EN 为 1 时事件标志组请求中止函数 OSFlagPendAbort 可用,为默认值 0 时该函数不可用。

第 25 行 OS_CFG_MEM_EN 为默认值 1 时支持内存分区管理,为 0 时不支持。

第 27～29 行为互斥信号量相关的宏常量。第 27 行 OS_CFG_MUTEX_EN 为默认值 1 时支持互斥信号量;为 0 时不支持互斥信号量。第 28 行 OS_CFG_MUTEX_DEL_EN 为默认值 0 时互斥信号量删除函数 OSMutexDel 不可用;为 1 时可用。第 29 行 OS_CFG_

MUTEX_PEND_ABORT_EN 为默认值 0 时,互斥信号量请求中止函数 OSMutexPendAbort 不可用;为 1 时该函数可用。

第 31～34 行为消息队列裁剪相关的宏常量。第 31 行为默认值 1 时,支持消息队列;为 0 时不支持消息队列。第 32 行 OS_CFG_Q_DEL_EN 为默认值 0 时,消息队列删除函数 OSQDel 函数不可用;为 1 时 OSQDel 函数可用。第 33 行 OS_CFG_Q_FLUSH_EN 为默认值 0 时,消息队列的消息清空函数 OSQFlush 不可用;为 1 时该函数可用。第 34 行 OS_CFG_Q_PEND_ABORT_EN 为默认值 1 时,消息队列请求中止函数 OSQPendAbort 可用;为 0 时该函数不可用。

第 36～39 行为与信号量裁剪相关的宏常量。第 36 行 OS_CFG_SEM_EN 为默认值 1 时,支持信号量;为 0 时不支持信号量。第 37 行 OS_CFG_SEM_DEL_EN 为默认值 0 时,信号量删除函数 OSSemDel 不可用;为 1 时该函数可用。第 38 行 OS_CFG_SEM_PEND_ABORT_EN 为默认值 1 时请求信号量中止函数 OSSemPendAbort 可用;为 0 时该函数不可用。第 39 行 OS_CFG_SEM_SET_EN 为默认值 1 时,信号量计数值设置函数 OSSemSet 可用;当为 0 时,该函数不可用。

第 41～51 行为任务管理相关的宏常量。第 41 行 OS_CFG_STAT_TASK_EN 为默认值 1 时,支持统计任务(统计任务属于系统任务);当为 0 时,不支持统计任务。第 42 行 OS_CFG_STAT_TASK_STK_CHK_EN 为默认值 1 时,统计任务将对用户任务的堆栈使用情况进行检查;为 0 时不做检查。第 44 行 OS_CFG_TASK_CHANGE_PRIO_EN 为默认值 1 时,支持 OSTaskChangePrio 函数,即可以在运行时动态改变任务的优先级;为 0 时不支持 OSTaskChangePrio 函数。第 45 行 OS_CFG_TASK_DEL_EN 为默认值 0 时,不支持任务删除函数 OSTaskDel;为 1 时支持该函数。第 46 行 OS_CFG_TASK_Q_EN 为默认值 1 时,支持任务消息队列的函数,即那些函数名以"OSTaskQ"开头的函数都可用;为 0 时这些函数不可用。第 47 行 OS_CFG_TASK_Q_PEND_ABORT_EN 为默认值 0 时,任务消息队列请求中止函数 OSTaskQPendAbort 不可用;为 1 时,该函数可用。第 48 行 OS_CFG_TASK_PROFILE_EN 为默认值 1 时,一些与任务消息队列或任务信号量的传递时间(时间邮票)等相关的变量集成在 OS_TCB 结构体变量中;为 0 时这些变量没有使用。第 49 行 OS_CFG_TASK_REG_TBL_SIZE 表示任务专用寄存器的个数,默认值为 1,访问这些寄存器的函数有 OSTaskRegSet 和 OSTaskRegGet 等,任务专用寄存器可供用户存取与该任务相关的数据,可根据需要设定其大小,对于 ARM 微处理器,由于其 RAM 空间较大,建议设置为 10 或稍大一点的数值。第 50 行 OS_CFG_TASK_SEM_PEND_ABORT_EN 为默认值 1 时,任务信号量请求中止函数 OSTaskSemPendAbort 可用;为 0 时该函数不可用。第 51 行 OS_CFG_TASK_SUSPEND_EN 为默认值 1 时,任务挂起函数 OSTaskSuspend 和任务恢复函数 OSTaskResume 可用,这两个函数常常配对使用;为 0 时,这两个函数不可用。

第 53、54 行为时间管理相关的宏常量。第 53 行 OS_CFG_TIME_DLY_HMSM_EN 为默认值 1 时,延时函数 OSTimeDlyHMSM 可用,该函数可用小时、分、秒和毫秒来设定延时值;为 0 时,该函数不可用。第 54 行 OS_CFG_TIME_DLY_RESUME_EN 为默认值 0 时,延时恢复函数 OSTimeDlyResume 不可用。所谓的"延时恢复"是指某个任务处于延时等待状态时,调用函数 OSTimeDlyResume 可使该任务从延时等待状态"恢复"出来,进入就绪状态(注意,如果该任务还有请求事件,则此函数无法恢复该任务);为 1 时,延时恢复函数 OSTimeDlyResume 可用。

第 56 行 OS_CFG_TLS_TBL_SIZE 是与任务局部存储管理相关的宏常量,该值为默认值 0 时,不支持任务局部存储管理;为 1 或大于 1 的值时,将支持任务局部存储管理,即在任务的存储空间中为保护某些不可重入函数(例如 C 语言的某些库函数)的全局变量(共享资源)而开辟一些寄存器,需要与互斥信号量配合使用。

第 58、59 行为系统软定时器管理相关的宏常量。第 58 行 OS_CFG_TMR_EN 为默认值 1 时支持系统软定时器;为 0 时不支持。第 59 行 OS_CFG_TMR_DEL_EN 为默认值 0 时,定时器删除函数 OSTmrDel 不可用;为 1 时,该函数可用。

第 61 行为 μC/Trace 跟踪调试器相关的宏常量,为 0 时,关闭 μC/Trace 跟踪调试功能,为 1 时打开 μC/Trace 跟踪调试功能。

需要说明的是,第 20 行 OS_CFG_FLAG_EN 为 0 时,后面的第 21～23 行的设置值将不起作用,因为关闭了事件标志组之后,与之相关的函数就无效了。同样道理,第 27 行的 OS_CFG_MUTEX_EN 为 0 时,第 28、29 行的设置值不起作用。第 31 行的 OS_CFG_Q_EN 为 0 时,第 32～34 行的设置值不起作用。第 36 行的 OS_CFG_SEM_EN 为 0 时,第 37～39 行的设置值不起作用。第 41 行的 OS_CFG_STAT_TASK_EN 为 0 时,第 42 行的设置值不起作用。第 58 行的 OS_CFG_TMR_EN 为 0 时,第 59 行的设置值不起作用。

配置文件 os_cfg_app. h 为一些常量的宏定义,其完整的程序代码如下所示,这里同样省掉了原程序文件中的注释。

程序段 9-2　文件 os_cfg_app. h

```
1    # ifndef OS_CFG_APP_H
2    # define OS_CFG_APP_H
3
4    # define   OS_CFG_MSG_POOL_SIZE              100u
5    # define   OS_CFG_ISR_STK_SIZE              100u
6    # define   OS_CFG_TASK_STK_LIMIT_PCT_EMPTY   10u
7
8    # define   OS_CFG_IDLE_TASK_STK_SIZE        64u
9
10   # define   OS_CFG_INT_Q_SIZE               10u
11   # define   OS_CFG_INT_Q_TASK_STK_SIZE      100u
12
13   # define   OS_CFG_STAT_TASK_PRIO           11u
14   # define   OS_CFG_STAT_TASK_RATE_HZ        10u
15   # define   OS_CFG_STAT_TASK_STK_SIZE       100u
16
17   # define   OS_CFG_TICK_RATE_HZ             100u
18   # define   OS_CFG_TICK_TASK_PRIO           10u
19   # define   OS_CFG_TICK_TASK_STK_SIZE       100u
20
21   # define   OS_CFG_TMR_TASK_PRIO            11u
22   # define   OS_CFG_TMR_TASK_RATE_HZ         10u
23   # define   OS_CFG_TMR_TASK_STK_SIZE        100u
24
25   # endif
```

上述代码中,第 4 行 OS_CFG_MSG_POOL_SIZE 为消息队列中容纳的最大消息数,默认值为 100;第 5 行 OS_CFG_ISR_STK_SIZE 为中断服务程序的堆栈大小(每个元素被声明为 CPU_STK 类型的变量,μC/OS-Ⅲ自定义变量类型在 9.5 节讨论),默认值为 100;第 6 行 OS_CFG_TASK_STK_LIMIT_PCT_EMPTY 设置堆栈空闲容量为总容量的超限百分比,默认值为 10,即当只有 10% 的堆栈空闲(或者已经使用了 90% 的堆栈)时,用户可以通过任务切换钩子函数进行堆栈溢出检查。

第 8 行 OS_CFG_IDLE_TASK_STK_SIZE 表示空闲任务的堆栈大小,默认值为 64,变量类型为 CPU_STK。

第 10、11 行为中断处理系统任务相关的常量。第 10 行的 OS_CFG_INT_Q_SIZE 表示中断处理任务队列的大小,默认值为 10。第 11 行 OS_CFG_INT_Q_TASK_STK_SIZE 表示中断处理系统任务堆栈的大小,默认值为 100,变量类型为 CPU_STK。

第 13~15 行为与统计任务(系统任务)相关的常量。第 13 行 OS_CFG_STAT_TASK_PRIO 设置统计任务的优先级,默认值为 11。第 14 行 OS_CFG_STAT_TASK_RATE_HZ 设置统计任务执行的频率,默认值为 10,即 10Hz。第 15 行 OS_CFG_STAT_TASK_STK_SIZE 设置统计任务的堆栈大小,默认值为 100,变量类型为 CPU_STK。

第 17~19 行为系统时钟节拍相关的常量。第 17 行 OS_CFG_TICK_RATE_HZ 设置系统时钟节拍的频率,默认值为 1000,即 1000Hz,对于 LPC845 微控制器,建议改为 100(即系统节拍为 100Hz)。第 18 行 OS_CFG_TICK_TASK_PRIO 设置系统时钟节拍任务的优先级(在 μC/OS-Ⅲ 中时钟节拍由时钟节拍任务产生),默认值为 10。第 19 行 OS_CFG_TICK_TASK_STK_SIZE 设置时钟节拍任务的堆栈大小,默认值为 100,变量类型为 CPU_STK。

第 21~23 行为定时器相关的配置常量。第 21 行 OS_CFG_TMR_TASK_PRIO 表示定时器任务的优先级,默认值为 11。第 22 行 OS_CFG_TMR_TASK_RATE_HZ 设置软定时器任务的定时频率,默认值为 10,即 10Hz,这个值不宜设置得过大。第 23 行 OS_CFG_TMR_TASK_STK_SIZE 设置定时器任务的堆栈大小,默认值为 100,变量类型为 CPU_STK。

对于 μC/OS-Ⅲ 系统的应用型用户,除了充分了解 μC/OS-Ⅲ 配置文件之外,还要详细了解 μC/OS-Ⅲ 系统的 20 个内核文件作用及其包含的 API 函数,这些内容在 9.4.2 节中介绍。

9.4.2 μC/OS-Ⅲ内核文件

μC/OS-Ⅲ共有 20 个内核文件(图 9-1),各个文件的作用及包括的常用 API 函数如表 9-2~表 9-11 所示,其中部分 API 函数的用法和其参数含义将在第 10~12 章中介绍。

表 9-2 μC/OS-Ⅲ各个内核文件的作用

文 件 名	作　　用
os.h	系统头文件
os_cfg_app.c	系统配置.c 文件,其内容不可更改
os_core.c	系统初始化、任度调度、多任务启动和系统任务管理等
os_dbg.c	调试常量声明
os_flag.c	事件标志组管理
os_int.c	中断释放消息的推延方法管理

续表

文 件 名	作 用
os_mem. c	内存分区管理
os_msg. c	消息队列数据结构管理
os_mutex. c	互斥信号量管理
os_pend_multi. c	多事件请求管理
os_prio. c	任务优先级列表管理
os_q. c	消息队列管理
os_sem. c	信号量管理
os_stat. c	统计任务管理
os_task. c	任务管理、任务信号量和任务消息队列管理
os_tick. c	系统时钟节拍管理
os_time. c	延时函数管理
os_tmr. c	定时器任务管理
os_type. c	系统自定义数据类型
os_var. c	定义了一个 os_var __ c 常量,无实质作用

表 9-3　文件 os_task. c 包含的常用 API 函数

序号	函 数 原 型	功 能
1	void 　 OSTaskCreate (OS_TCB 　 * p_tcb, 　　　　　　CPU_CHAR 　 * p_name, 　　　　　　OS_TASK_PTR 　 p_task, 　　　　　　　　void 　 * p_arg, 　　　　　　OS_PRIO 　 prio, 　　　　　　CPU_STK 　 * p_stk_base, 　　　　　　CPU_STK_SIZE 　 stk_limit, 　　　　　　CPU_STK_SIZE stk_size, 　　　　　　OS_MSG_QTY 　 q_size, 　　　　　　OS_TICK 　 time_quanta, 　　　　　　　void 　 * p_ext, 　　　　　　OS_OPT 　 opt, 　　　　　　OS_ERR 　 * p_err)	用于创建任务。可以在开始多任务前创建任务或在其他的任务中创建新的任务,任务中必须包含无限循环体或包括 OSTaskDel 函数终止自己。如果一个任务由于运行错误而返回了,则 μC/OS-Ⅲ 系统将调用 OSTaskDel 删除该任务
2	void 　 OSTaskSuspend (OS_TCB 　 * p_tcb, 　　　　　　OS_ERR 　 * p_err)	用于挂起正在执行的任务本身(p_tcb为 NULL),或挂起其他任务(指定其任务控制块地址)。当挂起正在执行的任务时,将发生任务调度,就绪的最高优先级任务得到执行。挂起任务支持嵌套功能,被挂起的任务必须使用 OSTaskResume 函数恢复(对于嵌套多次的挂起,必须恢复同样多次数)
3	void 　 OSTaskResume (OS_TCB 　 * p_tcb, 　　　　　　OS_ERR 　 * p_err)	用于恢复被其他任务挂起的任务

续表

序号	函 数 原 型	功 能
4	void OSTaskChangePrio (OS_TCB * p_tcb, OS_PRIO prio_new, OS_ERR * p_err)	用于系统运行时动态改变任务的优先级,其中优先级号 0 和 OS_CFG_PRIO_MAX-1 固定被中断处理系统任务和空闲任务占用,用户任务不能占用;不能在中断服务程序(ISR)中调用该函数改变任务优先级
5	void OSTaskDel (OS_TCB * p_tcb, OS_ERR * p_err)	用于删除任务。当使用参数(OS_TCB *)0 时,表示删除正在运行的任务本身。如果一个任务占有共享资源,删除该任务前应使该任务释放掉这些资源,否则可能导致死锁等不可预见的行为,因此,该函数慎用
6	void OSTaskStkChk (OS_TCB * p_tcb, CPU_STK_SIZE * p_free, CPU_STK_SIZE * p_used, OS_ERR * p_err)	用于统计任务剩余堆栈空间大小和已经使用空间大小,要求创建任务时必须使用参数 OS_OPT_TASK_STK_CHK 和 OS_OPT_TASK_STK_CLR
7	void OSTaskTimeQuantaSet (OS_TCB * p_tcb, OS_TICK time_quanta, OS_ERR * p_err)	用于设置同优先级多任务运行时占用的时间片大小
8	OS_REG OSTaskRegGet (OS_TCB * p_tcb, OS_REG_ID id, OS_ERR * p_err)	用于从任务专用寄存器中读取数据
9	void OSTaskRegSet (OS_TCB * p_tcb, OS_REG_ID id, OS_REG value, OS_ERR * p_err)	用于向任务专用寄存器中存储数据
10	OS_SEM_CTR OSTaskSemPend (OS_TICK timeout, OS_OPT opt, CPU_TS * p_ts, OS_ERR * p_err)	用于任务直接向 ISR 或其他任务请求信号量。当指定参数 OS_OPT_PEND_BLOCKING 且没有请求到信号量时,该任务将处于等待状态或等待指定的超时时间。被 OSTaskSuspend 挂起的任务仍然可以接收到任务信号量,但是该任务接收到信号量后会保持挂起状态,直到被 OSTaskResume 恢复

序号	函 数 原 型	功　　能
11	OS_SEM_CTR　OSTaskSemPost (OS_TCB　　* p_tcb, OS_OPT　　opt, OS_ERR　　* p_err)	用于 ISR 或任务直接向另一个任务释放信号量。一个任务向另一个任务释放任务信号量时,如果参数设置为 OS_OPT_POST_NONE,将触发调器,就绪的最高优先级任务取得执行权;如果参数为 OS_OPT_POST_NO_SCHED,在释放任务信号量的任务执行完前,不发生任务调度
12	OS_SEM_CTR　OSTaskSemSet (OS_TCB　　* p_tcb, OS_SEM_CTR　　cnt, OS_ERR　　* p_err)	用于设置任务信号量计数值,当指定 p_tcb 参数为(OS_TCB *)0(即 NULL 空指针)时,改变当前任务的任务信号量计数值
13	CPU_BOOLEAN　OSTaskSemPendAbort (OS_TCB * p_tcb, OS_OPT　opt, OS_ERR　　* p_err)	用于中止对任务信号量的请求,并使 p_tcb 对应的任务就绪,该参数不能取(OS_TCB *)0(即 NULL 空指针)
14	void　　* OSTaskQPend (OS_TICK　　timeout, OS_OPT　　opt, OS_MSG_SIZE　* p_msg_size, CPU_TS　　* p_ts, OS_ERR　　* p_err)	用于任务直接向 ISR 或其他任务请求消息。当参数 opt 设置为 OS_OPT_PEND_BLOCKING 且任务消息队列中无消息时,该任务被挂起等待,直到接收到一则消息或用户定义的超时时间到。一个被 OSTaskSuspend 挂起的任务可以接收任务消息,但是即使接收到消息后,也必须等到被 OSTaskResume 函数恢复后才能就绪
15	void　OSTaskQPost (OS_TCB　　　　* p_tcb, void　　* p_void, OS_MSG_SIZE　msg_size, OS_OPT　　opt, OS_ERR　　* p_err)	用于 ISR 或任务向另一个任务的任务消息队列中释放消息,根据 opt 的值,可以以先进先出(FIFO)或后进先出(LIFO)的方式释放消息。任务收到消息后将进入就绪状态,如果该任务是就绪的最高优先级任务,则发生任务调度使其得到执行权。如果 opt 指定了参数 OS_OPT_POST_NO_SCHED,则不发生调度,一般用于连续释放多个消息
16	OS_MSG_QTY　OSTaskQFlush (OS_TCB　　* p_tcb, OS_ERR　　* p_err)	用于清空任务消息队列中的所有消息

续表

序号	函 数 原 型	功 能
17	CPU_BOOLEAN OSTaskQPendAbort (OS_TCB * p_tcb, OS_OPT opt, OS_ERR * p_err)	中止任务对其任务消息队列的请求等待,使其就绪

表 9-4 文件 os_time. c 包含的常用 API 函数

序号	函 数 原 型	功 能
1	void OSTimeDly (OS_TICK dly, OS_OPT opt, OS_ERR * p_err)	用于任务延时一定整数值的系统时钟节拍数。延时值分为三种,即相对延时(从当前时刻算起)、固定延时或绝对延时(达到某时刻),对应的 opt 参数依次为 OS_OPT_TIME_DLY、OS_OPT_TIME_PERIODIC、OS_OPT_TIME_MATCH
2	void OSTimeDlyHMSM (CPU_INT16U hours, CPU_INT16U minutes, CPU_INT16U seconds, CPU_INT32U milli, OS_OPT opt, OS_ERR * p_err)	用于任务延时特定的小时、分、秒、毫秒。当 opt 为 OS_OPT_TIME_HMSM_STRICT 时,小时、分、秒、毫秒的延时范围依次为0~99、0~59、0~59、0~999
3	void OSTimeDlyResume (OS_TCB * p_tcb, OS_ERR * p_err)	用于取消一个调用 OSTimeDly 或 OSTimeDlyHMSM 被延时的任务的延时等待
4	OS_TICK OSTimeGet (OS_ERR * p_err)	用于获得系统时钟节拍的当前值
5	void OSTimeSet (OS_TICK ticks, OS_ERR * p_err)	用于设置系统时钟节拍计数器的值

表 9-5 文件 os_sem. c 包含的常用 API 函数

序号	函 数 原 型	功 能
1	void OSSemCreate (OS_SEM * p_sem, CPU_CHAR * p_name, OS_SEM_CTR cnt, OS_ERR * p_err)	用于创建信号量。信号量可用于任务间同步或任务同步 ISR 的事件,在不引起死锁的情况下,信号量也可用于保护共享资源
2	OS_SEM_CTR OSSemPend (OS_SEM * p_sem, OS_TICK timeout, OS_OPT opt, CPU_TS * p_ts, OS_ERR * p_err)	用于任务请求信号量,当信号量的计数值大于 0 时,则其值减 1,任务将得到信号量而就绪;如果信号量的计数值为 0,则任务进入等待状态。参数 timeout 设为 0 时,表示永远等待;设为大于 0 的整数时,表示等待超时的时钟节拍值

续表

序号	函　数　原　型	功　　　能
3	OS_SEM_CTR　OSSemPost (OS_SEM　　* p_sem, OS_OPT　　opt, OS_ERR　　* p_err)	用于释放信号量,信号量的计数值将加 1,将使等待该任务的最高优先级任务就绪,调度器将判断就绪的任务与释放信号量的任务的优先级的高低,决定哪个任务取得执行权。当 opt 为 OS_OPT_POST_NO_SCHED 时,释放信号量后不发生任务调度,用于多次释放信号量
4	OS_OBJ_QTY　OSSemDel (OS_SEM　　* p_sem, OS_OPT　　opt, OS_ERR　　* p_err)	用于删除一个信号量。在删除它之前应先删除所有请求它的任务,建议慎用
5	OS_OBJ_QTY　OSSemPendAbort (OS_SEM　　* p_sem, OS_OPT　　opt, OS_ERR　　* p_err)	中止任务对信号量的请求等待,使其就绪
6	void　OSSemSet (OS_SEM　　* p_sem, OS_SEM_CTR　　cnt, OS_ERR　　* p_err)	用于设置信号量的计数值

表 9-6　文件 os_mutex.c 包含的常用 API 函数

序号	函　数　原　型	功　　　能
1	void　OSMutexCreate (OS_MUTEX　　* p_mutex, CPU_CHAR　　* p_name, OS_ERR　　* p_err)	用于创建互斥信号量。互斥信号量用于保护共享资源
2	void　OSMutexPend (OS_MUTEX　　* p_mutex, OS_TICK　　timeout, OS_OPT　　opt, CPU_TS　　* p_ts, OS_ERR　　* p_err)	用于任务请求互斥信号量。当任务请求到互斥信号量后,它将使用共享资源,使用完共享资源后,再释放互斥信号量;如果任务没有请求到,则进入该互斥信号量的等待列表
3	void　OSMutexPost (OS_MUTEX　　* p_mutex, OS_OPT　　opt, OS_ERR　　* p_err)	用于释放互斥信号量
4	OS_OBJ_QTY　OSMutexPendAbort (OS_MUTEX　　* p_mutex, OS_OPT　　opt, OS_ERR　　* p_err)	用于中止任务对互斥信号量的请求,使其就绪
5	OS_OBJ_QTY　OSMutexDel (OS_MUTEX　　* p_mutex, OS_OPT　　opt, OS_ERR　　* p_err)	用于删除一个互斥信号量。删除互斥信号量前,应删除所有请求该互斥信号量的任务,建议慎用该函数

表 9-7　文件 os_flag.c 包含的常用 API 函数

序号	函 数 原 型	功 　 能
1	void　OSFlagCreate (OS_FLAG_GRP　　* p_grp, 　　　　　　　　CPU_CHAR　　　　* p_name, 　　　　　　　　OS_FLAGS　　　　flags, 　　　　　　　　OS_ERR　　　　　* p_err)	用于创建事件标志组
2	OS_FLAGS　OSFlagPend (OS_FLAG_GRP　　* p_grp, 　　　　　　　　OS_FLAGS　　　　flags, 　　　　　　　　OS_TICK　　　　　timeout, 　　　　　　　　OS_OPT　　　　　opt, 　　　　　　　　CPU_TS　　　　　* p_ts, 　　　　　　　　OS_ERR　　　　　* p_err)	用于任务请求事件标志组。请求条件可以是事件标志组中任意位被置位或清零的组合状态。参数 opt 为 OS_OPT_PEND_FLAG_CLR_ALL 时,检查事件标志组所有的位是否被清零;为 OS_OPT_PEND_FLAG_CLR_ANY 时,检查事件标志组的任意位被清零;为 OS_OPT_PEND_FLAG_SET_ALL 时,检查事件标志组的全部位被置 1;为 OS_OPT_PEND_FLAG_SET_ANY 时,检查事件标志组的任意位被置 1
3	OS_FLAGS　OSFlagPost (OS_FLAG_GRP　　* p_grp, 　　　　　　　　OS_FLAGS　　　　flags, 　　　　　　　　OS_OPT　　　　　opt, 　　　　　　　　OS_ERR　　　　　* p_err)	用于释放事件标志组。根据参数 flags(位屏蔽)和 opt 的值设置或清零相应的位
4	OS_OBJ_QTY　OSFlagPendAbort (OS_FLAG_GRP　* p_grp, 　　　　　　　　　OS_OPT　　　　opt, 　　　　　　　　　OS_ERR　　　　* p_err)	用于中止任务对事件标志组的请求,使其就绪
5	OS_OBJ_QTY　OSFlagDel (OS_FLAG_GRP　　* p_grp, 　　　　　　　　OS_OPT　　　　　opt, 　　　　　　　　OS_ERR　　　　　* p_err)	用于删除一个事件标志组。一般地,删除事件标志组前,应删除所有请求该事件标志组的任务,建议慎用该函数
6	OS_FLAGS　OSFlagPendGetFlagsRdy (OS_ERR　　* p_err)	用于取得引起当前任务就绪的任务标志组状态

表 9-8　文件 os_q.c 包含的常用 API 函数

序号	函 数 原 型	功 　 能
1	void　OSQCreate (OS_Q　　　　* p_q, 　　　　　　CPU_CHAR　　* p_name, 　　　　　　OS_MSG_QTY　max_qty, 　　　　　　OS_ERR　　　* p_err)	用于创建消息队列

续表

序号	函 数 原 型	功　　能
2	void　　* OSQPend (OS_Q　　　　* p_q, 　　　　OS_TICK　　　timeout, 　　　　OS_OPT　　　　opt, 　　　　OS_MSG_SIZE　* p_msg_size, 　　　　CPU_TS　　　* p_ts, 　　　　OS_ERR　　　* p_err)	用于任务向消息队列中请求消息。如果消息队列为空且参数 opt 为 OS_OPT_PEND_BLOCKING,则请求消息的任务进入该消息队列的等待列表;如果消息队列为空且参数 opt 为 OS_OPT_PEND_NON_BLOCKING,则请求消息的任务不进入等待状态。如果消息队列中有消息,则请求消息的任务就绪
3	void　　OSQPost (OS_Q　　　* p_q, 　　　　void　　　* p_void, 　　　　OS_MSG_SIZE　msg_size, 　　　　OS_OPT　　　opt, 　　　　OS_ERR　　* p_err)	用于 ISR 或任务向消息队列中释放消息。根据参数 opt 值,可以采用先进先出(FIFO)或后进先出(LIFO)的消息入队方式。当 opt 值包含 OS_OPT_POST_NO_SCHED 时,释放消息后不进行任务调度,可用于实现多次释放消息后再进行任务调度
4	OS_OBJ_QTY　　OSQDel (OS_Q　　　* p_q, 　　　　OS_OPT　　　opt, 　　　　OS_ERR　* p_err)	用于删除一个消息队列。一般地,删除一个消息队列前,应删除所有请求该消息队列的任务,建议慎用
5	OS_OBJ_QTY　　OSQPendAbort (OS_Q　　* p_q, 　　　　OS_OPT　　opt, 　　　　OS_ERR　　* p_err)	用于中止请求消息队列的任务,使其就绪
6	OS_MSG_QTY　　OSQFlush (OS_Q　　* p_q, 　　　　OS_ERR　* p_err)	用于清空消息队列中的全部消息

表 9-9　文件 os_pend_multi. c 包含的常用 API 函数

序号	函 数 原 型	功　　能
1	OS_OBJ_QTY OSPendMulti (OS_PEND_DATA * p_pend_data_tbl, 　　　　OS_OBJ_QTY　　tbl_size, 　　　　OS_TICK　　　timeout, 　　　　OS_OPT　　　opt, 　　　　OS_ERR　　* p_err)	用于任务请求多个事件(指多个信号量或消息队列),当某个事件可用时,该任务就进入就绪状态。如果所有被请求的多个事件均不可用,则该任务进入等待状态,直到某个事件可用、超时、请求中止或多事件被删除等情况发生后,才能进入就绪状态

表 9-10 文件 os_tmr.c 包含的常用 API 函数

序号	函 数 原 型	功 能
1	void OSTmrCreate (OS_TMR * p_tmr, CPU_CHAR * p_name, OS_TICK dly, OS_TICK period, OS_OPT opt, OS_TMR_CALLBACK_PTR p_callback, void * p_callback_arg, OS_ERR * p_err)	用于创建一个系统软定时器,该定时器可配置为周期运行(opt 为 OS_TMR_OPT_PERIODIC)或单拍运行(即只执行一次,opt 为 OS_TMR_OPT_ONE_SHOT)。当定时器减计数到 0 时,p_callback指定的回调函数将被调用
2	CPU_BOOLEAN OSTmrStart (OS_TMR * p_tmr, OS_ERR * p_err)	用于启动系统软定时器的减计数
3	CPU_BOOLEAN OSTmrStop (OS_TMR * p_tmr, OS_OPT opt, void * p_callback_arg, OS_ERR * p_err)	用于停止系统软定时器的减计数
4	CPU_BOOLEAN OSTmrDel (OS_TMR * p_tmr, OS_ERR * p_err)	用于删除系统软定时器。如果定时器正在运行,则首先被停止,然后被删除
5	OS_TICK OSTmrRemainGet (OS_TMR * p_tmr, OS_ERR * p_err)	用于获取软定时器距离计数到 0 的剩余计数值
6	OS_STATE OSTmrStateGet (OS_TMR * p_tmr, OS_ERR * p_err)	用于获取软定时器的状态。软定时器有四种状态:没有创建、停止、单拍模式完成、正在运行,返回值依次为 OS_TMR_STATE_UNUSED、OS_TMR_STATE _ STOPPED、OS _ TMR _ STATE _ COMPLETED、OS _ TMR _ STATE_RUNNING

表 9-11 文件 os_mem.c 包含的常用 API 函数

序号	函 数 原 型	功 能
1	void OSMemCreate (OS_MEM * p_mem, CPU_CHAR * p_name, void * p_addr, OS_MEM_QTY n_blks, OS_MEM_SIZE blk_size, OS_ERR * p_err)	用于创建内存分区。一个内存分区包括用户指定数量的固定大小的内存块。任务可以从内存分区中获取内存块,使用完后把内存块归还到内存分区中
2	void * OSMemGet (OS_MEM * p_mem, OS_ERR * p_err)	用于从内存分区中获取内存块,假定用户知道内存块的大小
3	void OSMemPut (OS_MEM * p_mem, void * p_blk, OS_ERR * p_err)	用于将内存块归还到它所属的内存分区中

　　表 9-3～表 9-11 中加粗且斜体的序号对应的函数是需要牢记的常用 API 函数。信号量、互斥信号量、消息队列、事件标志组、内存分区、定时器等称为 μC/OS-Ⅲ 的组件,这些组

件常用的功能为创建、请求和释放等。对于定时器而言，"请求"相当于开启定时器，"释放"相当于停止定时器；对于内存分区管理，"请求"相当于获取内存块，"释放"相当于放回内存块；其他情况下，"请求"用 Pend 后缀表示，"释放"用 Post 后缀表示。

9.5　μC/OS-Ⅲ 自定义数据类型

μC/OS-Ⅲ中出现了大量的自定义数据类型，目的在于方便 μC/OS-Ⅲ 内核的移植。但是，初学者对这些自定义数据类型可能会不太习惯，甚至这些自定义类型成了学习 μC/OS-Ⅲ 的障碍。本节针对 32 位 Cortext-M0＋系列 ARM 核心列出这些自定义数据类型对应的 C 语言基础类型，从而使读者深入了解所有这些自定义数据类型的字长和属性。

文件 os_type.h 定义了 μC/OS-Ⅲ 的自定义数据类型，其内容如下所示：

程序段 9-3　文件 os_type.h

```
1    # ifndef     OS_TYPE_H
2    # define     OS_TYPE_H
3
4    # ifdef      VSC_INCLUDE_H_FILE_NAMES
5    const    CPU_CHAR   * os_type__h = " $ Id: $ ";
6    # endif
7
8    typedef   CPU_INT16U       OS_CPU_USAGE;
9
10   typedef   CPU_INT32U       OS_CTR;
11
12   typedef   CPU_INT32U       OS_CTX_SW_CTR;
13
14   typedef   CPU_INT32U       OS_CYCLES;
15
16   typedef   CPU_INT32U       OS_FLAGS;
17
18   typedef   CPU_INT32U       OS_IDLE_CTR;
19
20   typedef   CPU_INT16U       OS_MEM_QTY;
21   typedef   CPU_INT16U       OS_MEM_SIZE;
22
23   typedef   CPU_INT16U       OS_MSG_QTY;
24   typedef   CPU_INT16U       OS_MSG_SIZE;
25
26   typedef   CPU_INT08U       OS_NESTING_CTR;
27
28   typedef   CPU_INT16U       OS_OBJ_QTY;
29   typedef   CPU_INT32U       OS_OBJ_TYPE;
30
31   typedef   CPU_INT16U       OS_OPT;
32
33   typedef   CPU_INT08U       OS_PRIO;
34   typedef   CPU_INT32U       OS_MON_RES;
```

```
35    typedef    CPU_INT16U        OS_QTY;
36
37    typedef    CPU_INT32U        OS_RATE_HZ;
38
39    typedef    CPU_INT32U        OS_REG;
40    typedef    CPU_INT08U        OS_REG_ID;
41
42    typedef    CPU_INT32U        OS_SEM_CTR;
43
44    typedef    CPU_INT08U        OS_STATE;
45
46    typedef    CPU_INT08U        OS_STATUS;
47
48    typedef    CPU_INT32U        OS_TICK;
49
50    # endif
```

上述代码中,第 4 行如果定义了常量 VSC_INCLUDE_H_FILE_NAMES,则第 5 行定义常量指针 os_type __ h 指向"＄Id：＄",无实质性含义。

第 8~48 行为自定义变量类型。其中,CPU_表示这些变量类型定义在 cpu.h 文件中,cpu.h 属于 μC/CPU 文件(图 9-1)。在 cpu.h 文件中,这些变量类型的定义如下所示:

程序段 9-4 文件 cpu.h 的部分代码

```
1    typedef  unsigned  char       CPU_INT08U;
2    typedef  unsigned  short      CPU_INT16U;
3    typedef  unsigned  int        CPU_INT32U;
```

上述代码说明,CPU_INT08U 为无符号 8 位整型,占 8 位(1 字节); CPU_INT16U 为无符号 16 位短整型,占 16 位(2 字节); CPU_INT32U 为无符号 32 位长整型,占 32 位(4 字节)。这样,程序段 9-3 中各个自定义类型的字长和属性就与标准 C 语言类型直接关联了。

在程序段 9-3 中,第 8 行 OS_CPU_USAGE 用于定义 CPU 使用效率相关变量的自定义变量类型;第 10 行 OS_CTR 用于定义计数器相关变量的变量类型;第 12 行 OS_CTX_SW_CTR 用于定义任务切换数相关变量的变量类型;第 14 行 OS_CYCLES 用于定义 CPU 时钟周期相关变量的变量类型;第 16 行 OS_FLAGS 用于定义事件标志组相关变量的变量类型;第 18 行用于定义空闲任务运行次数相关变量的变量类型;第 20、21 行的 OS_MEM_QTY 和 OS_MEM_SIZE 分别用于定义内存块数量和内存块大小(单位为字节)相关变量的变量类型;第 23、24 行 OS_MSG_QTY 和 OS_MSG_SIZE 分别用于定义消息池中消息个数和消息大小(单位为字节)相关变量的变量类型;第 26 行 OS_NESTING_CTR 用于定义中断或任务调度嵌套个数变量相关的变量类型;第 28、29 行 OS_OBJ_QTY 和 OS_OBJ_TYPE 分别用于定义内核对象个数和对象类型相关变量的变量类型,其中,对象是指系统组件或事件;第 31 行 OS_OPT 用于定义函数参数选项相关变量的变量类型;第 32 行 OS_MON_RES 用于定义系统观测结果标志相关变量的变量类型;第 33 行 OS_PRIO 用于定义任务优先级相关变量的变量类型;第 35 行 OS_QTY 用于定义消息数量相关变量的变量类型,出现在声明中断消息缓冲区的消息个数变量;第 37 行 OS_RATE_HZ 用于定义统计时间相关变量的变量类型,单位为 Hz;第 39、40 行 OS_REG 和 OS_REG_ID 分别用于定义任务寄存器和寄存器索引号相关变量的变量类型;第 42 行 OS_SEM_CTR 用于定义信号量计数值相关变量的变量类型;第 44、46 行 OS_STATE 和 OS_STATUS 均用于定义任务状态相关变量的变量类型,后者主要用于定义请求状态;第 48、49 行 OS_TICK 用于定义系统时钟节拍相关变量的变量类型。

结合程序段 9-3 和程序段 9-4 可知,在程序段 9-3 中,第 10、12、14、16、18、29、37、39、42、48 行为无符号 32 位整型;第 8、20、21、23、24、28、31、35、49、51 行为 16 位长的无符号短整型;第 26、33、40、44、46 为 8 位长的无符号字符型。

9.6　μC/OS-Ⅲ移植

在工程 MyPrj13 的基础上,新建工程 MyPrj20,保存在目录 D:\MYLPC845IEW\PRJ20 下,此时的工程 MyPrj20 与工程 MyPrj13 完全相同。在这个基础上,工程 MyPrj20 需进行如下的设计工作:

(1) 在目录 D:\MYLPC845IEW\PRJ20 中新建子目录 ucos,并在子目录 ucos 下新建 3 个子目录,依次为 kernel、lib 和 port,分别用于保存 μC/OS-Ⅲ系统的内核文件、字符串操作等的库函数文件和移植文件,这些文件均由 Micrium 公司提供。目录 D:\MYLPC845IEW\PRJ20\ucos\kernel 中的 μC/OS-Ⅲ系统文件如图 9-3 所示。

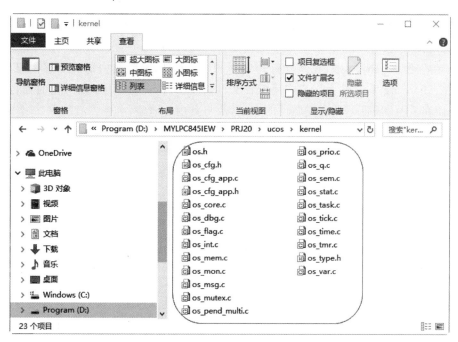

图 9-3　μC/OS-Ⅲ内核文件

目录 D:\MYLPC845IEW\PRJ20\ucos\lib 下有 10 个 Micrium 公司提供的库文件,即 lib_ascii. h、lib_ascii. c、lib_cfg. h、lib_def. h、lib_math. c、lib_math. h、lib_mem. c、lib_mem. h、lib_str. c 和 lib_str. h,可从 www. micrium. com 上下载。

目录 D:\MYLPC845IEW\PRJ20\ucos\port 中的 μC/OS-Ⅲ移植文件(去除它们的只读属性)如表 9-12 所示。

表 9-12　μC/OS-Ⅲ移植文件

序号	文 件 名	作 用
1	os_cpu.h、os_cpu_a.asm、os_cpu_c.c、os_app_hooks.c、os_app_hooks.h	μC/OS-Ⅲ系统相关的移植文件,其中,os_app_hooks.c 和 os_app_hooks.h 文件为 μC/OS-Ⅲ的用户应用钩子函数文件及其头文件
2	cpu.h、cpu_a.asm、cpu_c.c、cpu_cache.h、cpu_cfg.h、cpu_core.c、cpu_core.h、cpu_def.h	微控制器内核相关的移植文件
3	app_cfg.h、lib_cfg.h	应用配置文件和库配置文件

需要说明的是,图 9-3 和表 9-2 中的文件均由 Micrium 公司提供,可从 www.micrium.com 下载。

然后,如图 9-4 所示,新建分组 μC/OS-Ⅲ以及子分组 Kernel 和 Port,向 μC/OS-Ⅲ分组下的子分组 Kernel 和 Port 中添加文件,添加到子分组 Kernel 中的文件来自目录 D:\MYLPC845IEW\PRJ20\ucos\kernel;添加到子分组 Port 中的文件来自目录 D:\MYLPC845IEW\PRJ20\ucos\port。需要说明的是,图 9-4 为建立好的工程 MyPrj20 工作窗口。

在图 9-4 中,Kernel 分组下的文件属于 μC/OS-Ⅲ的系统内核文件;Port 分组下的文件为 μC/OS-Ⅲ的移植文件;Lib 分组下的文件为库文件。对比 μC/OS-Ⅱ而言,μC/OS-Ⅲ具有更多的内核文件。

(2) 在工程 MyPrj20 中,找到并打开 app_cfg.h 文件,清除其内部的全部代码,使其成为空文件。app_cfg.h 文件为用户应用配置文件,在 μC/OS-Ⅱ中用于定义定时器任务的优先级号,而在 μC/OS-Ⅲ中没有实质性的应用,故将其内容清空。

(3) 如图 9-4 所示,修改文件 os_cpu_c.c,在第 54、55 行添加对 os.h 和 mybsp.h 的包括,即

```
# include  "os.h"
# include "mybsp.h"
```

在 OSInitHook 函数中(第 99 行)添加调用 LPC845 学习板初始化函数 MyBSPInit,即

```
MyBSPInit();
```

函数 OSInitHook 是 μC/OS-Ⅲ系统初始化函数 OSInit 头部的钩子函数,被 OSInit 调用,即 μC/OS-Ⅲ系统初始化时将先调用 MyBSPInit 函数初始化 LPC845 硬件平台。

至此,已经实现了 μC/OS-Ⅲ系统在 LPC845 学习板上的移植,后续的工作就是创建用户任务实现所需要的功能。本书使用的 μC/OS-Ⅲ系统的版本号为 V3.05.00。

(4) includes.h 文件的内容如程序段 9-5 所示。

程序段 9-5　文件 includes.h

```
1    //Filename: includes.h
2
```

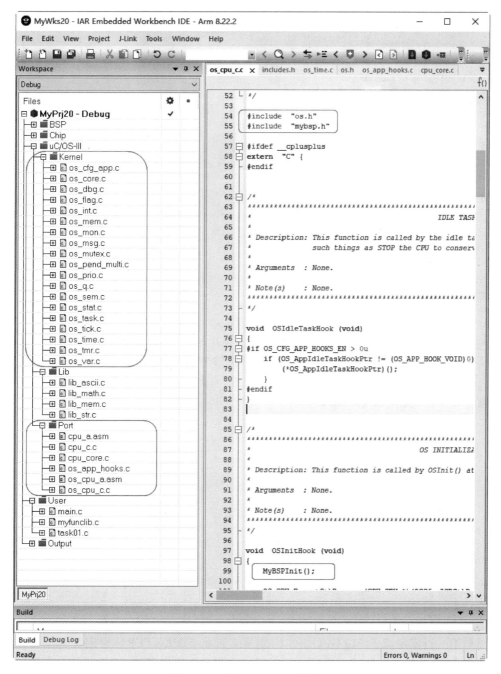

图 9-4 工程 MyPrj20 工作窗口

```
3      # include "string.h"
4      # include "LPC8xx.h"
5      # include "arm_math.h"
6      # include "stdio.h"
7
8      # include "mytype.h"
9      # include "mybsp.h"
```

```
10    # include "myled.h"
11    # include "mymrt.h"
12    # include "mybell.h"
13    # include "myextkey.h"
14    # include "my7289.h"
15    # include "my18b20.h"
16    # include "myuart.h"
17    # include "my6288.h"
18    # include "myadc.h"
19    # include "my24c128.h"
20    # include "my25q64.h"
21    # include "mytouch.h"
22    # include "mylcd.h"

23
24    # include "os.h"
25    # include "myfunclib.h"
26    # include "myglobal.h"
27    # include "task01.h"
```

第 24～27 行包括了头文件 os. h、myfunclib. h、myglobal. h 和 task01. h,其中,os. h 为
μC/OS-Ⅲ 系统头文件,其中声明了 μC/OS-Ⅲ 系统的全部函数和宏常量; myfunclib. h 如程
序段 9-11 所示,myglobal. h 如程序段 9-6 所示。

程序段 9-6　文件 myglobal. h

```
1    //Filename: myglobal.h
2
3    # ifndef _MYGLOBAL_H
4    # define _MYGLOBAL_H
5
6    # ifdef MYGLOBALS
7    # define MYEXTERN
8    # else
9    # define MYEXTERN extern
10   # endif
11
12   # endif
```

如果第 6 行宏定义了 MYGLOBALS,则第 7 行将 MYEXTERN 宏定义为空格,否则,
第 9 行将 MYEXTERN 宏定义为 extern。通过在变量声明前添加 MYEXTERN,可以在头
文件中定义变量,包括该头文件的所有. c 源文件中只能有一个源文件中出现以下宏定义
语句:

```
# define MYGLOBALS
```

这样,相当于该变量定义在该源文件中;而其他文件中不能出现该语句,相当于在其他文件
中,用 extern 关键字声明了该变量。

（5）task01.c 和 task01.h 文件的内容分别如程序段 9-7 和程序段 9-8 所示。

程序段 9-7 文件 task01.c

```
1   //Filename: task01.c
2
3   # define MYGLOBALS
4   # include "includes.h"
5
```

第 3 行宏定义 MYGLOBALS，使得带有 MYEXTERN 关键字定义的全局变量成为 task01.c 中的变量；而其他文件中，由于没有宏定义 MYGLOBALS，MYEXTERN 关键字 相当于 extern，即带有 MYEXTERN 关键字定义的全局变量成为可外部引用变量的声明。

```
6   void  Task01(void * data)
7   {
8     OS_ERR err;
9     MyDispOSVersion(10,10);
```

第 9 行在 LCD 屏(10,10)坐标处显示 μC/OS-Ⅲ 的版本号。

```
10
11    OS_CPU_SysTickInit(30000000u/OS_CFG_TICK_RATE_HZ);  //100Hz
12
13    OSStatTaskCPUUsageInit(&err);
14
15    UserEventsCreate();
16    UserTasksCreate();
17
```

第 11 行启动 SysTick 系统定时器，该定时器用作时钟节拍，这里时钟节拍频率为 100Hz，其中的宏常量 OS_CFG_TICK_RATE_HZ 为 100，宏定义在文件 os_cfg_app.h 中。 第 13 行调用系统函数 OSStatTaskCPUUsageInit 获得 0.1s 内只有空闲任务运行时的变量 OSStatTaskCtrMax 的值，用于计算 CPU 利用率。第 15 行调用函数 UserEventsCreate 创 建事件；第 16 行调用函数 UserTasksCreate 创建除第一个用户任务之外的其他用户 任务。

```
18    while(1)
19    {
20        OSTimeDlyHMSM(0,0,1,0,OS_OPT_TIME_HMSM_STRICT,&err);
21        MyLEDOn(1);
22        OSTimeDlyHMSM(0,0,1,0,OS_OPT_TIME_HMSM_STRICT,&err);
23        MyLEDOff(1);
24    }
25  }
```

在无限循环体（第 18～24 行）内，循环执行：延时 1s（第 20 行），使 LED 灯 D9 点亮（第 21 行），再延时 1s（第 22 行），使 LED 灯 D9 熄灭。其中，OSTimeDlyHMSM 为系统函数，具 有 6 个参数，依次为时、分、秒、毫秒的延时值以及延时选项和出错码，这里的 OS_OPT_ TIME_HMSM_STRICT 选项表示分、秒、毫秒的取值分别为 0～59、0～59 和 0～999。

```
26
27   void UserEventsCreate(void)
28   {
29   }
30
31   void UserTasksCreate(void)
32   {
33   }
```

第 27～29 行为创建事件的函数 UserEventsCreate,当前为空。第 31～33 行为创建其他用户任务的函数 UserTasksCreate,当前为空。

程序段 9-8   文件 task01. h

```
1    //Filename: task01. h
2
3    # ifndef   _TASK01_H
4    # define   _TASK01_H
5
6    # define   Task01StkSize    80
7    # define   Task01StkSizeLimit   10
8
9    # define   Task01Prio        1
10
11   void   Task01(void * );
12   void   UserEventsCreate(void);
13   void   UserTasksCreate(void);
14   # endif
15
16   MYEXTERN CPU_STK Task01Stk[Task01StkSize];
17   MYEXTERN OS_TCB Task01TCB;
```

文件 task01. h 中宏定义了第一个用户任务 Task01 的优先级号为 1(第 9 行)、堆栈大小为 80 字(第 6 行,由于堆栈以字为单位,这里的 80 字相当于 320 字节)、堆栈预警大小为 10(第 7 行,即堆栈空闲空间小于 10 时发出警告),这些宏常量被用于 main. c 文件中(参考程序段 9-9)。第 11～13 行声明了文件 task01. c 中定义的函数,依次为任务函数 Task01、创建事件函数 UserEventsCreate 和创建其他任务函数 UserTasksCreate。第 16 行定义了任务 Task01 的堆栈 Task01Stk,堆栈类型为 CPU_STK(本质上是 32 位无符号整型);第 17 行定义任务 Task01 的任务控制块 Task01TCB,任务控制块为创建任务服务,其中包括了任务的全部信息。

(6) main. c 文件的内容如程序段 9-9 所示。

程序段 9-9   文件 main. c

```
1    //Filename: main. c
2
3    # include "includes. h"
4
5    int main(void)
6    {
```

```
7       OS_ERR err;
8       OSInit(&err);
9       OSTaskCreate((OS_TCB *)&Task01TCB,
10                   (CPU_CHAR *)"Task 01",
11                   (OS_TASK_PTR)Task01,
12                   (void *)0,
13                   (OS_PRIO)Task01Prio,
14                   (CPU_STK *)Task01Stk,
15                   (CPU_STK_SIZE)Task01StkSizeLimit,
16                   (CPU_STK_SIZE)Task01StkSize,
17                   (OS_MSG_QTY)0u,
18                   (OS_TICK)0u,
19                   (void *)0,
20                 (OS_OPT)(OS_OPT_TASK_STK_CHK | OS_OPT_TASK_STK_CLR),
21                   (OS_ERR *)&err);
22      OSStart(&err);
23  }
```

在文件 main. c 中，第 7 行定义 OS_ERR 类型的出错码变量 err，其中 OS_ERR 是
μC/OS-Ⅲ系统自定义的枚举类型，成员依次为系统运行时的各种出错信息码，0 表示正常。

第 8～22 行称为 μC/OS-Ⅲ系统的"启动三部曲"：第 8 行调用系统函数 OSInit 初始化
μC/OS-Ⅲ系统；第 9～21 行为一条语句，调用系统函数 OSTaskCreate 创建第一个用户任
务，μC/OS-Ⅲ系统要求至少要创建一个用户任务；第 22 行调用系统函数 OSStart 启动多任
务，之后，μC/OS-Ⅲ系统调度器将按优先级调度策略管理用户任务的执行。

这一步的工作在于创建第一个用户任务 Task01，此时系统中共有 5 个任务，即空闲任
务、统计任务、定时器任务、时钟节拍任务 4 个系统任务和用户任务 Task01，然后，启动多任
务，μC/OS-Ⅲ系统调度器将始终使处于就绪状态的最高优先级的任务获得 CPU 使用权而
去执行。事实上，μC/OS-Ⅲ系统具有 5 个系统任务，除了上述的 4 个系统任务外，还有一个
系统任务称为中断服务手柄任务，该系统任务受 os_cfg. h 文件中宏常量 OS_CFG_ISR_
POST_DEFERRED_EN 的控制，这里设置该宏常量为 0，即关闭了中断服务手柄任务。
μC/OS-Ⅲ系统支持无限多个任务，并且不同任务的优先级号可以相同。但是优先级号 0 和
OS_CFG_PRIO_MAX-1 分别用作中断服务手柄任务和空闲任务的优先级号，这两个优先
级号不能被占用，因此，用户任务的优先级号为 1～ OS_CFG_PRIO_MAX-2。

需要注意的是，文件 main. c 在第二篇的全部工程中都是相同的。创建用户任务的函数
OSTaskCreate 将在第 10 章介绍。

（7）文件 myfunclib. c 和 myfunclib. h 的内容分别如程序段 9-10 和程序段 9-11 所示。

程序段 9-10　文件 myfunclib. c

```
1   //Filename: myfunclib. c
2
3   # include "includes. h"
4
5   void MyInt2StringEx( Int32U v, Int08U * str)
6   {
7     Int32U i;
8     Int08U j, h, d = 0;
```

```
9      Int08U * str1, * str2;
10     str1 = str;
11     str2 = str;
12     while(v > 0)
13     {
14         i = v % 10;
15         * str1++ = i + '0';
16         d++;
17         v = v/10;
18     }
19     * str1 = '\0';
20     for(j = 0;j < d/2;j++)
21     {
22         h = * (str2 + j);
23         * (str2 + j) = * (str2 + d - 1 - j);
24         * (str2 + d - 1 - j) = h;
25     }
26  }
```

第 5～26 行为将整数转换为字符串的函数 MyInt2StringEx。对于输入的 32 位整数 v，如果 v > 0(第 12 行为真)，则将其个位数字转换为字符保存在 str1 指向的地址中(第 14、15 行)，然后，v 除以 10 的值赋给 v(第 17 行)，循环执行第 12～18 行直到 v＝0。其中，变量 d 记录转换后的字符串的长度。由于上述操作中，将整数的个位放在字符串的首位置，十位放在字符串的第 2 个位置，以此类推，整数的最高位放在字符串的最后位置，因此，第 20～25 行将字符串中的字符进行了对称置换，使得整数的最高位位于字符串的首位置，而次高位位于字符串的第 2 个位置，以此类推，整数的个位位于字符串的最后位置。

```
27
28  Int16U MyLengthOfString( Int08U * str)
29  {
30      Int16U i = 0;
31      while( * str++ != '\0')
32      {
33          i++;
34      }
35      return i;
36  }
```

第 28～36 行为获取字符串长度的函数 MyLengthOfString。字符串的末尾为字符"\0"，该函数从字符串首字符开始计数到遇到字符"\0"为止，即字符串中包含的字符个数。

```
37
38  void MyDispOSVersion( Int16U x, Int16U y)
39  {
40      Int08U len, ch[20];                          //2 ^ 32 at most 10 - digit
41      Int16U v;
42      OS_ERR err;
43      MySetPenColor(0x00, 0x00, 0xFF);
44      MySetBKColor(0xFF, 0xFF, 0xFF);
45      v = OSVersion(&err);
```

```
46        MyInt2StringEx(v,ch);
47        MyPrintString(x,y,(Int08U *)"uC/OS - III Version:",20);
48        MyPrintString(x + 18 * 8,y,ch,1);
49        MyPrintChar(x + 19 * 8,y,'.');
50        MyPrintString(x + 20 * 8,y,&ch[1],20);
51        len = MyLengthOfString(ch);
52        MyPrintChar(x + 20 * 8 + (len - 1) * 8,y,'.');
53     }
```

第 38～53 行为显示使用的 μC/OS-Ⅲ 系统的版本号的函数 MyDispOSVersion。该函数 LCD 屏的(x,y)坐标处显示"uC/OS-III Version：3.0500."，第 42 行定义出错码 err；第 45 行调用系统函数 OSVersion 取得系统版本号(为 30500)，除以 10000 后的值为真实的版本号。

```
54
55     void   MyStringCopy (Int08U * dst,Int08U * src,Int08U n)
56     {
57        Int08U i = 0;
58        Int08U * s1, * s2;
59        s1 = src;
60        s2 = dst;
61        while((i < n) && (( * s1)!= '\0'))
62        {
63           i++;
64           * s2++ = * s1++;
65        }
66        * s2 = '\0';
67     }
```

第 55～67 行为字符串复制函数 MyStringCopy，将字符串 src 复制到目标字符串 dst 中，最多复制 n 个字符。

程序段 9-11　文件 myfunclib.h

```
1    //Filename: myfunclib.h
2
3    # ifndef  _MYFUNCLIB_H
4    # define  _MYFUNCLIB_H
5
6    # include "mytype.h"
7
8    void MyInt2StringEx(Int32U v,Int08U * str);
9    Int16U MyLengthOfString(Int08U * str);
10   void   MyDispOSVersion(Int16U x,Int16U y);
11   void   MyStringCopy(Int08U * dst,Int08U * src,Int08U n);
12
13   # endif
```

文件 myfunclib.h 中声明了文件 myfunclib.c 中定义的函数，第 8～11 行依次为整数转换为字符串函数、求字符串长度函数、在 LCD 屏上显示 μC/OS-Ⅲ 系统版本号函数和字符串复制函数。

　　工程 MyPrj20 是一个完整的工程,在 LPC845 学习板上运行时,LED 灯 D9 每隔 1s 闪烁 1 次(LED 灯 D10 也每隔 1s 闪烁 1 次,由多速率定时器驱动),在 LCD 屏的上部显示一行信息"uC/OS-Ⅲ Version:3.0500.",如图 9-5 所示。通过后续章节和第 10 章的学习,工程 MyPrj20 中的各种疑问将会逐步解开。

图 9-5　工程 MyPrj20 的 LCD 屏显示结果

本章小结

　　本章介绍了 μC/OS-Ⅲ 的由来、特点、应用领域、系统组成、自定义数据类型及其在 LPC845 微控制器上的移植,其中,重点内容为 μC/OS-Ⅲ 系统组成和 55 个 API 函数的原型。本章给出的工程 MyPrj20 是一个完整的工程框架,包含了 μC/OS-Ⅲ 的 4 个系统任务和 1 个用户任务,第 10 章将基于项目 Prj20 设计基于 μC/OS-Ⅲ 的多任务工程。建议读者结合本章内容,借助 Source Insight 软件浏览一下 μC/OS-Ⅲ 的全部源代码,阅读 9.4.2 节给出的 API 函数内容,总体上了解 μC/OS-Ⅲ 的文件结构与优良代码风格,为后续学习奠定良好的基础。

第10章

μC/OS-Ⅲ任务管理

基于 μC/OS-Ⅲ 系统进行应用程序设计的一般步骤可归纳为：① 初始化硬件平台；② 调用 OSInit 函数初始化 μC/OS-Ⅲ 系统；③ 创建第一个用户任务；④ 调用 OSStart 开启多任务；⑤ 在第一个用户任务中(无限循环体外)开启时钟节拍、创建事件和其他用户任务；⑥ 为每个用户任务编写函数体。其中，调用 OSInit 函数除了初始化 μC/OS-Ⅲ 的系统变量外，还创建了 5 个系统任务，即空闲任务、统计任务、定时器任务、时钟节拍任务和中断手柄任务，默认情况下，中断手柄任务为休眠状态。本章将介绍多用户任务工程创建方法及其执行原理，并将阐述统计任务和系统定时器的用法。在 μC/OS-Ⅱ 中，用户任务具有 3 个要素，即任务体(用户任务函数体)、优先级号、任务堆栈；而在 μC/OS-Ⅲ 中，用户任务具有 4 个要素，即任务控制块、优先级号、任务堆栈和任务体(用户任务函数体)。本章将围绕用户任务的 4 个要素介绍 μC/OS-Ⅲ 用户任务。

10.1 用户任务

将要实现的功能划分为基本的功能模块集合，使得每个功能模块具有周期性重复执行或按某个(或某些)条件重复执行的特性，这样的功能模块用任务实现。程序中只需执行一次的功能，可以放在任务无限循环体外实现，例如系统初始化功能。

创建用户任务的函数为 OSTaskCreate，具有 13 个参数，其函数声明如程序段 10-1 所示。

程序段 10-1　　OSTaskCreate 函数声明

```
1    void    OSTaskCreate(OS_TCB          * p_tcb,
2                         CPU_CHAR        * p_name,
3                         OS_TASK_PTR     p_task,
4                         void            * p_arg,
5                         OS_PRIO         prio,
6                         CPU_STK         * p_stk_base,
7                         CPU_STK_SIZE    stk_limit,
8                         CPU_STK_SIZE    stk_size,
9                         OS_MSG_QTY      q_size,
10                        OS_TICK         time_quanta,
11                        void            * p_ext,
12                        OS_OPT          opt,
13                        OS_ERR          * p_err);
```

其中,第1个参数为指向任务控制块的指针;第2个参数为表示任务名称的字符串;第3个参数为任务函数指针;第4个参数为传递给任务函数的参数;第5个参数为任务优先级号;第6个参数为任务堆栈基指针;第7个参数为任务堆栈预警长度;第8个参数为任务堆栈大小;第9个参数为任务消息队列中的消息个数;第10个参数为该任务的时间片大小(针对有多个同优先级任务的情况,单位为时钟节拍数);第11个参数用于扩展任务访问外部数据空间;第12个参数为创建任务选项;第13个参数返回出错码信息。上述13个参数用了11种数据类型,其中10种为自定义数据类型,μC/OS-III中使用了大量的自定义变量类型,这对于初学者读程序而言并不方便,但随着学习的推进和对μC/OS-III的熟悉,这种自定义变量类型方式对于程序的结构性和变量类型识别有很大帮助。

例如,调用OSTaskCreate函数创建Task01任务的代码如下所示。

程序段 10-2　创建用户任务 Task01 的语句

```
1    OSTaskCreate((OS_TCB *)&Task01TCB,
2                 (CPU_CHAR *)"User Task 01",
3                 (OS_TASK_PTR)Task01,
4                 (void *)0,
5                 (OS_PRIO) Task01Prio,
6                 (CPU_STK *)Task01Stk,
7                 (CPU_STK_SIZE) Task01StkSizeLimit,
8                 (CPU_STK_SIZE) Task01StkSize,
9                 (OS_MSG_QTY)0u,
10                (OS_TICK)0u,
11                (void *)0,
12           (OS_OPT)(OS_OPT_TASK_STK_CHK | OS_OPT_TASK_STK_CLR),
13                (OS_ERR *)&err);
```

在程序段10-2中,第1个实参为任务控制块变量,定义为"OS_TCB Task01TCB;";第2个实参为任务名称,即字符串"User Task 01";第3个实参为任务函数名Task01(本篇中用任务函数名代表任务);第4个实参为(void *)0,表示任务函数没有参数;第5个参数Task01Prio表示任务的优先级号,在task01.h文件中被宏定义为1u;第6个实参为数组名Task01Stk,或写为"(CPU_STK *)&Task01Stk[0]",表示任务堆栈的数组的第一个元素地址;第7个实参Task01StkSizeLimit表示任务堆栈预警长度,即当堆栈空闲的空间小于该值时将报警,在Cortex-M0+中堆栈从高地址向低地址增长,因此,该预警长度点设为靠近数组的首地址,在task01.h文件中被宏定义为10u;第8个实参Task01StkSize为堆栈长度;第9个实参为0,表示不使用任务消息队列;第10个实参为0,表示对工程中相同优先级的任务的时间片分配策略按系统默认分配;第11个实参为(void *)0,表示该任务不扩展访问外部数据;第12个实参(OS_OPT_TASK_STK_CHK | OS_OPT_TASK_STK_CLR),表示该任务创建时作堆栈检查并将堆栈空间清零;第13个参数err将返回OSTaskCreate函数的调用情况,如果创建任务成功,返回OS_ERR_NONE(即0u)。

10.1.1　任务堆栈与优先级

在程序段10-1中,创建任务的OSTaskCreate函数的第6~8个参数与任务堆栈有关。对于μC/OS-II而言,需要指定任务堆栈的栈顶地址;而在μC/OS-III中,只需要给出表示任务堆栈的数组的首地址,即第 6 个参数,对于学过 μC/OS-Ⅱ 的学生,必须注意这一点不同。第 8 个参数为表示任务堆栈的数组长度,这个长度值需要根据工程的需要设定,一般地,借助统计任务查看任务堆栈的使用情况,应保证有 30%～50% 的堆栈空间空闲(即不被占用)。第 7 个参数 stk_limit 是设置任务堆栈的使用超限报警值,例如,堆栈从高地址向低地址增长,表示堆栈的数组 Task01Stk 长度为 100,设置超限报警值为 10,当堆栈使用了 Task01Stk [99] ～ Task01Stk [10]之后,再使用 Task01Stk [9]时,则预示着堆栈空间可能不够用,此时 μC/OS-Ⅲ 将产生警告信息。

μC/OS-Ⅲ 中,每个任务都必须有独立的堆栈,各个任务的堆栈大小可以不相同,常用一维数组表示任务堆栈。创建任务时必须为任务指定堆栈,任务创建成功后,这个堆栈空间将被任务始终占据。一般地,任务的生命周期与工程的生命周期相同,所以,为每个任务分配的堆栈空间将始终占据 RAM 空间,因此,基于 μC/OS-Ⅲ 的工程需要具有一定的 RAM 空间。

μC/OS-Ⅲ 中,任务的优先级号为自然数,即 0 ～ OS_CFG_PRIO_MAX-1,这里,OS_CFG_PRIO_MAX 为 os_cfg.h 中的宏定义常量(默认值为 32),其中,优先级号 0 预留给中断服务手柄系统任务,而 OS_CFG_PRIO_MAX-1 固定分配给空闲系统任务,因此,用户任务可用的优先级号为 1 ～ OS_CFG_PRIO_MAX-2。由于 μC/OS-Ⅲ 支持无限多个任务,并且支持无限多个任务具有相同的优先级号,所以,最大优先级号常量 OS_CFG_PRIO_MAX 的值不限制任务的个数。用户可根据每个任务的重要性分配其优先级号,优先级号值越小,其优先级别越高,即优先级号 0 对应的任务优先级最高,优先级号 OS_CFG_PRIO_MAX-1 对应的任务优先级最低。统计任务、定时器任务和时钟节拍任务等 3 个系统任务的优先级号默认值分别为 11、11 和 10。

10.1.2 任务控制块

任务控制块记录了任务的各种信息。在 μC/OS-Ⅱ 中,任务控制块是由系统定义和分配的,用户无法干预;而在 μC/OS-Ⅲ 中,需要用户定义任务控制块变量供任务创建函数 OSTaskCreate 使用,其唯一的好处在于用户可以自由访问任务控制块结构体的所有成员,但似乎破坏了用户任务的"封装"特性。定义任务控制块的自定义变量类型为 OS_TCB,其定义为"typedef struct os_tcb OS_TCB;",结构体 os_tcb 定义如下:

程序段 10-3 结构体 os_tcb

```
1   struct os_tcb {
2       CPU_STK              * StkPtr;
3
4       void                 * ExtPtr;
5   #if (OS_CFG_DBG_EN == DEF_ENABLED)
6       CPU_CHAR             * NamePtr;
7   #endif
8
9   #if ((OS_CFG_DBG_EN == DEF_ENABLED) || (OS_CFG_STAT_TASK_STK_CHK_EN == DEF_ENABLED))
10      CPU_STK              * StkLimitPtr;
11  #endif
12
```

```
13      OS_TCB                  * NextPtr;
14      OS_TCB                  * PrevPtr;
15
16   # if (OS_CFG_TASK_TICK_EN == DEF_ENABLED)
17      OS_TCB                  * TickNextPtr;
18      OS_TCB                  * TickPrevPtr;
19      OS_TICK_LIST            * TickListPtr;
20   # endif
21
22   # if ((OS_CFG_DBG_EN == DEF_ENABLED) || (OS_CFG_STAT_TASK_STK_CHK_EN == DEF_ENABLED) |
      | (OS_CFG_TASK_STK_REDZONE_EN == DEF_ENABLED))
23      CPU_STK                 * StkBasePtr;
24   # endif
25
26   # if defined(OS_CFG_TLS_TBL_SIZE) && (OS_CFG_TLS_TBL_SIZE > 0u)
27      OS_TLS                  TLS_Tbl[OS_CFG_TLS_TBL_SIZE];
28   # endif
29
30   # if (OS_CFG_DBG_EN == DEF_ENABLED)
31      OS_TASK_PTR             TaskEntryAddr;
32      void                    * TaskEntryArg;
33   # endif
34
35      OS_PEND_DATA            * PendDataTblPtr;
36      OS_STATE                PendOn;
37      OS_STATUS               PendStatus;
38
39      OS_STATE                TaskState;
40      OS_PRIO                 Prio;
41   # if (OS_CFG_MUTEX_EN == DEF_ENABLED)
42      OS_PRIO                 BasePrio;
43      OS_MUTEX                * MutexGrpHeadPtr;
44   # endif
45
46   # if ((OS_CFG_DBG_EN == DEF_ENABLED) || (OS_CFG_STAT_TASK_STK_CHK_EN == DEF_ENABLED) |
      | (OS_CFG_TASK_STK_REDZONE_EN == DEF_ENABLED))
47      CPU_STK_SIZE            StkSize;
48   # endif
49      OS_OPT                  Opt;
50
51   # if (OS_CFG_PEND_MULTI_EN == DEF_ENABLED)
52      OS_OBJ_QTY              PendDataTblEntries;
53   # endif
54   # if (OS_CFG_TS_EN == DEF_ENABLED)
55      CPU_TS                  TS;
56   # endif
57   # if (defined(TRACE_CFG_EN) && (TRACE_CFG_EN == DEF_ENABLED))
58      CPU_INT08U              SemID;
59   # endif
60      OS_SEM_CTR              SemCtr;
61
```

```
62  # if (OS_CFG_TASK_TICK_EN == DEF_ENABLED)
63      OS_TICK             TickRemain;
64      OS_TICK             TickCtrPrev;
65  # endif
66
67  # if (OS_CFG_SCHED_ROUND_ROBIN_EN == DEF_ENABLED)
68      OS_TICK             TimeQuanta;
69      OS_TICK             TimeQuantaCtr;
70  # endif
71
72  # if (OS_MSG_EN == DEF_ENABLED)
73      void              * MsgPtr;
74      OS_MSG_SIZE         MsgSize;
75  # endif
76
77  # if (OS_CFG_TASK_Q_EN == DEF_ENABLED)
78      OS_MSG_Q            MsgQ;
79  # if (OS_CFG_TASK_PROFILE_EN == DEF_ENABLED)
80      CPU_TS              MsgQPendTime;
81      CPU_TS              MsgQPendTimeMax;
82  # endif
83  # endif
84
85  # if (OS_CFG_TASK_REG_TBL_SIZE > 0u)
86      OS_REG              RegTbl[OS_CFG_TASK_REG_TBL_SIZE];
87  # endif
88
89  # if (OS_CFG_FLAG_EN == DEF_ENABLED)
90      OS_FLAGS            FlagsPend;
91      OS_FLAGS            FlagsRdy;
92      OS_OPT              FlagsOpt;
93  # endif
94
95  # if (OS_CFG_TASK_SUSPEND_EN == DEF_ENABLED)
96      OS_NESTING_CTR      SuspendCtr;
97  # endif
98
99  # if (OS_CFG_TASK_PROFILE_EN == DEF_ENABLED)
100     OS_CPU_USAGE        CPUUsage;
101     OS_CPU_USAGE        CPUUsageMax;
102     OS_CTX_SW_CTR       CtxSwCtr;
103     CPU_TS              CyclesDelta;
104     CPU_TS              CyclesStart;
105     OS_CYCLES           CyclesTotal;
106     OS_CYCLES           CyclesTotalPrev;
107
108     CPU_TS              SemPendTime;
109     CPU_TS              SemPendTimeMax;
110 # endif
111
112 # if (OS_CFG_STAT_TASK_STK_CHK_EN == DEF_ENABLED)
```

```
113        CPU_STK_SIZE              StkUsed;
114        CPU_STK_SIZE              StkFree;
115 # endif
116
117 # ifdef CPU_CFG_INT_DIS_MEAS_EN
118        CPU_TS                    IntDisTimeMax;
119 # endif
120 # if (OS_CFG_SCHED_LOCK_TIME_MEAS_EN == DEF_ENABLED)
121        CPU_TS                    SchedLockTimeMax;
122 # endif
123
124 # if (OS_CFG_DBG_EN == DEF_ENABLED)
125        OS_TCB                    * DbgPrevPtr;
126        OS_TCB                    * DbgNextPtr;
127        CPU_CHAR                  * DbgNamePtr;
128 # endif
129 # if (defined(TRACE_CFG_EN) && (TRACE_CFG_EN == DEF_ENABLED))
130        CPU_INT08U                TaskID;
131 # endif
132 };
```

第 2 行 StkPtr 为指向任务堆栈栈顶的指针；第 4 行 ExtPtr 用于指向任务控制块扩展的数据区；第 6 行 NamePtr 为指向表示任务名称的字符串；第 10 行 StkLimitPtr 为指向任务堆栈预警点处的指针，当堆栈使用到该点后，将预示着堆栈可能会溢出（通过比较 StrPtr 和 StkLimitPtr 的值判断堆栈是否可能会溢出）；第 13、14 行 NextPtr 和 PrevPtr 为连接多个任务控制块使其成为双向链表的前向和后向指针。

当任务处于延时等待状态时，任务控制块将进入系统节拍任务的双向链表中，此时，第 17、18 行的 TickNextPtr 和 TickPrevPtr 为插入系统节拍任务的双向链表中的前向和后向指针，第 19 行的 TickListPtr 指向插入的时钟节拍链表。

第 23 行 StkBasePtr 指向表示任务堆栈的数组首地址，即堆栈的基地址。如果任务使用了局部存储变量，则第 27 行定义 TLS_Tbl 数组变量。

第 31、32 行的 TaskEntryAddr 和 TaskEntryArg 用于传递任务函数名（即任务函数入口地址）和任务函数参数。第 35 行 PendDataTblPtr 指向任务请求列表，任务可以请求多个信号量、事件标志组和消息队列，组成任务请求列表；第 36 行 PendOn 表示任务请求的事件类型；第 37 行 PendStatus 表示请求事件的请求状态；第 39 行 TaskState 表示任务工作状态；第 40 行 Prio 表示任务优先级号；第 42、43 行的 BasePrio 和 MutexGrpHeadPtr 表示当使用互斥信号量时，任务原来的优先级号和互斥信号量请求列表指针。

第 47 行 StkSize 指任务堆栈大小；第 49 行 Opt 为创建任务选项；第 52 行 PendDataTblEntries 表示多事件请求时的事件个数；第 55 行 TS 记录切换到该任务执行时的时间邮票值；第 58 行 SemID 为跟踪调试号；第 60 行 SemCtr 为任务信号量的计数值。

第 63 行 TickRemain 记录任务就绪（或等待超时）还需要等待的时钟节拍值；第 64 行 TickCtrPrev 记录周期延时模式的任务的上一次等待匹配值。当多个任务具有相同的优先级时，第 68 行 TimeQuanta 记录该任务占用 CPU 时间片的大小；第 69 行 TimeQuantaCtr 记录当前任务还将占用 CPU 时间片的大小，切换到该任务执行时的初始值为

TimeQuanta。

　　第 73 行 MsgPtr 指向任务接收的消息；第 74 行 MsgSize 为接收到的消息长度。这两个参数当 OS_MSG_EN 为 1(μC/OS-Ⅲ消息队列使用)时才有效。

　　第 78 行 MsgQ 为任务消息队列,用于接收来自 ISR(中断服务程序)或其他任务直接发送给该任务的消息；第 80 行 MsgQPendTime 记录该任务请求到任务消息等待的时钟节拍数；第 81 行 MsgQPendTimeMax 记录该任务请求到任务消息等待的最大时钟节拍数。MsgQ 成员当任务消息队列启用(OS_CFG_TASK_Q_EN 为 1)时有效,其他两个成员要求任务消息队列启用且任务性能测试可用(OS_CFG_TASK_PROFILE_EN 为 1)时有效。

　　当 OS_CFG_TASK_REG_TBL_SIZE 为大于 0 的整数时,第 86 行定义任务专用寄存器数组 RegTbl。

　　当 μC/OS-Ⅲ开启事件标志组功能(OS_CFG_FLAG_EN 为 1)时,第 90～92 行的变量 FlagsPend、FlagsRdy 和 FlagsOpt 有效,FlagsPend 包含任务请求的事件标志组；FlagsRdy 包含使任务就绪的事件标志组；FlagsOpt 为请求事件标志组的方式,可取为 OS_OPT_PEND_FLAG_CLR_ALL、OS_OPT_PEND_FLAG_CLR_ANY、OS_OPT_PEND_FLAG_SET_ALL 或 OS_OPT_PEND_FLAG_SET_ANY 之一,依次表示事件标志组中指定的位全部为 0、任一位为 0、全部为 1 或任一位为 1。

　　当 μC/OS-Ⅲ开启任务挂起和恢复功能(OS_CFG_TASK_SUSPEND_EN 为 1)时,第 96 行 SuspendCtr 记录挂起的嵌套数。

　　当 μC/OS-Ⅲ开启性能测试功能(OS_CFG_TASK_PROFILE_EN 为 1)时,第 100～109 行的成员有效,其中,第 100 行 CPUUsage 表示该任务的 CPU 使用率；第 101 行 CPUUsageMax 表示该任务的 CPU 最大使用率；第 102 行 CtxSwCtr 表示该任务切换到执行状态的切换次数。第 103 行 CyclesDelta 记录该任务本次运行(从切换到运行状态至切换到等待状态)的时钟节拍值；第 104 行 CyclesStart 记录任务发生切换时的时钟节拍值；第 105 行 CyclesTotal 记录该任务处于运行状态的总的时钟节拍值；第 106 行 CyclesTotalPrev 记录截至上一次运行状态时的总的时钟节拍值；第 108 行 SemPendTime 记录该任务请求任务信号量的等待时钟节拍数；第 109 行 SemPendTimeMax 记录该任务请求任务信号量的最大等待时钟节拍数。

　　如果堆栈检查使能(OS_CFG_STAT_TASK_STK_CHK_EN 为 1),则第 113 行 StkUsed 记录任务堆栈使用的大小(单位为 CPU_STK)；第 114 行 StkFree 记录任务堆栈空闲的大小(单位为 CPU_STK)。

　　如果宏定义了中断关闭时间测试使能常量(即 CPU_CFG_INT_DIS_MEAS_EN),则第 118 行 IntDisTimeMax 记录该任务执行过程中中断被关闭的最大时钟节拍数。如果启用了任务调度锁定时间测试功能(OS_CFG_SCHED_LOCK_TIME_MEAS_EN 为 1),则第 121 行 SchedLockTimeMax 记录任务执行过程中调度器被锁定的最大时钟节拍数。

　　当调试代码或变量启用(OS_CFG_DBG_EN 为 1)时,第 125、126 行的 DbgPrevPtr 和 DbgNextPtr 为指向调试对象的双向链表指针；第 127 行 DbgNamePtr 为调试对象的名称,调试对象为信号量、互斥信号量、事件标志组或消息队列等。

　　第 130 行 TaskID 为任务编号,无实质意义。

在下文的项目 Prj21 中的用户任务 Task07 中,将使用任务控制块的成员 NamePtr、StkUsed、StkFree 和 CtxSwCtr 等,见程序段 10-17,即通过任务控制块了解任务的名称、已用堆栈大小、空闲堆栈大小和任务执行次数等信息。

10.1.3 任务工作状态

在 μC/OS-Ⅲ 中,任务具有就绪、运行、等待、中断和休眠 5 种工作状态,任一时刻,一个任务只能处于这 5 种状态之一,如图 10-1 所示。

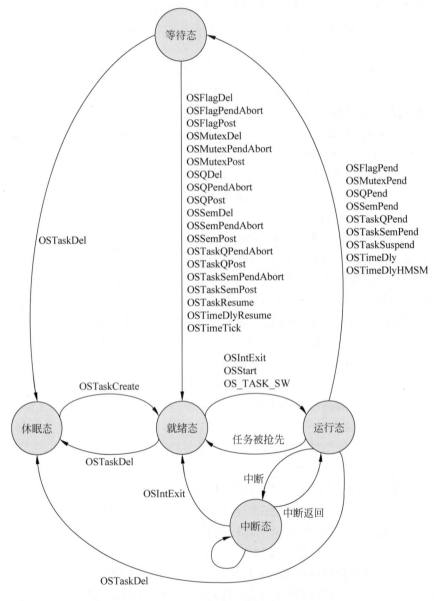

图 10-1 任务工作状态

由图 10-1 可知,任务创建后(调用 OSTaskCreate 函数)立即进入就绪态;调用 OSTaskDel 函数将任务删除后,任务将进入休眠态,进入休眠态的任务必须再次调用

OSTaskCreate 函数创建后才能进入就绪态。就绪态、运行态和等待态是 μC/OS-Ⅲ中任务的正常工作状态,正在运行的任务被中断信号(中断服务程序)中断后进入中断态,中断态支持中断嵌套运行,当中断返回(调用 OSIntExit)时,将根据被中断的任务和就绪态的所有任务的优先级决定哪一个任务取得 CPU 使用权,如果被中断的任务的优先级最高,则被中断的任务将从中断态返回到运行态;如果被中断的任务的优先级比就绪态的最高优先级任务的优先级低,则被中断的任务进入就绪态,而就绪态的最高优先级任务取得 CPU 使用权。μC/OS-Ⅲ是可抢先型实时内核,当一个新的任务就绪后,将判断该任务是否比正在运行的任务的优先级高,如果其优先级高于正在运行的任务,则抢占当前运行的任务的 CPU 使用权而进入运行态。当一个运行态的任务由于请求一个事件的发生、任务被挂起或延时等待等原因,将使其进入等待态;如果该任务请求的事件发生了(或称被释放了)、该任务放弃请求事件、任务被恢复或延时超时了,则该任务进入就绪态。

空闲任务是 μC/OS-Ⅲ的系统任务,该任务始终处于就绪态,当没有任何用户任务就绪时,空闲任务进入执行态;当新的用户任务就绪时,空闲任务让出 CPU 使用权,进入就绪态。

用户任务在正常调度工作时,有 7 种不同的等待状态,加上任务的就绪态和删除态,则任务控制块中记录了 9 种任务的工作状态,在 os.h 文件中定义如下:

程序段 10-4　用户任务正常调度工作状态的宏定义

```
1   # define   OS_TASK_STATE_RDY                     (OS_STATE)(   0u)
2   # define   OS_TASK_STATE_DLY                     (OS_STATE)(   1u)
3   # define   OS_TASK_STATE_PEND                    (OS_STATE)(   2u)
4   # define   OS_TASK_STATE_PEND_TIMEOUT           (OS_STATE)(   3u)
5   # define   OS_TASK_STATE_SUSPENDED              (OS_STATE)(   4u)
6   # define   OS_TASK_STATE_DLY_SUSPENDED         (OS_STATE)(   5u)
7   # define   OS_TASK_STATE_PEND_SUSPENDED        (OS_STATE)(   6u)
8   # define   OS_TASK_STATE_PEND_TIMEOUT_SUSPENDED (OS_STATE)(   7u)
9   # define   OS_TASK_STATE_DEL                    (OS_STATE)(255u)
```

第 1 行 OS_TASK_STATE_RDY 表示任务处于就绪态;第 2 行 OS_TASK_STATE_DLY 表示任务处于延时等待态;第 3 行 OS_TASK_STATE_PEND 表示任务处于请求事件状态;第 4 行 OS_TASK_STATE_PEND_TIMEOUT 表示任务处于请求事件与延时等待状态,即设定了等待超时时间的请求事件状态,如果在设定的等待时间内请求的事件没有发生,则该任务就绪;第 5 行 OS_TASK_STATE_SUSPENDED 表示任务处于挂起状态;第 6 行 OS_TASK_STATE_DLY_SUSPENDED 表示任务处于延时等待和挂起状态,这两个状态相互独立,如果延时没有超时而任务被恢复了,则任务继续延时,反之,如果任务延时超时而没有恢复,则继续挂起;第 7 行 OS_TASK_STATE_PEND_SUSPENDED 表示任务处于请求状态和挂起状态,这两个状态互相独立,如果请求的事件发生了而任务没有恢复,则任务继续挂起,反之,如果任务请求的事件没有发生而任务恢复了,则任务继续请求事件;第 8 行 OS_TASK_STATE_PEND_TIMEOUT_SUSPENDED 表示任务处于请求事件、延时等待和挂起状态,这 3 个状态是相互独立的,只有 3 个状态希望的条件都满足后,该任务才能就绪;第 9 行 OS_TASK_STATE_DEL 表示任务处于被删除状态。

10.1.4 用户任务创建过程

用户任务的创建步骤如下：

(1) 定义任务控制块、任务堆栈和任务优先级号，例如：

程序段 10-5 定义任务需要的数据结构

```
1    # define   Task01Prio                1u
2    # define   Task01StkSize             80
3    # define   Task01StkSizeLimit        (Task01StkSize /10u)
4    MYEXTERN OS_TCB Task01TCB;
5    MYEXTERN CPU_STK Task01Stk[Task01StkSize];
```

第 1 行宏定义任务优先级号为 1，用户任务的优先级号可设为 1～ OS_CFG_PRIO_
MAX-2 的任一整数，OS_CFG_PRIO_MAX 在 os_cfg.h 中默认宏定义值为 32，则用户优先
级号可为 1～30；第 2 行宏定义堆栈大小为 80；第 3 行定义堆栈预警值为 8；第 4 行定义用
户任务控制块变量 Task01TCB；第 5 行定义用户任务堆栈数组 Task01Stk [80]。

(2) 创建任务函数体(或称任务体)。

程序段 10-6 任务体示例

```
1    void Task01(void * p_arg)
2    {
3      OS_ERR    err;
4
5      OS_CPU_SysTickInit(30000000u/OS_CFG_TICK_RATE_HZ); //LPC845
6
7      while(1)
8      {
9        OSTimeDlyHMSM(0,0,1,0,OS_OPT_TIME_HMSM_STRICT,&err);
10       MyLEDOn(1);
11       OSTimeDlyHMSM(0,0,1,0,OS_OPT_TIME_HMSM_STRICT,&err);
12       MyLEDOff(1);
13     }
14   }
```

任务体与普通的 C 语言函数相比，具有 4 个特点：①返回值为 void，即无返回值；②只
有一个 void ∗ 参数，可以传递任意变量；③包含无限循环体，即任务永不返回；④无限循环
体中至少包含一个延时等待函数或请求事件函数。在程序段 10-6 中，Task01 任务作为第
一个用户任务，第 5 行调用 OS_CPU_SysTickInit 函数初始化时钟节拍；第 7～13 行为无限
循环体；第 9 行为等待函数，延时 1s；第 10 行调用自定义函数 MyLEDOn 使 LED 灯 D9 点
亮(针对 LPC845 学习)。

μC/OS-Ⅲ 系统函数 OSTimeDlyHMSM 具有 6 个参数，依次为时、分、秒、毫秒、延时选
项和出错码，延时选项为 OS_OPT_TIME_HMSM_STRICT 时表示时、分、秒、毫秒的取值
范围依次为 0～99、0～59、0～59 和 0～999，即"严格"的时间格式；延时选项为 OS_OPT_
TIME_HMSM_NON_STRICT 时表示时、分、秒、毫秒的取值范围依次为 0～999、0～9999、
0～65535 和 0～4294967295，即"不严格"的时间格式。函数 OSTimeDlyHMSM 调用成功

后,出错码返回 OS_ERR_NONE。

（3）创建任务并使其就绪。

在 μC/OS-Ⅱ 中有两个创建任务的函数,即 OSTaskCreate 和 OSTaskCreateExt;在 μC/OS-Ⅲ中仅有一个创建任务的函数,即 OSTaskCreate,它有 13 个参数,示例如程序段 9-9 所示。任务创建以后立即进入就绪态。

10.2　多任务工程实例

本节将创建一个具有 7 个用户任务的工程实例,其中,用户任务 Task02 每 2s 在 LCD 屏上显示温度值;Task03～Task06 依次每隔 1s、2s、4s 和 8s 执行一次,在 LCD 屏上输出计数值;Task07 每 5s 执行一次,统计各个任务的堆栈信息。

在工程 MyPrj20 的基础上,新建工程 MyPrj21,保存在目录 D:\MYLPC845IEW\ PRJ21 下,此时的工程 MyPrj21 与工程 MyPrj20 完全相同,然后,进行如下的设计工作:

（1）新建文件 task02.c 和 task02.h,保存在目录 D:\MYLPC845IEW\PRJ21\user 下, 其代码如程序段 10-7 和程序段 10-8 所示。

程序段 10-7　文件 task02.c

```
1    //Filename: task02.c
2
3    # include "includes.h"
4
5    void Task02(void * data)
6    {
7        Int16U t;
8        Int08U v[4];
9        char str[20];
10       OS_ERR err;
11
12       MyPrintHZWenDu(30,30);
13       while(1)
14       {
15           OSTimeDlyHMSM(0,0,2,0,OS_OPT_TIME_HMSM_STRICT,&err);
16
17           t = My18B20ReadT();
18
19           v[0] = (t>>8)/10;
20           v[1] = (t>>8) % 10;
21           v[2] = (t & 0x0FF) / 10;
22           v[3] = (t & 0x0FF) % 10;   //v[0]v[1].v[2]v[3]
23           if(v[0] == 0)
24               My7289Seg(0,0x0F,0);
25           else
26               My7289Seg(0,v[0],0);
27           My7289Seg(1,v[1],1);
28           My7289Seg(2,v[2],0);
29           My7289Seg(3,v[3],0);
```

```
30
31          if(v[0] == 0)
32          {
33              sprintf(str," %d. %d %d",v[1],v[2],v[3]);
34          }
35          else
36          {
37              sprintf(str," %d %d. %d %d",v[0],v[1],v[2],v[3]);
38          }
39          MyPrintString(30 + 48,30,(Int08U * )str,15);
40      }
41  }
```

在 task02.c 文件中,第 7 行定义变量 t,用于保存温度值,这类定义在任务函数中的局部变量也称为任务变量;第 8 行定义一维数组 v,具有 4 个元素,依次保存温度的十位、个位、十分位和百分位上的数字;第 9 行定义字符数组 str;第 10 行定义出错码 err;第 12 行在 LCD 屏的(30,30)处显示"温度: ℃"。

在无限循环体内部(第 13~40 行),循环执行以下操作:延时 2s(第 15 行)、读温度值(第 17 行)、在四合一七段数码管上输出温度值(第 19~29 行)、在 LCD 屏上输出温度值(第 31~39 行)。

程序段 10-8　文件 task02.h

```
1   //Filename: task02.h
2
3   # ifndef  _TASK02_H
4   # define  _TASK02_H
5
6   # define  Task02StkSize   80
7   # define  Task02StkSizeLimit  10
8   # define  Task02Prio      2
9
10  void  Task02(void * );
11
12  # endif
13
14  MYEXTERN CPU_STK Task02Stk[Task02StkSize];
15  MYEXTERN OS_TCB Task02TCB;
```

在 task02.h 文件中,宏定义了任务 Task02 的优先级号为 2(第 8 行)、任务堆栈大小为 80 字(第 6 行)和堆栈预警长度值为 10 字(第 7 行);第 10 行声明了任务函数 Task02;第 14 行定义了任务 Task02 的堆栈 Task02Stk;第 15 行定义了 Task02 的任务控制块 Task02TCB。

(2) 新建文件 task03.c 和 task03.h,保存在目录 D:\MYLPC845IEW\PRJ21\user 下,其代码如程序段 10-9 和程序段 10-10 所示。

程序段 10-9　文件 task03.c

```
1   //Filename: task03.c
2
```

```
3    # include "includes.h"
4
5    void Task03(void * data)
6    {
7      Int32U i = 0;
8      Int08U ch[20];
9      OS_ERR err;
10
11     MyPrintString(20,50,(Int08U * )"Task03 Counter:0",20);
12     while(1)
13     {
14         OSTimeDlyHMSM(0,0,1,0,OS_OPT_TIME_HMSM_STRICT,&err);
15         i++;
16         MyInt2StringEx(i,ch);
17         MyPrintString(20 + 15 * 8,50,ch,20);
18     }
19   }
```

文件 task03.c 中,第 11 行在 LCD 屏坐标(20,50)处输出"Task03 Counter:0",然后进入无限循环体(第 12~18 行),循环执行:延时 1s(第 14 行),变量 i 自增 1(第 15 行),将变量 i 转换为字符串 ch(第 16 行),在坐标(140,50)处输出字符串 ch。

程序段 10-10 文件 task03.h

```
1    //Filename: task03.h
2
3    # ifndef  _TASK03_H
4    # define  _TASK03_H
5
6    # define  Task03StkSize   80
7    # define  Task03StkSizeLimit  10
8    # define  Task03Prio      3
9
10   void  Task03(void * );
11
12   # endif
13
14   MYEXTERN CPU_STK Task03Stk[Task03StkSize];
15   MYEXTERN OS_TCB Task03TCB;
```

在 task03.h 文件中,宏定义了任务 Task03 的优先级号为 3(第 8 行)、任务堆栈大小为 80 字(第 6 行)和堆栈预警长度值为 10 字(第 7 行);第 10 行声明了任务函数 Task03;第 14 行定义了任务 Task03 的堆栈 Task03Stk;第 15 行定义了 Task03 的任务控制块 Task03TCB。

(3) 新建文件 task04.c 和 task04.h,保存在目录 D:\MYLPC845IEW\PRJ21\user 下,其代码如程序段 10-11 和程序段 10-12 所示。

程序段 10-11 文件 task04.c

```
1    //Filename: task04.c
2
```

```
3     # include "includes.h"
4
5     void Task04(void * data)
6     {
7         Int32U i = 0;
8         Int08U ch[20];
9         OS_ERR err;
10
11        MyPrintString(20,70,(Int08U * )"Task04 Counter:0",20);
12        while(1)
13        {
14            OSTimeDlyHMSM(0,0,2,0,OS_OPT_TIME_HMSM_STRICT,&err);
15            i++;
16            MyInt2StringEx(i,ch);
17            MyPrintString(20 + 15 * 8,70,ch,20);
18        }
19    }
```

文件 task04.c 中,第 11 行在 LCD 屏坐标(20,70)处输出"Task04 Counter:0",然后进入无限循环体(第 12~18 行),循环执行:延时 2s(第 14 行),变量 i 自增 1(第 15 行),将变量 i 转换为字符串 ch(第 16 行),在坐标(140,70)处输出字符串 ch。

程序段 10-12   文件 task04.h

```
1     //Filename: task04.h
2
3     # ifndef  _TASK04_H
4     # define  _TASK04_H
5
6     # define  Task04StkSize   80
7     # define  Task04StkSizeLimit    10
8     # define  Task04Prio      4
9
10    void   Task04(void * );
11
12    # endif
13
14    MYEXTERN CPU_STK Task04Stk[Task04StkSize];
15    MYEXTERN OS_TCB Task04TCB;
```

在 task04.h 文件中,宏定义了任务 Task04 的优先级号为 4(第 8 行)、任务堆栈大小为 80 字(第 6 行)和堆栈预警长度值为 10 字(第 7 行);第 10 行声明了任务函数 Task04;第 14 行定义了任务 Task04 的堆栈 Task04Stk;第 15 行定义了 Task04 的任务控制块 Task04TCB。

(4) 新建文件 task05.c 和 task05.h,保存在目录 D:\MYLPC845IEW\PRJ21\user 下,其代码如程序段 10-13 和程序段 10-14 所示。

程序段 10-13   文件 task05.c

```
1     //Filename: task05.c
2
```

```
3    # include "includes. h"
4
5    void Task05(void * data)
6    {
7        Int32U i = 0;
8        Int08U ch[20];
9        OS_ERR err;
10
11       MyPrintString(20,90,(Int08U * )"Task05 Counter:0",20);
12       while(1)
13       {
14           OSTimeDlyHMSM(0,0,4,0,OS_OPT_TIME_HMSM_STRICT,&err);
15           i++;
16           MyInt2StringEx(i,ch);
17           MyPrintString(20 + 15 * 8,90,ch,20);
18       }
19   }
```

文件 task05. c 中,第 11 行在 LCD 屏坐标(20,90)处输出"Task05 Counter:0",然后进入无限循环体(第 12~18 行),循环执行:延时 4s(第 14 行)、变量 i 自增 1(第 15 行)、将变量 i 转换为字符串 ch(第 16 行)、在坐标(140,90)处输出字符串 ch。

程序段 10-14 文件 task05. h

```
1    //Filename: task05. h
2
3    # ifndef _TASK05_H
4    # define _TASK05_H
5
6    # define Task05StkSize    80
7    # define Task05StkSizeLimit  10
8    # define Task05Prio        4
9
10   void Task05(void * );
11
12   # endif
13
14   MYEXTERN CPU_STK Task05Stk[Task05StkSize];
15   MYEXTERN OS_TCB Task05TCB;
```

在 task05. h 文件中,宏定义了任务 Task05 的优先级号为 4(第 8 行)、任务堆栈大小为 80 字(第 6 行)和堆栈预警长度值为 10 字(第 7 行);第 10 行声明了任务函数 Task05;第 14 行定义了任务 Task05 的堆栈 Task05Stk;第 15 行定义了 Task05 的任务控制块 Task05TCB。其中,第 8 行故意将 Task05 的任先级号定义为 4,与任务 Task04 的优先级号相同,这在 μC/OS-Ⅱ系统中是不允许的,但是,μC/OS-Ⅲ允许不同的任务具有相同的优先级号。

(5) 新建文件 task06. c 和 task06. h,保存在目录 D:\MYLPC845IEW\PRJ21\user 下,其代码如程序段 10-15 和程序段 10-16 所示。

程序段 10-15　文件 task06. c

```
1    //Filename: task06.c
2
3    # include "includes.h"
4
5    void Task06(void * data)
6    {
7        Int32U i = 0;
8        Int08U ch[20];
9        OS_ERR err;
10
11       MyPrintString(20,110,(Int08U * )"Task06 Counter:0",20);
12       while(1)
13       {
14           OSTimeDlyHMSM(0,0,8,0,OS_OPT_TIME_HMSM_STRICT,&err);
15           i++;
16           MyInt2StringEx(i,ch);
17           MyPrintString(20 + 15 * 8,110,ch,20);
18       }
19   }
```

文件 task06. c 中,第 11 行在 LCD 屏坐标(20,110)处输出"Task06 Counter:0",然后进入无限循环体(第 12~18 行),循环执行:延时 8s(第 14 行)、变量 i 自增 1(第 15 行)、将变量 i 转换为字符串 ch(第 16 行)、在坐标(120,110)处输出字符串 ch。

程序段 10-16　文件 task06. h

```
1    //Filename: task06.h
2
3    # ifndef  _TASK06_H
4    # define  _TASK06_H
5
6    # define  Task06StkSize   80
7    # define  Task06StkSizeLimit   10
8    # define  Task06Prio      4
9
10   void  Task06(void * );
11
12   # endif
13
14   MYEXTERN CPU_STK Task06Stk[Task06StkSize];
15   MYEXTERN OS_TCB Task06TCB;
```

在 task06. h 文件中,宏定义了任务 Task06 的优先级号为 4(第 8 行)、任务堆栈大小为 80 字(第 6 行)和堆栈预警长度值为 10(第 7 行);第 10 行声明了任务函数 Task06;第 14 行定义了任务 Task06 的堆栈 Task06Stk;第 15 行定义了 Task06 的任务控制块 Task06TCB。

结合程序段 10-12、程序段 10-14 和程序段 10-16,可知,用户任务 Task04~Task06 的优先级号相同,均为 4。

（6）新建文件 task07.c 和 task07.h，保存在目录 D:\MYLPC845IEW\PRJ21\user 下，其代码如程序段 10-17 和程序段 10-18 所示。

程序段 10-17 文件 task07.c

```
1    //Filename: task07.c
2
3    # include "includes.h"
4
5    void Task07(void * pdat)
6    {
7        Int08U str[20];
8        OS_ERR err;
9
10       while(1)
11       {
12           OSTaskCtxSwCtr = 0;
```

第 12 行的变量 OSTaskCtxSwCtr 为 μC/OS-Ⅲ 系统变量，用于记录任务的切换次数。

```
13
14           OSTimeDlyHMSM(0,0,5,0,OS_OPT_TIME_HMSM_STRICT,&err);
```

第 14 行表明任务 Task07 每 5s 执行一次。

```
15
16           MyDispStk(10,130,&Task01TCB);
```

第 16 行调用 MyDispStk 函数，在 LCD 屏坐标(10,130)处输出信息用户任务 Task01 的堆栈信息。

```
17           MyDispStk(10,146,&Task02TCB);
18           MyDispStk(10,162,&Task03TCB);
19           MyDispStk(10,178,&Task04TCB);
20           MyDispStk(10,194,&Task05TCB);
21           MyDispStk(10,210,&Task06TCB);
22           MyDispStk(10,226,&Task07TCB);
```

第 17～22 行依次在 LCD 屏上输出信息用户任务 Task02～Task07 的堆栈信息。

```
23
24           MyPrintString(10,290,(Int08U * )"Nos:",10);
25           MyInt2StringEx(OSTaskQty,str);
26           MyPrintString(10 + 4 * 8,290,(Int08U * )"  ",10);
27           MyPrintString(10 + 4 * 8,290,str,20);
```

第 24～27 行显示项目 Prj21 中的任务总个数，其中变量 OSTaskQty 为系统变量。

```
28
29           MyPrintString(10 + 8 * 8,290,(Int08U * )"Sw:",30);
30           MyInt2StringEx(OSTaskCtxSwCtr/5,str);
31           MyPrintString(10 + 11 * 8,290,(Int08U * )"   ",10);
32           MyPrintString(10 + 11 * 8,290,str,20);
```

第 29～32 行显示任务切换次数，其中 OSTaskCtxSwCtr 除以 5 是因为每 5s 统计一次，而显示的信息为每秒任务切换次数。

```
33
34          MyPrintString(10 + 16 * 8,290,(Int08U * )"CPU:",30);
35          if(OSStatTaskCPUUsage < 100)
36            MyInt2StringEx(OSStatTaskCPUUsage,str);
37          else
38          {
39              str[0] = '0';str[1] = '\0';
40          }
41          MyPrintString(10 + 20 * 8,290,(Int08U * )"    ",10);
42          MyPrintString(10 + 20 * 8,290,str,20);
43          MyPrintChar(10 + 22 * 8,290,'%');
44      }
45  }
```

第 34～43 行显示 CPU 使用率，其中变量 OSStatTaskCPUUsage 为系统变量。

根据上述代码可知，用户任务 Task07 每 5s 执行一次，将各个任务的堆栈信息、任务总个数、每秒任务切换次数和 CPU 利用率显示在 LCD 屏上。

程序段 10-18　文件 task07. h

```
1   //Filename: task07.h
2
3   # ifndef  _TASK07_H
4   # define  _TASK07_H
5
6   # define   Task07StkSize   80
7   # define   Task07StkSizeLimit   10
8   # define   Task07Prio      7
9
10  void  Task07(void * );
11
12  # endif
13
14  MYEXTERN CPU_STK Task07Stk[Task07StkSize];
15  MYEXTERN OS_TCB Task07TCB;
```

在 task07. h 文件中，宏定义了任务 Task07 的优先级号为 7（第 8 行）、任务堆栈大小为 80 字（第 6 行）和堆栈预警长度值为 10（第 7 行）。第 10 行声明了任务函数 Task07。第 14 行定义了任务 Task07 的堆栈 Task07Stk，第 15 行定义了 Task07 的任务控制块 Task07TCB。

（7）修改文件 task01.c，如程序段 10-19 所示。

程序段 10-19　文件 task01. c

```
1   //Filename: task01.c
2
3   # define MYGLOBALS
4   # include "includes.h"
```

```
5
6    void  Task01(void * data)
7    {
8      OS_ERR err;
9      MyDispOSVersion(10,10);
10
11     OS_CPU_SysTickInit(30000000u/OS_CFG_TICK_RATE_HZ);   //100Hz
```

对于 LPC845 而言,OS_CFG_TICK_RATE_HZ 在 os_cfg_app. h 中被宏定义为 100,表示系统节拍时钟为 100Hz。

```
12
13     OSStatTaskCPUUsageInit(&err);
14
15     UserEventsCreate();
16     UserTasksCreate();
17
18     while(1)
19     {
20         OSTimeDlyHMSM(0,0,1,0,OS_OPT_TIME_HMSM_STRICT,&err);
21         MyLEDOn(1);
22         OSTimeDlyHMSM(0,0,1,0,OS_OPT_TIME_HMSM_STRICT,&err);
23         MyLEDOff(1);
24     }
25   }
```

在 Task01 的无限循环体(第 18~24 行)内,循环执行: 延时 1s(第 20 行),点亮 LED 灯 D9(第 21 行),延时 1s(第 22 行),熄灭 LED 灯 D9(第 23 行)。

```
26
27   void UserEventsCreate(void)
28   {
29   }
30
31   void UserTasksCreate(void)
32   {
33     OS_ERR err;
34     OSTaskCreate((OS_TCB * )&Task02TCB,
35                  (CPU_CHAR * )"Task 02",
36                  (OS_TASK_PTR)Task02,
37                  (void * )0,
38                  (OS_PRIO)Task02Prio,
39                  (CPU_STK * )Task02Stk,
40                  (CPU_STK_SIZE)Task02StkSizeLimit,
41                  (CPU_STK_SIZE)Task02StkSize,
42                  (OS_MSG_QTY)0u,
43                  (OS_TICK)0u,
44                  (void * )0,
45               (OS_OPT)(OS_OPT_TASK_STK_CHK | OS_OPT_TASK_STK_CLR),
46                  (OS_ERR * )&err);
```

第 34~46 行为一条语句,调用系统函数 OSTaskCreate 创建用户任务 Task02,13 个参数的含义依次为:用户任务控制块为 Task02TCB、用户任务名称为 Task 02、用户任务函数名为 Task02、任务函数参数为空、任务优先级号为 Task02Prio、任务堆栈基地址指向Task02Stk、堆栈预警长度为 Task02StkSizeLimit、堆栈大小为 Task02StkSize、任务消息数量为 0、任务所占时间片长度使用默认分配方式、任务扩展空间的指针为空、任务创建时进行堆栈检查且堆栈元素全部清零、任务出错码保存在 err 中。后续用户任务 Task03~Task07 的创建方法与上述 Task02 的创建方法相类似。

```
47    OSTaskCreate((OS_TCB * )&Task03TCB,
48              (CPU_CHAR * )"Task 03",
49              (OS_TASK_PTR)Task03,
50              (void * )0,
51              (OS_PRIO)Task03Prio,
52              (CPU_STK * )Task03Stk,
53              (CPU_STK_SIZE)Task03StkSizeLimit,
54              (CPU_STK_SIZE)Task03StkSize,
55              (OS_MSG_QTY)0u,
56              (OS_TICK)0u,
57              (void * )0,
58              (OS_OPT)(OS_OPT_TASK_STK_CHK | OS_OPT_TASK_STK_CLR),
59              (OS_ERR * )&err);
60    OSTaskCreate((OS_TCB * )&Task04TCB,
61              (CPU_CHAR * )"Task 04",
62              (OS_TASK_PTR)Task04,
63              (void * )0,
64              (OS_PRIO)Task04Prio,
65              (CPU_STK * )Task04Stk,
66              (CPU_STK_SIZE)Task04StkSizeLimit,
67              (CPU_STK_SIZE)Task04StkSize,
68              (OS_MSG_QTY)0u,
69              (OS_TICK)0u,
70              (void * )0,
71              (OS_OPT)(OS_OPT_TASK_STK_CHK | OS_OPT_TASK_STK_CLR),
72              (OS_ERR * )&err);
73    OSTaskCreate((OS_TCB * )&Task05TCB,
74              (CPU_CHAR * )"Task 05",
75              (OS_TASK_PTR)Task05,
76              (void * )0,
77              (OS_PRIO)Task05Prio,
78              (CPU_STK * )Task05Stk,
79              (CPU_STK_SIZE)Task05StkSizeLimit,
80              (CPU_STK_SIZE)Task05StkSize,
81              (OS_MSG_QTY)0u,
82              (OS_TICK)0u,
83              (void * )0,
84              (OS_OPT)(OS_OPT_TASK_STK_CHK | OS_OPT_TASK_STK_CLR),
85              (OS_ERR * )&err);
86    OSTaskCreate((OS_TCB * )&Task06TCB,
87              (CPU_CHAR * )"Task 06",
```

```
88                  (OS_TASK_PTR)Task06,
89                  (void *)0,
90                  (OS_PRIO)Task06Prio,
91                  (CPU_STK *)Task06Stk,
92                  (CPU_STK_SIZE)Task06StkSizeLimit,
93                  (CPU_STK_SIZE)Task06StkSize,
94                  (OS_MSG_QTY)0u,
95                  (OS_TICK)0u,
96                  (void *)0,
97                (OS_OPT)(OS_OPT_TASK_STK_CHK | OS_OPT_TASK_STK_CLR),
98                  (OS_ERR *)&err);
99    OSTaskCreate((OS_TCB *)&Task07TCB,
100                 (CPU_CHAR *)"Task 07",
101                 (OS_TASK_PTR)Task07,
102                 (void *)0,
103                 (OS_PRIO)Task07Prio,
104                 (CPU_STK *)Task07Stk,
105                 (CPU_STK_SIZE)Task07StkSizeLimit,
106                 (CPU_STK_SIZE)Task07StkSize,
107                 (OS_MSG_QTY)0u,
108                 (OS_TICK)0u,
109                 (void *)0,
110                 (OS_OPT)(OS_OPT_TASK_STK_CHK | OS_OPT_TASK_STK_CLR),
111                 (OS_ERR *)&err);
112 }
```

在第 31~112 行的函数 UserTasksCreate 中,依次创建了用户任务 Task02~Task07。
(8) 修改文件 includes.h,如程序段 10-20 所示。

程序段 10-20　文件 includes.h

```
1    //Filename: includes.h
2
3    # include "string.h"
4    # include "LPC8xx.h"
5    # include "arm_math.h"
6    # include "stdio.h"
7
8    # include "mytype.h"
9    # include "mybsp.h"
10   # include "myled.h"
11   # include "mymrt.h"
12   # include "mybell.h"
13   # include "myextkey.h"
14   # include "my7289.h"
15   # include "my18b20.h"
16   # include "myuart.h"
17   # include "my6288.h"
18   # include "myadc.h"
19   # include "my24c128.h"
20   # include "my25q64.h"
21   # include "mytouch.h"
```

```
22    # include "mylcd.h"
23
24    # include "os.h"
25    # include "myfunclib.h"
26    # include "myglobal.h"
27    # include "task01.h"
28    # include "task02.h"
29    # include "task03.h"
30    # include "task04.h"
31    # include "task05.h"
32    # include "task06.h"
33    # include "task07.h"
```

对比程序段 9-5,这里第 28～33 行添加了包括头文件 task02.h～task07.h。

(9) 在 myfunclib.c 文件的末尾添加以下函数 MyDispStk,如程序段 10-21 所示。

程序段 10-21　myfunclib.c 文件末尾添加的函数 MyDispStk

```
1     void MyDispStk(Int16U x,Int16U y,OS_TCB * tcb)
2     {
3       Int08U str[20];
4       MyPrintString(x,y,(Int08U * )tcb->NamePtr,40);
5       MyPrintString(x+10*8,y,(Int08U *)"Used:",40);
6       MyInt2StringEx(tcb->StkUsed,str);
7       MyPrintString(x+15*8,y,str,20);
8       MyPrintString(x+18*8,y,(Int08U *)"Free:",40);
9       MyInt2StringEx(tcb->StkFree,str);
10      MyPrintString(x+24*8,y,str,20);
11    }
```

上述函数 MyDispStk 用于在 LCD 屏(x,y)处显示任务控制块 tcb 对应的任务的名称和堆栈使用情况。然后,将函数 MyDispStk 的声明添加到文件 myfunclib.h 中,如程序段 10-22 所示。

程序段 10-22　文件 myfunclib.h

```
1     //Filename: myfunclib.h
2
3     # ifndef  _MYFUNCLIB_H
4     # define  _MYFUNCLIB_H
5
6     # include "mytype.h"
7
8     void   MyInt2StringEx(Int32U v,Int08U * str);
9     Int16U MyLengthOfString(Int08U * str);
10    void   MyDispOSVersion(Int16U x,Int16U y);
11    void   MyStringCopy(Int08U * dst,Int08U * src,Int08U n);
12    void   MyDispStk(Int16U x,Int16U y,OS_TCB * tcb);
13
14    # endif
```

第 12 行为新添加的函数 MyDispStk 的声明语句。

（10）将mylcd.c文件中的函数MyPrintImage注释掉，并将"♯include myzehimage.h"注释掉，这样，在myzehimage.h文件中的图像数据不会被包括在可执行目标文件中，从而节省LPC845微控制器的Flash存储器空间。在mylcd.h文件中，注释掉函数MyPrintImage的声明语句"void MyPrintImage(void);"。

（11）将文件task02.c～task07.c添加到工程管理器的User分组下，建设好的工程MyPrj21工作窗口如图10-2所示。

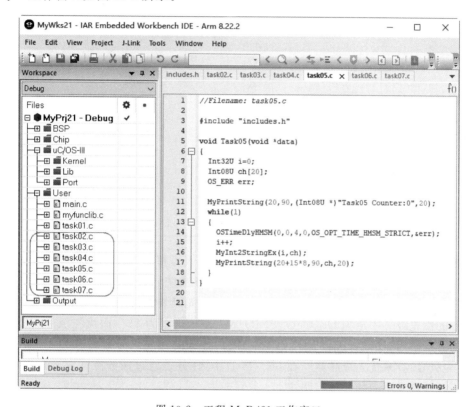

图10-2　工程MyPrj21工作窗口

在图10-2中，编译链接并运行工程MyPrj21，LCD屏显示结果如图10-3所示。

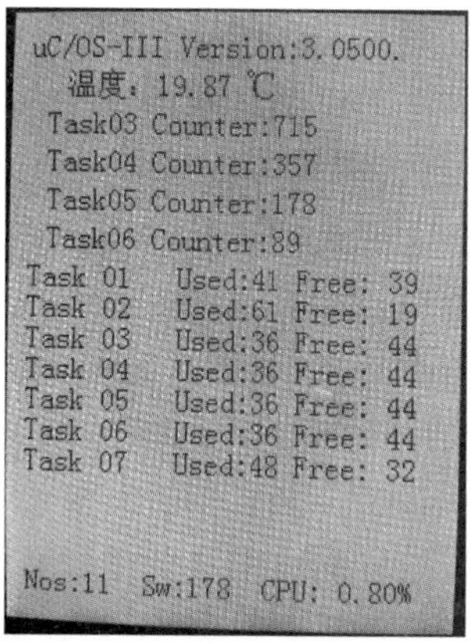

图10-3　LCD屏显示结果

在图 10-3 中,用户任务 Task02 用于动态显示温度和湿度值;用户任务 Task03～Task06 动态显示计数值;用户任务 Task07 用于统计 Task01～Task07 的堆栈使用情况。此外,图 10-3 还显示了工程中的任务总数、任务切换次数和 CPU 使用率。从图中可以看出,工程 MyPrj21 中共有 11 个任务,任务切换次数为 178,CPU 使用率为 0.80%。

工程 MyPrj21 中的任务信息如表 10-1 所示。

表 10-1 工程 MyPrj21 中的任务信息

序　号	优先级号	任务名	堆栈大小/字	执行频率/Hz
1	1	Task01	80	1
2	2	Task02	80	1/2
3	3	Task03	80	1
4	4	Task04	80	1/2
5	4	Task05	80	1/4
6	4	Task06	80	1/8
7	7	Task07	80	1/5
8	11	定时器任务	100	10
9	10	时钟节拍任务	100	100
10	11	统计任务	100	10
11	31	空闲任务	100	始终就绪

在表 10-1 中,用户任务 Task04～Task06 的优先级号相同,均为 4,即 μC/OS-Ⅲ系统允许不同任务具有相同的优先级号。此外,定时器任务和统计任务的优先级号也相同,均为 11。一般地,时钟节拍任务的优先级比统计任务的优先级要高,这里其优先级号配置为 10。空闲任务的优先级号固定为 OS_CFG_PRIO_MAX-1,这里为 31。而优先级号 0 为中断手柄系统任务所使用。所以,工程 MyPrj21 中,用户任务的优先级号只能取为 1～30 中的整数,且优先级号越小,优先级越高。在 μC/OS-Ⅲ中,任务是通过任务控制块进行识别的,不同的任务必须具有不同的任务控制块。

结合表 10-1 和图 10-3 可知,每秒任务切换次数为 $1+1/2+1+1/2+1/4+1/8+1/5+10+100+10+$ 空闲任务的切换次数(约为 55)≈178。

工程 MyPrj21 的执行流程如图 10-4 所示。

由图 10-4 可知,在主函数中初始化 μC/OS-Ⅲ系统,然后创建第一个用户任务 Task01,接着启动多任务工作环境,之后,μC/OS-Ⅲ系统调度器将接管 LPC845 微控制器,始终把 CPU 分配给就绪的最高优先级任务。因此,μC/OS-Ⅲ是一个可抢先型的内核,高优先级的任务总能抢占低优先级任务的 CPU 而被优先执行。用户任务 Task01 使得 LED 灯 D9 每 1s 闪烁一次。用户任务 Task02 每延时 2s 执行一次,将读到的 DS18B20 温度值输入,在 LCD 显示屏中显示。用户任务 Task03 每延时 1s 执行一次,在 LCD 屏上输出计数值,该计数值也是任务 Task03 的执行次数;用户任务 Task04 每延时 2s 执行一次,在 LCD 屏上输出计数值;用户任务 Task05 每延时 4s 执行一次,在 LCD 屏上输出计数值;用户任务 Task06 每延时 8s 执行一次,在 LCD 屏上输出计数值;用户任务 Task07 每 5s 执行一次,在 LCD 屏上输出用户任务的堆栈信息、任务总数、任务切换频率和 CPU 使用率等信息。LCD 屏的显示结果如图 10-3 所示。

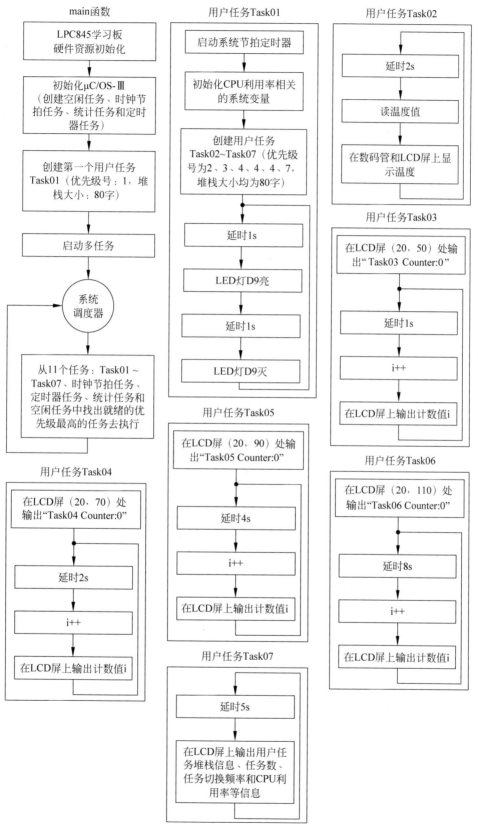

图 10-4 工程 MyPrj21 执行流程

10.3 统计任务

在 $\mu C/OS$-Ⅲ系统中,统计任务用于统计各个任务的堆栈使用情况和 CPU 利用率,帮助用户了解各个任务的资源占用情况。如果 os_cfg.h 中的宏常量 OS_CFG_STAT _TASK_ EN 为 1u,那么在调用 OSInit 函数初始化 $\mu C/OS$-Ⅲ系统时,自动创建并初始化了统计任务。统计任务的名称为 uC/OS-III Stat Task。统计任务的优先级号默认值为 11,建议将其配置为 OS_CFG_PRIO_MAX-2,其中,OS_CFG_PRIO_MAX 在 os_cfg.h 中为宏常量值 32,即建议统计任务的优先级号为 30。

如果要了解 CPU 的利用率,必须在工程中调用系统函数 OSStatTaskCPUUsageInit,在该函数中,统计了 0.1s 时间内只有空闲任务运行时计数变量 OS_Stat_IdleCtr 的最大值,保存在系统变量 OS_Stat_IdleCtrMax 中,CPU 的利用率的计算方法为:当前 0.1s 内的 CPU 利用率=100×[1-(当前的 0.1s 内的 OS_Stat_IdleCtr)/OS_Stat_IdleCtrMax],其中,当前的 0.1s 内的 OS_Stat_IdleCtr 是指正常多任务环境下 0.1s 时间内空闲任务运行时的计数值。$\mu C/OS$-Ⅲ系统中,统计任务得到的 CPU 利用率是放大了 10000 倍后的值,其值除以 100 后得到百分数的整数部分,其值模 100 后的余数为百分数的小数部分。事实上,$\mu C/OS$-Ⅲ统计任务还可以统计各个任务的 CPU 利用率。

由于统计任务是系统任务,由系统调用执行,在工程中,用户只需要借助任务的任务控制块,就可以访问各个任务的统计信息了。例如,在工程 MyPrj21 中,参考程序段 10-21 第 4、6、9 行,借助于任务控制块指针变量,可以直接访问任务名称(NamePtr)、任务堆栈已用空间(StkUsed)和任务堆栈空闲空间(StkFree)。

此外,在表 9-3 中,还有一个专用于统计任务堆栈信息的函数 OSTaskStkChk,其应用方法为:①定义变量,如"CPU_STK_SIZE stkf, stku;",其中 stku 和 stkf 分别用于保存任务堆栈的已使用长度和空闲长度;②调用函数 OSTaskStkChk,如"OSTaskStkChk(&Task01TCB,&stkf,&stku,&err);",这里,将获取任务控制块 Task01TCB 对应的任务 Task01 的堆栈信息,堆栈的已用长度和空闲长度分别保存在 stku 和 stkf 中,err 为 OS_ERR 类型变量。

10.4 定时器任务

$\mu C/OS$-Ⅲ支持软件定时器,用户可以创建无限多个软件定时器(简称定时器)。与硬件定时器不同的是,软件定时器由定时器任务管理,而不是由硬件定时器管理。软件定时器相关的代码位于系统文件 os_tmr.c 中,关于定时器相关的 API 函数如表 9-10 所示。

创建定时器的步骤如下:

(1)定义定时器(或定时器控制块)变量,例如:"OS_TMR tm01;"。

(2)定义并实现定时器回调函数,例如:

程序段 10-23　定时器回调函数示例

```
1    void     Tmr01CBFun (void * p_arg)
2    {
3        //to do
4    }
```

定时器回调函数返回值为 void,且具有一个 void * 类型的参数。需要注意,一般地,在定时器回调函数中不具体实现任何功能,而是向任务释放任务信号量或信号量,使任务就绪去完成特定的功能。

(3) 调用 OSTmrCreate 函数创建定时器,如下所示:

程序段 10-24　调用 OSTmrCreate 函数创建定时器

```
1    OSTmrCreate((OS_TMR              * )&tm01,
2               (CPU_CHAR            * )"User Timer  01",
3               (OS_TICK             )10,
4               (OS_TICK             )10,     // 1s
5               (OS_OPT              )OS_OPT_TMR_PERIODIC,
6               (OS_TMR_CALLBACK_PTR) Tmr01CBFun,
7               (void                * )0,
8               (OS_ERR              * )&err);
```

程序段 10-24 为一条语句,即调用了一次 OSTmrCreate 函数,各个参数的含义依次为:①定时器控制器为 tm01;②定时器名称为 User Timer 01;③定时延时值为 10;④定时周期为 10,由于定时器频率为 10,故定时周期为 1s;⑤定时方式为周期型;⑥定时器回调函数为 Tmr01CBFun;⑦回调函数参数为空;⑧出错码 err。

当调用 OSTmrCreate 创建定时器成功后,定时器处于停止状态,即 OS_TMR_STATE_STOPPED 状态,需要调用系统函数 OSTmrStart 启动定时器,定时器才开始定时。需要注意的是,程序段 10-24 中第 3 个参数为初始延时值,如果定时器为一次性定时器,该值为定时器的定时值,当减计数到 0 时,执行回调函数,然后进入定时完成状态(OS_TMR_STATE_COMPLETED 态);如果为周期型定时器,该值为第一次定时的初始值。一般地,对于周期型定时器,该值设为与周期值相同,可保证第一次定时也是周期的。因此,程序段 10-24 第 3、4 行的值均设为 10,表示定时周期为 1s。

(4) 调用 OSTmrStart 函数启动定时器,其代码如下:

程序段 10-25　调用 OSTmrStart 启动定时器

```
1    OS_STATE   tmr_stat;
2
3    tmr_stat = OSTmrStateGet((OS_TMR * )&tm01,(OS_ERR * )&err);
4    if(tmr_stat!= OS_TMR_STATE_RUNNING)
5    {
6        OSTmrStart((OS_TMR * )&tm01,(OS_ERR * )&err);
7    }
```

第 3 行调用 OSTmrStateGet 函数获得定时器 tm01 的状态;第 4 行判断该定时器是否处于执行状态,如果不是处于执行状态,则第 6 行调用 OSTmrStart 启动定时器。

定时器启动后,将自动实现定时工作,每次定时时间到时,自动调用其回调函数完成特定功能。

下面介绍定时器的应用实例。在工程 MyPrj21 的基础上,新建工程 MyPrj22,保存在目录 D:\MYLPC845IEW\PRJ22 下,此时的工程 MyPrj22 与工程 MyPrj21 完全相同,然后,进行如下的设计工作:

(1) 新建文件 myuctmr.c 和 myuctmr.h,保存在目录 D:\MYLPC845IEW\PRJ22\user 下,其代码如程序段 10-26 和程序段 10-27 所示。然后,将 myuctmr.c 添加到工程管理器的 User 分组下。

程序段 10-26 文件 myuctmr.c

```
1    //Filename: myuctmr.c
2
3    # include "includes.h"
4
5    void  MyTmr01CBFun(void * p_arg)
6    {
7      static Int32U cnt = 0;
8      Int08U ch[20];
9      cnt++;
10     MyInt2StringEx(cnt,ch);
11     MyPrintString(180,30,ch,20);
12   }
```

第 5～12 行定义了定时器回调函数 MyTmr01CBFun。第 9 行计数变量 cnt 自增 1;第 10 行将变量 cnt 转换为字符串 ch;第 11 行在 LCD 屏坐标(180,30)处输出 ch 的值。

```
13
14   void MyStartTmr01(void)
15   {
16     OS_ERR err;
17     OSTmrCreate(&tm01,"User Timer 01",10,10,OS_OPT_TMR_PERIODIC,
18               (OS_TMR_CALLBACK_PTR)MyTmr01CBFun,(void * )0, &err);
19     OSTmrStart(&tm01,&err);
20   }
```

第 14～20 行为创建和启动定时器的函数 MyStartTmr01。第 17、18 行创建了定时器 tm01;第 19 行启动定时器 tm01。

```
21
22   void MyTmr02CBFun(void * p_arg)
23   {
24     static Int32U cnt = 0;
25     Int08U ch[20];
26     cnt++;
27     MyInt2StringEx(cnt,ch);
28     MyPrintString(180,50,ch,20);
29   }
```

第 22～29 行定义了定时器回调函数 MyTmr02CBFun。第 26 行计数变量 cnt 自增
1；第 27 行将变量 cnt 转换为字符串 ch；第 28 行在 LCD 屏坐标(180,50)处输出 ch
的值。

```
30
31   void MyStartTmr02(void)
32   {
33     OS_ERR err;
34
35     OSTmrCreate(&tm02,"User Timer 02",10,10,OS_OPT_TMR_PERIODIC,
36             (OS_TMR_CALLBACK_PTR)MyTmr02CBFun,(void *)0, &err);
37     OSTmrStart(&tm02,&err);
38   }
```

第 31～38 行为创建和启动定时器的函数 MyStartTmr02。第 35、36 行创建了定时器
tm02；第 37 行启动定时器 tm02。

程序段 10-27　文件 myuctmr.h

```
1    //Filename: myuctmr.h
2
3    #ifndef  _UCTMR_H
4    #define  _UCTMR_H
5
6    void  MyStartTmr01(void);
7    void  MyStartTmr02(void);
8
9    #endif
10
11   MYEXTERN OS_TMR tm01;
12   MYEXTERN OS_TMR tm02;
```

文件 myuctmr.h 中声明了文件 myuctmr.c 中定义的函数 MyStartTmr01 和
MyStartTmr02。第 11、12 行定义了定时器 tm01 和 tm02。

（2）在文件 includes.h 的末尾添加以下一条语句：

```
#include "myuctmr.h"
```

即添加包括头文件 myuctmr.h。

（3）在 task07.c 文件的 while(1)语句的上面添加以下两条语句：

```
MyStartTmr01();
MyStartTmr02();
```

即在程序段 10-17 的第 9 行处添加上述语句，用于启动两个软定时器 tm01 和 tm02。

工程 MyPrj22 在 LPC845 学习板上运行时，LCD 屏的右上部将显示两个定时器 tm01
和 tm02 的定时计数值，如图 10-5 中圈住的部分所示。

图 10-5　两个定时器的定时结果

本章小结

通过本章的学习,需要熟练掌握 μC/OS-Ⅲ 系统中任务的四要素,即任务优先级、任务堆栈、任务控制块和任务函数体,每个任务必须具有独立的任务堆栈和任务控制块,而多个任务可以具有相同的优先级号和任务函数体。在 μC/OS-Ⅲ 中,至少需要创建一个用户任务。一般地,第一个用户任务 Task01 不做实质性的处理工作,而是用于启动时钟节拍定时器和监控各个任务运行时的堆栈使用情况,并创建其他用户任务和各类事件。

在 C/OS-Ⅲ 系统中,统计任务的优先级号默认为 11,建议将其配置为 OS_CFG_PRIO_MAX-2u,而定时器任务的优先级号默认也为 11,建议将其配置为 OS_CFG_PRIO_MAX-3u。因此,在配置文件 os_cfg_app.h 中,配置它们如下:

```
#define   OS_CFG_STAT_TASK_PRIO        OS_CFG_PRIO_MAX - 2u
#define   OS_CFG_TMR_TASK_PRIO         OS_CFG_PRIO_MAX - 3u
```

此外,系统节拍任务的优先级号默认为 10。由于系统节拍管理着所有具有延时特性的任务的等待时间,在 μC/OS-Ⅱ 中由中断触发,具有比全部任务优先级都高的优先级;而在 μC/OS-Ⅲ 中,默认情况下的系统节拍定时器的优先级值较大。建议将系统节拍定时器的优先级号配置为 1,即在配置文件 os_cfg_app.h 中,配置它如下:

```
#define   OS_CFG_TICK_TASK_PRIO               1u
```

事实上,工程 MyPrj22 和后续的全部项目均采用上述的系统任务优先级配置。

本章内容表明用户任务要实现的功能体现在其无限循环体中,因此,每个任务都具有周期性执行的特点,或者具有请求到某个(或某些)事件而执行的特点。第 11 章将介绍最常用的任务请求事件类型,即信号量、任务信号量和互斥信号量。

信号量、任务信号量和

互斥信号量

  μC/OS-Ⅲ 是多任务实时操作系统，支持创建无限多个用户任务，任务间可借助信号量、任务信号量进行同步，借助互斥信号量实现共享资源的独占式访问。信号量、任务信号量和互斥信号量是 μC/OS-Ⅲ 系统最重要的 3 个组件。本章将介绍信号量、任务信号量和互斥信号量的概念及其工程程序设计方法。

11.1　信号量

  信号量本质上是一个"全局计数器"变量，释放信号量的任务使得该全局计数器变量累加 1；如果全局计数器变量的值大于 0，则请求信号量的任务请求成功，同时将全局计数器变量的值减 1；如果全局计数器变量的值为 0，则请求信号量的任务被挂起等待。除了任务可以释放信号量外，定时器回调函数和中断服务函数均可以释放信号量，但是这两者都不能请求信号量。信号量操作相关的函数位于系统文件 os_sem.c 中，如表 9-5 所示。

11.1.1　信号量工作方式

  信号量主要用于用户任务间同步以及用户任务同步定时器或中断服务函数的执行，如图 11-1 所示。

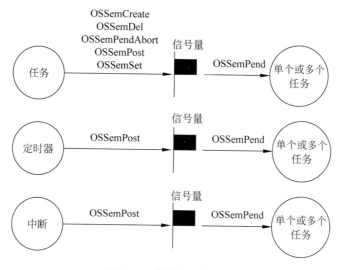

图 11-1　信号量工作方式

图 11-1 表明,任务可以使用表 9-5 中的全部函数,定时器和中断服务程序仅能使用信号量释放函数 OSSemPost。最常见的信号量工作方式有 3 种,即:①单任务释放信号量,单任务请求信号量,即任务间同步执行;②中断释放信号量,单任务请求信号量,即任务同步中断执行;③定时器释放信号量,单任务请求信号量,即任务同步定时器。此外,信号量支持多任务、多定时器或多中断释放同一信号量,多任务请求同一信号量。

借助于信号量实现任务间同步的具体步骤如下:

(1) 定义信号量。例如:"OS_SEM　sem01;"。

(2) 调用 OSSemCreate 函数创建信号量。例如:"OS_ERR　err;　OSSemCreate(&sem01,"Sem 01",(OS_SEM_CTR)0,&err);",创建的信号量 sem01 初始计数值为 0。

(3) 在被同步的任务中有规律地释放信号量。例如,每延时 1s 执行一次语句"OSSemPost(&sem01,OS_OPT_POST_1,&err);",释放信号量 sem01,参数 OS_OPT_POST_1 表示使得请求该信号量的处于等待状态的最高优先级任务就绪。

(4) 在同步任务中始终请求信号量。例如,"OSSemPend(&sem01,0,OS_OPT_PEND_BLOCKING,&ts,&err);"表示同步任务始终请求信号量 sem01,当请求不到时,参数 OS_OPT_PEND_BLOCKING 表示永远等待。如果不关心请求的等待时间,参数 ts 可使用(CPU_TS *)0;如果要计算请求的等待时间,则需要在 OSSemPend 请求成功后添加语句"ts=OS_TS_GET()-ts;",这里得到的 ts 值为当前的时间邮票值减去信号量 sem01 释放时的时间邮票值。

11.1.2　信号量实例

本节基于工程实例介绍信号量的用法,拟建设用户任务 Task08 和 Task09,在 Task08 中每隔 1s 释放一次信号量 sem01,在 Task09 中始终请求信号量 sem01,当请求成功后,在 LCD 屏上显示信号量 sem01 的请求次数;然后,新建用户任务 Task10,使用定时器 tm02 每 1s 释放一次信号量 sem02,在 Task10 中始终请求信号量 sem02,当请求成功后,在 LCD 屏上显示信号量 sem02 的请求次数;最后,新建用户任务 Task11,当按键 S18 和 S19 被按下时,释放信号量 sem03,Task11 始终请求信号量 sem03,当请求成功后,在 LCD 屏上显示按键信息。

在工程 MyPrj22 的基础上,新建工程 MyPrj23,保存在目录 D:\MYLPC845IEW\PRJ23 下,此时的工程 MyPrj23 与工程 MyPrj22 完全相同,然后进行如下的设计工作:

(1) 新建文件 task08.c 和 task08.h,保存在目录 D:\MYLPC845IEW\PRJ23\user 下,其代码如程序段 11-1 和程序段 11-2 所示。

程序段 11-1　文件 task08.c

```
1    //Filename: task08.c
2
3    # include "includes.h"
4
5    void Task08(void * data)
6    {
7      OS_ERR err;
8
```

```
9        while(1)
10       {
11           OSTimeDlyHMSM(0,0,1,0,OS_OPT_TIME_HMSM_STRICT,&err);
12           OSSemPost(&sem01,OS_OPT_POST_1,&err);
13       }
14   }
```

在文件 task08.c 中,第 9～13 行为无限循环体,每延时 1s(第 11 行),释放一次信号量 sem01(第 12 行)。

程序段 11-2　文件 task08.h

```
1    //Filename: task08.h
2
3    # ifndef  _TASK08_H
4    # define  _TASK08_H
5
6    # define  Task08StkSize   80
7    # define  Task08StkSizeLimit  10
8    # define  Task08Prio      2
9
10   void  Task08(void * );
11
12   # endif
13
14   MYEXTERN CPU_STK Task08Stk[Task08StkSize];
15   MYEXTERN OS_TCB Task08TCB;
16   MYEXTERN OS_SEM sem01;
```

文件 task08.h 中宏定义了任务 Task08 的优先级号为 2(第 8 行)、堆栈大小为 80 字(第 6 行)、堆栈预警长度为 10 字(第 7 行);第 10 行声明了任务函数 Task08。第 14 行定义任务 Task08 的堆栈 Task08Stk,第 15 行定义任务 Task08 的任务控制块 Task08TCB;第 16 行定义信号量 sem01。

(2) 新建文件 task09.c 和 task09.h,保存在目录 D:\MYLPC845IEW\PRJ23\user 下,其代码如程序段 11-3 和程序段 11-4 所示。

程序段 11-3　文件 task09.c

```
1    //Filename: task09.c
2
3    # include "includes.h"
4
5    void Task09(void * data)
6    {
7        Int32U i = 0;
8        Int08U ch[20];
9        OS_ERR err;
10       CPU_TS ts;
11
12       MyPrintString(10,242,(Int08U * )"sem01:0",20);
13       while(1)
```

```
14    {
15        OSSemPend(&sem01,0,OS_OPT_PEND_BLOCKING,&ts,&err);
16        i++;
17        MyInt2StringEx(i,ch);
18        MyPrintString(10 + 6 * 8,242,ch,20);
19    }
20  }
```

在文件 task09.c 中,第 12 行在 LCD 屏坐标(10,242)处输出字符串"sem01:0"。然后,无限循环体(第 13~19 行)循环执行:请求信号量 sem01,如果没有请求到,则一直等待(第 15 行);如果请求成功,则计数变量 i 自增 1(第 16 行)。将 i 转换为字符串 ch(第 17 行);在坐标(58,242)处显示字符串 ch(第 18 行)。

程序段 11-4　文件 task09.h

```
1   //Filename: task09.h
2
3   # ifndef _TASK09_H
4   # define _TASK09_H
5
6   # define  Task09StkSize   80
7   # define  Task09StkSizeLimit  10
8   # define  Task09Prio      9
9
10  void  Task09(void * );
11
12  # endif
13
14  MYEXTERN CPU_STK Task09Stk[Task09StkSize];
15  MYEXTERN OS_TCB Task09TCB;
```

文件 task09.h 中宏定义了任务 Task09 的优先级号为 9(第 8 行)、堆栈大小为 80 字(第 6 行)、堆栈预警长度为 10 字(第 7 行);第 10 行声明了任务函数 Task09;第 14 行定义任务 Task09 的堆栈 Task09Stk;第 15 行定义任务 Task09 的任务控制块 Task09TCB。

(3) 修改文件 myuctmr.c,如程序段 11-5 所示。

程序段 11-5　文件 myuctmr.c

```
1   //Filename: myuctmr.c
2
```

此处省略的第 3~20 行与程序段 10-26 的第 3~20 行完全相同。

```
21
22  void MyTmr02CBFun(void * p_arg)
23  {
24    OS_ERR err;
25    OSSemPost(&sem02,OS_OPT_POST_1,&err);
26  }
```

第 22~26 行为定时器 tm02 的回调函数 MyTmr02CBFun;第 25 行释放信号量 sem02。

```
27
28    void MyStartTmr02(void)
29    {
30        OS_ERR err;
31
32        OSTmrCreate(&tm02,"User Timer 02",10,10,OS_OPT_TMR_PERIODIC,
33                    (OS_TMR_CALLBACK_PTR)MyTmr02CBFun,(void * )0, &err);
34        OSTmrStart(&tm02,&err);
35    }
```

第 28～35 行为创建并启动定时器 tm02 的函数 MyStartTmr02。第 32、33 行创建定时器 tm02；第 34 行启动定时器 tm02。

由上述代码可知,定时器 tm02 每 1s 执行一次它的回调函数 MyTmr02CBFun,即每 1s 释放一次信号量 sem02。

（4）新建文件 task10.c 和 task10.h,保存在目录 D:\MYLPC845IEW\PRJ23\user 下,其代码如程序段 11-6 和程序段 11-7 所示。

程序段 11-6　文件 task10.c

```
1    //Filename: task10.c
2
3    # include "includes.h"
4
5    void Task10(void * data)
6    {
7        Int32U i = 0;
8        Int08U ch[20];
9        OS_ERR err;
10       CPU_TS ts;
11
12       MyPrintString(120,242,(Int08U * )"sem02:0",20);
13       while(1)
14       {
15           OSSemPend(&sem02,0,OS_OPT_PEND_BLOCKING,&ts,&err);
16           i++;
17           MyInt2StringEx(i,ch);
18           MyPrintString(120 + 6 * 8,242,ch,20);
19       }
20   }
```

在文件 task10.c 中,第 12 行在 LCD 屏坐标(120,242)处显示"sem02:0"。在无限循环体(第 13～19 行)内循环执行:请求信号量 sem02,如果请求不成功,则一直等待(第 15行);如果请求成功,则变量 i 自增 1(第 16 行)。将 i 转换为字符串 ch(第 17 行);在坐标(168,242)处显示字符串 ch。

程序段 11-7　文件 task10.h

```
1    //Filename: task10.h
2
3    # ifndef  _TASK10_H
```

```
4    # define  _TASK10_H
5
6    # define  Task10StkSize   80
7    # define  Task10StkSizeLimit   10
8    # define  Task10Prio        10
9
10   void  Task10(void * );
11
12   # endif
13
14   MYEXTERN CPU_STK Task10Stk[Task10StkSize];
15   MYEXTERN OS_TCB Task10TCB;
16   MYEXTERN OS_SEM sem02;
```

文件 task10.h 中宏定义了任务 Task10 的优先级号为 10(第 8 行)、堆栈大小为 80 字
(第 6 行)、堆栈预警长度为 10 字(第 7 行);第 10 行声明了任务函数 Task10;第 14 行定义
了任务 Task10 的堆栈 Task10Stk;第 15 行定义了任务 Task10 的任务控制块 Task10TCB,
第 16 行定义了信号量 sem02。

(5) 修改文件 myextkey.c,如程序段 11-8 所示。

程序段 11-8　文件 myextkey.c

```
1    //Filename: myextkey.c
2
```

此处省略的第 3～23 行与程序段 4-18 的第 3～23 行相同。

```
24
25   void PININT2_IRQHandler(void)
26   {
27     OS_ERR err;
28     OSIntEnter();
29     NVIC_ClearPendingIRQ(PININT2_IRQn);
30     if((LPC_PIN_INT -> IST & (1uL << 2)) == (1uL << 2))
31     {
32        LPC_PIN_INT -> IST = (1uL << 2);
33        keyn = 1;
34        OSSemPost(&sem03,OS_OPT_POST_1,&err);
35     }
36     OSIntExit();
37   }
```

第 25～37 行为按键 S18 的中断服务函数。第 33 行将全局变量 keyn 赋为 1;第 34 行
释放信号量 sem03。

```
38
39   void PININT4_IRQHandler(void)
40   {
41     OS_ERR err;
42     OSIntEnter();
43     NVIC_ClearPendingIRQ(PININT4_IRQn);
```

```
44      if((LPC_PIN_INT - > IST & (1uL << 4)) == (1uL << 4))
45      {
46          LPC_PIN_INT - > IST = (1uL << 4);
47          keyn = 2;
48          OSSemPost(&sem03,OS_OPT_POST_1,&err);
49      }
50      OSIntExit();
51  }
```

第 39～51 行为按键 S19 的中断服务函数。第 47 行将全局变量 keyn 赋为 2；第 48 行
释放信号量 sem03。结合第 25～37 行可知，当按下按键 S18 时，keyn＝1，并释放信号量
sem03；当按下按键 S19 时，keyn＝2，并释放信号量 sem03。

（6）新建文件 task11.c 和 task11.h，保存在目录 D:\MYLPC845IEW\PRJ23\user 下，
其代码如程序段 11-9 和程序段 11-10 所示。

程序段 11-9　文件 task11.c

```
1   //Filename: task11.c
2
3   # include "includes.h"
4
5   void Task11(void * data)
6   {
7     OS_ERR err;
8     CPU_TS ts;
9
10    while(1)
11    {
12        OSSemPend(&sem03,0,OS_OPT_PEND_BLOCKING,&ts,&err);
13        switch(keyn)
14        {
15            case 1:
16                MyPrintString(10,258,(Int08U * )"Key S18",20);
17                break;
18            case 2:
19                MyPrintString(10,258,(Int08U * )"Key S19",20);
20                break;
21        }
22    }
23  }
```

在文件 task11.c 中，任务 Task11 的无限循环体（第 10～22 行）中，循环执行：请求信号
量 sem03，如果请求不成功，则一直等待（第 12 行）；如果请求成功，判断 keyn 的值（第 13
行）；如果 keyn＝1（第 15 行），则在 LCD 屏上显示"Key S18"（第 16 行）；如果 keyn＝2（第
18 行），则在 LCD 屏上显示"Key S19"（第 19 行）。

程序段 11-10　文件 task11.h

```
1   //Filename: task11.h
2
3   # ifndef  _TASK11_H
```

```
 4   #define  _TASK11_H
 5
 6   #define  Task11StkSize  80
 7   #define  Task11StkSizeLimit  10
 8   #define  Task11Prio      11
 9
10   void  Task11(void * );
11
12   #endif
13
14   MYEXTERN CPU_STK Task11Stk[Task10StkSize];
15   MYEXTERN OS_TCB Task11TCB;
16   MYEXTERN OS_SEM sem03;
17   MYEXTERN Int08U keyn;
```

文件 task11.h 中宏定义了任务 Task11 的优先级号为 11(第 8 行)、堆栈大小为 80 字
(第 6 行)、堆栈预警长度为 10 字(第 7 行);第 10 行声明了任务函数 Task11。第 14 行定义
了任务 Task11 的堆栈 Task11Stk,第 15 行定义了任务 Task11 的任务控制块 Task11TCB,
第 16 行定义了信号量 sem03。第 17 行定义了全局变量 keyn,用于保存按键值。

(7) 修改文件 task01.c,如程序段 11-11 所示。

程序段 11-11   文件 task01.c

```
 1   //Filename: task01.c
 2
```

此处省略的第 3~25 行与程序段 10-19 中的第 3~25 行相同。

```
26
27   void UserEventsCreate(void)
28   {
29     OS_ERR err;
30     OSSemCreate(&sem01,"Sem 01",(OS_SEM_CTR)0,&err);
31     OSSemCreate(&sem02,"Sem 02",(OS_SEM_CTR)0,&err);
32     OSSemCreate(&sem03,"Sem 03",(OS_SEM_CTR)0,&err);
33   }
```

第 27~33 行为创建事件的函数 UserEventsCreate。第 30~32 行依次创建信号量
Sem01~Sem03。

```
34
35   void UserTasksCreate(void)
36   {
37     OS_ERR err;
```

此处省略的第 38~115 行与程序段 10-19 中的第 34~111 行相同。

```
116   OSTaskCreate((OS_TCB * )&Task08TCB,
117              (CPU_CHAR * )"Task 08",
118              (OS_TASK_PTR)Task08,
119              (void * )0,
120              (OS_PRIO)Task08Prio,
```

```
121                  (CPU_STK * )Task08Stk,
122                  (CPU_STK_SIZE)Task08StkSizeLimit,
123                  (CPU_STK_SIZE)Task08StkSize,
124                  (OS_MSG_QTY)0u,
125                  (OS_TICK)0u,
126                  (void * )0,
127             (OS_OPT)(OS_OPT_TASK_STK_CHK | OS_OPT_TASK_STK_CLR),
128                  (OS_ERR * )&err);
129    OSTaskCreate((OS_TCB * )&Task09TCB,
130                  (CPU_CHAR * )"Task 09",
131                  (OS_TASK_PTR)Task09,
132                  (void * )0,
133                  (OS_PRIO)Task09Prio,
134                  (CPU_STK * )Task09Stk,
135                  (CPU_STK_SIZE)Task09StkSizeLimit,
136                  (CPU_STK_SIZE)Task09StkSize,
137                  (OS_MSG_QTY)0u,
138                  (OS_TICK)0u,
139                  (void * )0,
140             (OS_OPT)(OS_OPT_TASK_STK_CHK | OS_OPT_TASK_STK_CLR),
141                  (OS_ERR * )&err);
142    OSTaskCreate((OS_TCB * )&Task10TCB,
143                  (CPU_CHAR * )"Task 10",
144                  (OS_TASK_PTR)Task10,
145                  (void * )0,
146                  (OS_PRIO)Task10Prio,
147                  (CPU_STK * )Task10Stk,
148                  (CPU_STK_SIZE)Task10StkSizeLimit,
149                  (CPU_STK_SIZE)Task10StkSize,
150                  (OS_MSG_QTY)0u,
151                  (OS_TICK)0u,
152                  (void * )0,
153             (OS_OPT)(OS_OPT_TASK_STK_CHK | OS_OPT_TASK_STK_CLR),
154                  (OS_ERR * )&err);
155    OSTaskCreate((OS_TCB * )&Task11TCB,
156                  (CPU_CHAR * )"Task 11",
157                  (OS_TASK_PTR)Task11,
158                  (void * )0,
159                  (OS_PRIO)Task11Prio,
160                  (CPU_STK * )Task11Stk,
161                  (CPU_STK_SIZE)Task11StkSizeLimit,
162                  (CPU_STK_SIZE)Task11StkSize,
163                  (OS_MSG_QTY)0u,
164                  (OS_TICK)0u,
165                  (void * )0,
166             (OS_OPT)(OS_OPT_TASK_STK_CHK | OS_OPT_TASK_STK_CLR),
167                  (OS_ERR * )&err);
168 }
```

第 116~167 行只有 4 条语句,分别用于创建用户任务 Task08~Task11。

(8) 修改文件 includes. h,如程序段 11-12 所示。

程序段 11-12　文件 includes. h

```
1    //Filename: includes.h
2
```

此处省略的第 3~33 行与程序段 10-20 的第 3~33 行完全相同。

```
34   # include "myuctmr.h"
35   # include "task08.h"
36   # include "task09.h"
37   # include "task10.h"
38   # include "task11.h"
```

对比程序段 10-20,这里添加了第 34~38 行,即包括了头文件 myuctmr. h 和 task08. h ~ task11. h。

(9) 修改任务 Task02 的优先级号为 25,即在 task02. h 文件中修改以下一条语句:

```
# define  Task02Prio    25
```

即将 Task02Prio 宏定义为 25。一般地,将与显示有关的任务或耗时较长的任务的优先级配置为较低的优先级,更通用的方法是将所有的显示工作放在同一个任务中,而该任务称为显示任务,其优先级一般设为 OS_CFG_PRIO_MAX-4u。任务 Task02 中读取 DS18B20 的温度值需要花费较长的时间,因此,将其优先级号配置为 25。

将 task08. c、task09. c、task10. c、task11. c 和 myuctmr. c 添加到工程管理器的 User 分组下,建立好的工程 MyPrj23 工作窗口如图 11-2 所示。

在图 11-2 中,编译链接并运行工程 MyPrj23,在 LCD 屏上显示信息如图 11-3 所示。

在图 11-3 中,由于工程 MyPrj23 在工程 MyPrj22 基础上新添加了用户任务 Task08~ Task11,所以此时的任务总数为 15,每秒任务切换次数为 259,CPU 使用率为 1.01%。图 11-3 中圈住的部分为按键信息和信号量 sem01、sem02 的请求次数。

工程 MyPrj23 的执行流程如图 11-4 所示。

在图 11-4 中,省略了用户任务 Task02~Task07 的执行情况,这些任务可参考图 10-4。由图 11-4 可知,用户任务 Task01 创建了其余的 10 个用户任务和 3 个信号量。在图 11-4 中,系统定时器 tm02 每秒释放一次信号量 sem02,用户任务 Task10 始终请求信号量 sem02,从而也每秒执行一次,在 LCD 屏上输出 sem02 请求到的次数。用户任务 Task08 每隔 1s 释放一次信号量 sem01,通过信号量 sem01 使得 Task09 同步 Task08 的执行,Task09 也每秒执行一次,在 LCD 屏上输出 sem01 请求到的次数。

按键 S18 被按下一次,就释放一次信号量 sem03,同时设置全局变量 keyn=1;按键 S19 每次被按下,也将释放一次信号量 sem03,同时设置全局变量 keyn=2。用户任务 Task11 始终请求信号量 sem03,请求成功后,根据 keyn 的值,在 LCD 屏上输出相应的按键信息。这种"信号量+全局变量"的方法,不但可以实现同步任务或中断服务程序的执行,而且可以在任务间传递信息或由中断服务程序向任务传递信息,一定意义上体现了消息队列的实现机理(参考第 12 章)。

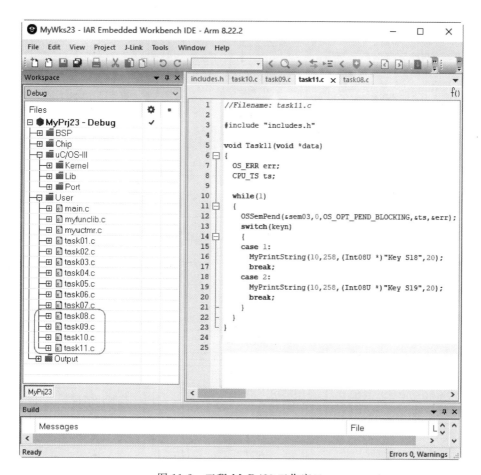

图 11-2 工程 MyPrj23 工作窗口

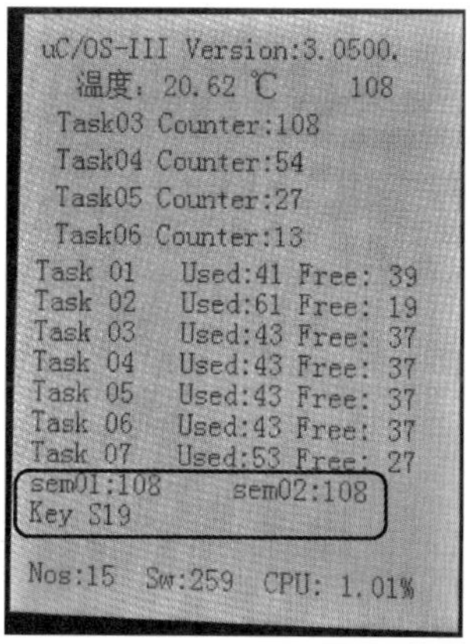

图 11-3 LCD 屏显示结果

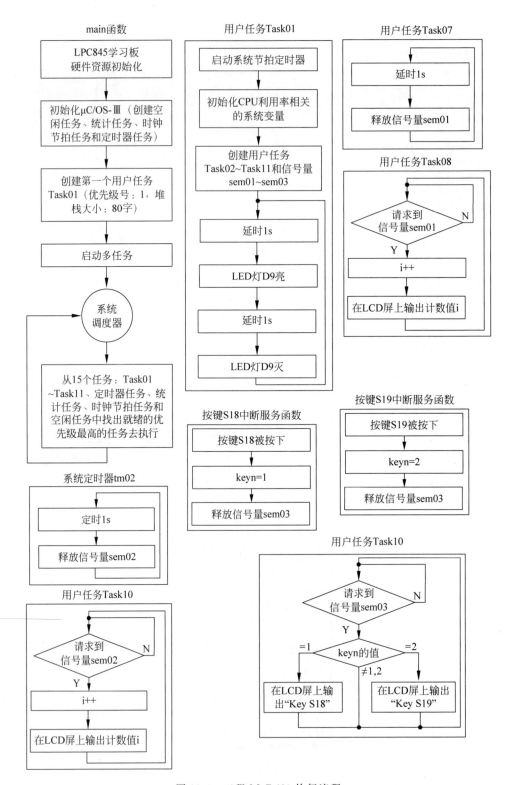

图 11-4　工程 MyPrj23 执行流程

11.2　任务信号量

μC/OS-Ⅱ不支持任务信号量,任务信号量是 μC/OS-Ⅲ 新增加的事件功能,它是任务中内置的信号量,比普通的信号量执行效率更高。与普通信号量相比,任务信号量无须创建,也不能删除,因此任务信号量只需要 4 个函数,即请求、释放、放弃请求和设置计数值函数,依次对应着 OSTaskSemPend、OSTaskSemPost、OSTaskSemPendAbort 和 OSTaskSemSet 函数,比相关的信号量函数名多了一个"Task",表示这些函数为任务信号量函数,如表 9-3 所示。

11.2.1　任务信号量工作方式

任务信号量可用于任务间同步以及任务同步定时器或中断服务程序的执行,如图 11-5 所示。

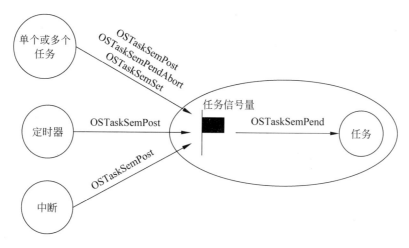

图 11-5　任务信号量工作方式

由图 11-5 可知,单个或多个任务、定时器或中断服务程序都可以调用 OSTaskSemPost 函数释放任务信号量。一般地,定时器和中断服务程序不使用 OSTaskSemPendAbort 和 OSTaskSemSet 函数。图 11-5 表示了一种"多对一"的关系,即多个任务可以释放同一个任务信号量,但是由于任务信号量内置在任务内,因此,不存在"一对多"的关系(即不存在多个任务请求同一个任务信号量的情况)。

11.2.2　任务信号量实例

本节将工程 MyPrj23 中使用的信号量全部替换为任务信号量的形式,但是,项目实现的全部功能保持不变。在工程 MyPrj23 的基础上,新建工程 MyPrj24,保存在目录 D:\MYLPC845IEW\PRJ24 下,此时的工程 MyPrj24 与工程 MyPrj23 完全相同。然后,进行如下的设计工作:

(1) 在文件 task01.c 中,参考程序段 11-11,将那里的第 29～32 行删除,即删除创建信号量 sem01～sem03 的语句,使 UserEventsCreate 为空函数。

（2）修改文件 task08. c 和 task09. c，如程序段 11-13 和程序段 11-14 所示。同时，删除文件 task08. h 中定义信号量 sem01 的语句"MYEXTERN OS_SEM sem01;"，即删除程序段 11-2 中的第 16 行。

程序段 11-13 文件 task08. c

```
1    //Filename: task08.c
2
3    # include "includes.h"
4
5    void Task08(void * data)
6    {
7      OS_ERR err;
8
9      while(1)
10     {
11         OSTimeDlyHMSM(0,0,1,0,OS_OPT_TIME_HMSM_STRICT,&err);
12         OSTaskSemPost(&Task09TCB,OS_OPT_POST_NONE,&err);
13     }
14   }
```

文件 task08. c 中，在第 9～13 行的无限循环体内，每延时 1s（第 11 行），向任务 Task09 释放一次任务信号量（第 12 行）。

程序段 11-14 文件 task09. c

```
1    //Filename: task09.c
2
3    # include "includes.h"
4
5    void Task09(void * data)
6    {
7      Int32U i = 0;
8      Int08U ch[20];
9      OS_ERR err;
10
11     MyPrintString(10,242,(Int08U * )"sem01:0",20);
12     while(1)
13     {
14     OSTaskSemPend((OS_TICK)0,OS_OPT_PEND_BLOCKING,(CPU_TS * )0,&err);
15         i++;
16         MyInt2StringEx(i,ch);
17         MyPrintString(10 + 6 * 8,242,ch,20);
18     }
19   }
```

对比程序段 11-3 可知，这里第 14 行调用系统函数 OSTaskSemPend 请求其自身的任务信号量，如果请求不成功，则一直等待；如果请求成功，则第 16、17 行在 LCD 屏显示计数信息。

（3）修改 myuctmr. c 文件，参考程序段 11-5，将第 25 行改为"OSTaskSemPost（&Task10TCB,OS_OPT_POST_NONE,&err);"，即向任务 Task10 释放任务信号量。

（4）修改 task10.c 文件，如程序段 11-15 所示。同时，删除头文件 task10.h 中定义信号量 sem02 的语句"MYEXTERN OS_SEM sem02;"，即删除程序段 11-7 中的第 16 行。

程序段 11-15　文件 task10.c

```
1    //Filename: task10.c
2
3    # include "includes.h"
4
5    void Task10(void * data)
6    {
7      Int32U i = 0;
8      Int08U ch[20];
9      OS_ERR err;
10
11     MyPrintString(120,242,(Int08U * )"sem02:0",20);
12     while(1)
13     {
14         OSTaskSemPend(0,OS_OPT_PEND_BLOCKING,0,&err);
15         i++;
16         MyInt2StringEx(i,ch);
17         MyPrintString(120 + 6 * 8,242,ch,20);
18     }
19   }
```

对比程序段 11-6 可知，这里第 14 行请求任务 Task10 自身的任务信号量，如果请求不成功，则一直等待；如果请求成功，则第 15～17 行输出计数信息。

（5）修改文件 myextkey.c，参考程序段 11-8，将第 34 行替换为"OSTaskSemPost（&Task11TCB,OS_OPT_POST_NONE, &err);"，将第 48 行替换为"OSTaskSemPost（&Task11TCB,OS_OPT_POST_NONE,&err);"，即由原来的释放信号量 sem03 修改为向任务 Task11 释放任务信号量。

（6）修改 task11.c 文件，如程序段 11-16 所示。同时，删除头文件 task11.h 中定义信号量 sem03 的语句"MYEXTERN OS_SEM sem03;"，即删除程序段 11-10 中的第 16 行。

程序段 11-16　文件 task11.c

```
1    //Filename: task11.c
2
3    # include "includes.h"
4
5    void Task11(void * data)
6    {
7      OS_ERR err;
8
9      while(1)
10     {
11         OSTaskSemPend(0,OS_OPT_PEND_BLOCKING,0,&err);
12         switch(keyn)
13         {
14             case 1:
```

```
15              MyPrintString(10,258,(Int08U *)"Key S18",20);
16              break;
17          case 2:
18              MyPrintString(10,258,(Int08U *)"Key S19",20);
19              break;
20      }
21  }
22 }
```

对比程序段 11-9，这里第 11 行请求任务 Task11 自身的任务信号量，如果请求不成功，则一直等待；如果请求成功，则根据全局变量 keyn 的值，输出按键信息。

工程 MyPrj24 的执行结果与工程 MyPrj23 相同，如图 11-6 圈住的部分所示。

图 11-6　工程 MyPrj24 执行结果

11.3　互斥信号量

系统的共享资源可供应用程序中的所有任务使用，但在某一时刻仅能供一个任务使用，必须等待正在使用的任务释放后其他任务才能使用该共享资源。对于多任务的应用程序而言，当优先级低的任务占据了共享资源，而被优先级高的任务抢占了 CPU 使用权处于等待状态，优先级高的任务也要使用共享资源而处于请求共享资源的等待状态，使得这两个任务永远无法执行，这种情况称为"死锁"。互斥信号量主要用于保护共享资源的独占访问且避免死锁。

所谓的共享资源包括系统外设，例如 I/O 口、存储器、串口等，也包括应用程序中定义的全局变量等。前面介绍的信号量可以保护共享资源（但任务信号量不能用于保护共享资源），第 12 章将要介绍的消息队列也可以保护共享资源。用这两种方式保护共享资源的方法为：①用等待超时（或无等待）的方式请求信号量（或消息）；②如果请求到信号量（或消息），则使用共享资源，使用完后释放信号量（或消息）；③如果请求不到信号量（或消息），等待超时后（或无等待时），则不能使用共享资源。按这种方法使用信号量（或消息队列）保护共享资源仍有可能造成死锁。

由于信号量（或消息队列）在保护共享资源方面具有先天的缺陷，因此，建议使用互斥信号量保护共享资源,其方法为:①任务在使用共享资源前,请求互斥信号量;②如果请求到则使用共享资源,如果没有请求到则等待;③使用完共享资源后,释放互斥信号量。当优先级低的任务正在使用共享资源时,优先级更高的任务就绪且请求该共享资源,此时互斥信号量将使得优先级低的任务的优先级提升到与后者相同,称为"优先级提升",提升了优先级后的任务继续执行,使用完共享资源后,释放共享资源和互斥信号量,其优先级再复原为原来的值,称为"优先级复原"。在 μC/OS-Ⅱ 中,由于不允许同优先级的任务存在,互斥信号量提升占用共享资源的优先级低的任务的优先级高于所有要请求该共享资源的任务的优先级,称为"优先级反转",反转后的优先级称为优先级继承优先级,将占用独一无二的优先级号,使得互斥信号量个数不能过多。显然,在互斥信号量方面,μC/OS-Ⅲ 比 μC/OS-Ⅱ 更加优越。

11.3.1 互斥信号量工作方式

互斥信号量用于保护共享资源,其应用方法如图 11-7 所示。

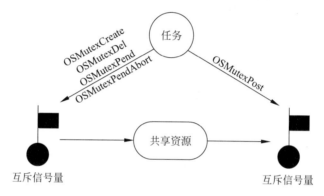

图 11-7 互斥信号量工作方式

图 11-7 表明互斥信号量只能用于任务,不能用于中断服务函数和定时器。互斥信号量的请求和释放处于同一个任务中,任务先请求互斥信号量,然后使用共享资源,使用完后再释放互斥信号量。一个任务可以使用任意多个共享资源,也可以使用任意多个互斥信号量,每个互斥信号量的工作方式都是相似的,即"请求－使用共享资源－释放"的方式。

学过 μC/OS-Ⅱ 系统的学生,知道 μC/OS-Ⅱ 系统中有"优先级继承优先级"(PIP)和"优先级反转"的概念,并且在 μC/OS-Ⅱ 系统中,当使用互斥信号量时,需预留 PIP 优先级号,因此,互斥信号量的个数受预留的 PIP 优先级号的限制,如果预留了第 0～3 号优先级,那么在 μC/OS-Ⅱ 系统中,只能创建 4 个互斥信号量。在 μC/OS-Ⅲ 系统中,互斥信号量仍然具有"优先级提升"和"优先级复原"的概率,但是,在 μC/OS-Ⅲ 系统中,请求到互斥信号量和共享资源的任务,其优先级将提升到与请求同一共享资源的优先级更高的任务相同的优先级,不需要预留优先级号,因此,在 μC/OS-Ⅲ 系统中互斥信号量的个数不受限制,且应用更加灵活方便。互斥信号量相关的函数有 5 个,位于系统文件 os_mutex.c 中,如表 9-6 所示。

11.3.2 互斥信号量实例

在工程 MyPrj24 的基础上,新建工程 MyPjr25,保存在目录 D:\MYLPC845IEW\

PRJ25 下,此时的工程 MyPjr25 与工程 MyPjr24 完全相同,然后,进行如下的设计工作:

(1) 修改文件 task01. c,如程序段 11-17 所示,即在任务 Task01 中创建用户任务 Task12 和互斥信号量 mtx01。

程序段 11-17 文件 task01. c

```
1    //Filename: task01.c
2
```

此处省略的第 3~25 行与程序段 10-19 的第 3~25 行相同。

```
26
27   void UserEventsCreate(void)
28   {
29     OS_ERR err;
30     OSMutexCreate(&mtx01,"Mutex 01",&err);
31   }
```

第 27~31 行为创建事件的函数 UserEventsCreate。第 30 行创建互斥信号量 mtx01。

```
32
33   void UserTasksCreate(void)
34   {
35     OS_ERR err;
```

此处省略的第 36~165 行与程序段 11-11 中的第 38~167 行相同。

```
166  OSTaskCreate((OS_TCB * )&Task12TCB,
167              (CPU_CHAR * )"Task 12",
168              (OS_TASK_PTR)Task12,
169              (void * )0,
170              (OS_PRIO)Task12Prio,
171              (CPU_STK * )Task12Stk,
172              (CPU_STK_SIZE)Task12StkSizeLimit,
173              (CPU_STK_SIZE)Task12StkSize,
174              (OS_MSG_QTY)0u,
175              (OS_TICK)0u,
176              (void * )0,
177            (OS_OPT)(OS_OPT_TASK_STK_CHK | OS_OPT_TASK_STK_CLR),
178              (OS_ERR * )&err);
179  }
```

第 166~178 行为一条语句,即创建用户任务 Task12。

(2) 修改文件 task02. c,如程序段 11-18 所示。

程序段 11-18 文件 task02. c

```
1    //Filename: task02.c
2
3    # include "includes.h"
4
5    void Task02(void * data)
6    {
```

```
7      OS_ERR err;
8
9      while(1)
10     {
11         OSTimeDlyHMSM(0,0,2,0,OS_OPT_TIME_HMSM_STRICT,&err);
12         OSMutexPend(&mtx01,0,OS_OPT_PEND_BLOCKING,0,&err);
13         MyTemperature = My18B20ReadT();
14         OSMutexPost(&mtx01,OS_OPT_POST_NONE,&err);
15     }
16  }
```

在文件 task02.c 中,无限循环体(第 9~15 行)内,循环执行:延时 2s(第 11 行);请求
互斥信号量 mtx01,请求不成功,则一直等待(第 12 行);请求成功后,读取温度值(第 13
行);第 14 行释放互斥信号量 mtx01。这里使用互斥信号量可以保证将温度值保存在变量
MyTemperature 时,不受其他使用 MyTemperature 的任务的影响。

(3) 新建文件 task12.c 和 task12.h,保存在目录 D:\MYLPC845IEW\PRJ25\user 下,
其代码如程序段 11-19 和程序段 11-20 所示。然后,将 task12.c 添加到工程管理器的 User
分组下。

程序段 11-19　文件 task12.c

```
1    //Filename: task12.c
2
3    # include "includes.h"
4
5    void Task12(void * data)
6    {
7      Int08U v[4];
8      char str[20];
9      OS_ERR err;
10
11     MyPrintHZWenDu(30,30);
12     while(1)
13     {
14         OSTimeDlyHMSM(0,0,2,0,OS_OPT_TIME_HMSM_STRICT,&err);
15
16         OSMutexPend(&mtx01,0,OS_OPT_PEND_BLOCKING,0,&err);
17         v[0] = (MyTemperature >> 8)/10;
18         v[1] = (MyTemperature >> 8) % 10;
19         v[2] = (MyTemperature & 0x0FF) / 10;
20         v[3] = (MyTemperature & 0x0FF) % 10;   //v[0]v[1].v[2]v[3]
21         OSMutexPost(&mtx01,OS_OPT_POST_NONE,&err);
22
23         if(v[0] == 0)
24             My7289Seg(0,0x0F,0);
25         else
26             My7289Seg(0,v[0],0);
27         My7289Seg(1,v[1],1);
28         My7289Seg(2,v[2],0);
29         My7289Seg(3,v[3],0);
```

```
30
31          if(v[0] == 0)
32          {
33              sprintf(str," %d. %d %d",v[1],v[2],v[3]);
34          }
35          else
36          {
37              sprintf(str," %d %d. %d %d",v[0],v[1],v[2],v[3]);
38          }
39          MyPrintString(30 + 48,30,(Int08U *)str,15);
40      }
41  }
```

文件 task12.c 中,任务 Task12 循环执行:延时 2s(第 14 行);请求互斥信号量 mtx01,
如果请求不成功,则一直等待(第 16 行);如果请求成功,第 17~20 行根据全局变量
MyTemperature 的值,生成温度值十位、个位、十分位和百分位上的值;第 21 行释放互斥信
号量 mtx01;第 23~29 行在四合一七段数码管上显示温度值,第 31~39 行在 LCD 屏上显
示温度值。其中,互斥信号量可以保证第 17~20 行的执行过程中,全局变量
MyTemperature 的值不会被其他任务改变,这里第 17~20 行共 4 条 C 语句,即使只有一条
C 语句,仍然需要使用互斥信号量进行资源保护,因为一条 C 语句往往对应着 3~6 条机器
指令(只有在单条机器指令的条件下,才不需要互斥信号量保护)。

程序段 11-20   文件 task12.h

```
1   //Filename: task12.h
2
3   # ifndef  _TASK12_H
4   # define  _TASK12_H
5
6   # define  Task12StkSize  80
7   # define  Task12StkSizeLimit  10
8   # define  Task12Prio    28
9
10  void   Task12(void *);
11
12  # endif
13
14  MYEXTERN CPU_STK Task12Stk[Task12StkSize];
15  MYEXTERN OS_TCB Task12TCB;
16  MYEXTERN OS_MUTEX mtx01;
17  MYEXTERN Int16U MyTemperature;
```

文件 task12.h 中宏定义了任务 Task12 的优先级号为 28(第 8 行)、堆栈大小为 80 字
(第 6 行)、堆栈预警长度为 10 字(第 7 行);第 10 行声明了任务函数 Task12。第 14 行定义
了任务 Task12 的堆栈 Task12Stk,第 15 行定义任务 Task12 的任务控制块 Task12TCB,第
16 行定义了互斥信号量 mtx01。第 17 行定义了全局变量 MyTemperature,用于保存从
DS18B20 中读出的温度值。

（4）修改 includes. h 文件，如程序段 11-21 所示。

程序段 11-21　文件 includes. h

```
1    //Filename: includes.h
2
```

此处省略的第 3～38 行与程序段 11-12 的第 3～38 行相同。

```
39    ♯ include "task12.h"
```

对比程序段 11-12 可知，这里添加了第 39 行，即包括了头文件 task12. h。

（5）将文件 task12.c 添加到工程管理器的 User 分组下。

至此，工程 MyPrj25 建设完成，其运行流程如图 11-8 所示，运行结果可参考图 11-6 中的 LCD 屏温度显示。

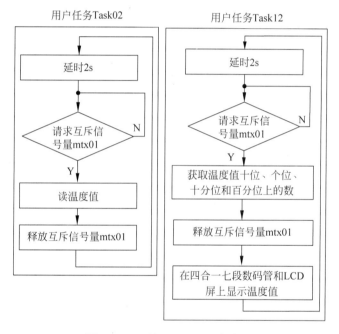

图 11-8　工程 MyPrj25 运行流程

图 11-8 仅展示了互斥信号量相关的程序运行流程。用户任务 Task02 每隔 2s 请求一次互斥信号量 mtx01，如果请求成功，则读取温度值，然后释放互斥信号量。用户任务 Task12 每隔 2s 请求一次互斥信号量 mtx01，如果请求成功，则获取温度值十位、个位、十分位和百分位上的数字，然后释放互斥信号量 mtx01，接着在四合一七段数码管和 LCD 屏上显示温度值。试想一下，若没有互斥信号量 mtx01，由于 Task02 优先级高于 Task12，如果 Task12 在提取温度值的十位后（还没有来得及提取其个位、十分位和百分位上的值），Task02 就绪了，则获得了新的温度值，Task02 执行完后，Task12 继续执行，接着使用新的温度值提取温度个位、十分位和百分位上的值，并将它们显示在数码管和 LCD 屏上，显然，这个显示结果是不正确的。互斥信号量 mtx01 可以有效地避免这类情况发生。

本章小结

　　信号量主要用于任务间同步以及任务同步定时器或中断服务程序的执行，也可用于保护共享资源，但是具有一定的使用局限性。任务信号量只能用于任务间同步以及任务同步定时器或中断服务程序的执行，不能用于保护共享资源。在绝大多数同步情况下，任务信号量可以取代信号量的使用，并且效率更高。任务信号量集成在任务内，即每个任务具有专属于它的任务信号量，因此，不能多个任务请求同一个任务信号量，只能多个任务请求同一个信号量。信号量(或任务信号量)具有信号量计数器，为大于或等于 0 的整数，释放信号量(或任务信号量)使得其计数器值累加 1；请求信号量(或任务信号量)成功时使其计数器值减 1(计数值大于 0 时请求才能成功)。使用信号量或任务信号量可以实现两个任务的循环同步，即循环执行任务 A 释放信号量、任务 B 请求信号量、任务 B 释放信号量和任务 A 请求信号量的过程，称为"同步环"。最后，介绍了互斥信号量的概念和用法，互斥信号量没有计数器的概念，只有"0""1"(请求成功与否)两种状态，互斥信号量创建后处于"1"状态，被请求后处于"0"状态，被释放后回到"1"状态，用于保护共享资源的访问，且不会造成任务死锁。

第 12 章

消息队列与任务消息队列

消息队列是 μC/OS-Ⅲ中功能最强大的事件类型,可用于任务间的通信和同步,或用于中断服务程序或定时器回调函数与任务间的通信和同步。发送方任务(或中断服务程序、定时器)将通信的消息发送到消息队列中,接收方任务从消息队列中请求消息,实现双方间的数据通信和同步。在 μC/OS-Ⅱ中,具有消息邮箱和消息队列两种事件类型,所谓的消息邮箱就是队列长度为 1 的消息队列。因此,在 μC/OS-Ⅲ中仅支持消息队列,与 μC/OS-Ⅱ中的消息队列用法类似,还增加了消息从发送到被接收到的时间记录功能。

12.1 消息队列

消息队列中的消息为(void *)类型,可以指向任意数据类型,因此,任务间可以传递任何数据。消息队列本质上是一种全局数据结构,μC/OS-Ⅲ赋予它新的访问机制,即通信双方访问消息列队的规则:消息队列为循环队列,新入队的消息可插入消息队列中原有消息的前部或尾部,要出队的消息固定来自消息队列前部。当新入队消息插入消息队列前部时,则称为后入先出(LIFO)方式;当新入队消息插入消息队列尾部时,称为先入先出(FIFO)方式。发送方任务(或中断服务程序、定时器)将消息按设定的 LIFO 或 FIFO 方式保存在消息队列中;消息队列按既定的方式将消息传递给接收方任务,可以采用广播的方式将一则消息传递给所有请求消息队列的任务,也可以采用一对一的方式,仅将消息传递给请求消息队列的最高优先级任务。消息队列相关的用户函数主要有 6 个,这些函数位于系统文件 os_q.c 中,如表 9-8 所示。表 12-1 中再次列出了消息队列 3 个最常用的系统函数。

表 12-1　消息队列最常用的 3 个函数

序号	函 数 原 型	功　　能
1	void　OSQCreate (OS_Q　　　* p_q, 　　　　CPU_CHAR　　* p_name, 　　　　OS_MSG_QTY　max_qty, 　　　　OS_ERR　　　* p_err)	创建消息队列。参数 p_q 为消息队列指针;参数 p_name 为消息队列名;参数 max_qty 为消息队列的容量,即最大容纳的消息数;出错码为 p_err

续表

序号	函数原型	功　能
2	void ＊OSQPend (OS_Q ＊p_q, 　　OS_TICK　　timeout, 　　OS_OPT　　opt, 　　OS_MSG_SIZE ＊p_msg_size, 　　CPU_TS　　＊p_ts, 　　OS_ERR　　＊p_err)	请求消息队列。参数 timeout 表示等待超时时间,设为 0 表示永久等待;设为大于 0 的整数时,等待时间超过 timeout 指定的时钟节拍后,将放弃请求,返回出错码 OS_ERR_TIMEOUT。参数 opt 可取:①OS_OPT_PEND_BLOCKING 表示请求不到消息或没有等待超时时,任务处于挂起等待状态;②OS_OPT_PEND_NON_BLOCKING 表示无论请求到消息与否,均不挂起任务。参数 p_msg_size 为指向消息大小的指针。参数 p_ts 记录消息释放、放弃请求消息或消息队列删除的时刻点,设为(CPU_TS ＊)0 表示不记录该时刻点。函数调用成功后的返回值为消息,否则返回(void ＊)0
3	void　OSQPost (OS_Q　　＊p_q, 　　void　　＊p_void, 　　OS_MSG_SIZE msg_size, 　　OS_OPT　　opt, 　　OS_ERR　　＊p_err)	向消息队列中释放消息。参数 p_void 指向释放的消息;msg_size 为以字节为单位的消息长度。参数 opt 可取:①OS_OPT_POST_ALL 表示向所有请求消息队列的任务广播消息,使它们均就绪;不使用该参数表示仅向请求消息队列的最高优先级任务释放消息;②OS_OPT_POST_FIFO 表示消息队列为先入先出队列;③OS_OPT_POST_LIFO 表示消息队列为后入先出队列;④OS_OPT_POST_NO_SCHED 表示不进行任务调度,如果 N 次连续调用该函数释放消息,前 N−1 次使用该参数,最后一次不用该参数,可使得释放消息队列一次性执行完

　　消息队列是一个循环队列,因此消息进出消息队列可以有多种方式,通过指定表 12-1 中释放消息队列函数 OSQPost 的参数 opt 配置,共有 8 种组合方式,即:

　　(1) OS_OPT_POST_FIFO 表示消息进出消息队列的方式为先进先出,当消息队列非空时,每条消息仅能使得请求消息队列的单个最高优先级任务就绪,即一条消息仅能为一个任务服务。

　　(2) OS_OPT_POST_LIFO 表示消息进出消息队列的方式为后进先出,当消息队列非空时,每条消息仅能使得请求消息队列的单个最高优先级任务就绪,即一条消息仅能为一个任务服务。

　　(3) OS_OPT_POST_FIFO ＋ OS_OPT_POST_ALL 表示消息进出消息队列的方式为先进先出,当消息队列非空时,每条消息可使得请求消息队列的所有任务就绪,即一条消息能为所有请求消息队列的任务服务。

　　(4) OS_OPT_POST_LIFO ＋ OS_OPT_POST_ALL 表示消息进出消息队列的方式为后进先出,当消息队列非空时,每条消息可使得请求消息队列的所有任务就绪,即一条消息能为所有请求消息队列的任务服务。

　　(5) OS_OPT_POST_FIFO ＋ OS_OPT_POST_NO_SCHED 表示消息进出消息队列的方式为先进先出,当消息队列非空时,每条消息仅能使得请求消息队列的单个最高优先级任务就绪,即一条消息仅能为一个任务服务。OSQPost 函数释放消息后不进行任务调度,程序继续执行当前任务。

(6) OS_OPT_POST_LIFO ＋ OS_OPT_POST_NO_SCHED 表示消息进出消息队列的方式为后进先出,当消息队列非空时,每条消息仅能使得请求消息队列的单个最高优先级任务就绪,即一条消息仅能为一个任务服务。OSQPost 函数释放消息后不进行任务调度,程序继续执行当前任务。

(7) OS_OPT_POST_FIFO ＋ OS_OPT_POST_ALL ＋ OS_OPT_POST_NO_SCHED 表示消息进出消息队列的方式为先进先出,当消息队列非空时,每条消息可使得请求消息队列的所有任务就绪,即一条消息能为所有请求消息队列的任务服务。OSQPost 函数释放消息后不进行任务调度,程序继续执行当前任务。

(8) OS_OPT_POST_LIFO ＋ OS_OPT_POST_ALL ＋ OS_OPT_POST_NO_SCHED 表示消息进出消息队列的方式为后进先出,当消息队列非空时,每条消息可使得请求消息队列的所有任务就绪,即一条消息能为所有请求消息队列的任务服务。OSQPost 函数释放消息后不进行任务调度,程序继续执行当前任务。

当消息队列中的消息被用户任务请求到后,该消息从消息循环队列中移除(当某个或某些任务正在请求消息队列且队列为空时,释放的消息将不进入消息队列,而是直接传递给请求它的任务)。

12.1.1 消息队列工作方式

消息队列的工作方式如图 12-1 所示。

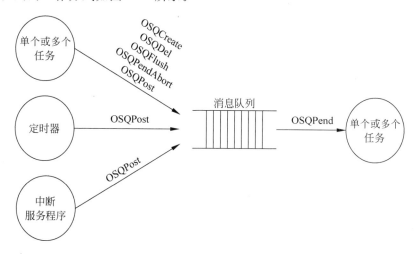

图 12-1 消息队列的工作方式

由图 12-1 可知,定时器和中断服务程序只能向消息队列中释放消息,不能请求消息队列。任务可以创建消息队列、释放消息队列、请求消息队列、删除消息队列、清空消息队列和放弃请求消息队列。多个任务可向同一个消息队列中释放消息;同一个消息队列可向多个任务广播或传递消息。

下面以两个任务进行通信为例阐述消息队列的应用步骤。

（1）创建消息队列。例如：

程序段 12-1　创建消息队列

```
1   OS_Q   q01;
2
3   OSQCreate((OS_Q      * )&q01,
4            (CPU_CHAR * )"Q 01",
5            (OS_MSG_QTY)10,
6            (OS_ERR    * )&err);
```

第 1 行定义消息队列 q01；第 3～6 行调用 OSQCreate 创建消息队列 q01，消息队列名为"Q 01"，消息队列容量为 10。

（2）定义消息，并向消息队列中释放消息。例如：

程序段 12-2　定义消息并释放消息队列

```
1   Int08U  msgq[20]; //must be global
2
3   MyStringCopy ((char * )msgq,"Message.",8);
4   OSQPost((OS_Q      * )&q01,
5          (void      * )msgq,
6          (OS_MSG_SIZE )sizeof(msgq),
7          (OS_OPT     )OS_OPT_POST_FIFO,
8          (OS_ERR     * )&err);
```

定义的消息必须为全局变量或静态变量，不能使用任务内的局部变量，因为局部变量将被保存在任务堆栈中，消息的传递是一种传址方式，不是传值方式，堆栈内的变量需要堆栈操作，不能被直接引用。全局变量和静态变量被分配在堆栈中，可以通过其地址访问，适合用作消息。

第 1 行定义字符数组 msgq，用于保存消息。第 3 行调用自定义函数 MyStringCopy 给字符数组 msgq 赋值。第 4～8 行调用 OSQPost 函数向消息队列 q01 中释放消息 msgq，采用先进先出方式。

（3）请求消息队列中的消息。例如：

程序段 12-3　请求消息队列

```
1   OS_ERR  err;
2   CPU_TS  ts;
3   void * pmsg;
4   OS_MSG_SIZE size;
5
6   pmsg = (void * )OSQPend((OS_Q        * )&q01,
7                      (OS_TICK     )0,
8                      (OS_OPT      )OS_OPT_PEND_BLOCKING,
9                      (OS_MSG_SIZE * )&size,
10                     (CPU_TS      * )&ts,
11                     (OS_ERR      * )&err);
12  MyPrintString(10, 274, (Int08U * )pmsg, size);
```

第 6～11 行调用 OSQPend 函数请求消息队列 q01 中的消息,返回指向请求到的消息的指针 pmsg,消息长度保存在 size 中(以字节为单位),释放消息的时刻点记录在 ts 变量中,出错码保存在 err 中,如果请求不到消息,则永久等待。第 12 行调用自定义函数 MyPrintString 将接收到的消息显示在 LCD 屏上。

12.1.2 消息队列实例

在工程 MyPrj25 的基础上,新建工程 MyPrj26,保存在目录 D:\MYLPC845IEW\ PRJ26 下,此时的工程 MyPrj26 与工程 MyPrj25 完全相同。拟使工程 MyPrj26 实现的功能也与工程 MyPrj25 相同,但是,在实现手段上采取了如表 12-2 所示的变化。

表 12-2 工程 MyPrj26 与工程 MyPrj25 的实现方法变化情况

序号	功　　能	工程 MyPrj25 实现方法	工程 MyPrj26 实现方法
1	Task09 同步 Task08	Task09 的任务信号量	消息队列 q01
2	Task10 同步定时器 tm02	Task10 的任务信号量	消息队列 q02
3	Task11 同步按键 S18 和 S19	Task11 的信号量	消息队列 q04
4	Task12 与 Task02 公用温度值	互斥信号量 mtx01	消息队列 q03

下面为详细的工程 MyPrj26 建设步骤:

(1) 修改文件 task01.c 的 UserEventsCreate 函数,如程序段 12-4 所示。同时,在头文件 task01.h 的末尾添加以下两条语句:

```
MYEXTERN OS_Q    q01,q02,q03,q04;
MYEXTERN Int08U msgq[5],msgkey[2][20];
```

即定义消息队列 q01～q04,定义数组 msgq 存放消息,定义二维数组 msgkey 存储按键信息。

程序段 12-4　文件 task01.c 的 UserEventsCreate 函数

```
1    void UserEventsCreate(void)
2    {
3      OS_ERR err;
4      OSQCreate(&q01,"Q 01",10,&err);
5      OSQCreate(&q02,"Q 02",10,&err);
6      OSQCreate(&q03,"Q 03",10,&err);
7      OSQCreate(&q04,"Q 04",10,&err);
8    }
```

第 1～8 行为创建事件的函数 UserEventsCreate。第 4～7 行依次创建消息队列 q01～ q04,各个队列的长度均为 10。

(2) 修改 task08.c 和 task09.c 文件,如程序段 12-5 和程序段 12-6 所示。

程序段 12-5　文件 task08.c

```
1    //Filename: task08.c
2
3    #include "includes.h"
4
```

```
5    void Task08(void * data)
6    {
7      OS_ERR err;
8
9      while(1)
10     {
11         OSTimeDlyHMSM(0,0,1,0,OS_OPT_TIME_HMSM_STRICT,&err);
12         OSQPost(&q01,(void *)1uL,sizeof(Int32U),OS_OPT_POST_FIFO,&err);
13     }
14   }
```

文件 task08.c 中,第 9~13 行为无限循环体,每延时 1s,向消息队列 q01 中释放哑元消息(void *)1。

程序段 12-6　文件 task09.c

```
1    //Filename: task09.c
2
3    # include "includes.h"
4
5    void Task09(void * data)
6    {
7      Int32U i = 0;
8      Int08U ch[20];
9      OS_ERR err;
10     OS_MSG_SIZE size;
11
12     MyPrintString(10,242,(Int08U *)"Q01:0",20);
13     while(1)
14     {
15         OSQPend(&q01,0,OS_OPT_PEND_BLOCKING,&size,0,&err);
16         i++;
17         MyInt2StringEx(i,ch);
18         MyPrintString(10 + 4 * 8,242,ch,20);
19     }
20   }
```

文件 task09.c 中,第 10 行定义表示消息长度的局部变量 size;在无限循环体(第 13~19 行)内,第 15 行请求消息队列 q01,如果请求不成功,则一直等待;如果请求成功,则第 16~18 行显示计数变量 i 的值。

(3) 修改 myuctmr.c 和 task10.c 文件,如程序段 12-7 和程序段 12-8 所示。

程序段 12-7　文件 myuctmr.c

```
1    //Filename: myuctmr.c
2
```

此处省略的第 3~20 行与程序段 10-26 的第 3~20 行完全相同。

```
21
22   void MyTmr02CBFun(void * p_arg)
23   {
```

```
24      OS_ERR err;
25      OSQPost(&q02,(void * )2uL,sizeof(Int32U),OS_OPT_POST_FIFO,&err);
26    }
```

第22～26行为定时器tm02的回调函数,其中向消息队列q02释放哑元消息(void *)2
(第25行)。

```
27
28    void MyStartTmr02(void)
29    {
30      OS_ERR err;
31
32      OSTmrCreate(&tm02,"User Timer 02",10,10,OS_OPT_TMR_PERIODIC,
33                  (OS_TMR_CALLBACK_PTR)MyTmr02CBFun,(void * )0, &err);
34      OSTmrStart(&tm02,&err);
35    }
```

第28～35行创建并启动定时器tm02。

程序段12-8 文件task10.c

```
1     //Filename: task10.c
2
3     # include "includes.h"
4
5     void Task10(void * data)
6     {
7       Int32U i = 0;
8       Int08U ch[20];
9       OS_ERR err;
10      OS_MSG_SIZE size;
11
12      MyPrintString(120,242,(Int08U * )"Q02:0",20);
13      while(1)
14      {
15        OSQPend(&q02,0,OS_OPT_PEND_BLOCKING,&size,0,&err);
16        i++;
17        MyInt2StringEx(i,ch);
18        MyPrintString(120 + 4 * 8,242,ch,20);
19      }
20    }
```

在文件task10.c中,第10行定义存储消息长度的局部变量size。第15行请求消息队
列q02,如果请求不成功,则一直等待;如果请求成功,则执行第16～18行在LCD屏上显示
计数值。

(4) 修改task02.c和task12.c文件,如程序段12-9和程序段12-10所示。注释掉(或
删除)头文件task12.h中以下两条语句:

```
MYEXTERN OS_MUTEX mtx01;
MYEXTERN Int16U MyTemperature;
```

即删除互斥信号量mtx01和全局变量MyTemperature的定义。

程序段 12-9　文件 task02.c

```
1    //Filename: task02.c
2
3    # include "includes.h"
4
5    void Task02(void * data)
6    {
7      OS_ERR err;
8      Int16U th;
9
10     while(1)
11     {
12         OSTimeDlyHMSM(0,0,2,0,OS_OPT_TIME_HMSM_STRICT,&err);
13
14         th = My18B20ReadT();
15         msgq[0] = th >> 8;
16         msgq[1] = th & 0xFF;
17         OSQPost(&q03,(void * )msgq,sizeof(msgq),OS_OPT_POST_FIFO,&err);
18     }
19   }
```

文件 task02.c 中,在无限循环体(第 10～18 行)内,循环执行:延时 2s(第 12 行);读温度值,赋给局部变量 th(第 14 行);将温度值的高 8 位赋给 msgq[0](第 15 行);将温度值的低 8 位赋给 msgq[1](第 16 行);第 17 行向消息队列 q03 中释放消息 msgq。

程序段 12-10　文件 task12.c

```
1    //Filename: task12.c
2
3    # include "includes.h"
4
5    void Task12(void * data)
6    {
7      Int08U v[4],t;
8      char str[20];
9      OS_ERR err;
10     void * pmsg;
11     OS_MSG_SIZE size;
12
13     MyPrintHZWenDu(30,30);
14     while(1)
15     {
16         pmsg = OSQPend(&q03,0,OS_OPT_PEND_BLOCKING,&size,0,&err);
17
18         t = ((Int08U * )pmsg)[0]; v[0] = t/10;  v[1] = t % 10;
19         t = ((Int08U * )pmsg)[1]; v[2] = t/10; v[3] = t % 10;
20         //v[0]v[1].v[2]v[3]
21         if(v[0] == 0)
22             My7289Seg(0,0x0F,0);
23         else
24             My7289Seg(0,v[0],0);
25         My7289Seg(1,v[1],1);
26         My7289Seg(2,v[2],0);
```

```
27          My7289Seg(3,v[3],0);
28
29          if(v[0]==0)
30          {
31              sprintf(str," %d. %d%d",v[1],v[2],v[3]);
32          }
33          else
34          {
35              sprintf(str,"%d%d. %d%d",v[0],v[1],v[2],v[3]);
36          }
37          MyPrintString(30+48,30,(Int08U *)str,15);
38      }
39  }
```

文件 task12. c 中,第 10 行定义 void ∗类型指针 pmsg,用于指向请求到的消息。无限循环体(第 14~38 行)内,第 16 行请求消息队列 q03,如果请求不成功,则一直等待,如果请求成功,则 pmsg 指向请求到的消息;第 18、19 行从请求到的消息中提取温度值,并求出温度值十位、个位、十分位和百分位上的数;第 21~27 行在四合一七段数码管上显示温度值,第 29~37 行在 LCD 屏上显示温度值。根据程序段 12-9 第 15、16 行,可知消息为数组 msgq,其第 0 个元素为温度值的高 8 位,第 1 个元素为温度值的低 8 位。

由程序段 12-9 和程序段 12-10 可知,通过消息队列,一个文件中的局部指针变量可以访问另一个文件中的全局变量,从而实现了任务间信息的传递。

(5) 修改文件 myextkey. c 和 task11. c,如程序段 12-11 和程序段 12-12 所示。同时,注释掉头文件 task11. h 中的语句"MYEXTERN Int08U keyn;",即删除全局变量 keyn 的定义。

程序段 12-11　文件 myextkey. c

```
1   //Filename: myextkey.c
2
```

此处省略的第 3~23 行,与程序段 4-18 的第 3~23 行相同。

```
24
25  void PININT2_IRQHandler(void)
26  {
27    OS_ERR err;
28    OSIntEnter();
29    NVIC_ClearPendingIRQ(PININT2_IRQn);
30    if((LPC_PIN_INT->IST & (1uL<<2))==(1uL<<2))
31    {
32        LPC_PIN_INT->IST=(1uL<<2);
33        MyStringCopy(msgkey[0],(Int08U *)"Key S18",10);
34    OSQPost(&q04,(void *)msgkey[0],sizeof(msgkey[0]),OS_OPT_POST_FIFO,&err);
35    }
36    OSIntExit();
37  }
```

第 25~37 行为按键 S18 的中断服务函数。第 33 行将字符串"Key S18"复制到数组 msgkey[0]中;第 34 行将 msgkey[0]作为消息释放到消息队列 q04 中。

```
38
39   void PININT4_IRQHandler(void)
40   {
41     OS_ERR err;
42     OSIntEnter();
43     NVIC_ClearPendingIRQ(PININT4_IRQn);
44     if((LPC_PIN_INT -> IST & (1uL << 4)) == (1uL << 4))
45     {
46         LPC_PIN_INT -> IST = (1uL << 4);
47         MyStringCopy(msgkey[1],(Int08U * )"Key S19",10);
48     OSQPost(&q04,(void * )msgkey[1],sizeof(msgkey[1]),OS_OPT_POST_FIFO,&err);
49     }
50     OSIntExit();
51   }
```

第 39～51 行为按键 S19 的中断服务函数。第 47 行将字符串"Key S19"复制到数组 msgkey[1]中；第 48 行将 msgkey[1]作为消息释放到消息队列 q04 中。

程序段 12-12 文件 task11.c

```
1    //Filename: task11.c
2
3    # include "includes.h"
4
5    void Task11(void * data)
6    {
7      OS_ERR err;
8      void * pmsg;
9      OS_MSG_SIZE size;
10
11     while(1)
12     {
13         pmsg = OSQPend(&q04,0,OS_OPT_PEND_BLOCKING,&size,0,&err);
14         MyPrintString(10,258,(Int08U * )pmsg,20);
15     }
16   }
```

在文件 task11.c 中,第 8 行定义局部指针变量 pmsg, 用于指向接收到的消息。在无限循环体(第 11～15 行)内, 第 13 行请求消息队列,如果请求不成功,则一直等待；如 果请求到消息,则第 14 行在 LCD 屏上显示该消息。

从程序段 12-11 和程序段 12-12 可知,借助于消息队 列,字符串信息可以由一个文件(这里是中断服务程序) 的全局变量传递给另一个文件(这里是用户任务)的局部 变量。事实上,通过消息队列,任务之间也可以传递字符 串,甚至可以传递任意类型的数据。

工程 MyPrj26 与工程 MyPrj25 的执行结果类似,其 执行结果如图 12-2 所示,其执行流程如图 12-3 所示。

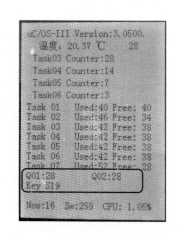

图 12-2 工程 MyPrj26 执行结果

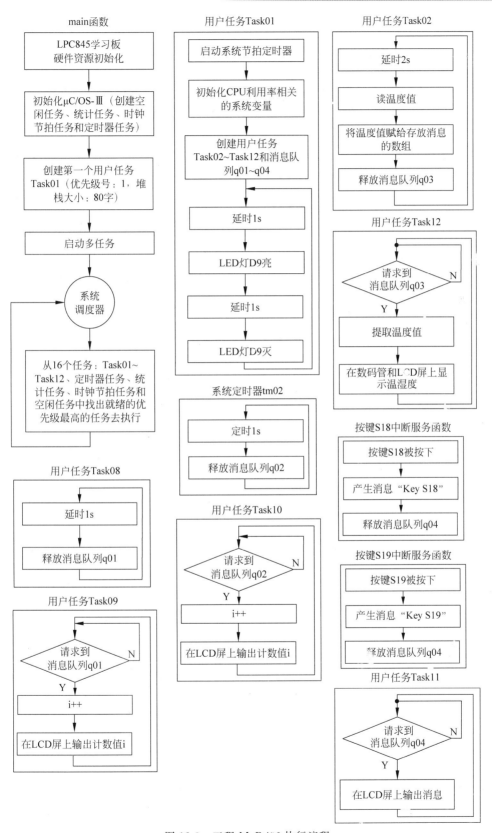

图 12-3 工程 MyPrj26 执行流程

对比图 11-6 可知,图 12-2 中的计数值显示为消息队列 Q 01 和 Q 02 请求到的计数值。

由图 12-3 可知,消息队列 q01 用作任务 Task09 与 Task08 同步,消息队列 q02 用作用户任务 Task10 与定时器 tm02 同步。由于没有信息的传递,因此,消息队列 q01 和 q02 都使用了哑元消息,消息本身没价值,只有请求到消息这件事才是有价值的。消息队列 q03 用作用户任务 Task02 向 Task12 传递温度值,因此,消息本身是有价值的,用户任务 Task12 接收到消息后,将从消息中提取温度值。消息队列 q04 用于两个按键的中断服务函数向任务 Task11 中传递信息,由于有两个信息源,所以需要定义能存储两个消息的二维数组 msgkey (定义在 task01.h 中),其中,msgkey[0]保存按键 S18 对应的消息"Key S18",而 msgkey[1]保存按键 S19 对应的消息"Key S19"。当某个按键被按下后,其对应的消息将被释放到消息队列 q04 中,在用户任务 Task11 中请求该消息队列,并将接收到的消息显示在 LCD 屏上。

12.2　任务消息队列

与普通的消息队列相比,任务消息队列为集成在任务中的消息队列,由任务管理。普通的消息队列可由多个任务向其释放消息或被多个任务向其请求消息,任务消息队列可由多个任务向其释放消息,但只能由任务消息队列所在的任务请求其中的消息。任务消息队列比普通消息队列的执行效率更高。任务消息队列具有 4 个相关的函数,位于系统文件 os_task.c 中,如表 9-3 所示,这里将最常用的两个函数列于表 12-3 中。由于任务消息队列集成在任务控制块中,所以,任务消息队列无须创建,也不能删除,即总是存在的。

表 12-3　任务消息队列请求与释放函数

序号	函 数 原 型	功　　能
1	void　*OSTaskQPend (OS_TICK　timeout, 　　　　OS_OPT　　　opt, 　　　　OS_MSG_SIZE　*p_msg_size, 　　　　CPU_TS　　*p_ts, 　　　　OS_ERR　　*p_err)	请求任务消息队列。参数 timeout 表示等待超时值,当设为 0 时,表示请求不到任务消息则永远等待;当设为大于 0 的整数时,如果等待 timeout 时钟节拍仍请求不到任务消息,则放弃请求,并赋出错码 p_err 为 OS_ERR_TIMEOUT。参数 opt 可取:①OS_OPT_PEND_BLOCKING 表示没有请求到任务消息且请求没有超时时,将挂起等待;②OS_OPT_PEND_NON_BLOCKING 表示无论请求任务消息成功与否,均不挂起等待。参数 p_msg_size 指向保存任务消息长度的变量;参数 p_ts 记录任务消息被释放或放弃请求任务消息的时刻点;参数 p_err 保存出错码
2	void　OSTaskQPost(OS_TCB　*p_tcb, 　　　　void　*p_void, 　　　　OS_MSG_SIZE　msg_size, 　　　　OS_OPT　opt, 　　　　OS_ERR　*p_err)	释放任务消息队列。参数 p_void 为任务消息指针。参数 msg_size 为任务消息长度。参数 opt 可取:①OS_OPT_POST_FIFO 表示先进先出方式;②OS_OPT_POST_LIFO 表示后进先出方式;③OS_OPT_POST_NO_SCHED 表示不进行任务调度,与前两个参数搭配使用

12.2.1　任务消息队列工作方式

任务消息队列的工作方式如图 12-4 所示。

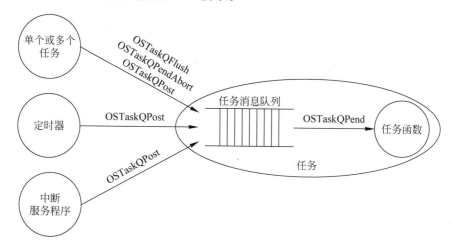

图 12-4　任务消息队列工作方式

如图 12-4 所示,定时器或中断服务程序可向任务消息队列释放消息,但不能请求消息。单个或多个任务可向任务消息队列释放消息,只有任务消息队列所在的任务才能请求该任务消息队列中的消息。

任务消息队列的容量在创建任务(调用 OSTaskCreate 函数)时指定,任务消息队列的容量应取较小的数值,这样可节省存储空间,同时,较大的数值没有意义。一般情况下,只有不进行任务调度连续向任务消息队列释放消息时,才有可能造成任务消息队列中积累消息,其他情况下,任务消息队列大部分时间是空队列。

12.2.2　任务消息队列实例

本节借助工程实例介绍任务消息队列的用法,将工程 MyPrj26 中的消息队列全部替换为任务消息队列,实现与工程 MyPrj26 完全相同的功能。在工程 MyPrj26 的基础上,新建工程 MyPrj27,保存在目录 D:\MYLPC845IEW\PRJ27 下,此时的工程 MyPrj27 与工程 MyPrj26 完全相同,然后,进行如下的设计工作:

(1)修改 task01.c 文件,如程序段 12-13 所示。同时,注释掉头文件 task01.h 中以下一条语句:

```
MYEXTERN OS_Q   q01,q02,q03,q04;
```

即删除定义消息队列 q01~q04。

程序段 12-13　文件 task01.c

```
1    //Filename: task01.c
2
```

此处省略的第 3~25 行与程序段 10-19 的第 3~25 行相同。

```
26
27  void UserEventsCreate(void)
28  {
29  }
```

第 27～29 行的创建事件函数 UserEventsCreate 为空函数。因为使用任务本身的事件——任务消息队列,所以无须创建事件。

```
30
31  void UserTasksCreate(void)
32  {
33      OS_ERR err;
```

此处省略的第 34～111 行与程序段 10-19 中的第 34～111 行相同。

```
112     OSTaskCreate((OS_TCB * )&Task08TCB,
113                 (CPU_CHAR * )"Task 08",
114                 (OS_TASK_PTR)Task08,
115                 (void * )0,
116                 (OS_PRIO)Task08Prio,
117                 (CPU_STK * )Task08Stk,
118                 (CPU_STK_SIZE)Task08StkSizeLimit,
119                 (CPU_STK_SIZE)Task08StkSize,
120                 (OS_MSG_QTY)0u,
121                 (OS_TICK)0u,
122                 (void * )0,
123             (OS_OPT)(OS_OPT_TASK_STK_CHK | OS_OPT_TASK_STK_CLR),
124                 (OS_ERR * )&err);
125     OSTaskCreate((OS_TCB * )&Task09TCB,
126                 (CPU_CHAR * )"Task 09",
127                 (OS_TASK_PTR)Task09,
128                 (void * )0,
129                 (OS_PRIO)Task09Prio,
130                 (CPU_STK * )Task09Stk,
131                 (CPU_STK_SIZE)Task09StkSizeLimit,
132                 (CPU_STK_SIZE)Task09StkSize,
133                 (OS_MSG_QTY)5u,
134                 (OS_TICK)0u,
135                 (void * )0,
136             (OS_OPT)(OS_OPT_TASK_STK_CHK | OS_OPT_TASK_STK_CLR),
137                 (OS_ERR * )&err);
138     OSTaskCreate((OS_TCB * )&Task10TCB,
139                 (CPU_CHAR * )"Task 10",
140                 (OS_TASK_PTR)Task10,
141                 (void * )0,
142                 (OS_PRIO)Task10Prio,
143                 (CPU_STK * )Task10Stk,
144                 (CPU_STK_SIZE)Task10StkSizeLimit,
145                 (CPU_STK_SIZE)Task10StkSize,
146                 (OS_MSG_QTY)5u,
147                 (OS_TICK)0u,
```

```
148                (void * )0,
149           (OS_OPT)(OS_OPT_TASK_STK_CHK | OS_OPT_TASK_STK_CLR),
150                (OS_ERR * )&err);
151    OSTaskCreate((OS_TCB * )&Task11TCB,
152                (CPU_CHAR * )"Task 11",
153                (OS_TASK_PTR)Task11,
154                (void * )0,
155                (OS_PRIO)Task11Prio,
156                (CPU_STK * )Task11Stk,
157                (CPU_STK_SIZE)Task11StkSizeLimit,
158                (CPU_STK_SIZE)Task11StkSize,
159                (OS_MSG_QTY)5u,
160                (OS_TICK)0u,
161                (void * )0,
162           (OS_OPT)(OS_OPT_TASK_STK_CHK | OS_OPT_TASK_STK_CLR),
163                (OS_ERR * )&err);
164    OSTaskCreate((OS_TCB * )&Task12TCB,
165                (CPU_CHAR * )"Task 12",
166                (OS_TASK_PTR)Task12,
167                (void * )0,
168                (OS_PRIO)Task12Prio,
169                (CPU_STK * )Task12Stk,
170                (CPU_STK_SIZE)Task12StkSizeLimit,
171                (CPU_STK_SIZE)Task12StkSize,
172                (OS_MSG_QTY)5u,
173                (OS_TICK)0u,
174                (void * )0,
175           (OS_OPT)(OS_OPT_TASK_STK_CHK | OS_OPT_TASK_STK_CLR),
176                (OS_ERR * )&err);
177 }
```

第112~176行只有5条语句,用于创建用户任务Task08~Task12,其中,用户任务Task09~Task12在创建时指定其任务消息队列的容量均为5,即第133、146、159和172行指定队列长度为(OS_MSG_QTY)5u。

(2) 修改task08.c和task09.c文件,如程序段12-14和程序段12-15所示。

程序段12-14 文件task08.c

```
1    //Filename: task08.c
2
3    # include "includes.h"
4
5    void Task08(void * data)
6    {
7      OS_ERR err;
8
9      while(1)
10     {
11         OSTimeDlyHMSM(0,0,1,0,OS_OPT_TIME_HMSM_STRICT,&err);
12     OSTaskQPost(&Task09TCB,(void * )1uL,sizeof(Int32U),OS_OPT_POST_FIFO,&err);
13     }
14   }
```

对比程序段 12-5 可知,这里只有第 12 行作了更改。第 12 行向任务 Task09 释放任务消息队列,此处释放的消息为哑元消息(void ＊)1。

程序段 12-15　文件 task09. c

```
1    //Filename: task09.c
2
3    # include "includes.h"
4
5    void Task09(void * data)
6    {
7       Int32U i = 0;
8       Int08U ch[20];
9       OS_ERR err;
10      OS_MSG_SIZE size;
11
12      MyPrintString(10,242,(Int08U * )"Q01:0",20);
13      while(1)
14      {
15         OSTaskQPend(0,OS_OPT_PEND_BLOCKING,&size,0,&err);
16         i++;
17         MyInt2StringEx(i,ch);
18         MyPrintString(10 + 4 * 8,242,ch,20);
19      }
20   }
```

对比程序段 12-6,这里第 15 行为请求任务 Task09 自身的任务消息队列,如果请求不成功,则一直等待;如果请求成功,则第 16～18 行在 LCD 屏上显示计数值。

(3) 修改 myuctmr. c 和 task10. c 文件,如程序段 12-16 和程序段 12-17 所示。

程序段 12-16　文件 myuctmr. c

```
1    //Filename: myuctmr.c
2
```

此处省略的第 3～20 行与程序段 10-26 的第 3～20 行相同。

```
21
22   void MyTmr02CBFun(void * p_arg)
23   {
24      OS_ERR err;
25      OSTaskQPost(&Task10TCB,(void * )2uL,sizeof(Int32U),OS_OPT_POST_FIFO,&err);
26   }
```

对比程序段 12-7,这里第 25 行向任务 Task10 释放任务消息队列,消息为哑元消息(void ＊)2。

```
27
28   void MyStartTmr02(void)
29   {
30      OS_ERR err;
31
```

```
32    OSTmrCreate(&tm02,"User Timer 02",10,10,OS_OPT_TMR_PERIODIC,
33            (OS_TMR_CALLBACK_PTR)MyTmr02CBFun,(void * )0, &err);
34    OSTmrStart(&tm02,&err);
35  }
```

第 28～35 行创建并启动定时器 tm02。

程序段 12-17 文件 task10. c

```
1   //Filename: task10.c
2
3   # include "includes.h"
4
5   void Task10(void * data)
6   {
7     Int32U i = 0;
8     Int08U ch[20];
9     OS_ERR err;
10    OS_MSG_SIZE size;
11
12    MyPrintString(120,242,(Int08U * )"Q02:0",20);
13    while(1)
14    {
15        OSTaskQPend(0,OS_OPT_PEND_BLOCKING,&size,0,&err);
16        i++;
17        MyInt2StringEx(i,ch);
18        MyPrintString(120 + 4 * 8,242,ch,20);
19    }
20  }
```

对比程序段 12-8,这里第 15 行为请求任务 Task10 自身的任务消息队列,如果请求不成功,则一直等待;如果请求成功,则第 16～18 行在 LCD 屏上显示计数值。

(4) 修改 task02. c 和 task12. c 文件,如程序段 12-18 和程序段 12-19 所示。

程序段 12-18 文件 task02. c

```
1   //Filename: task02.c
2
3   # include "includes.h"
4
5   void Task02(void * data)
6   {
7     OS_ERR err;
8     Int16U th;
9
10    while(1)
11    {
12        OSTimeDlyHMSM(0,0,2,0,OS_OPT_TIME_HMSM_STRICT,&err);
13
14        th = My18B20ReadT();
15        msgq[0] = th >> 8;
16        msgq[1] = th & 0xFF;
```

```
17        OSTaskQPost(&Task12TCB,(void * )msgq,sizeof(msgq),OS_OPT_POST_FIFO,&err);
18      }
19  }
```

对比程序段 12-9 可知,这里第 17 行向任务 Task12 释放任务消息队列,释放的消息为温度值。

程序段 12-19　文件 task12.c

```
1   //Filename: task12.c
2
3   # include "includes.h"
4
5   void Task12(void * data)
6   {
7     Int08U v[4],t;
8     char str[20];
9     OS_ERR err;
10    void * pmsg;
11    OS_MSG_SIZE size;
12
13    MyPrintHZWenDu(30,30);
14    while(1)
15    {
16        pmsg = OSTaskQPend(0,OS_OPT_PEND_BLOCKING,&size,0,&err);
17
18        t = ((Int08U * )pmsg)[0]; v[0] = t/10;   v[1] = t % 10;
19        t = ((Int08U * )pmsg)[1]; v[2] = t/10; v[3] = t % 10;
```

这里省略的第 20~37 行与程序段 12-10 的第 20~37 行完全相同。

```
38    }
39  }
```

对比程序段 12-10,这里第 16 行请求任务 Task12 自身的任务消息队列,如果请求不成功,则一直等待;如果请求成功,则第 18~37 行在四合一七段数码管和 LCD 屏上显示温度值。

(5) 修改 myextkey.c 和 task11.c 文件,如程序段 12-20 和程序段 12-21 所示。

程序段 12-20　文件 myextkey.c

```
1   //Filename: myextkey.c
2
```

此处省略的第 3~23 行,与程序段 4-18 的第 3~23 行相同。

```
24
25  void PININT2_IRQHandler(void)
26  {
27    OS_ERR err;
28    OSIntEnter();
29    NVIC_ClearPendingIRQ(PININT2_IRQn);
30    if((LPC_PIN_INT -> IST & (1uL << 2)) == (1uL << 2))
```

```
31      {
32          LPC_PIN_INT - > IST = (1uL << 2);
33          MyStringCopy(msgkey[0],(Int08U * )"Key S18",10);
34          OSTaskQPost(&Task11TCB,(void * )msgkey[0],sizeof(msgkey[0]),
35                      OS_OPT_POST_FIFO,&err);
36      }
37      OSIntExit();
38  }
```

对比程序段 12-11,这里在按键 S18 的中断服务函数 PININT2_IRQHandler 中,第 34、
35 行向任务 Task11 释放消息队列,消息为字符串"Key S18"。

```
39
40  void PININT4_IRQHandler(void)
41  {
42      OS_ERR err;
43      OSIntEnter();
44      NVIC_ClearPendingIRQ(PININT4_IRQn);
45      if((LPC_PIN_INT - > IST & (1uL << 4)) == (1uL << 4))
46      {
47          LPC_PIN_INT - > IST = (1uL << 4);
48          MyStringCopy(msgkey[1],(Int08U * )"Key S19",10);
49          OSTaskQPost(&Task11TCB,(void * )msgkey[1],sizeof(msgkey[1]),
50                      OS_OPT_POST_FIFO,&err);
51      }
52      OSIntExit();
53  }
```

对比程序段 12-11,这里在按键 S19 的中断服务函数 PININT4_IRQHandler 中,第 49、50
行向任务 Task11 释放消息队列,消息为字符串"Key S19"。

程序段 12-21 文件 task11.c

```
1   //Filename: task11.c
2
3   # include "includes.h"
4
5   void Task11(void * data)
6   {
7       OS_ERR err;
8       void * pmsg;
9       OS_MSG_SIZE size;
10
11      while(1)
12      {
13          pmsg = OSTaskQPend(0,OS_OPT_PEND_BLOCKING,&size,0,&err);
14          MyPrintString(10,258,(Int08U * )pmsg,20);
15      }
16  }
```

对比程序段 12-12,这里第 13 行请求任务 Task11 自身的任务消息队列,如果请求不成
功,则一直等待;如果请求成功,则第 14 行在 LCD 屏上显示按键信息。

至此,工程 MyPrj27 建设完毕。工程 MyPrj27 的执行结果与工程 MyPrj26 相同,如图 12-2 所示。对比工程 MyPrj27 和工程 MyPrj26 可知,针对单任务请求消息队列的情况,采用任务消息队列比普通的消息队列更加简洁方便。

本章小结

本章介绍了消息队列和任务消息队列的概念和用法,消息队列和任务消息队列是 μC/OS-Ⅲ系统中最难理解的组件,也是功能最强大的组件,可实现以下功能:

(1) 任务间单向传递数据,即实现任务间的单向数据通信,由一个任务(或多个任务)向另一个任务(或另一些任务)传递数据处理的中间结果或最终结果。

(2) 任务间双向传递数据,即实现任务间的双向数据通信,由一个任务(或多个任务)向另一个任务(或另一些任务)传递数据,并接收它们回传的数据,实现"循环通信"。

(3) 任务间单向同步,即一个任务(或多个任务)同步另一个任务(或另一些任务)的执行,此时消息队列中的消息没有实质含义,可用(void *)1 表示,称为哑元消息。

(4) 任务间双向同步,即一个任务(或多个任务)同步另一个任务(或另一些任务)的执行,然后,使那些任务再同步它们的执行,形成"循环同步",此时用于同步的消息也称为哑元消息。

(5) 保护共享资源。用于保护共享资源时,需使用带有请求延时功能的消息队列函数,当请求超时后,不能访问共享资源,否则将造成任务死锁。

本章中出现的"请求消息队列"和"释放消息队列"分别指"向消息队列中请求消息"和"向消息队列中释放消息"。在单任务请求消息队列的情况下,应尽可能使用任务消息队列而不是普通的消息队列,从而提高代码效率。一定程度上,可以说掌握了消息队列与任务消息队列,就掌握了 μC/OS-Ⅲ嵌入式实时操作系统的应用技术了。

附录 A

文件 my25q64.c

本附录中的文件 my25q64.c 是第 7 章项目 PRJ11 中的同名文件的改进版本,比原版本精简,适合于对 W25Q64 熟悉的读者,下面对改进的部分加以说明。

```
1    //Filename: my25q64.c
2
3    # include "includes.h"
4
5    void My25Q64Init(void)                              //SPI0
6    {
7      LPC_SYSCON -> SYSAHBCLKCTRL0 |= (1u << 11);        //SPI0 时钟
8      LPC_SYSCON -> PRESETCTRL0 |= (1u << 11);
9
10     LPC_SYSCON -> SYSAHBCLKCTRL0 |= (1u << 7);         //SWM
11     LPC_SWM -> PINASSIGN3 = (8u << 24) | (255u << 16) | (255u << 8) | (255u << 0);
12     LPC_SWM -> PINASSIGN4 = (9u << 0) | (15u << 8) | (1u << 16) | (255u << 24);
13     LPC_SYSCON -> SYSAHBCLKCTRL0 &= ~(1u << 7);
14
15     LPC_SYSCON -> SPI0CLKSEL = 0x0;                    //SPI0 时钟: FRO = 12MHz
16
17     LPC_SPI0 -> DIV = 0;                               //12MHz
18     LPC_SPI0 -> CFG = (1u << 0) | (1u << 2);           //开启主模式, CPOL = 0, CPHA = 0
19     LPC_SPI0 -> DLY = 0x0;
20     LPC_SPI0 -> TXCTL = (7u << 17) | (1u << 21) |(7u << 24);  //字长为 8 位
21   }
22
23   Int08U MySPIByte(Int08U sdat, Int08U cs, Int08U rxignore)
24   {                                                   //sdat 表示发送的数据
25     Int08U rdat = 0;
26     if(cs)                                            //发送数据后 CS = 1
27     {
28         LPC_SPI0 -> TXCTL |= (1u << 20);              //EOT = 1
29     }
30     else                                              //发送数据后 CS = 0
31     {
32         LPC_SPI0 -> TXCTL &= ~(1u << 20);             //EOT = 0
33     }
34     if(rxignore)
35     {
```

```
36          LPC_SPI0 -> TXCTL | = (1uL << 22);                    //忽略
37      }
38      else
39      {
40          LPC_SPI0 -> TXCTL & = ~(1uL << 22);                   //读数据
41      }
42      while((LPC_SPI0 -> STAT & (1u << 1)) == 0);               //等待发送就绪
43      LPC_SPI0 -> TXDAT = sdat;
44      if(!rxignore)
45      {
46          while((LPC_SPI0 -> STAT & (1u << 0)) == 0);           //等待接收就绪
47          rdat = LPC_SPI0 -> RXDAT;
48      }
49      return rdat;
50  }
```

第 $23 \sim 50$ 行为 SPI 总线的读写访问函数 MySPIByte,具有 3 个参数 sdat、cs 和 rxignore,其中 sdat 为待发送的字节数据;cs 为 0 表示本次操作后 CS 仍为低电平,cs 为 1 表示本次操作后 CS 为高电平;rxignore 为 1 表示只写不读,忽略掉接收到的数据,rxignore 为 0 表示需要读取接收到的数据,接收到的数据将赋给 rdat 局部变量(第 25 行),并以函数返回值的形式传递到该函数外部。

```
51
52  Int08U  MyReadStReg1(void)
53  {
54      Int08U res;
55
56      MySPIByte(0x05,0,1);
57      res = MySPIByte(0x00,1,0);
58
59      return res;
60  }
```

第 $52 \sim 60$ 行为读 W25Q64 存储器的第 1 个寄存器,需要先写入 0x05(第 56 行),再读出其值(第 57 行,此时写入的数据为哑元数据,只是为了配合时序,无实在意义)。

```
61
62  Int08U  MyReadStReg2(void)
63  {
64      Int08U  res;
65
66      MySPIByte(0x35,0,1);
67      res = MySPIByte(0x00,1,0);
68
69      return res;
70  }
```

第 $62 \sim 70$ 行为读 W25Q64 存储器的第 2 个寄存器,需要先写入 0x35(第 66 行),再读出其值(第 67 行,此时写入的数据为哑元数据,只是为了配合时序,无实在意义)。

```
71
72   void MyWriteEn(void)
73   {
74      MySPIByte(0x06,1,1);
75   }
```

第72~75行为设置W25Q64为"写有效",需向其写入0x06(第74行)。

```
76
77   void MyWriteReg(void)
78   {
79      MyWriteEn();
80
81      MySPIByte(0x01,0,1);
82      MySPIByte(0x80,0,1);
83      MySPIByte(0x00,1,1);
84
85      while((MyReadStReg1() & (1u << 0)) == (1u << 0));        //器件忙?
86   }
```

第77~86行为写W25Q64的两个寄存器配置字函数,依次写入0x01和两个配置字0x80与0x00(第81~83行);第85行等待W25Q64内部写入操作完成。

```
87
88   Int32U MyReadChipID(void)
89   {
90      Int32U res = 0, dat;
91
92      MySPIByte(0x9F,0,1);
93      dat = MySPIByte(0x00,0,0);
94      res = res | (dat & 0xFF);
95      res <<= 8;
96      dat = MySPIByte(0x00,0,0);
97      res = res | (dat & 0xFF);
98      res <<= 8;
99      dat = MySPIByte(0x00,1,0);
100     res = res | (dat & 0xFF);
101
102     return res;
103  }
```

第88~103行为读W25Q64芯片ID号函数,需要先写入0x9F(第92行),再依次读出W25Q64的ID号,即0xEF、0x40和0x17(第93~100行)。

```
104
105  void MyEraseChip(void)
106  {
107     MyWriteEn();
108
109     MySPIByte(0xC7,1,1);
110
```

```
111     while((MyReadStReg1() & (1u ≪ 0)) == (1u ≪ 0));        //器件忙?
112 }
```

第 105~112 行为 W25Q64 整片擦除函数,需要向 W25Q64 写入 0xC7(第 109 行),然后,等待其内部擦除工作完成(第 111 行)。整个过程约需要 15s。

```
113
114 //共: 128 块
115 //1 块 = 16 扇区
116 //1 扇区 = 16 Pages
117 //0♯ 页 - 0x0000 0000 - 0000 00FF
118 //1♯ 页 - 0x0000 0100 - 0000 01FF
119 //2♯ 页 - 0x0000 0200 - 0000 02FF
120 //3♯ 页 - 0x0000 0300 - 0000 03FF
121 //..
122 //15♯ 页 - 0x0000 0F00 - 0000 0FFF, ♯0~15 是 1♯ 扇区
123 void MyEraseSector(Int32U sect)                        //扇区: 24 位长且低 12 位为 0
124 { //扇区 = 0..2047
125     Int32U addr;
126     Int08U saddr[3];
127     addr = sect * 0x1000u;
128     saddr[2] = (addr ≫ 16) & 0xFF;
129     saddr[1] = (addr ≫ 8) & 0xFF;
130     saddr[0] = addr & 0xFF;
131
132     MyWriteEn();
133
134     MySPIByte(0x20,0,1);
135     MySPIByte(saddr[2],0,1);
136     MySPIByte(saddr[1],0,1);
137     MySPIByte(saddr[0],1,1);
138
139     while((MyReadStReg1() & (1u ≪ 0)) == (1u ≪ 0));        //器件忙?
140 }
```

第 123~140 行为 W25Q64 扇区擦除函数。在 W25Q64"写有效"(第 132 行)后,依次向其写入 0x20 和表示扇区首地址的 3 字节(第 134~137 行);第 139 行等待其内部擦除完成。

```
141
142 void MyProgPage(Int32U page, Int08U * dat, Int32U len)
143 {
144     int i;
145     Int32U addr;
146     Int08U saddr[3];
147
148     if(len!= 256)
149         return;
150
```

```
151      addr = page * 0x100u;
152      saddr[2] = (addr >> 16) & 0xFF;
153      saddr[1] = (addr >> 8) & 0xFF;
154      saddr[0] = addr & 0xFF;
155
156      MyWriteEn();
157
158      MySPIByte(0x02,0,1);
159      MySPIByte(saddr[2],0,1);
160      MySPIByte(saddr[1],0,1);
161      MySPIByte(saddr[0],0,1);
162
163      for(i = 0;i < len - 1;i++)
164      {
165          MySPIByte(dat[i],0,1);
166      }
167      MySPIByte(dat[len - 1],1,1);
168
169      while((MyReadStReg1() & (1u << 0)) == (1u << 0));          //器件忙?
170 }
```

第 142～170 行为向 W25Q64 写入一页数据的函数 MyProgPage,具有 3 个参数 page、dat 和 len,其中,page 表示待写入数据页的首地址,dat 为待写入的数据指针,len 为待写入的数据长度,要求 len = 256。在 W25Q64“写有效”后(第 156 行),向 W25Q64 依次写入 0x02 和 3 个表示页首地址的字节(第 158～161 行),然后,依次写入各个数据(第 163～167 行),最后,第 169 行等待 W25Q64 内部写入操作完成。

```
171
172 void MyReadPage(Int32U page,Int08U * dat)
173 {
174      int i;
175      Int32U addr;
176      Int08U saddr[3];
177
178      addr = page * 0x100u;
179      saddr[2] = (addr >> 16) & 0xFF;
180      saddr[1] = (addr >> 8) & 0xFF;
181      saddr[0] = addr & 0xFF;
182
183      MySPIByte(0x03,0,1);
184      MySPIByte(saddr[2],0,1);
185      MySPIByte(saddr[1],0,1);
186      MySPIByte(saddr[0],0,1);
187
188      for(i = 0;i < 255;i++)
189      {
190          dat[i] = MySPIByte(0x00,0,0);
191      }
```

```
192    dat[255] = MySPIByte(0x00,1,0);
193  }
```

第 172～193 行为读 W25Q64 一页数据的函数 MyReadPage,具有两个参数 page 和 dat,其中,page 表示要读出数据页的首地址,dat 指向保存读出数据数组的首地址。第 183 行向 W25Q64 写入 0x03 启动读操作,第 184～186 行向 W25Q64 写入表示页首地址的 3 字节数据,第 188～192 行依次读出页内的 256 字节数据。

附录 B

工程项目索引

附表 B-1 列出了本书中全部工程作用及其相关的主要知识点。

参 考 文 献

[1]   张勇. ARM Cortex-M3 嵌入式开发与实践——基于 STM32F103[M]. 北京：清华大学出版社，2017.

[2]   NXP Semiconductors. UM11029: LPC84x user manual[OL]. 2017. https://www.nxp.com.

[3]   NXP Semiconductors. LPC84x 32-bit ARM Cortex-M0＋microcontroller product data sheet[OL]. 2017. https://www.nxp.com.

[4]   张勇. ARM Cortex-M3 嵌入式开发与实践——基于 LPC1788 和 μC/OS-Ⅱ[M]. 北京：清华大学出版社，2015.

[5]   张勇. ARM Cortex-M0＋嵌入式开发与实践——基于 LPC800[M]. 北京：清华大学出版社，2014.

[6]   张勇，夏家莉，陈滨，等. 嵌入式实时操作系统 μC/OS-Ⅲ应用技术——基于 ARM Cortex-M3 LPC1788 [M]. 北京：北京航空航天大学出版社，2013.

[7]   ARM. Cortex-M0＋Devices Generic User Guide[OL]. 2012. http://www.arm.com.

[8]   ARM. Cortex-M0＋Technical Reference Manual (Revision: r0p1)[OL]. 2012. http://www.arm.com.

[9]   ARM. ARMv6-M Architecture Reference Manual[OL]. 2010. http://www.arm.com.

[10]   张勇. ARM 原理与 C 程序设计[M]. 西安：西安电子科技大学出版社，2009.

[11]   Labrosse J J. MicroC/OS-Ⅱ the real-time kernel[M]. 2nd ed. CMPBooks, 2002.

[12]   张勇. ARM 嵌入式微控制器原理与应用——基于 Cortex-M0＋内核 LPC84X 与 μC/OS-Ⅲ操作系统 [M]. 北京：清华大学出版社，2018.